金属切削机床

（第3版）

主　编　赵晶文
主　审　赵仕元
副主编　钟　铃
副主审　阎宪武
参　编　张启国　刘墨涵
　　　　王春焱

北京理工大学出版社
BEIJING INSTITUTE OF TECHNOLOGY PRESS

内 容 简 介

本书以典型金属切削机床作为分析、研究对象，从机床的基本运动入手，逐渐展开机床的工作原理分析、传动系统分析、结构与应用分析，最终将各环节知识综合应用于典型零件加工任务。

本书共分为“课程认识”“金属切削机床概述”“车床及应用”“铣床及应用”“齿轮加工机床及应用”“磨床及应用”“其他机床简介”“数控机床”“特种加工设备简介”等9个教学单元。

除了基础单元及简介部分外，每个单元内容均按照“机械制造类专业的岗位能力要求”，分析本单元承担的任务，选择合适的载体，将实际生产案例有机地融入教材中，既将课堂教学与生产实际有机的结合，又将工艺、刀具、夹具等课程内容进行了融合。

本书可以作为高等院校机械制造类专业学生用书，也可作为企业技术人员的参考资料。

图书在版编目（CIP）数据

金属切削机床／赵晶文主编. —3版. —北京：北京理工大学出版社，2019. 8（2023.12重印）

ISBN 978-7-5682-7394-7

Ⅰ. ①金…　Ⅱ. ①赵…　Ⅲ. ①金属切削-机床-高等学校-教材　Ⅳ. ①TG502

中国版本图书馆 CIP 数据核字（2019）第174508号

出版发行／北京理工大学出版社有限责任公司
社　　址／北京市海淀区中关村南大街5号
邮　　编／100081
电　　话／（010）68914775（总编室）
（010）82562903（教材售后服务热线）
（010）68948351（其他图书服务热线）
网　　址／http://www.bitpress.com.cn
经　　销／全国各地新华书店
印　　刷／北京虎彩文化传播有限公司
开　　本／787毫米×1092毫米　1/16
印　　张／20
字　　数／470千字
版　　次／2019年8月第3版　2023年12月第5次印刷
定　　价／75.00元

责任编辑／张旭莉
文案编辑／张旭莉
责任校对／周瑞红
责任印制／李志强

前　　言

本书为高校机械类专业“金属切削机床”课程的基本教材之一，是参照机械类高等教育规划教材的总体要求，为适应机械类专业应用型人才的培养目标对高等技术人才专业知识的要求，在总结教学实践及学生反馈意见的基础上编写而成的。

现行教材金属切削机床部分均包括机床概论和机床设计两大部分内容，从学生培养目标考虑，经过对多家大中型企业机械类岗位调研，根据企业机械类岗位职业技能要求将机床设计部分的内容淡化，同时适当增加应用性强的内容，如机床常用附件、其他机床简介等。这样调整以后的内容既符合高等院校人才培养模式的要求，又有利于学生对机床的理解和学习，同时加强了实践性、应用性较强内容的教学，扩展了知识面。

本书在典型机床内容后面增加了具体工件加工任务的实施内容，根据工件加工任务要求，将机床课程内容与工艺、夹具、刀具等课程内容有机地结合在一起综合运用，既加深了学生对机床基本知识的理解，又为他们全景式地认识机械加工工艺系统打下了良好的基础，作为一种探索，还存在很多不足之处。

本书内容循序渐进，从机床的基本运动要求入手，逐渐展开普通机床的运动与传动系统分析，以典型机床为例，详细介绍机床运动分析、传动链与调整计算方法和机床典型结构与工作原理分析，逐步过渡到复杂运动机床的传动系统分析，由浅入深地引导学生培养对机床运动和传动系统独立分析的能力。

本书编写力求做到反映高校的教育特色，以培养应用型人才为宗旨，在满足实用性和针对性的前提下，适当地反映当前机床与数控机床的发展趋势。考虑到理论课程与生产实习相结合的教学要求，本书在每类典型机床后面都加入了机床附件及使用的相关内容。

本书由赵晶文主编，钟铃副主编；赵仕元主审、阎宪武副主审，参加编写的有赵晶文（教学单元 1、教学单元 2、教学单元 3、教学单元 4）、钟铃（教学单元 5、教学单元 6、教学单元 7）、张启国（教学单元 8）、刘墨涵（教学单元 9）、王春焱（附录）。在本书编写过程中，得到有关院校和工厂的老师与同行大力支持和热情帮助，阎宪武高级工程师提供了大量编写资料，武友德教授对教材体系及内容选择提出了很多宝贵意见，在此表示衷心的感谢！本书在编写过程中还借鉴了同类书刊的长处和精华以及部分网络资源，谨在此表示真诚的感谢！

由于编者水平有限，编写时间比较仓促，书中难免有疏漏和不妥之处，殷切希望读者批评指正。

编　者

目　　录

教学单元 1

课程认识

1-1　课程性质与任务

金属切削机床是机械类专业的一门专业课，是研究机械制造设备的主干专业课，以机床为主要对象，研究、解决机床结构、传动系统、操纵机构、典型结构、调整计算、附属配件及使用的有关问题。该课程主要讲授机床结构、性能、传动、调整和使用的基本知识。该课程的一个显著特点是图形多而复杂。

学生学完本课程后，应达到以下要求：

（1）具有合理选用机床的基本知识和技能准备。能够根据工艺要求并结合工厂具体情况，合理地确定机床的类型和规格。

（2）具有正确安装、使用、调整常用机床的基本知识；掌握分析机床运动和机床传动的方法；了解机床典型机构及其工作原理；学会机床传动链的高速计算方法。

（3）具有分析机床常见故障，确定机床影响加工质量的主要原因的初步能力。

1-2　课程的主要内容及与专业基础课程的衔接

1. 课程的主要内容

（1）掌握机床的分类及型号编制方法，记住常用机床的类代号、通用特性代号、主参数等，掌握通用机床、专门化机床和专用机床的主要区别。

（2）掌握零件表面的形成方法及所需要的运动，掌握各种常用典型加工方法形成零件表面时的成形方法和所需要的运动（即：母线和导线的形状，用什么方法形成，各需要哪些运动等）。分清简单成形运动和复合成形运动、表面成形运动和辅助运动、主运动和进给运动等概念。弄清各类常用机床的主运动和进给运动。掌握机床传动链、内联系传动链和外联系传动链的概念。熟练掌握传动原理图的规定符号和绘制方法，能读懂机床传动系统图，熟练掌握普通车床和数控车床车圆柱面、车端面、车螺纹，滚齿机滚切直齿圆柱齿轮、斜齿圆柱齿轮的传动原理图绘制和传动链分析。对于简单的传动系统或一般机床主运动传动系统，应能根据传动系统图熟练列出传动路线表达式，并计算主轴的转速和转速级数或对传动链作换置计算。

（3）掌握车床的用途和运动，了解车床的分类。掌握 CA6140 型卧式车床的工艺范围和总布局。

读懂CA6140型卧式车床传动系统图，对照传动系统图能写出主运动传动路线表达式，计算主轴转速级数、最高转速和最低转速。掌握进给运动传动链的组成以及传动系统，各分配机构，各换向机构，移换机构，各离合器和制动器的作用。理解丝杠传动和光杠传动的功用，二者不能相互替代的原因。

掌握CA6140型卧式车床车削螺纹的种类，四种标准螺纹的螺距排列规律以及车削螺纹的传动路线表达式变换特点，掌握扩大螺距导程机构的使用条件。熟练掌握车床车削米制螺纹的传动系统中的各变速机构（基本组、增倍机构等），了解车削英制螺纹和非标准螺纹的传动路线表达式及调整。掌握车削圆柱面和端面的传动路线表达式、纵横向机动进给量，掌握纵横向机动进给量之间的关系和刀架的快速移动传动链，掌握超越离合器的功用和工作原理。

掌握CA6140型卧式车床主轴箱的功用，掌握双向多片式摩擦离合器和制动器的功用、调整方法和工作原理，了解主轴结构特点以及主轴前端短圆锥法兰式结构特点，掌握主轴轴承调整的目的和调整方法。了解主轴箱变速操纵机构的工作原理。

掌握CA6140型卧式车床溜板箱的功用，掌握开合螺母机构、互锁机构的功用，掌握安全离合器的功用和调整，了解纵向、横向机动进给及快速移动的操纵机构。

能从结构方面分析CA6140型普通车床常见的故障（如：闷车、制动不灵、安全离合器打滑、刀架不进给等）产生的原因和解决办法。

掌握回轮、转塔车床和立式车床的用途和特点。掌握各种车床性能比较。

掌握磨床的定义、工艺范围、加工特点和应用场合。了解磨床的分类和各类磨床的用途。

（4）掌握M1432A型万能外圆磨床的布局和用途，掌握M1432A型万能外圆磨床的几种典型加工方法和所需要的运动。掌握M1432A型万能外圆磨床的机械传动系统，包括外圆磨削时头架传动、外圆磨削砂轮的传动、内圆磨具的传动链、工作台的传动及砂轮架的横向进给运动，了解M1432A型万能外圆磨床主要部件的结构。掌握普通外圆磨床与万能外圆磨床在结构上的主要区别；掌握无心外圆磨床的工作原理、磨削方式、特点与应用，掌握内圆磨床的功用、主要类型、磨削方式和运动；平面磨床功用、主要类型、磨削方式和运动。

（5）掌握齿轮的加工方法和齿轮加工的机床类型。

熟练掌握滚齿机的滚齿原理和滚切直齿圆柱齿轮及斜齿圆柱齿轮时所需要的运动、传动联系和传动原理图。熟练掌握确定滚齿机滚刀转动方向、工件展成运动方向、工件附加运动方向和滚刀安装角的方向。

掌握Y3150E滚齿机传动系统及其调整计算，读懂Y3150E型滚齿机的传动系统图，掌握传动系统分析和传动链的调整计算。掌握滚切直齿圆柱齿轮的传动链及其调整计算和滚切斜齿圆柱齿轮的传动链及其调整计算，掌握加工大质数直齿圆柱齿轮的原理和方法，掌握滚刀安装角及调整。

了解插齿机的工作原理、所需运动、传动联系和传动原理图。

了解磨齿机的磨齿原理及所需运动，包括成形法的磨齿原理及所需的运动和展成法的磨齿原理及所需的运动。

了解锥齿轮加工机床的切齿原理及所需运动。了解弧齿锥齿轮铣齿机的传动原理图和工

作过程，了解齿轮制造技术的发展动向。

（6）掌握钻床功用、主要类型以及各类钻床的主要特点和应用，掌握 Z3040 型摇臂钻床的布局、能实现哪几个方向运动。

掌握镗床的功用、主要类型以及各类镗床的主要特点和应用，特别是卧式铣镗床、坐标镗床。掌握卧式铣镗床能实现哪些运动；掌握坐标镗床的主要类型和它们的运动，了解坐标测量装置。

掌握铣床的功用、运动、类型以及各类铣床的主要特点和应用场合，包括升降台式铣床、龙门铣床和圆台铣床。

掌握刨床的功用、主要类型以及各类刨床的主要特点、运动和应用。了解插床的主要特点和应用。了解拉床的主要特点和应用。

掌握组合机床的组成及其特点，了解组合机床的工艺范围、配置型式和通用部件及其配套。

（7）掌握数控机床的特点、工作原理、开环控制、闭环控制和半闭环控制系统；掌握数控机床的组成及各组成部分的特点和作用。

了解 MJ-50 型数控车床的组成及用途、传动系统（主运动传动链、进给运动传动链、换刀传动链）和转塔刀架；了解车削中心的概念及特点。

了解加工中心机床的布局及组成、机床的运动及其传动系统，（主运动传动链、伺服进给传动链、刀库圆盘旋转传动链）、主轴部件、刀库和换刀机械手。

了解特种加工设备的工作原理、加工范围。

2. 本课程与专业基础课程的衔接

金属切削机床课程主要介绍各类典型机床的传动系统和主要部件的结构，开设之前应开设工程力学、机械制图、金属材料及热处理、机械设计基础、机械基础、互换性与测量技术基础、设备控制基础、液压与气压传动、金属切削刀具等课程，后续课程应开设机械制造工艺学、机床夹具及应用、机械设计基础等课程，并开设相关的实训环节。

1-3　金属切削机床课程学习方法

本课程是一门专业课，其特点是涉及面广、实践性强、灵活性大但各类机床的分析方法和步骤基本相同。它不仅要运用到以前学过的机械制图、金属材料与热处理、互换性与测量技术基础、机械设计基础、机械制造基础等有关知识，而且需要将基础知识综合运用。

由于金属切削机床同生产紧密相连，其理论是前人长期生产实践的总结。因此，学习中必须和生产实际相结合，牢固掌握有关知识，提高解决实际问题的能力。

学生学习本课程时，应以运动为核心，以传动原理图、传动系统图、结构装配图为重点，以操作使用为目标，综合训练驾驭机床的能力，培养思考问题、分析问题和解决问题的能力；通过实践和自学获取知识。

金属切削机床与机械类专业的其他课程相比，有其自身的特点，学习时要注意：

（1）注意掌握机床传动基本原理和方法，对最基本、最典型传动件和机构要熟悉。

（2）学习典型设备和传动系统时，着重研究、体会典型零部件结构、应用特点。

（3）注重掌握基本的机床分析方法，熟悉典型机床的结构、调整计算。

（4）在学习本课程时，应密切注意机床方面的新技术实际发展动态，以求把基本理论和新技术联系起来。

金属切削机床概述

在工业、农业等各个生产领域中，在人民的日常生活中，使用着各种各样的机器设备和工具。这些机器和工具是由一定形状和尺寸的机械零件所组成。生产这些零件并把它们装配成为机器设备或工具的工业称为机械制造工业。在机械制造业中所使用的主要加工设备都是机床。

机床是对金属、其他材料的坯料或工件进行加工，使之获得所要求的几何形状、尺寸精度和表面质量的机器。机床是制造机器的机器，这是机床区别于其他机器的主要特点，故机床又称为工作母机或工具机。

机床主要分为：① 金属切削机床，主要用于对金属进行切削及特种加工；② 锻压机械，用于对坯料进行压力加工，如锻造、挤压和冲裁等。③ 木工机床，用于对木材进行切削加工。狭义的机床仅指使用最广、数量最多的金属切削机床，本教材主要讨论这类机床的结构特点、调整原理、使用及维护方法。

2-1 金属切削机床的地位和发展概况

金属切削机床（Metal cutting Machine tool），常简称为机床（Machine tool），它是采用切削、特种加工等方法将金属毛坯（或半成品）的多余金属去除，制成机械零件的一种机器，制造的机械零件应能达到零件图样所要求的表面形状、尺寸精度和表面质量。

一、金属切削机床在国民经济中的地位

金属切削机床是制造机器的机器，所以又称为工作母机。一般来说，要求精度高、表面粗糙度较小的零件，都要在机床上用切削加工的方法经过几道或者几十道工序才能制成。由此可见机床在机械制造行业中占有极其重要的地位，机床设备占有相当大的比重，一般都在50%以上，所担负的工作量占机器总制造工作的40%~50%。机床是机械工业的基本生产设备，它的品种、质量和加工效率直接影响着其他机械产品的生产技术水平和经济效益。因此，机床工业的现代化水平和规模，以及所拥有的机床数量和质量是一个国家工业发达程度的重要标志之一。

机械制造工业担负着为国民经济建设提供现代技术装备的重要任务，必须超前为其他部门提供适合需要的先进技术装备。一个现代化的机械制造业必须有一个现代化的机床制造业作后盾。即使在科技飞速发展、信息产业异军突起的今天，世界各发达国家如美

国仍对先进制造技术十分重视，将现代制造技术列为第一优先重点支持的领域。制造技术对科学发展起着基础保证作用，没有先进的仪器、装备等，许多科学研究和发现都是不可能的。这就要求机床工业部门不断提高技术水平，超前为各个机械制造厂提供先进的现代化机床，以保证制造技术的进步。所以，机床制造业在国民经济的现代化发展中起着重要的作用。

二、金属切削机床的发展概况

机床是在人类改造自然的长期斗争中产生，又随着社会生产的发展和科学技术的进步而不断发展、不断完善的。机床经历了漫长而又非常缓慢的发展进程。

在6000年前，人类就发明了原始的钻床和木工机床。19世纪至20世纪，随着电动机的问世及齿轮传动的出现，才使机床基本上具备了现代机床的形式。

目前，随着电子技术、计算机技术、信息技术、激光技术等的发展及在机床领域中的应用，使机床具备了多样化、精密化、高效化、自动化的时代特征。

近年来，数控机床以其加工精度高、生产率高、柔性高、自动化程度高、适应中小批量生产而日益受到重视。20世纪80年代是数控机床开始大发展的年代，数控机床和加工中心已成为当今机床发展的趋势。

由于中国历史上的长期封建统治及以后的帝国主义侵略和掠夺，在新中国成立之前，没有自己的机床制造业。新中国成立以后才开始改建及兴建了一批机床制造厂，开展各种机床的研究和制造工作。多年来，中国机床工业已形成了一个布局合理、产品门类齐全的完整体系，能够生产出从小型的仪表机床到重型机床的各类机床，从各种通用机床到各种精密、高效率、高自动化的机床和自动线，并已具有成套装备现代化工厂的能力，有些机床的性能已经接近世界先进水平。

1997年，中国机床工业产值居世界第七位，占4.6%。在数控系统的开发与生产上面，通过“七五”引进、消化、吸收，“八五”攻关和“九五”产业化，国产系统已经初步占领国内市场，并在20世纪80年代已批量进入市场，国外对中国限制的高档系统也已经被我们一一突破，国产数控机床的可控轴数为30、24或16，联动轴数可达9轴。

在现代机械制造技术中，数控机床是柔性制造系统FMS（Flexible Manufacturing System）、计算机集成制造系统CIMS（Computer Intergrated Manufacturing System）以及CAD/CAM的基础，因此可以说，数控机床是现代机床的典型代表。中国机床工业近年来取得的成绩是巨大的，但由于起步晚、底子薄，与世界先进水平比，还有较大差距。

1998年，中国机床产量的数控化率为7%，机床产值的数控化率37%。普通型数控机床产量占数控机床总产量的70%，普通型数控机床产值占全部数控机床产值的86%。

从2008年机床行业统计数据来看，金属切削机床制造业资产比重占机床行业的54.14%，收入比重和利润比重也几乎占据整个机床行业一半的份额；其次是金属成形机床制造业、铸造机械制造业、其他金属加工机械制造，收入比重均在10%以上。

截至2008年年底，中国金属切削机床制造业拥有646家企业，比2007年增加133家；资产总额978.72亿元，比2007年增长了17.66%。

2008年中国金属切削机床和数控机床产量较2007年有所下滑，全年金属切削机床总产量61.69万台，其中数控机床12.2万台，同比分别降低2.4%和3.3%。

中国目前是世界第一大机床消费国，其中数控机床逐渐成为机床消费的主流。2010年，中国金属切削机床行业会有更大的需求，尤其是中高档数控机床产品。预计 2010 年中，中国数控机床消费有望超过 60 亿美元，台数超过 10 万台，中高档数控机床比例大幅增加。

2-2　金属切削机床的分类与型号编制

中国的机床工业已经形成门类齐全、品种规格众多的工业体系。为了便于设计、开发、制造和管理使用，应该有一套科学合理的分类与型号编制的方法。

目前，金属切削机床的分类与型号编制已较为规范。而对数控机床，为进一步了解其特性，还可以从不同的角度进行分类说明。

一、金属切削机床的分类

目前，我国按机床的加工对象可分为通用机床、专门化机床和专用机床。通用机床是指可加工多种工件、完成多种工序、使用范围较广的机床；专门化机床是指用于加工形状相似而尺寸不同的工件上特定工序的机床；专用机床是指用于加工特定工件的有特定工序的机床。按机床的精度等级标准可将机床分为普通机床、精密机床和高精度机床三种。根据国家标准的《金属切削机床型号编制方法》（GB/T 15375—1994 Metal-cutting machine tools-Method of type designation)，按机床的工作原理不同，把机床分为 11 大类：车床（lathe)、铣床（milling machine)、钻床（drill press)、镗床、齿轮加工机床、螺纹加工机床、磨床、刨插床、拉床、锯床和其他机床。(该机床型号编制方法不包括组合机床和特种加工机床）见表 2-1。

表 2-1　机床类别及代号

类别	车床	钻床	镗床	磨床	齿轮加工机床	螺纹加工机床	铣床	刨插床	拉床	锯床	其他机床
代号	C	Z	T	M	Y	S	X	B	L	G	Q
参考读音	车	钻	镗	磨	牙	丝	铣	刨	拉	锯	其
注：磨床的种类因为很多，所以该类又分为 M、2M、3M，参考读音是磨、2 磨、3 磨。											

除上述基本分类方法外，机床还可按照使用上的万能性程度、加工精度、自动化程度、主轴数目、机床重量等进行分类，而且随着机床的不断发展，其分类方法也将不断发展。

二、金属切削机床型号的编制方法

机床的型号是一个代号，用以表示机床的类型、主要技术参数、使用及结构特性等。在国家标准的《金属切削机床型号编制方法》（GB/T 15373—1994）中，通用机床型号的表示方法如图 2-1 所示。“( ) ”内的代号或数字，若无内容则不表示；若有内容时应不带括号；有“○”符号者为大写的汉语拼音字母；有“△”符号者为阿拉伯数字。

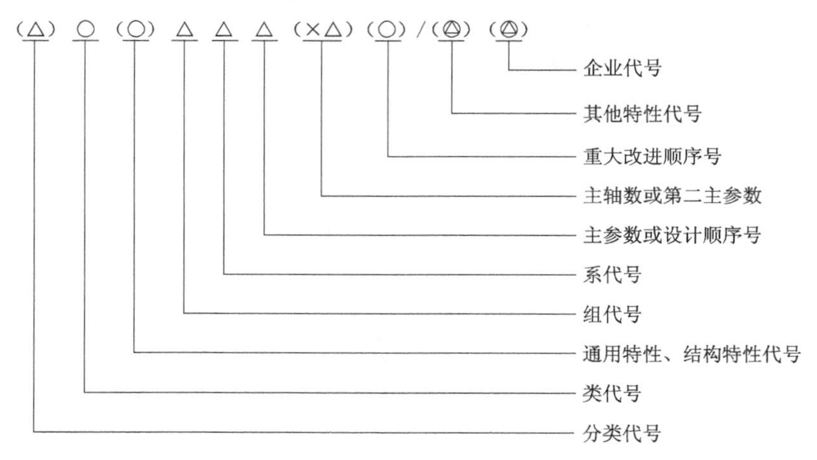

图 2-1 通用机床型号的表示方法

1. 机床的类别代号

机床的类别及分类代号见表 2-1。

2. 通用特性代号

通用特性代号见表 2-2。

表 2-2 机床通用特性及其代号

通用代号	高精度	精密	自动	半自动	数控	仿形	加工中心	轻型	加重型	简式或经济型	柔性加工单元	数显	高速
代号	G	M	Z	B	K	F	H	Q	C	J	R	X	S
读音	高	密	自	半	控	仿	换	轻	重	简	柔	显	速

如机床具有表中所表示的某种通用特性时，在类代号之后加上相应的通用特性代号，如型精密卧式车床型号中的“M”表示通用特性为“精密”。

为了区别主参数相同而结构、性能不同的机床，在型号中用汉语拼音字母的大写区分并两字母不能用作排在通用特性代号之后，表示结构特性代号。通用特性用过的字母以及排在通用特性代号之后，表示结构特性代号。通用特性用过的字母以及 I、O 两字母不能用作结构特性代号。

3. 机床的组、系代号

机床的类、组、系划分见表 2-3。

每类机床分为 10 组，每组又分为 10 系。机床的组、系代号用两位阿拉伯数字分别表示，第一位数字表示组别，第二位表示系别，位于类代号或通用特性代号（或结构特性）之后。在同一类机床中，主要布局或使用范围基本相同的机床为同一组。在同一组机床中，其主参数相同、主要结构及布局形式相同的机床，即为同一系。例如，CA6140 型卧式车床型号中的“61”，说明它属于车床类 6 组、1 系。

表 2-3　金属切削机床类、组划分表

类别＼组别		0	1	2	3	4	5	6	7	8	9
车床 C		仪表车床	单轴自动、半自动车床	多轴自动、半自动车床	回轮、转塔车床	曲轴及凸轮轴车床	立式车床	落地及卧式车床	仿形及多刀车床	轮、轴、辊、锭及铲齿车床	其他车床
钻床 Z			坐标镗钻床	深孔钻床	摇臂钻床	台式钻床	立式钻床	卧式钻床	钻铣床	中心孔钻床	
镗床 T				深孔镗床		坐标镗床	立式镗床	卧式铣镗床	精镗床	汽车、拖拉机修理用镗床	
磨床	M	仪表磨床	外圆磨床	内圆磨床	砂轮机	坐标磨床	导轨磨床	刀具刃磨床	平面及端面磨床	曲轴、凸轮轴、花键轴及轧辊磨床	工具磨床
	2M		超精机	内圆珩磨机	外圆及其他珩磨机	抛光机	沙带抛光及磨削机床	刀具刃磨及研磨机床	可转位刀片磨削机床	研磨机	其他磨床
	3M		球轴承套圈沟磨床	滚子轴承套圈滚道磨床	轴承套圈超精机		叶片磨削机床	滚子加工机床	钢球加工机床	气门、活塞及活塞环磨削机床	汽车、拖拉机修磨机床

续表

类别＼组别	0	1	2	3	4	5	6	7	8	9
齿轮加工机床 Y	仪表齿轮加工机床		锥齿轮加工机床	滚齿及铣齿机	剃齿及珩齿机	插齿机	花键轴铣床	齿轮磨齿机	其他齿轮加工机床	齿轮倒角及检查机
螺纹加工机床 S				套丝机	攻丝机		螺纹铣床	螺纹磨床	螺纹车床	
铣床 X	仪表铣床	悬臂及滑枕铣床	龙门铣床	平面铣床	仿形铣床	立式升降台铣床	卧式升降台铣床	床身铣床	工具铣床	其他铣床
刨插床 B		悬臂刨床	龙门刨床			插床	牛头刨床		边缘及模具刨床	其他刨床
拉床 L			侧拉床	卧式外拉床	连续拉床	立式内拉床	卧式内拉床	立式外拉床	键槽及螺纹拉床	其他拉床
锯床 G			砂轮片锯床		卧式带锯床	立式带锯床	圆锯床	弓锯床	锉锯床	
其他机床 Q	其他仪表机床	管子加工机床	木螺钉加工机		刻线机	切断机				

4. 主参数或设计顺序号

主参数用折算值（主参数乘折算系数）表示，位于系代号之后。某些通用机床，当无法用一个主参数表示时，在型号中用设计顺序号表示。设计顺序号由 01 开始。

各种型号的机床，其主参数的折算系数可以不同，具体折算系数参见表 2-4。

表 2-4　常见机床主参数折算系数

机　床　名　称	主参数名称	主参数折算系数
普通机床	床身上最大工件回转直径	1/10
自动机床、六角机床	最大棒料直径或最大车削直径	1/1
立式机床	最大车削直径	1/100
立式钻床、摇臂钻床	最大孔径直径	1/1
卧式镗床	主轴直径	1/10
牛头刨床、插床	最大刨削或插削长度	1/10
龙门刨床	工作台宽度	1/100
卧式及立式升降台铣床	工作台工作面宽度	1/10
龙门铣床	工作台工作面宽度	1/100
外圆磨床、内圆磨床	最大磨削外径或孔径	1/10
平面磨床	工作台工作面的宽度或直径	1/10
砂轮机	最大砂轮直径	1/10
齿轮加工机床	（大多数是）最大工件直径	1/10

5. 主轴数和第二主参数

① 对于多轴车床、多轴钻床等机床，其主轴数应以实际数值标于型号中主参数之后，并以“×”分开，读作“乘”。

② 第二个主参数一般不予表示，如有特殊情况，需在型号中表示时，应按一定手续审批。凡第二个主参数属于长度、深度等值的折算系数为 1/100；凡属直径、宽度等值用 1/10 为折算系数；最大模数、厚度等以实际值列入型号。

6. 重大改进顺序号

当机床的性能及结构有更高要求，并按新产品重新设计、试制和鉴定后，在原机床型号之后按 A、B、C 等字母顺序加入改进序号，以区别于原型号机床。如 C6140A 是 C6140 型车床经过第一次重大改进的车床。目前，工厂中使用较为普遍的几种老型号机床，是按 1959 年以前公布的机床型号编制办法编定的。按规定，以前已定的型号现在不改变。例如 C620-1 型卧式车床，型号中的代号及数字的含义如下：

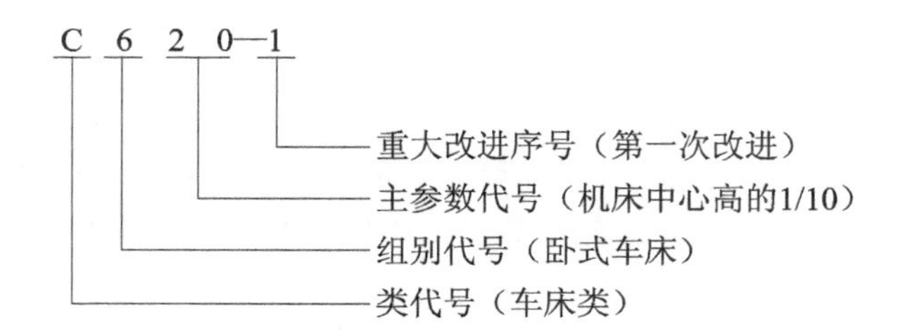

7. 其他特性代号

其他特性代号主要用以反映各类机床的特性，如：对一般机床，可反映同一型号机床的变型；对于数控机床，可用来反映不同的控制系统等；对于加工中心可用来反映控制系统、自动交换主轴头、自动交换工作台等。其他特性代号在改进序号之后，用汉语拼音或阿拉伯数字表示，并用“/”分开，读作“之”。

8. 企业代号

企业代号包括机床生产厂和机床研究单位代号。用“—”与前面代号分开，读作“至”。

9. 示例

例 1：最大磨削直径为 200 mm 的外圆超精加工磨床，其型号为 2M1320。

例 2：加工最大棒料直径为 50 mm 的六轴棒料自动车床，其型号为 C2150×6。

例 3：北京机床研究所生产的精密卧式加工中心，镗轴直径为 50 mm，其型号为 THM6305/JCS。

例 4：详细示例

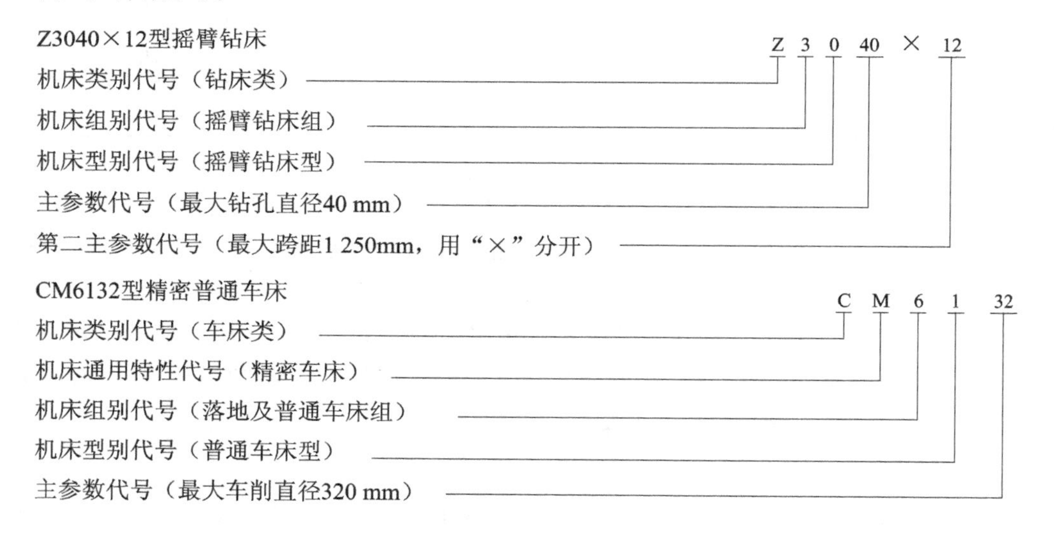

三、专用机床型号

专用机床型号表示方法：专用机床的型号一般由设计单位代号和设计顺序号组成，型号构成如下：

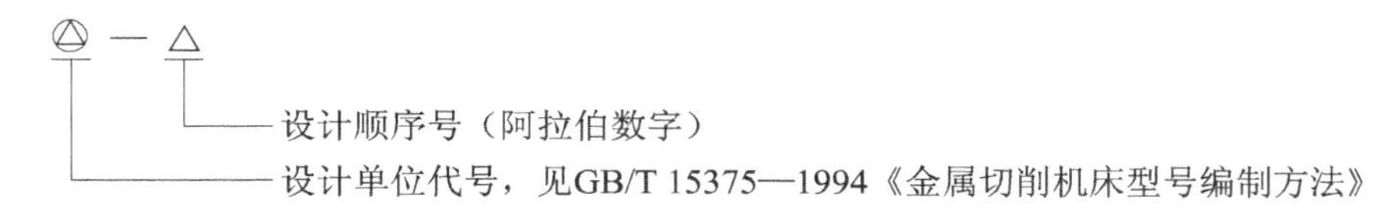

专用机床的设计单位代号：设计单位代号包括机床生产厂和机床研究单位代号（位于型号之首）。

专用机床的设计顺序号：专用机床的设计顺序号按该单位的设计顺序号排列，由 001 起始，位于设计单位代号之后，并用“-”隔开，读作“至”。

四、机床自动线代号

由通用机床或专用机床组成的机床自动线，其代号为 ZX ，（读作“自线”），位于设计单位代号之后，并用“-”分开，读作“至”。机床自动线设计顺序号的排列与专用机床的设计顺序号相同，位于机床自动线代号之后。

机床自动线的型号表示方法：型号构成如下：

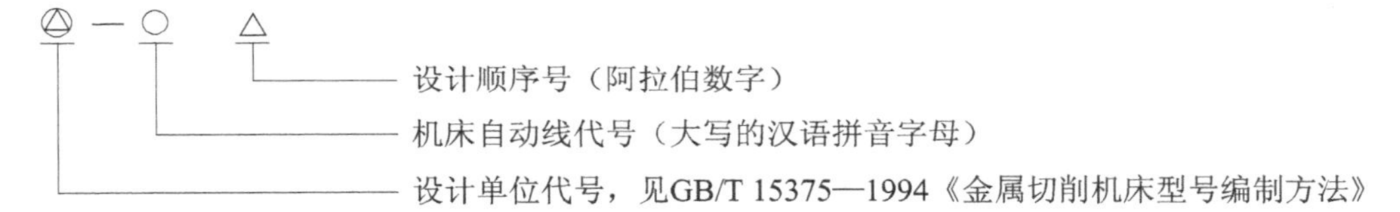

机床自动线型号示例：北京机床研究所设计的第一条机床自动线，其型号为 JCS-ZX001。

五、金属切削机床的技术规格

每一类机床，都应该能够加工不同尺寸的工件，所以它不可能做成只有一种规格。国家根据机床的生产和使用情况，规定了每一种通用机床的主参数和第二主参数系列。现以卧式车床为例加以说明。

卧式车床的主参数是：在床身上工件的最大回转直径，有 250、320、400、500、630、800、1 000、1 250 mm 八种规格；主参数相同的卧式车床往往又有几种不同的第二主参数——最大工件长度。例如，CA6140 型卧式车床在床身上最大回转直径为 400 mm，而最大工件长度有 750、1 000、1 500、2 000 mm 四种。

卧式车床技术规格的内容除主参数和第二主参数外，还有刀架上最大回转直径、中心高（主轴中心至床身矩形导轨的距离）、通过主轴孔的最大棒料直径、刀架上最大行程、主轴内孔的锥度、主轴转速范围、进给量范围、加工螺纹的范围、电动机功率等。

机床的技术规格可以从机床的说明书中查出。了解机床的技术规格，对正确使用机床和合理选用机床都具有十分重要的意义，例如，当使用两顶尖进行加工或主轴上安装心轴和其他夹具时，需了解内孔锥度；当需要在主轴端上安装卡盘、夹具时，需了解主轴端的外锥体或螺纹尺寸；当采用长棒料加工时，要了解最大加工棒料直径；当加工螺纹或决定切削用量时，要选择机床所具有的主轴转速和进给量，要考虑机床的电动机功率是否够用等等。所以，只有结合机床的技术规格进行全面的考虑，才能起到正确使用和合理选用机床的作用。

2-3　机床的基本运动

机床进行加工的实质，就是让刀具与工件之间产生相对运动。虽然各种类型机床的具体用途和加工方法各不相同，但其基本工作原理是一样的，即通过刀具和工件之间的相对运动，切除工件毛坯上多余金属，形成一定形状、尺寸和质量的表面，从而获得所需的机械零件。因而加工需要什么运动，机床如何实现这些运动，是首先应讨论的问题。

机床的运动分析，就是研究在金属切削机床上的各种运动及其相互联系。机床运动分析的一般过程是：根据在机床上加工的各种表面和使用的刀具类型，分析得到这些表面的方法和所需的运动，再分析为实现这些运动机床必须具备的传动联系，实现这些传动联系的机构，以及机床运动的调整方法。这个次序可以总结为“表面—运动—传动—机构—调整”。

尽管机床品种繁多，结构各异，但不过是几种基本运动类型的组合与转化。机床运动分析的目的在于，可以利用非常简便的方法迅速认识一台陌生的机床、掌握机床的运动规律、分析或比较各种机床的传动系统，从而能够合理地使用机床和正确设计机床的传动系统。

一、表面成形运动

机械零件的表面形状多种多样，而构成其内外形轮廓的，主要是几种基本形状的表面：平面、圆柱面、圆锥面以及各种成形面，构成零件外形轮廓的常用表面见图2-2。这基本形状的表面都属于线性表面，既可经济地在传统通用机床上加工，又可较容易地达到所需要的精度要求。随着科学技术的不断发展，对工件表面加工精度的要求不断提高，尤其是一些工件表面形状越来越复杂，有些复杂曲线或曲面还需用数学模型描述。

图2-2中，标号1的线为母线（发生线），标号2的线为导线（发生线）。切削加工时母线或导线的形成方法多种多样，按所用刀具的结构和刀刃形状及加工原理不同，可归纳为以下基本方法：成形法、展成法、相切法和轨迹法。

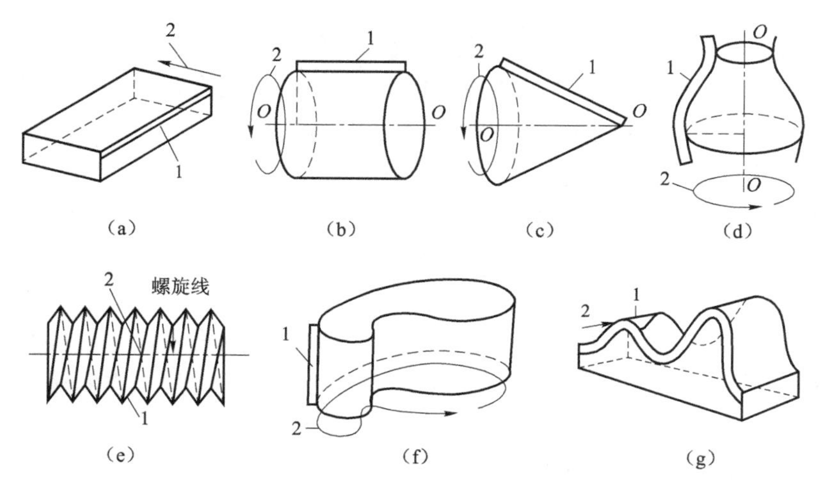

图2-2　各类典型表面的形成

（a）平面；（b）圆柱面；（c）圆锥面；（d）回转曲面；（e）螺旋面；（f）封闭曲面；（g）敞开曲面

成形法：切削刃的形状是一条与母线或导线形状完全吻合的切削线，切削加工时，刀具不需要成形运动，只作简单的进给运动，就可得到所需的母线或导线形状。成形法加工时，刀具切削刃的形状就是母线，工件的旋转运动形成导线。

轨迹法：刀具的切削刃与工件的表面呈点接触，母线或导线是刀具按一定规律运动时，刀尖在工件表面所描划出的轨迹，用轨迹法形成母线或导线需要成形运动。轨迹法加工时，工件的旋转运动形成导线，而母线是刀尖移动的轨迹。

1. 被加工工件的表面形状

在切削加工过程中，安装在机床上的刀具和工件按一定的规律作相对运动，通过刀具的刀刃对工件毛坯的切削作用，把毛坯上多余的金属切除掉，从而得到所要求的表面。尽管机器零件千姿百态，但其常用的组成表面却是平面、圆柱面、圆锥面、球面、圆环面、螺旋面、成形表面等基本表面元素，如图 2-3 所示。

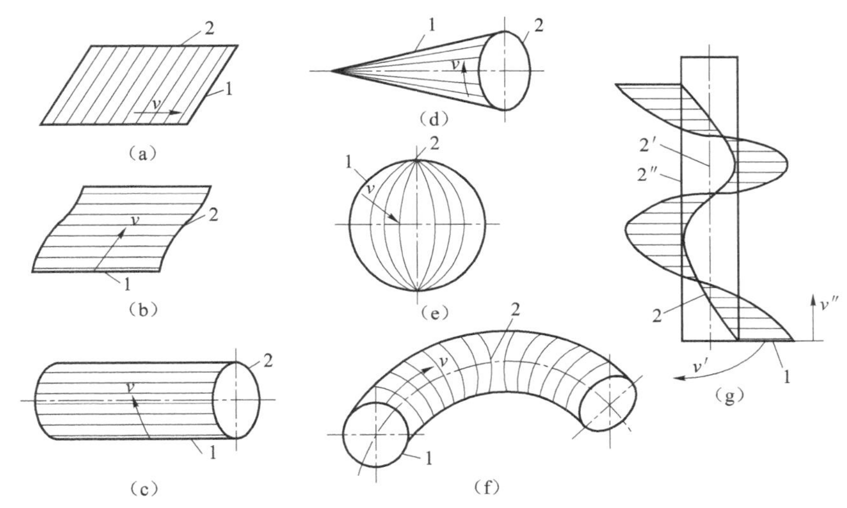

图 2-3　组成工件轮廓的几种几何表面

1—母线；2—导线

（a）平面；（b）直线成形表面；（c）圆柱面；（d）圆锥面；（e）球面；（f）圆环面；（g）螺旋面

2. 工件表面的形成方法

任何规则表面都可以看作是一条线 1（称为母线）沿着另一条线 2（称为导线）运动的轨迹。母线和导线统称为形成表面的发生线，如图 2-3 所示。如果形成表面的两条发生线——母线和导线互换，形成表面的性质不改变，则这种表面称为可逆表面，如图 2-3（a）、图 2-3（b）、图 2-3（c）所示。如果形成表面的母线和导线不可以互换，则形成不可逆表面，如图 2-3（d）、图 2-3（e）、图 2-3（f）、图 2-3（g）所示。还要注意，虽然有些表面的两条发生线完全相同，但因母线的原始位置不同，也可形成不同的表面，如图 2-4 所示。

3. 形成发生线的方法及所需运动

发生线是由刀具的切削刃和工件的相对运动得到的。由于使用的刀具切削刃形状和采取的加工方法不同，形成发生线的方法可归纳为四种，以形成图 2-5 中一段圆弧（发生

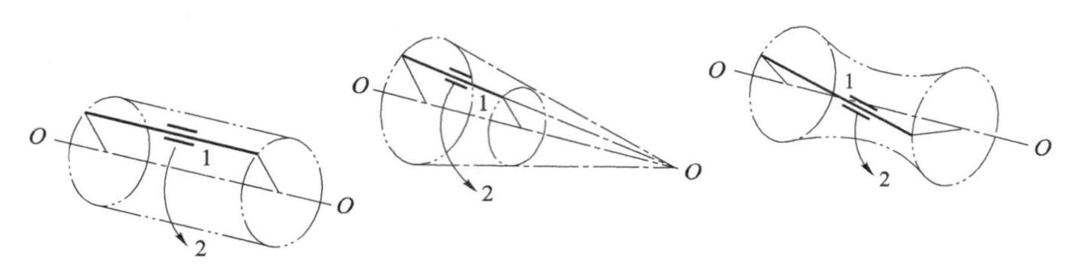

图 2-4 母线原始位置变化时形成的表面

1—母线；2—导线

线2）为例说明如下：

（1）成形法如图2-5（a），它是利用成形刀具对工件进行加工的方法。刀刃为切削线1，它的形状与需要形成的发生线2完全吻合，刀具无须任何运动就可以得到所需的发生线形状，因此形成发生线2不需运动。

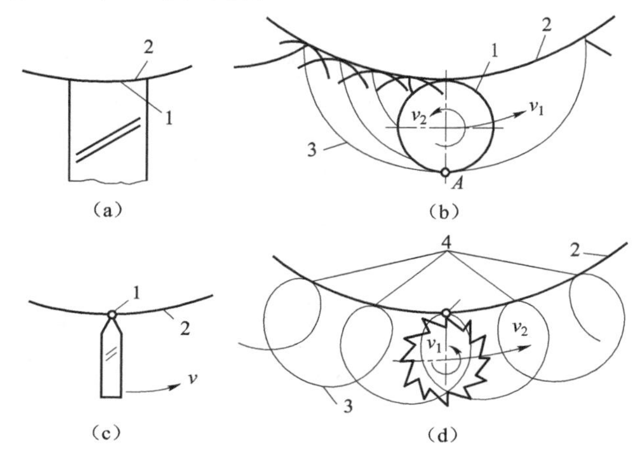

图 2-5 形成发生线的方法

1—切削线；2—发生线；3—切削刃上某点的运动轨迹；4—切点

（a）成形法；（b）展成法；（c）轨迹法；（d）相切法

（2）展成法如图2-5（b），它是利用工件和刀具作展成切削运动而进行加工的方法。刀刃为切削线1，它的形状与需要形成的发生线2相切，切削线1与发生线2彼此作无滑动的纯滚动，切削线1在切削过程中连续位置的包络线就是发生线2，曲线3是切削刃上某点A的运动轨迹。在形成发生线2的过程，或者仅由切削线1沿着由它生成的发生线2作纯滚动；或者切削线1和发生线2（工件）共同完成复合的纯滚动，这种运动称为展成运动。用展成法形成发生线需要一个成形运动（展成运动）。齿轮加工机床大多采用展成法形成渐开线。

（3）轨迹法如图2-5（c），它是利用刀具作一定规律的轨迹运动对工件进行加工的方法。刀刃与发生线2为点接触（切削点1），刀刃按一定轨迹运动形成所需的发生线2。用轨迹法形成发生线需要一个成形运动。

（4）相切法如图2-5（d），它是利用旋转中心按一定轨迹运动的旋转刀具对工件进行加工的方法。在垂直于刀具旋转轴线的端面内，切削刃可看作切削点1，刀具作旋转运

动的同时，其中心按一定规律运动，切削点 1 的运动轨迹（如图中的曲线 3）的共切线就是发生线 2。图中点 4 就是刀具上的切削点 1 的运动轨迹与工件的各个切点。因为这种方法的刀具一般是多齿刀具，有多个切削点，所以 发生线 2 就是刀具上所有的切削点在切削过程中共同形成的。用相切法得到发生线，需要两个独立的成形运动，即刀具的旋转运动和刀具中心按所需规律进行的运动。

在各类表面的加工中，直接参与切削过程，为形成所需表面形状有关的刀具与工件间的相对运动，称为表面成形运动，简称成形运动。

形成某种形状表面时所需机床提供的成形运动的形式和数目决定于采用的加工方法和刀具结构。

成形运动按其组成情况不同，可分为简单的和复合的两种运动。如果一个独立的成形运动是由单独的或直线运动构成的，则称此成形运动为简单成形运动。例如，用外圆车刀车削圆柱面时（图 2-6，工件的旋转运动 B 和刀具的直线移动 A 就是两个简单运动）、外圆磨床磨削圆柱面时（工件的旋转运动 B_2 和直线移动 A'、砂轮的旋转运动 B_1 就是简单运动）。如果一个独立的成形运动是由两个或两个以上的旋转或（和）直线运动，按照某种确定的运动关系组合而成，则称此成形运动为复合成形运动，简称复合运动。例如，车削螺纹时或车削成形表面（图 2-7）。

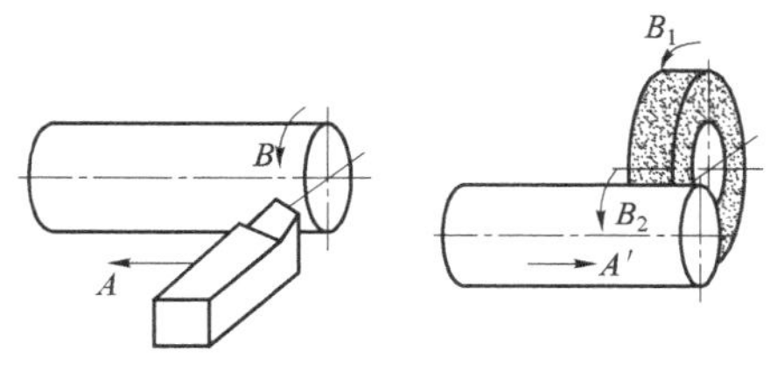

图 2-6　简单成形运动

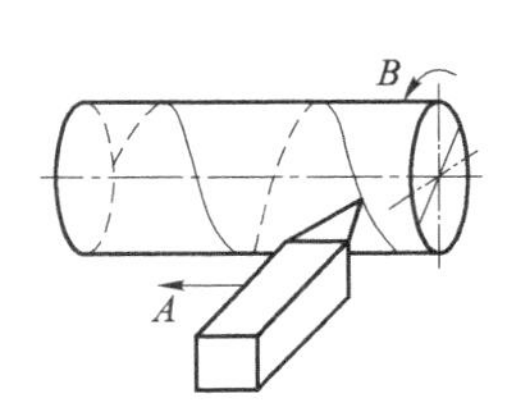

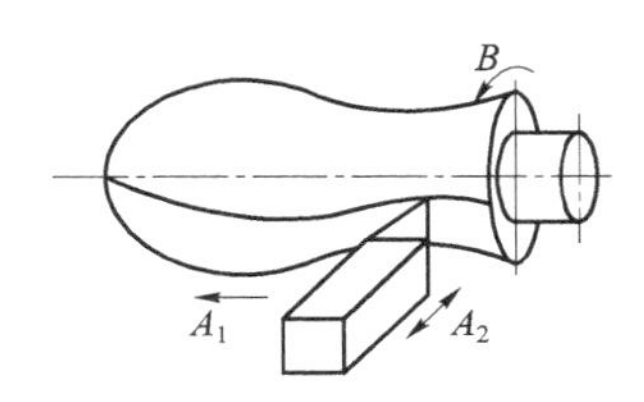

图 2-7　复合成形运动

形成螺旋线所需的刀具和工件之间的相对螺旋轨迹运动为简化机床结构和较易保证精度，通常将其分解为工件的等速旋转运动 n 和刀具的等速直线移动 f。n 和 f 彼此不能独立，它们之间必须保持严格的运动关系，即工件每转 1 转时，刀具直线移动的距离应等于螺纹的导程，从而 n 和 f 这两个运动组成一个复合运动。

成形运动按其在切削加工中所起的作用，又可分为主运动和进给运动，它们可能是简单的表面成形运动，也可能是复合的表面成形运动。

（1）主运动

主运动是切除工件上的被切削层，使之转变为切屑的主要运动，主运动的速度高，消耗的功率大。车床工件的旋转、铣床铣刀的旋转、磨床砂轮的旋转、钻床和镗床的刀具旋转、牛头刨床的刨刀及龙门刨床的工件直线往复移动等都是主运动。

对于旋转主运动，其主轴转速的单位以 r/min 表示；对直线往复主运动，其直线往复速度的单位以双行程/min 表示。

（2）进给运动

进给运动是不断地把被切削层投入切削，以逐渐切出整个工件表面的运动。进给运动的速度较低，消耗的功率也较小。车床刀具相对于工件作纵向直线运动、横向直线运动，卧式铣床工作台带动工件相对于铣刀作纵向直线运动、横向直线运动等都是进给运动。

进给运动速度的单位用下列方法表示：

① mm/r，如车床、钻床、镗床等；

② mm/min，如铣床等；

③ 双行程/min，如刨床等。

任何一种机床，必定有、且通常只有一个主运动，但进给运动可能有一个或几个，也可能没有，如图 2-8 所示为拉床的工作运动。

拉削是用拉刀加工内、外成形表面的一种加工方法。如图 2-8 所示，拉刀是多齿刀具，拉削时，利用拉刀上相邻刀齿的尺寸变化来切除加工余量，使被加工表面一次成形，因此拉床只有主运动，无进给运动，进给量是由拉刀的齿升量来实现的。

例：用齿轮滚刀加工直齿圆柱齿轮齿面（图 2-9）。

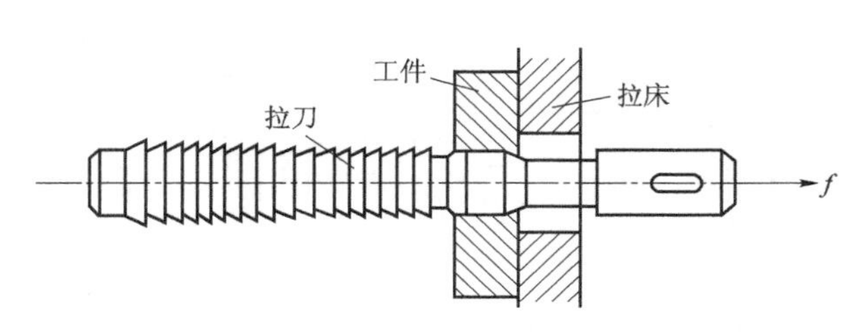

图 2-8　拉刀与拉削加工

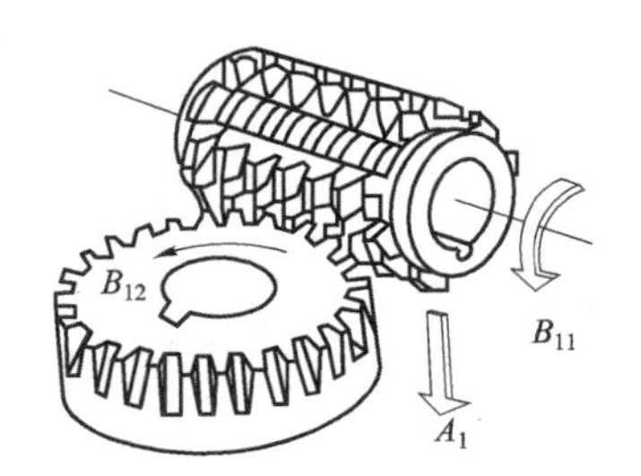

图 2-9　用齿轮滚刀滚切直齿圆柱齿轮

母线——渐开线，由展成法形成，需要 1 个复合的表面成形运动，可分解为滚刀旋转运动 B_{11}和工件旋转运动 B_{12}两个部分，B_{11}和 B_{12}之间必须保持严格的相对运动关系。

导线——直线，由相切法形成，需要 2 个独立的成形运动，即滚刀旋转运动和滚刀沿工件轴向移动 A_2。其中滚刀的旋转运动与展成运动的一部分 B_{11}重合，所以形成表面所需的成形运动的总数只有 2 个，一个是复合运动（B_{11}和 B_{12}），另一个是简单运动（A_2）。

二、辅助运动

通常，仅靠表面成形运动只能使被加工表面获得一个轮廓形状，不一定能一次达到尺寸精度及表面质量的要求，因此，机床常常需要一再重复表面成形运动，这就需要机床有一系列的辅助运动，如刀具的接近工件、刀具沿切深进给、刀具退离工件、快速退回起始位置等运动。另外，为了使刀具与工件具有正确的相对位置的对刀运动，多工位工作台和多工位刀架的周期性转位，加工局部表面时的周期性分度运动等等，也属于辅助运动。总之，机床上除表面成形运动外的所有运动，都是辅助运动。

辅助动作的种类很多，主要包括各种空行程运动、切入运动、分度运动和操纵及控制运动等。机床越复杂、功能越多，辅助运动也越多。

辅助运动虽然并不参与表面成形过程，但对工件整个加工过程是不可缺少的。同时，对机床的生产率和加工精度往往也有重大影响。

在描述一台机床的运动时，为更方便地表达运动的方向，对普通机床常用纵向、横向和垂向表示运动的方向，如卧式车床沿主轴轴线方向的运动称纵向运动，沿垂直于主轴轴线的径向方向运动称横向运动；而在数控机床上，为方便加工程序的编制和使用，机

床运动部件的运动是用坐标方向来表达的，如数控车床上称沿主轴轴线方向的运动为 Z 轴运动，而沿垂直于主轴轴线的径向方向运动称为 X 轴运动。如图 2-10 所示。

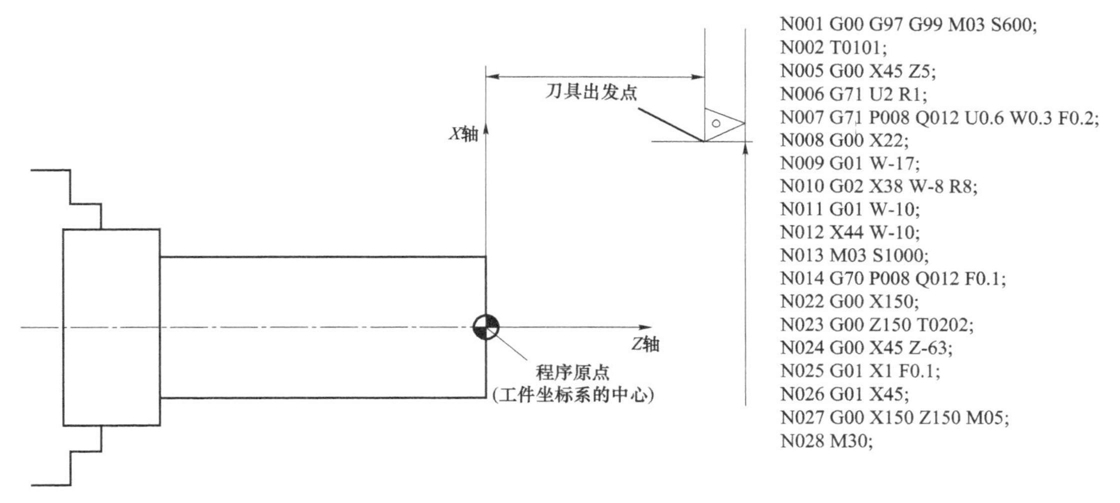

图 2-10 数控车床加工坐标及程序单

2-4 机床的传动系统

一、传动链

传动链是指由运动源、传动装置和执行件按一定的规律所组成的传动联系。机床加工过程中所需的各种运动都是通过相应的传动链来实现的。

1. 运动源

运动源是给执行件提供动力和运动的装置。在通用机床上，一般采用三相异步电动机作为运动源。在数控机床上，多采用交流调速电动机和伺服电动机，这类电动机具有转速高、调速范围大、可无级变速等优点。

2. 传动装置

传动装置是传递运动和动力的装置，通过它把运动源的运动和动力传给执行件。

通常，传动装置还需完成变速、变向、改变运动形式等任务，使执行件获得所需要的运动速度、运动方向和运动形式。在通用机床上，由于传统交流异步电动机的变速能力有限，变速的主要任务都是由传动装置完成的，这类传动装置所涉及的传动件多、传动系统较复杂。在数控机床上，变速、变向的任务主要是由新型的交流电动机完成。因而，传动装置一般较简单，但性能要求较高。传动装置一般有机械、液压、电气传动等三种方式。

3. 执行件

它是执行机床运动的部件，如主轴、刀架、工作台等，其任务是带动工件或刀具完成一定形式的运动（旋转或直线运动），并保持其运动的准确性。

传动链中通常包括两类传动机构：

（1）定比传动机构。传动比和传动方向固定不变的传动机构，如定比齿轮副、蜗杆蜗轮副、丝杠螺母副等。

（2）换置机构。根据加工要求可变换传动比和传动方向的传动机构，如挂轮变速机构、交换齿轮变速机构、滑移齿轮变速机构、离合器换向机构等。

二、传动原理及传动原理图

各种类型机床所需的成形运动是不同的，实现成形运动所采用的传动路线表达式和具体的传动机构更是多种多样，但成形运动主要是由简单的和复合的运动组成，而不同机床上实现这两种运动的传动原理完全相同。所以，只要掌握了实现这两种运动的传动原理，其他类型机床的传动联系可依此方法进行分析。

为了便于研究机床的传动联系，常用一些简单的符号把传动原理和传动路线表达式用图示的方法表示出来，这类图就称为传动原理图。图 2-11 为传动原理图中常用的一些符号。对于各类执行件，还没有统一的符号，一般采用较直观的简单图形来表示。

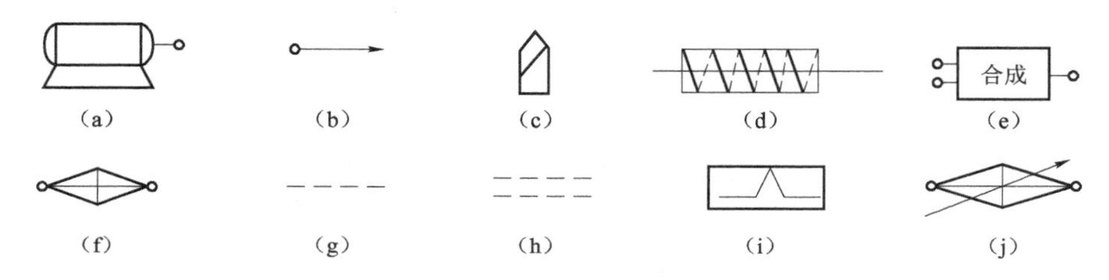

图 2-11　常用传动原理符号

（a）电动机；（b）主轴；（c）车刀；（d）滚刀；（e）合成机构；（f）传动比可变换的换置机构；（g）传动比不变的机械联系；（h）电的联系；（i）脉冲发生器；（j）快调换置机构—数控系统

构成一个传动联系的一系列传动件称为传动链。传动链按功用可分为主运动传动链和进给运动传动链等，按性质可以分为外联系传动链和内联系传动链。

（1）外联系传动链。联系运动源和机床执行件，使执行件得到运动，并能改变运动的速度和方向，但不要求运动源和执行件之间有严格的传动比关系。例如，车削螺纹时，从电机到车床主轴的传动链就是外联系传动链，它只决定车削螺纹的速度，不影响螺纹表面的成形。

（2）内联系传动链。联系复合运动之内的各个分解部分。内联系传动链所联系的执行件相互之间的相对速度有严格的传动比要求，用来保证准确的运动关系。例如，在卧式车床上用螺纹车刀车螺纹时，联系主轴——刀架之间的螺纹传动链，就是一条传动比有严格要求的内联系传动链。再如，用齿轮滚刀加工直齿圆柱齿轮时，为了得到正确的渐开线齿形，滚刀均匀地转$\frac{1}{K}$转时（K是滚刀头数），工件就必须均匀地转$\frac{1}{z}$转（z为齿轮齿数）。联系滚刀旋转B_{11}和工件旋转B_{12}的传动链，必须保证两者的严格运动关系，否则就不能形成正确的渐开线齿形，所以这条传动链也是内联系传动链。由此可见：内联系传动链中，各传动副的传动比必须准确不变，不应有摩擦传动或是瞬时传动比变化的传动件（如链传动）。

1. 简单运动

对于由单独的旋转运动或直线运动实现的简单运动，只需有一条传动链，将运动源与相应执行件联系起来，便可获得所需运动，运动轨迹的准确性则靠主轴轴承与刀架、工作台等的导轨保证。例如，用圆柱铣刀铣削平面，需要铣刀旋转和工件直线移动两个独立的简单运动，图 2-12（a）为圆柱铣刀铣削平面的传动原理。图中用简单的符号表示具体的传动链，通过传动路线表达式“1-2-u_v-3-4”将运动源（电动机）和主轴联系起来，可使铣刀获得具有一定转速和转向；通过传动链“5-6-u_f-7-8”将运动源和工作台联系起来，可使工件获得符合要求进给速度和方向的直线运动。利用换置机构 u_v 和 u_f 可以改变铣刀的转速、转向和工件的进给速度、方向，以适应不同加工条件的需要。上述这种联系运动源和执行件，使执行件获得一定速度和方向运动的传动链，称为外联系传动链。由此可见，机床上每一个简单运动，就需要对应一条外联系传动链，每条传动链可以有各自独立的运动源，也可以几条传动链共用一个运动源。

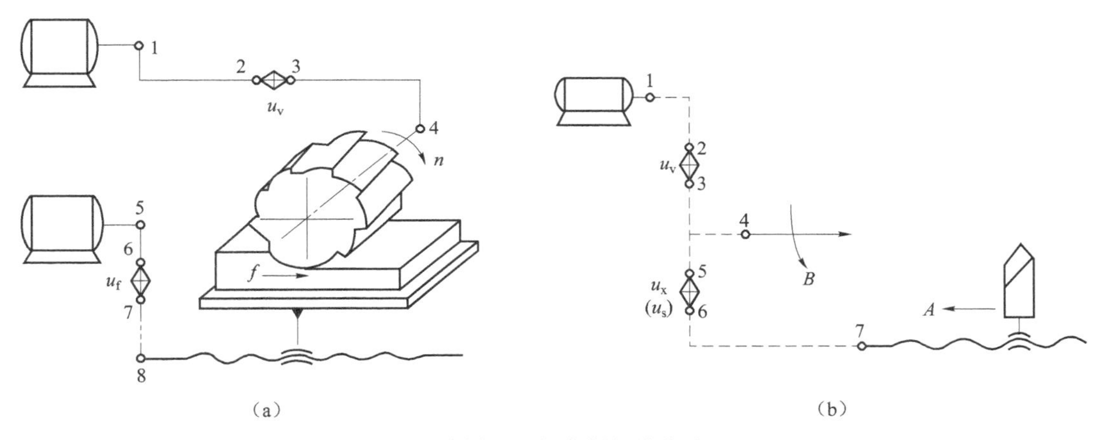

图 2-12　铣削平面与车削螺纹传动原理图

（a）圆柱铣刀铣削平面的传动原理图；（b）车削圆柱螺纹传动原理图

2. 复合运动

复合运动通常是由保持严格运动关系的几个简单运动（旋转的和直线的）所组成的，所以必须要有传动链将实现这些简单运动的执行件联系起来，使其保持确定的运动关系。此外，为使执行件获得运动，还需有一条外联系传动链。例如，卧式车床在车圆柱螺纹时，需要一个复合的成形运动——刀具与工件间相对的螺旋线成形运动。这个运动可分解为两部分：工件的旋转 B 和车刀的纵向移动 A，在图 2-12（b）中，联系这两个单元运动的传动链“主轴-4-5-u_x-6-7-丝杠-刀架-刀具”是复合运动内部的传动链，所以是内联系传动链。这条传动链必须保持的严格运动关系是：工件每转 1 转，车刀准确地移动工件螺纹一个导程的距离。此外，这个复合运动还应有一个外联系传动链与动力源相联系，即传动链“电动机-1-2-u_v-3-4-主轴（工件）”。在内联系传动链中，利用换置机构可以改变工件和车刀之间的相对运动速度，以适应车削不同导程螺纹的需要。在上述外传动链中，换置机构用于改变整个复合运动的速度，或者说同时改变两个执行件的速度，但它们的相对运动关系不变。由于内联系传动链联系的是复合运动内部必须保持严格运

动关系的两个运动部件，它决定着复合运动的轨迹，其传动比是否准确以及运动方向是否正确，会直接影响被加工表面的形状精度。因此，内联系传动链中不能有传动比不确定或瞬时传动比变化的传动机构，如带传动、链传动和摩擦传动等。同时，调整内联系传动链的换置机构时，其传动比也必须有足够的精度。

车螺纹运动链分析：

① 两端件：　　工件（主轴）　　刀架（刀具）

② 传动关系：　　1（r）　　$T_{工件}$（mm）

③ 传动链：

主轴—4—5—u_x—6—7—丝杠—刀架—刀具

④ 运动平衡方程式：

$$1_{主轴} \times u_x \times T_{丝杠} = T_{工件}$$

调整公式：

$$u_x = \propto T_{工件}$$

⑤ 内联系传动链：两端件间应保持十分严格的传动关系，其作用是形成螺旋线的运动轨迹。

在卧式车床上车削圆柱面时，主轴的旋转 n 和刀具的移动 f 是两个互相独立的简单运动，不需保持严格的比例关系，两运动间比例的变化不影响表面的性质，只是影响生产率及表面粗糙度。两个简单运动可以各有自己的外联系传动链与动力源相联系，但在车床上完全可共用车螺纹传动链。

3. 数控车床的传动原理

数控车床的传动原理与卧式车床原则上相同，但传动链中变速方式有所不同。图 2-13 为数控车床的传动原理图，各传动链都由数控系统按程序指令统一协调、控制。车削圆柱面时，B_1 和 A_1 是两个独立的简单运动，系统通过主运动伺服模块和 Z 轴进给伺服模块可分别调整主轴转速和进给量，系统通过与 Z 轴进给电动机相连的脉冲编码器检测进给量，以实现

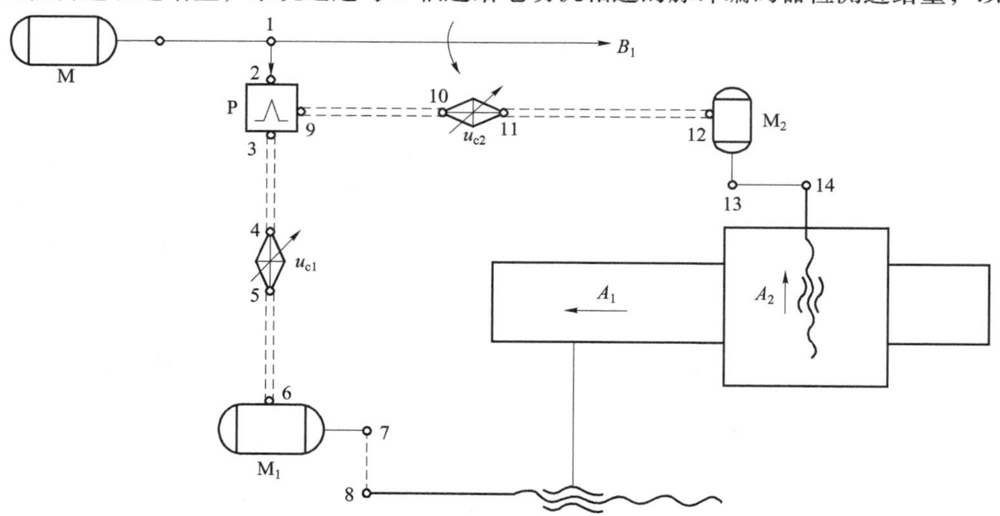

图 2-13　数控车床车削螺纹传动原理图

M_1、M_2—电动机；P—脉冲发生器；u_{c1}—纵向快速调整换置机构；u_{c2}—横向快速调整换置机构；A_1—刀架纵向直线移动；A_2—刀具横向移动；B_1—主轴的转动

反馈控制。车削螺纹时，主电动机脉冲编码器通过机械传动与主轴相联系，主轴每一转发出 N 个脉冲。主轴经数控系统与 Z 轴进给伺服模块联系起来，根据程序指令输出相应的脉冲信号，使 Z 轴电动机运转，再传动丝杠使刀具做 Z 向螺纹进给运动，即主轴每转 1 转，刀架 Z 向移动一个导程。

另外，在车削螺纹时，脉冲编码器还发出每转一个的基准脉冲信号，称为同步脉冲，作为保证螺纹车削中不产生乱扣的控制信号。因为在螺纹加工中，螺纹表面须经多次重复车削，为了保证螺纹不乱扣，数控系统必须控制螺纹刀具的切削相位，使刀具在螺纹上的同一切削点切入。

车削曲面时，成形运动的传动路线表达式是：f_1—系统—f_2，这是一条内联系传动链。数控系统按插补指令的要求及时调整传动链的传动关系，以保证刀尖沿要求的工件表面曲线运动，以获得所需表面形状，并使 f_1 与 f_2 合成线速度的大小基本不变。

三、传动系统及传动系统的表达

1. 传动系统

实现一台机床加工过程中全部成形运动和辅助运动的所有传动链，就组成了一台机床的传动系统。机床上有多少个运动，就有多少条传动链，根据每一执行件完成运动作用的不同，各传动链相应被称为主运动传动链、进给运动传动链等。

2. 传动系统的表达及传动比

通常可用规定的简单符号（国家标准 GB 4460—1984）（表 2-5）表示一台机床的传动系统，其图形称为机床的传动系统图，如图 2-14 为卧式铣床的主运动传动系统图。

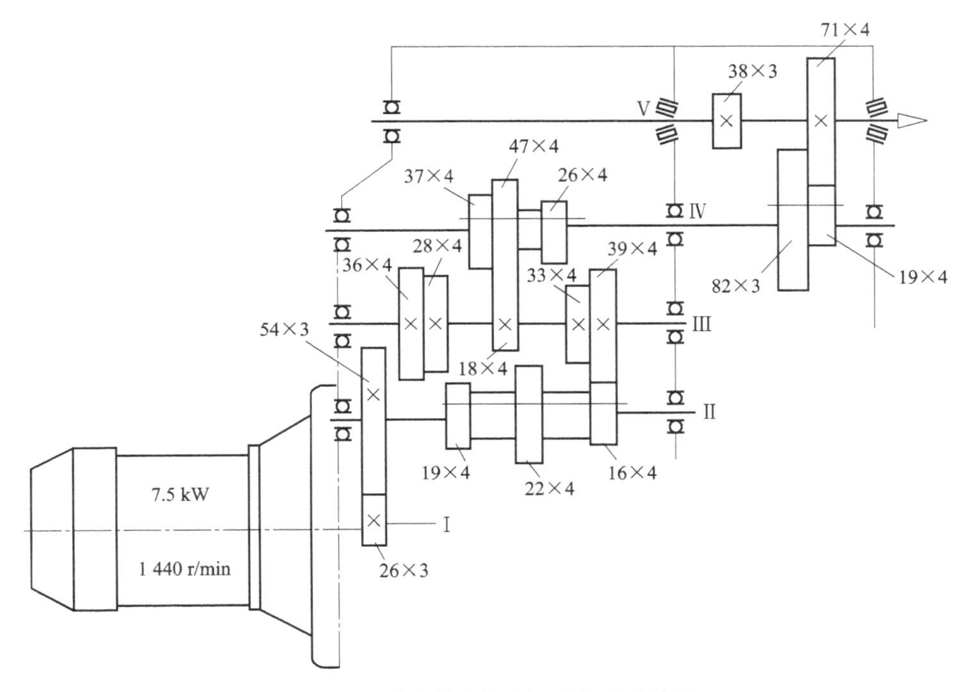

图 2-14　卧式铣床的主运动传动系统图

$$传动比\ u=\frac{主动轮齿数乘积}{从动轮齿数乘积}=\frac{n_{主}}{n_{从}}$$

按照图 2-14 所示齿轮的啮合位置，计算主轴的转速得：

$$n=1\ 440\times\frac{26}{54}\times\frac{16}{39}\times\frac{18}{47}\times\frac{19}{71}=29.15\ (\mathrm{r/min})$$

表 2-5　常用机械元件符号

名　　称	基本符号	名　　称	基本符号
轴		普通轴承	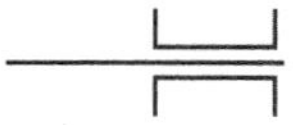
滚动轴承	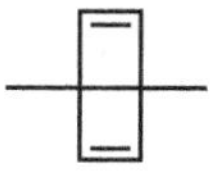	推力滚动轴承	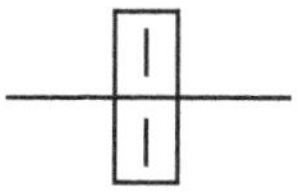
单向啮合式离合器	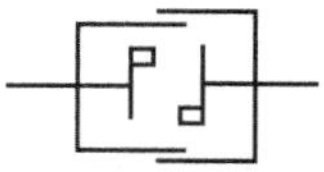	双向啮合式离合器	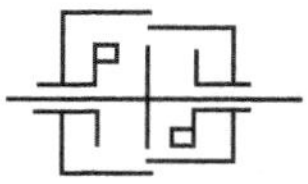
双向摩擦离合器	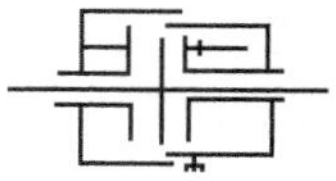	双向滑动齿轮	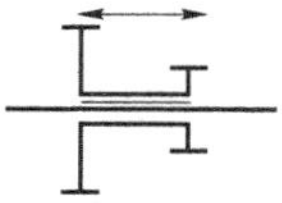
整体螺杆螺母转动	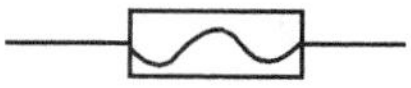	开合螺母	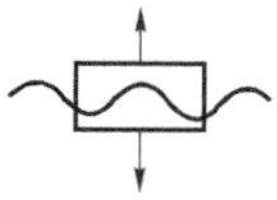
平带传动	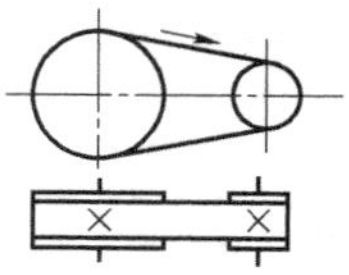	V 带传动	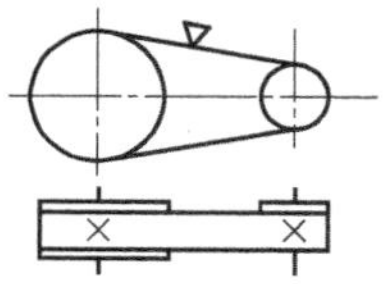
齿轮传动		蜗杆传动	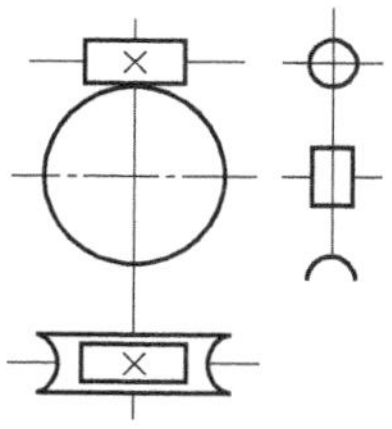
齿轮齿条传动	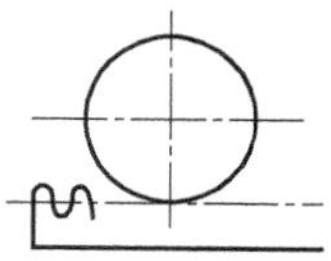	锥齿轮传动	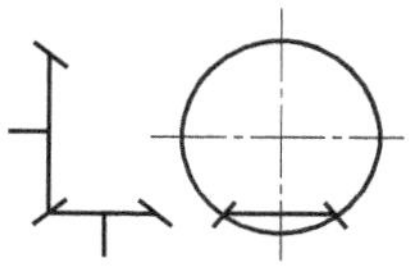

四、转速图与结构网

转速图与传动系统图一样，也是表达机床传动系统、分析传动链的重要工具，其图形如

图 2-15 所示。转速图更直观地表明主轴的每一级转速是如何传动的，并表明各变速组之间的内在联系。转速图可以清楚地表示：传动轴的数目；主轴及各传动轴的转速级数、转速值及其传动路线表达式；各变速组的传动副数目及传动比数值等。转速图由“三线一点”组成：

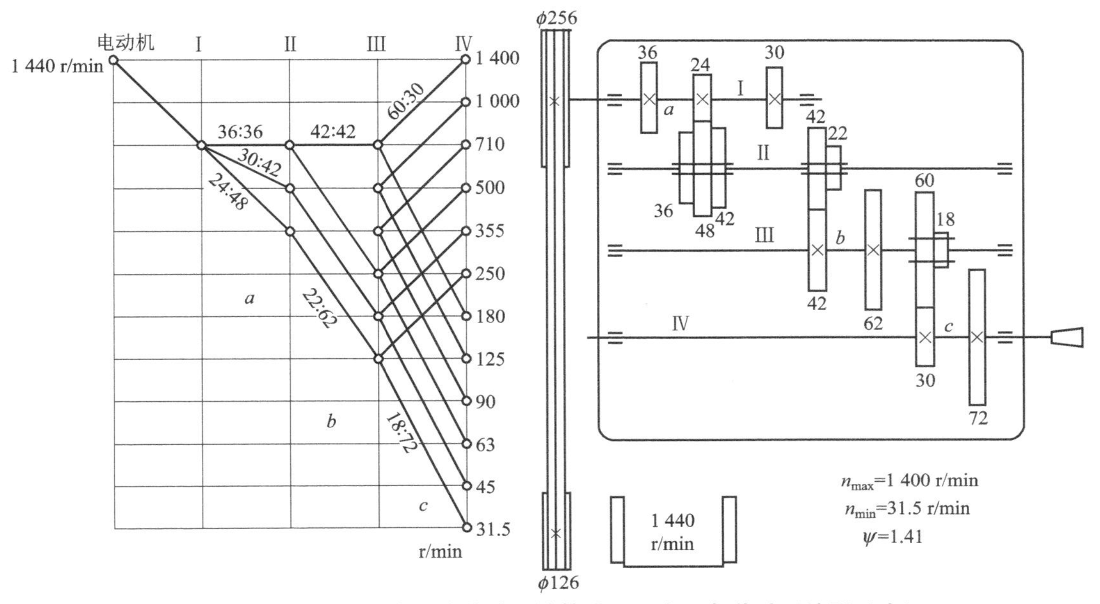

图 2-15　12 级分级变速主传动系统转速图（左）与传动系统图（右）

（1）传动轴格线——间距相等的一组竖直线表示各传动轴，轴号用罗马数字表示。

（2）转速格线——间距相等的一组水平线表示转速的对数坐标。由于分级变速机构的转速一般是等比数列，故转速采用对数坐标，相邻两水平线之间的间隔为 $\lg\varphi$（其中 φ 为相邻两级转速中高转速与低转速之比，称为公比）。为了简单起见，转速图中省略了对数符号。

（3）转速点——传动轴格线上的圆圈（或圆点）表示该轴所具有的转速。

（4）传动线——传动轴格线间的转速点连线表示相应传动副的传动比，称传动比连线，简称传动线。传动线的倾斜方向和倾斜程度表示传动比的大小。若传动线是水平的，表示等速传动，传动比 $u=1$；若传动线向右下方倾斜，表示降速传动，传动比 $u<1$；若传线向右上方倾斜，表示升速传动，传动比 $u>1$。对于一定的公比，传动线的倾斜方向和所跨格数，表示相应的传动比数值。

图 2-15 是某中型车床的主传动系统图，主轴转速范围为 31.5～1 400 r/min，公比 $\psi=1.41$，转速级数 $Z=12$，电机转速 $n=1\ 440$ r/min，除电动机外共有四根轴，分别用罗马数字 Ⅰ—Ⅳ表示，每相邻的两根轴之间为一个变速组，用小写英文字母表示。

各变速传动组的传动比排列的规律：变速组中两大小相邻的传动比的比值称为级比，用符号 ψ 表示。级比一般写成 ψ 的 x 次方的形式，其中 x 为级比指数。

变速组 a 的级比：

$$\psi_a=\frac{u_{a1}}{u_{a2}}=\frac{u_{a2}}{u_{a3}}=\varphi$$

变速组的变速范围是指变速组中最大传动比与最小传动比的比值，用 R 表示。

变速组 a 的变速范围：

$$R_a=\frac{u_{a1}}{u_{a3}}=\varphi^2$$

传动系统最后一根轴的变速范围（或主轴的变速范围）应等于各传动组的变速范围的乘积，即：

$$R_n=R_aR_bR_c\cdots R$$

结构网及结构式：表示传动比的相对关系而不表示转速数值的线图称为结构网。结构网表示各传动组的传动副数和各传动组的级比指数，还可以看出其传动顺序和变速顺序。结构式表达的内容与结构网相同，一个结构式对应一个结构网。图2-16的结构网也可写成结构式：$12=3_1 2_3 2_6$。

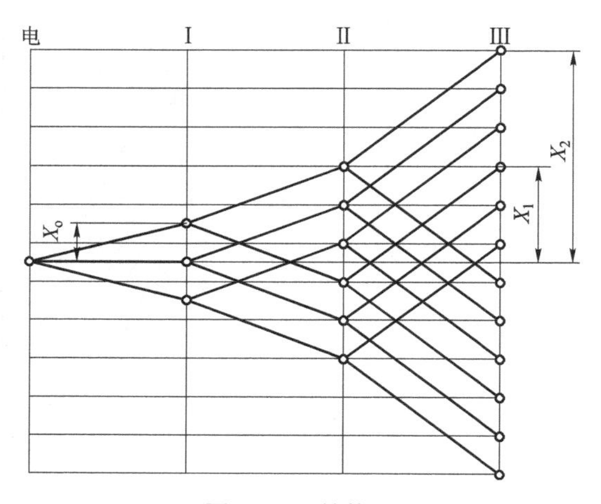

图2-16　结构网

五、机床主传动系统机构设置及布局

金属切削机床是一种用切削方法加工金属零件的工作机械。为保证切削的实现，机床需通过一定的传动方式和传动结构来实现切削所需要的一系列运动，恰当的传动方式和良好的传动结构是决定机床性能的重要方面。

机床的主传动系统的布局可分成集中传动和分离传动两种类型。

主传动系统的全部变速结构和主轴组件集中装在同一个箱体内，称为集中传动布局；传动件和主轴组件分别装在两个箱体内，中间采用带或链传动，称为分离传动布局。

集中传动式布局的机床结构紧凑，便于实现集中操控，且只用一个箱体，但传动结构运转中有较大的振动和热变形。当采用背轮传动时，皮带将高速直接传给主轴，运转平稳，加工质量好，低速时经背轮机构传动，转矩大，适应粗加工要求。

1. 变速机构

变速方式分为有级变速和无级变速。有级变速机构有下列几种：

挂轮变速机构。这种变速机构的变速简单，结构紧凑，主要用于大批量生产的自动或半自动机床，专用机床及组合机床等。

滑移齿轮变速机构。这种变速机构广泛应用于通用机床和一部分专用机床中。

离合器变速运动。在离合器变速机构中应用较多的有牙嵌式离合器，齿轮式离合器和摩擦片式离合器。

（1）滑移齿轮变速组。图2-17（a）所示为三联滑移齿轮变速机构。轴上装有三个固定齿轮 z_1、z_2和 z_3，三联滑移齿轮 z_1'、z_2'和 z_3'制成一体，并以花键与轴I连接，当滑移齿轮块分别处于对应固定齿轮 z_1、z_2和 z_3啮合的左、中、右三个不同位置时，可将轴I的一种转速变为轴II的三种转速，达到变速的目的。机床常用的还有双联滑移齿轮变速组和多联滑

移齿轮变速组。这种变速组的特点是结构紧凑、传动效率高、变速方便、能传递很大的动力，但不能在运转过程中变速。

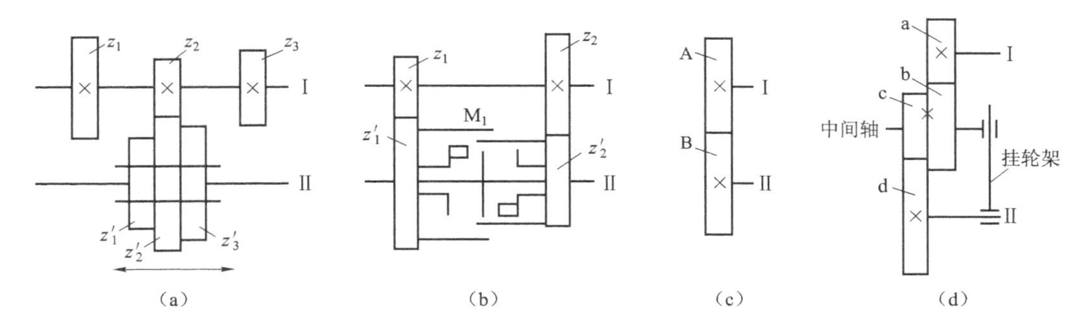

图 2-17　变速组

（2）离合器变速组。图 2-17（b）所示端面齿为离合器变速机构。轴 I 上装有二个固定齿轮 z_1、z_2，它们分别与空套在轴Ⅱ上的齿轮 z'_1、z'_2相啮合。端面齿离合器 M_1 用花键与轴Ⅱ相连，由于两对齿轮啮合的传动比不同，所以当轴 I 只有一种转速时，则当离合器 M_1 分别向左及右移动，依次与 z'_1、z'_2的端面齿啮合时，轴Ⅱ可得两种不同转速。

离合器变速操纵方便，变速时不需移动齿轮，常用于螺旋齿圆柱齿轮变速，提高传动平稳性。若将端面齿离合器换成摩擦片离合器，就能在运转中变速。离合器变速组的各对齿轮经常处于啮合状态，磨损较大，传动效率低。它主要用于重型机床以及采用螺旋齿圆柱齿轮传动的变速组（端面齿离合器）及自动、半自动机床（摩擦片离合器）中。

（3）挂轮变速组。挂轮变速组有采用一对挂轮和二对挂轮的两种结构。这种变速结构简单、紧凑，但变速费时。在图 2-17（c）所示的一对挂轮变速组中，只要在固定中心距的轴 I 和轴 II 上装上齿数相同，但传动比不同的齿轮副 A 和 B，就可由轴 I 的一种转速得到轴 II 的不同转速。变速组刚性较好，常用于主传动中。在图 2-17（d）所示的二对挂轮变速组中，有一可绕轴 II 摆动的挂轮架，挂轮架上套有可径向调整的中间轴，轴上空套 b 和 c 两个挂轮。轴 I 上用键装有齿轮 a，轴 II 上用键装有齿轮 d。当调整中间轴的径向位置先使 c、d 挂轮正确啮合后，再摆动挂轮架使 a、b 也正确啮合，即可将轴 I 的运动传动到轴 II。当改变不同齿数的挂轮时，则能达到变速的目的。由于挂轮架上中间轴刚性较差，这种结构只用于进给运动以及要求保持准确运动关系的齿轮加工机床、自动和半自动车床中。

2. 变向机构

变向机构用来改变机床执行件的运动方向。常用机械式变向机构有两种。在图 2-18（a）中所示为滑移齿轮变向机构。轴 I 上装有一个固定双联齿轮组 z_1、z'_1，且 $z_1=z'_1$。轴 II 上用键连接滑移齿轮 z_2，中间轴上装有一空套齿轮 z_0。图示中轴 II 上滑移齿轮 z_2的两个不同啮

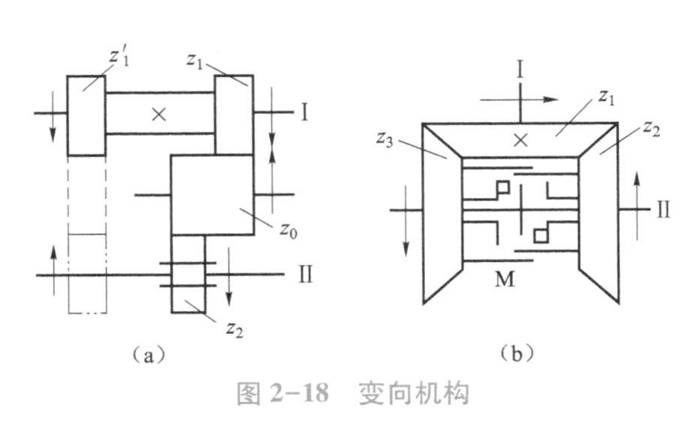

图 2-18　变向机构

合位置，可使轴 II 分别得到与轴 I 相同或相反的运动方向。这种变向机构刚性好，多用于主传动中。

圆锥齿轮和端面齿离合器组成的变向机构如图 2-18（b）所示。轴 I 上装有固定圆锥齿轮 z_1，它直接传动空套在轴 II 上的两个圆锥齿轮 z_2 和 z_3 以相反的方向旋转，如将花键连接的离合器 M 依次与 z_2 和 z_3 啮合，则轴 II 可分别得到两个不同方向的运动。这种变向机构刚性比滑移齿轮变向机构差，主要用于进给或其他辅助传动中。

3. 滑移齿轮的轴向布置

变速组的滑移齿轮一般布置在主轴上，为了避免同一滑移齿轮变速组内两对齿轮同时啮合，两个固定齿轮的间距应大于滑移齿轮的总宽度，即留有一定的间隙（1～2 mm），如图 2-19 所示。

一个变速组内齿轮轴向位置的排列。如无特殊情况，应尽量缩小齿轮轴向排列尺寸。滑移齿轮的轴向位置排列通常有窄式和宽式两种，一般窄式排列轴向长度较小。如图 2-20 所示。

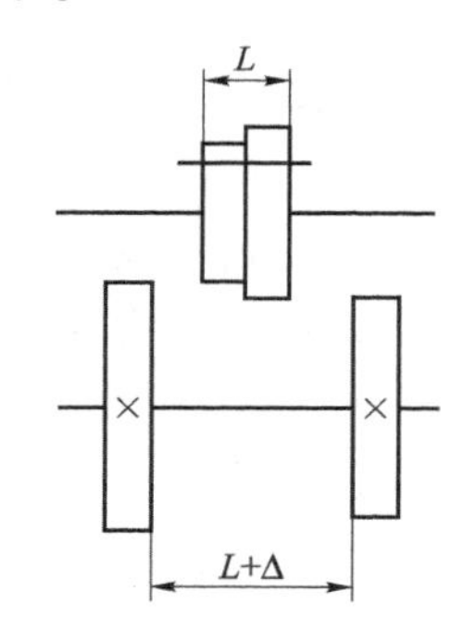

图 2-19　滑移齿轮的轴向布置

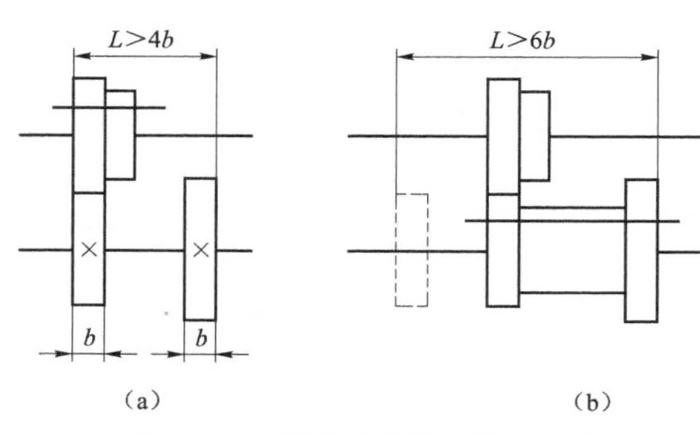

图 2-20　双联滑移齿轮的轴向排列

（a）窄式排列；（b）宽式排列

缩小径向尺寸。为了减小变速箱的尺寸，既需缩短轴向尺寸，又要缩短径向尺寸，它们之间往往是相互联系的，应该根据具体情况考虑全局，恰当地解决齿轮布置问题。

缩小轴间距离。在强度允许的条件下，尽量选取较小的齿数和并使齿轮的降速传动比大于$\frac{1}{4}$。这样，既缩小了本变速组的轴间距离，又不妨碍其他变速组的轴间距离。

4. 主传动的开停、制动装置

主传动的开停装置。开停装置是用来控制主轴的启动与停止的机构，开停方式有直接开、停电动机和离合器开、停两种。当电动机功率较少时，可直接开停电动机，当电动机功率较大时，可以采用离合器实现主轴的启动和停止。

主传动的制动装置。在装卸工件、测量被加工面尺寸、更换刀具及调整机床时，常希望机床主运动执行件尽快停止运动。所以主传动系统必须安装制动装置，一般可采用电机反接制动，闸带制动，闸瓦制动。

5. 主传动的变速操纵装置

变速操纵装置是用来控制主轴的正转、反转转动速度的，通过滑移齿轮的位置变化组

合、交换齿轮的更换、离合器的结合与脱开、介轮的接入与分离等方式，达到改变机床主轴运转方向和转速度的要求。

习题与思考题

2-1　说出下列机床的名称和主要参数（第二参数），并说明它们各具有何种通用或结构特性：

CM6132 ，Z3040×16 ，XK5040，MGB1432

2-2　举例说明什么是外联系传动链？什么是内联系传动链？其本质区别是什么？对这两种传动链有什么不同要求？

2-3　转速图的各个线条所代表的含义是什么？

2-4　按习题图 2-1 所示传动系统，试计算：

（1）轴 A 的转速（r/min）；

（2）轴 A 转 1 转时，轴 B 转过的转数；

（3）轴 B 转 1 转时，螺母 C 移动的距离。

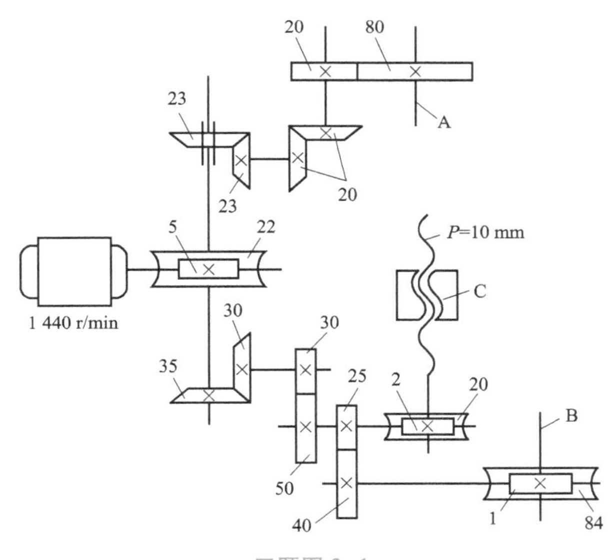

习题图 2-1

教学单元 3

车床及应用

3-1 任务的引入

车床类机床主要用于加工各种回转表面，如内外圆柱表面、内外圆锥表面、成形回转面和回转体端面等，还能加工螺纹。从加工零部件的比例分布看，车床主要用来加工内外圆柱表面和螺纹。其中轴类零件和螺纹类零件又占很大比例。

任务一 轴类零件加工

轴类零件加工过程中，需要使用车床加工的表面的技术要求、工序分布、工序尺寸、切削用量、刀具选用；机床规格型号确定、机床运动参数计算、其他调整计算。

任务二 螺纹类零件加工

螺纹类零件加工过程中，加工的表面技术要求、工序分布、工序尺寸、切削用量、刀具选用；机床规格型号确定、机床运动参数计算、变速组调整计算。

3-2 相关知识

3-2-1 车床的用途、运动和布局

车床（lathe）类机床主要用于加工各种回转表面，如内外圆柱表面、内外圆锥表面、成形回转面和回转体端面等，有些车床还能加工螺纹面。由于大多数机器零件都具有回转表面，车床的通用性又较广，因此，车床的应用极为广泛，在金属切削机床中所占的比重最大，约占机床总数的 20%~35%。

在车床上使用的刀具，主要是各种车刀，有些车床还可以使用各种孔加工刀具（如钻头、扩孔钻、铰刀等）和螺纹刀具。图 3-1 是卧式车床所能加工的典型表面。

车床的表面成形运动有：主轴带动工件的旋转运动、刀具的进给运动。前者是车床的主运动，其转速通过常以 n（r/min）表示。后者有几种情况：刀具既可作平行于工件旋转轴线的纵向进给运动（车圆柱面），又可作垂直于工件旋转轴线的横向进给运动（车端面），还可作与工件旋转轴线方向倾斜的运动（车削圆锥面），或作曲线运动（车成形回转面）。进给运动常以 f（mm/r）表示。

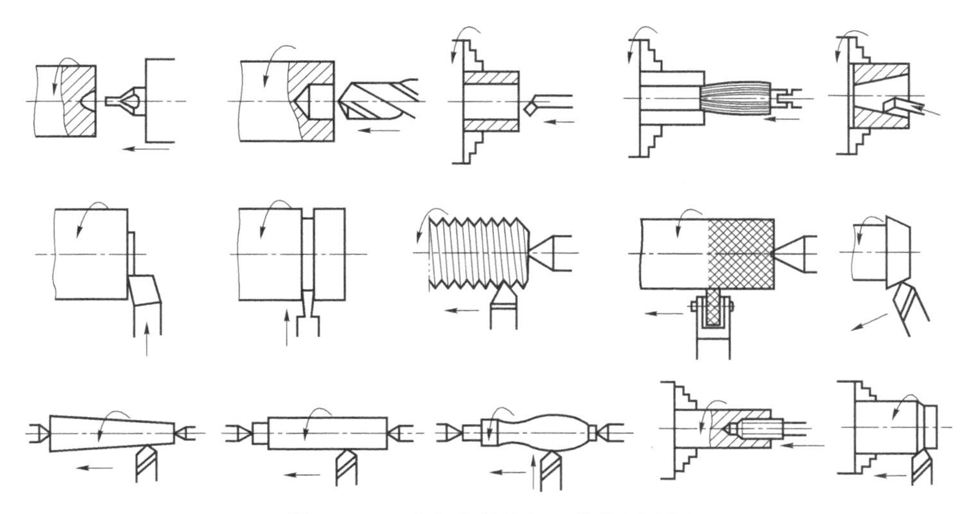

图 3-1　卧式车床所能加工的典型表面

在车削螺纹时只有一个复合的表面成形运动——螺旋运动，它分解为主轴的旋转运动和刀具的纵向移动两部分。

图 3-2 为 CA6140 型卧式车床外形图，卧式车床主要组成部件有：主轴箱 1、刀架部件 3、尾座 5、床身 6、溜板箱 9、进给箱 11 等。

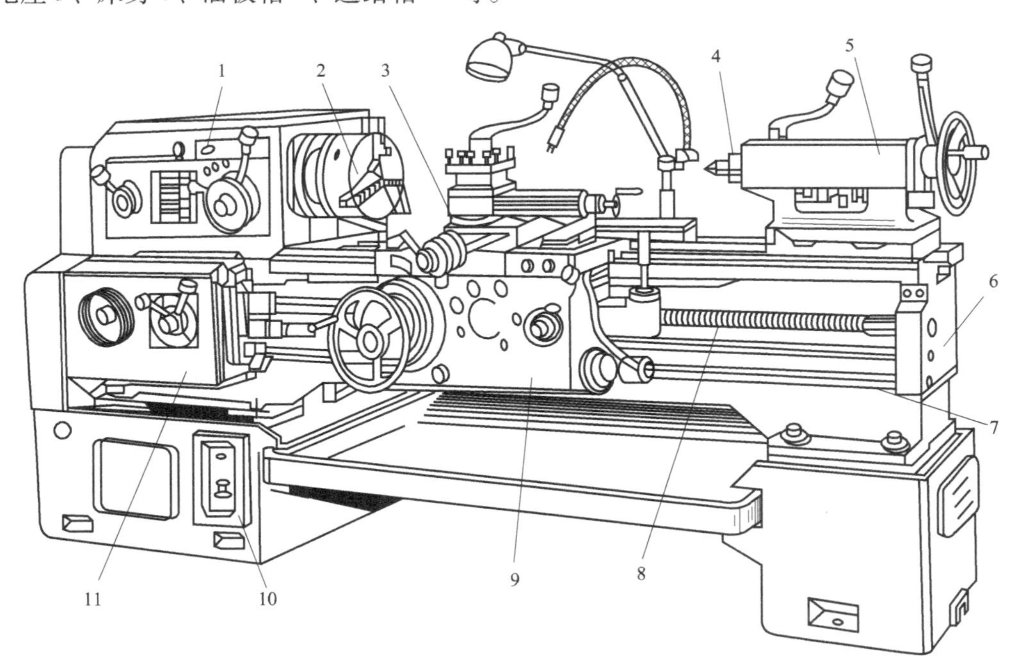

图 3-2　卧式车床外形图

1—主轴箱；2—卡盘；3—刀架部件；4—后顶尖；5—尾座；6—床身；
7—光杠；8—丝杠；9—溜板箱；10—底座；11—进给箱

除卧式车床外，车床的其他常用类型有：马鞍车床、立式车床、转塔车床、单轴自动车床和半自动车床、仿形及多刀车床、数控车床和车削中心、各种专门化车床和大批量生产中使用的各种专用车床等。在所有车床类机床中，卧式车床应用最广。

卧式车床的外形如图3-2所示。机床的主要组成部件及其功用如下。

（1）主轴箱。主轴箱固定在床身左上部，其功能是支承主轴部件，并使主轴部件及工件以所需速度旋转。

（2）刀架部件。刀架部件装在床身的导轨上，刀架部件可通过机动或手动使夹持在刀架上的刀具作纵向、横向或斜向进给运动。

（3）进给箱。固定在床身左端前壁。进给箱中装有变速装置，用以改变机动进给量或被加工进给箱螺纹的螺距。

（4）溜板箱。安装在刀架部件底部。溜板箱通过光杠或丝杠接受自进给箱传来的运动，并将溜板箱运动传给刀架部件，从而使刀架实现纵、横向进给或车螺纹运动。

（5）尾座。安装于床身尾座导轨上，可根据工件长度调整其纵向位置。尾座上可安装后顶尖以支承工件，也可安装孔加工刀具进行孔加工。

（6）床身。床身固定在左床腿和右床腿上，用以支承其他部件，并使它们保持准确的相对位置。

3-2-2 CA6140型卧式车床的传动系统

普通车床的万能性好，它适应于各种轴类、套筒类和盘类零件上回转表面的加工，CA6140型卧式车床的加工范围较广，但它的结构复杂而自动化程度较低，常用于单件、小批生产，主要技术参数如表3-1所示。

表3-1 CA6140型卧式车床的技术参数

名称		技术参数
工件最大直径/mm	在床身上	400
	在刀架上	210
顶尖间最大距离		650、900、1 400、1 900
加工螺纹范围	米制螺纹/mm	1~12（20种）
	英制螺纹/（$t \cdot in^{-1}$）	2~24（20种）
	模数螺纹/mm	0.25~3（11种）
	径节螺纹/（$t \cdot in^{-1}$）	7~96（24种）
主轴	最大通过直径/mm	48
	孔锥度	莫氏6号
	正转转速级数	24
	正转转速范围/（$r \cdot min^{-1}$）	10~1 400
	反转转速级数	12
	反转转速范围/（$r \cdot min^{-1}$）	14~1 580
进给量	纵向级数	64
	纵向范围/（$mm \cdot r^{-1}$）	0.028~6.33
	横向级数	64
	横向范围/（$mm \cdot r^{-1}$）	0.014~3.16

续表

名　称		技 术 参 数
滑板行程	横向行程/mm	320
	纵向行程/mm	650、900、1 400、1 900
刀架	最大行程/mm	140
	最大回转角	180°
	刀杆支承面至中心高距离/mm	26
	刀杆截面 B×H/（mm×mm）	25×25
尾座	顶尖套最大移动量/mm	150
	横向最大移动量/mm	正负 10 mm
	顶尖套锥度/号	莫氏 5 号
电动机功率/kW	主电动机/kW	7.5
	总功率/kW	7.84
外形尺寸	长/mm	2 418、2 668、3 168、3 668
	宽/mm	1 000
	高/mm	1 267
工作精度	圆度/mm	0.01
	圆柱度/mm	0.02/300（直径）
	平面度/mm	200：0.02
	表面粗糙度 *Ra*/μm	1.6~3.2

CA6140 型卧式车床的传动系统图见图 3-3。图中各种传动元件用简单的规定符号代表（规定符号详见国家标准 GB 4460—1984《机械制图——机动示意图中的规定符号》），各齿轮所标数字表示齿数。机床的传动系统图画在一个能反映机床基本外形和各主要部件相互位置的平面上，各传动元件应尽可能按传动顺序展开画出。该图只表示传动关系，不代表各传动元件的实际尺寸和空间位置。

CA6140 型卧式车床的整个传动系统主要由主运动传动链、车螺纹传动链、纵向进给传动链、横向进给传动链及快速移动传动链组成，图 3-3 中挂轮$\frac{63}{100}\times\frac{100}{75}$为加工米制与英制螺纹状态，挂轮$\frac{64}{100}\times\frac{100}{97}$为其他加工状态。

CA6140 型卧式车床的主参数是床身上最大工件回转直径，为 400 mm，第二主参数——最大工件长度有 750 mm，1 000 mm，1 500 mm，2 000 mm 四种。

为便于分析和理解 CA6140 型卧式车床的传动系统，此处给出了 CA6140 型卧式车床设计的传动系统原理结构框图，如图 3-4 所示。

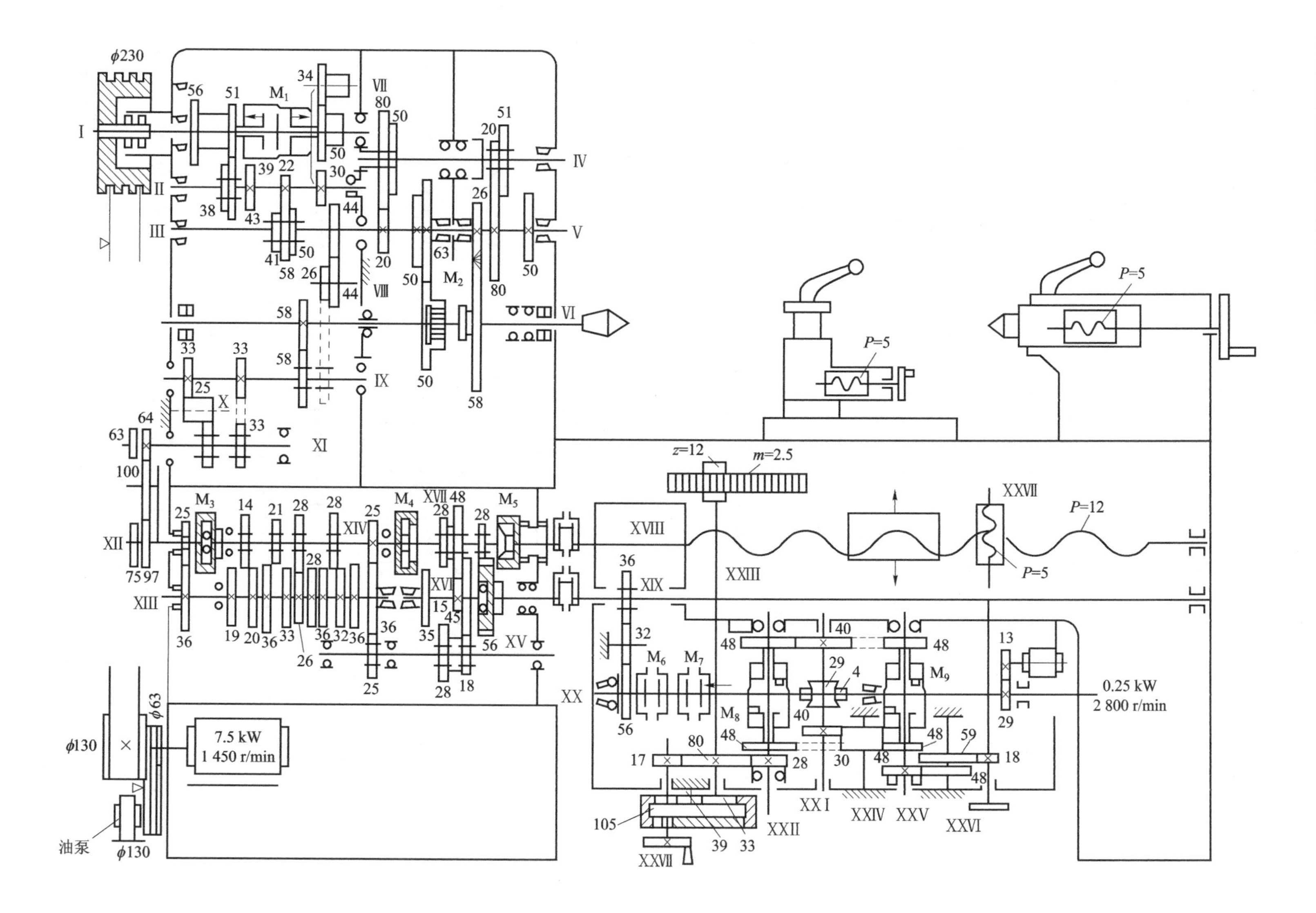

图3-3　CA6140型车床传动系统图

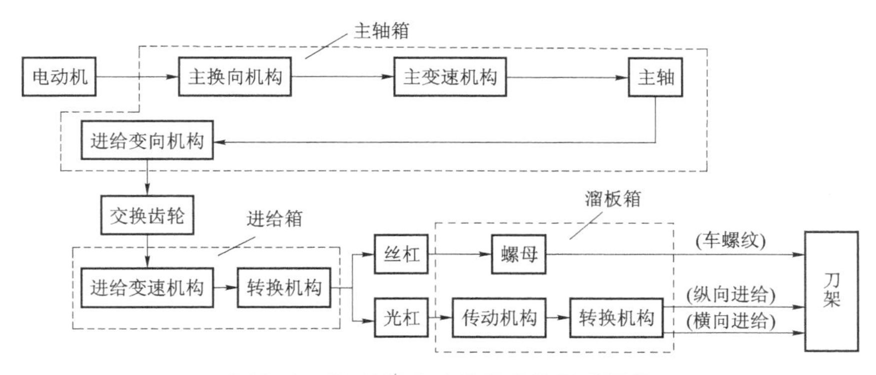

图 3-4　CA6140 车床传动系统原理框图

一、主运动传动链

主运动传动链的两端件是主电动机和主轴。运动由电动机（7.5 kW，1 450 r/min）经 V 带轮传至主轴箱中的Ⅰ轴，在Ⅰ轴上装有双向多片式摩擦离合器 M_1，其作用是使主轴正转、反转或停止。当压紧离合器 M_1 左部的摩擦片时，Ⅰ轴的运动经齿轮副$\frac{56}{38}$或$\frac{51}{43}$传给Ⅱ轴。当压紧离合器 M_1 的右部摩擦片时，Ⅰ轴的运动经齿轮 50 传至Ⅶ轴上的空套齿轮 34，然后再传给Ⅱ轴上的固定齿轮 30，由于Ⅰ轴至Ⅱ轴的传动中多经过一个齿轮 34，Ⅱ轴的传动方向与经 M_1 左部传动时相反。当离合器 M_1 处于中间位置时，其左部和右部的摩擦片都不被压紧，空套在Ⅰ轴上的齿轮 56、51 和 50 都不转动，Ⅰ轴的运动不能传至Ⅱ轴，主轴也就停止转动。

Ⅱ轴的运动经三对轮副传至Ⅲ轴，Ⅲ轴正转共有 $2\times3=6$ 种转速，反转共有 $1\times3=3$ 种转速。运动由Ⅲ轴传到主轴有两条路线：

（1）高速传动路线表达式。主轴上的滑移齿轮 50 移至左端，与Ⅲ轴上右端的齿轮 63 啮合，运动由Ⅲ轴直接传给主轴，使主轴得到 450~1 400 r/min 的 6 种高转速。

（2）低速传动路线表达式。主轴上的滑移齿轮 50 移至右端（图示位置），使主轴上的齿式离合器 M_2 啮合，Ⅲ轴的运动经Ⅳ轴、Ⅴ轴、齿轮副$\frac{26}{58}$和齿式离合器 M_2 传给主轴，使主轴获得 10~500 r/min 的低转速。

主运动传动链表达式如下：

$$\underset{(7.5\ \text{kW},1\ 450\ \text{r/min})}{\text{电动机}} \text{—} \frac{\phi130}{\phi230} \text{—} \text{I} \text{—} \left[\begin{array}{l} \dfrac{M_1\text{左接合}}{\text{(正转)}} \text{—} \begin{bmatrix}\frac{51}{43}\\ \frac{56}{38}\end{bmatrix} \text{—} \\ \dfrac{M_1\text{右接合}}{\text{(反转)}} \text{—} \dfrac{50}{34} \text{—} \text{VII} \text{—} \dfrac{34}{30}\end{array}\right] \text{—} \text{II} \text{—} \begin{bmatrix}\frac{22}{58}\\ \frac{30}{50}\\ \frac{39}{41}\end{bmatrix} \text{—} \text{III}$$

$$\text{—} \left[\begin{array}{c} \begin{bmatrix}\frac{20}{80}\\ \frac{50}{50}\end{bmatrix} \text{—} \text{IV} \text{—} \begin{bmatrix}\frac{20}{80}\\ \frac{51}{50}\end{bmatrix} \text{—} \text{V} \text{—} \dfrac{26}{58} \text{—} M_2 \\ \text{———} \dfrac{63}{50} \text{———} \end{array}\right] \text{—} \text{VI（主轴）}$$

或表示为：

$$\text{电动机}-\frac{\phi130}{\phi230}-\mathrm{I}-\left[\begin{array}{l}\overleftarrow{\mathrm{M}_1}\text{（正转）}-\begin{bmatrix}\frac{51}{43}\\[4pt]\frac{56}{38}\end{bmatrix}\\[10pt] \overrightarrow{\mathrm{M}_1}\text{（反转）}-\frac{50}{34}-\mathrm{VII}-\frac{34}{30}\end{array}\right]-\mathrm{II}-\begin{bmatrix}\frac{39}{41}\\[4pt]\frac{22}{58}\\[4pt]\frac{30}{50}\end{bmatrix}-\mathrm{III}-\left[\begin{array}{l}\overrightarrow{\mathrm{M}_2}\begin{bmatrix}\frac{20}{80}\\[4pt]\frac{50}{50}\end{bmatrix}-\mathrm{IV}-\begin{bmatrix}\frac{20}{80}\\[4pt]\frac{51}{50}\end{bmatrix}-\mathrm{V}-\frac{26}{58}\\[10pt] \overleftarrow{\mathrm{M}_2}\quad\frac{63}{50}\end{array}\right]-\mathrm{VI}\text{（主轴）}$$

也可以表示为：

$$\begin{array}{c}\text{电动机}\\ \text{（1 450 r/min）}\end{array}-\frac{\phi130}{\phi230}-\mathrm{I}-\left\{\begin{array}{l}\overleftarrow{\mathrm{M}_1}-\left\{\begin{array}{c}\frac{51}{43}\\[4pt]\frac{56}{38}\end{array}\right\}\\[10pt] \overrightarrow{\mathrm{M}_1}-\frac{50}{34}-\mathrm{VII}-\frac{34}{30}\end{array}\right\}-\mathrm{II}-\left\{\begin{array}{c}\frac{30}{50}\\[4pt]\frac{39}{41}\\[4pt]\frac{22}{58}\end{array}\right\}-\mathrm{III}-$$

$$-\left\{\begin{array}{l}-\frac{63}{50}-\overleftarrow{\mathrm{M}_2}\\[10pt] \left\{\begin{array}{c}\frac{50}{50}\\[4pt]\frac{20}{80}\end{array}\right\}-\mathrm{IV}-\left\{\begin{array}{c}\frac{51}{50}\\[4pt]\frac{20}{80}\end{array}\right\}-\mathrm{V}-\frac{26}{58}-\overrightarrow{\mathrm{M}_2}-\end{array}\right\}-\mathrm{VI}\text{（主轴）}$$

由传动系统图和传动链表达式，主轴正转理论上可得到 $2\times3\times(2\times2+1)=30$ 级转速，但由于轴 III—轴 V 间的四种传动比为：

$$u_1=\frac{20}{80}\times\frac{20}{80}=\frac{1}{16},\quad u_2=\frac{20}{80}\times\frac{51}{50}\approx\frac{1}{4},$$

$$u_3=\frac{50}{50}\times\frac{20}{80}=\frac{1}{4},\quad u_4=\frac{50}{50}\times\frac{51}{50}\approx1$$

其中 u_2 和 u_3 基本相同，可见轴 III—轴 V 间只有三种不同传动比。故主轴实际获得 $2\times3\times(3+1)=24$ 级不同的转速。同理，主轴的反转转速级数为：$3\times(3+1)=12$ 级。

主轴的转速可按下列运动平衡式计算：

$$n_{\text{主}}=1\ 450\times\frac{130}{230}\times\frac{51}{43}\times\frac{22}{58}\times\frac{20}{80}\times\frac{20}{80}\times\frac{26}{58}=10(\mathrm{r/min})$$

同理，可计算出主轴正、反转时的其他转速。主轴反转主要用于车削螺纹时沿螺旋线退刀而不断开主轴和刀架间的传动链，以免下次切削时“乱扣”，为节约辅助时间，主轴反转转速比正转转速略高。

图 3-5（b）所示为 CA6140 型车床主运动转速图。凡是实现主轴转速级数按等比数列排列，或进给量按等比数列排列的主运动传动链、进给运动传动链，其传动路线表达式都可以用转速图来表示。

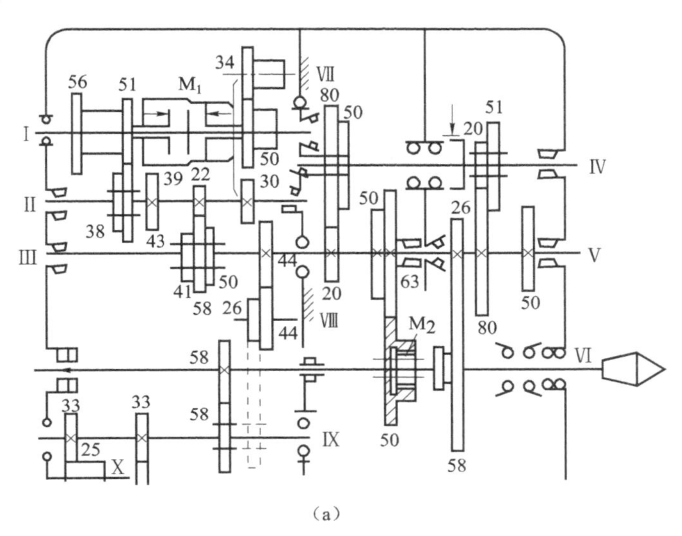

（a）

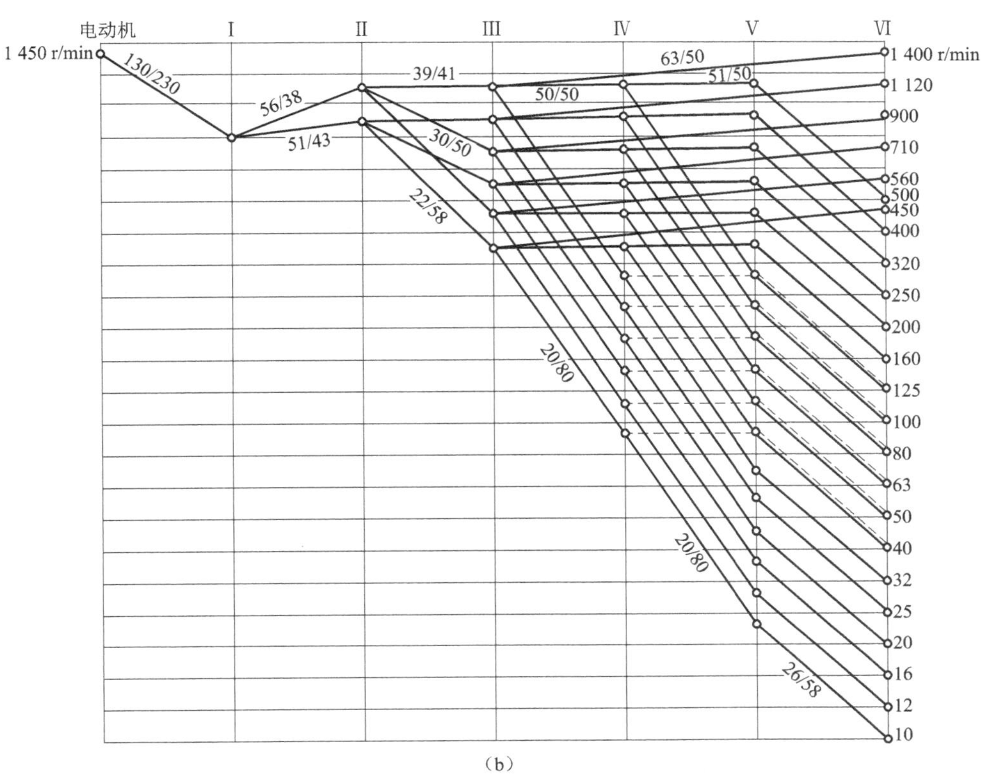

（b）

图 3-5　CA6140 型车床主运动传动系统图和转速图

转速图画在格线图中，图中纵平行线从左至右依次代表传动链中各传动轴，横平行线由低至高代表各级转速。由于主轴转速数列是按等比数列排列的，所以任意两相邻转速的比值（高一级转速与低一级转速之比）均相等。图中表示转速数值的纵坐标采用对数坐标，因而，对数坐标上的间隔相等。每一纵平行线上画有的圆点表示该轴所具有的转速，相邻两轴有传动联系的圆点间，用粗实线连接起来，表示出两轴间的传动副。由左向右往下倾斜的连线代表降速传动比，由左向右往上倾斜的连线代表升速传动比，而连线平行时表示传动比为1∶1。图中可看出：450~1 400 r/min 的 6 级转速是通过高速传动路线表达式得到的，而10~500 r/min 的 18 级转速是由低速传动路线表达式得到的。

二、进给运动传动链

进给传动链是实现刀具纵向或横向移动的传动链。卧式车床在切削螺纹时，进给传动链是内联系传动链，主轴每均匀转 1 转，刀架应均匀移动工件螺纹的导程。在切削圆柱面和端面时，进给传动链是外联系传动链，进给量也是以工件每转 1 转时刀架的移动量来计算的。所以在分析进给链时都是把主轴和刀架作为传动链的两末端件。

进给传动链的传动路线表达式（见图 3-3）为：运动从主轴Ⅵ经Ⅸ轴（或再经Ⅺ轴上的中间齿轮 Z_{25} 使运动反向）传至Ⅹ轴，再经过挂轮传至ⅩⅢ轴，传入进给箱。从进给箱传出的运动，一条路线是车削螺纹的传动链，经丝杠ⅪⅩ带动溜板箱，使刀架纵向运动；另一条路线是一般机动进给的传动链，经光杠ⅩⅩ和溜板箱带动刀架作纵向或横向的机动进给。

1. 车螺纹运动

CA6140 型卧式车床可车削米制、模数制、英制和径节制四种标准螺纹，另外还可加工大导程螺纹、非标准螺纹及精密螺纹。

车削螺纹时，刀架通过车螺纹传动链得到运动，其两端件主轴——刀架之间必须保持严格的运动关系，即主轴每转 1 转，刀具移动一个被加工螺纹的导程。由此，结合传动系统图可得车螺纹传动的运动平衡式。

$$1_{主轴}\times u_{定}\times u_{x}\times L_{丝}=S$$

式中 $u_{定}$——主轴至丝杠间全部定比传动机构的总传动比，是一常数；

u_{x}——主轴至丝杠间换置机构的可变传动比；

$L_{丝}$——机床丝杠的导程。CA6140 型车床使用单头、螺距为 12 mm 的丝杠，故 $L_{丝}=12$ mm；

S——工件螺纹的导程。

上式中，$u_{定}$ 与 $L_{丝}$ 均为定值，可见，要加工不同导程的螺纹，关键是调整车螺纹传动链中换置机构的传动比。

（1）车米制螺纹。米制螺纹是应用最广泛的一种螺纹，在国家标准中规定了标准螺距值。下表列出了 CA6140 型车床能车制的常用米制螺纹标准螺距值。从表 3-2 中可看出，米制螺纹标准螺距值的排列为分段等差数列，其特点是每行中的螺距值按等差数列排列，每列中的螺距值又成一公比为 2 的等比数列，如表 3-2 所示。

表3-2　标准米制螺纹表

增倍组 \ 螺距 \ 基本组	$\frac{26}{28}$	$\frac{28}{28}$	$\frac{32}{28}$	$\frac{36}{28}$	$\frac{19}{14}$	$\frac{20}{14}$	$\frac{33}{21}$	$\frac{36}{21}$
$\frac{18}{45}\times\frac{15}{48}=\frac{1}{8}$	—	—	1	—	—	1.25	—	1.5
$\frac{28}{35}\times\frac{15}{48}=\frac{1}{4}$	—	1.75	2	2.25	—	2.5	—	3
$\frac{18}{45}\times\frac{35}{28}=\frac{1}{2}$	—	3.5	4	4.5	—	5	5.5	6
$\frac{28}{35}\times\frac{35}{28}=1$	—	7	8	9	—	10	11	12

车削米制螺纹时，进给箱中的离合器 M_3 和 M_4 脱开，M_5 接合，挂轮用$\frac{63}{100}\times\frac{100}{75}$。传动链的表达式如下：

$$\text{主轴VI}-\frac{58}{58}-\text{IX}-\begin{bmatrix}\frac{33}{33}\\ \text{（右旋螺纹）}\\ \frac{33}{25}-\times-\frac{25}{33}\\ \text{（左旋螺纹）}\end{bmatrix}-\text{XI}-\frac{63}{100}\times\frac{100}{75}-\text{XII}-\frac{25}{36}-\text{XIII}-\begin{bmatrix}\frac{19}{14}\\ \frac{20}{14}\\ \frac{36}{21}\\ \frac{33}{21}\\ \frac{26}{28}\\ \frac{28}{28}\\ \frac{36}{28}\\ \frac{32}{28}\end{bmatrix}-$$

$$\text{XIV}-\frac{25}{36}\times\frac{36}{25}-\text{XV}-\begin{bmatrix}\frac{28}{35}\times\frac{35}{28}\\ \frac{18}{45}\times\frac{35}{28}\\ \frac{28}{35}\times\frac{15}{48}\\ \frac{18}{45}\times\frac{15}{48}\end{bmatrix}-\text{XVII}-M_5-\text{丝杠XVIII}-\text{刀架}$$

其中　XⅣ—XⅤ轴之间的变速机构可变换8种不同的传动比：

$$u_{基1}=\frac{26}{28}=\frac{6.5}{7},\ u_{基2}=\frac{28}{28}=\frac{7}{7},\ u_{基3}=\frac{32}{28}=\frac{8}{7},\ u_{基4}=\frac{36}{28}=\frac{9}{7},$$

$$u_{基5}=\frac{19}{14}=\frac{9.5}{7},\ u_{基6}=\frac{20}{14}=\frac{10}{7},\ u_{基7}=\frac{33}{21}=\frac{11}{7},\ u_{基8}=\frac{36}{21}=\frac{12}{7}$$

这些传动比的分母都是7，分子则除6.5和9.5用于车削其他种类的螺纹外，其余按等差数列规律排列。这套变速机构称为基本组。

XⅤ—XⅥ轴间的变速机构可变换四种传动比：

$$u_{倍1}=\frac{18}{45}\times\frac{15}{48}=\frac{1}{8},\ u_{倍2}=\frac{28}{35}\times\frac{15}{48}=\frac{1}{4},$$

$$u_{倍3}=\frac{18}{45}\times\frac{35}{28}=\frac{1}{2},\ u_{倍4}=\frac{28}{35}\times\frac{35}{28}=1$$

它们可实现螺纹导程标准中的倍数关系，称为增倍机构或增倍组。

基本组、增倍组和移换机构组成进给变速机构，和挂轮一起组成进给换置机构，完成传动原理图2-12中的u_x功能。

车米制螺纹时，进给量中离合器M_3、M_4脱开，此时运动由主轴Ⅵ经齿轮副$\frac{58}{58}$，轴Ⅸ—轴Ⅺ间换向机构，挂轮组$\frac{63}{100}\times\frac{100}{75}$，然后再经过齿轮副$\frac{25}{36}$，轴XⅢ—轴XⅦ间的两组滑移齿轮变速机构及离合器$M_5$传动丝杠。丝杠通过开合螺母将运动至溜板箱，带动刀架纵向进给。

运动平衡式为

$$S=kP=1_{(主轴)}\times\frac{58}{58}\times\frac{33}{33}\times\frac{63}{100}\times\frac{100}{75}\times\frac{25}{36}\times u_{基}\times\frac{25}{36}\times\frac{36}{25}\times u_{倍}\times12\ (\mathrm{mm})$$

式中　S——螺纹导程；

P——螺纹螺距；

k——螺纹头数；

$u_{基}$——XⅢ—XⅣ轴间的可换传动比；

$u_{倍}$——XⅤ—XⅦ轴间的可换传动比。

整理后可得：$S=7u_{基}\,u_{倍}$ mm。

上式$u_{基}$为轴XⅢ—轴XⅣ间滑移齿轮变速机构的传动比。该滑移齿轮变速机构由固定在轴XⅢ上的八个齿轮及安装在轴XⅣ上的四个单联滑移齿轮构成。每个滑移齿轮可分别与轴XⅢ上的两个固定齿轮相啮合，其啮合情况分别为：$\frac{26}{28}$，$\frac{28}{28}$，$\frac{32}{28}$，$\frac{36}{28}$，$\frac{19}{14}$，$\frac{20}{14}$，$\frac{33}{21}$，$\frac{36}{21}$。其相应的传动比为：$\frac{6.5}{7}$，$\frac{7}{7}$，$\frac{8}{7}$，$\frac{9}{7}$，$\frac{9.5}{7}$，$\frac{10}{7}$，$\frac{11}{7}$，$\frac{12}{7}$，这八个传动比近似按等差数列排列。如果取上式中$u_{倍}=1$，机床可通过该滑移齿轮机构的不同传动比，加工出导程分别为6.5 mm，7 mm，8 mm，9 mm，9.5 mm，10 mm，11 mm，12 mm螺纹，除括号内，正好是表3-2中最后一行的螺距值。可见，该变速机构是获得各种螺纹导程的基本变速机构，通常称为

基本螺距机构，或简称为基本组，其传动比以 $u_{基}$ 表示。

上式中 $u_{倍}$ 是XⅤ—XⅦ轴间变速机构的传动比，其值按倍数排列，用来配合基本组，扩大车削螺纹的螺距值大小，故称该变速机构为增倍机构或增倍组。增倍组有四种传动比，分别为 1、$\frac{1}{2}$、$\frac{1}{4}$、$\frac{1}{8}$。

通过 $u_{基}$ 和 $u_{倍}$ 的不同组合，就可得表 3-2 中所列全部米制螺纹的螺距值。

（2）车削英制螺纹。英制螺纹在采用英制的国家（如英国、美国、加拿大等）中应用较广泛。我国的部分管螺纹目前也采用英制螺纹。

英制螺纹以每英寸长度上的螺纹扣数 a（扣/in）表示，英制螺纹的导程 $S_a = K/a$ in。由于这台车床的丝杠是米制螺纹，被加工的英制螺纹也应换算成以毫米为单位的相应导程值：

$$S_a = \frac{K}{a}\text{in} = \frac{25.4K}{a}\text{ mm}$$

其中，a 的标准值也是按分段等差数列的规律排列，所以，英制螺纹的导程是分段的调和数列，当 $K=1$ 时，a 值与 $u_{基}$和 $u_{倍}$的关系见表 3-3。

表 3-3 CA6140 型卧式车床车削英制螺纹 a 值表

	$\frac{26}{28}$	$\frac{28}{28}$	$\frac{32}{28}$	$\frac{36}{28}$	$\frac{19}{14}$	$\frac{20}{14}$	$\frac{33}{21}$	$\frac{36}{21}$
$\frac{18}{45}\times\frac{15}{48}=\frac{1}{8}$	—	14	16	18	19	20	—	24
$\frac{28}{35}\times\frac{15}{48}=\frac{1}{4}$	—	7	8	9	—	10	11	12
$\frac{18}{45}\times\frac{35}{28}=\frac{1}{2}$	$3\frac{1}{4}$	$3\frac{1}{2}$	4	$4\frac{1}{2}$	—	5	—	6
$\frac{28}{35}\times\frac{35}{28}=1$	—	—	2	—	—	—	—	3

此外，还有特殊因子 25.4。要车削各种英制螺纹，只须对米制螺纹的传动路线表达式作如下两点变动：

① 将基本组的主动轴与被动轴对调，可得按调和数列规律排列的传动比数值；

② 在传动链中实现特殊因子 25.4。

为此，将进给箱中的离合器 M_3 和 M_5 接合，M_4 脱开，同时XⅤ轴左端的滑移齿轮 Z_{25} 移至左面位置，与固定在XXⅢ轴上的齿轮 36 啮合。运动由Ⅻ轴经 M_3 先传到XⅣ轴，然后传至XⅤ轴，再经齿轮副 36/25 传至XⅤ轴。其余部分的传动路线表达式与车削米制螺纹时相同。其运动平衡式为：

$$S_a = 1r_{(\text{主轴})} \times \frac{58}{58} \times \frac{33}{33} \times \frac{63}{100} \times \frac{100}{75} \times \frac{1}{u_{\text{基}}} \times \frac{36}{25} \times u_{\text{倍}} \times 12 \text{（mm）}$$

其中

$$\frac{63}{100} \times \frac{100}{75} \times \frac{36}{25} \approx \frac{25.4}{21}$$

再将

$$S_a = \frac{25.4K}{a} \text{ mm}$$

代入，化简可得：

$$a = \frac{7K}{4} \frac{u_{\text{基}}}{u_{\text{倍}}} \text{ 扣/in}$$

改变 $u_{\text{基}}$ 和 $u_{\text{倍}}$，就可以车削出按分段等差数列排列的各种 a 值的英制螺纹。

加工英制螺纹时，其传动链只需改变 M_3 的啮合状态（Z_{25} 向右），并将轴ⅩⅤ上 Z_{25} 向左与轴ⅩⅢ上 Z_{36} 啮合即可。车削英制螺纹传动路线表达式与车削米制螺纹相比，有两点不同：

基本组中主、从动传动关系与车削米制螺纹时相反，改变传动链以引入25.4因子。

（3）车大导程螺纹。当需要车削导程大于表3-2所列之值的大导程螺纹时（如加工多头螺纹、油槽等），可通过扩大主轴Ⅵ至轴Ⅸ之间传动比来进行加工。具体为：将轴Ⅸ上的滑移齿轮 Z_{58} 右移，使之与轴Ⅷ上的齿轮 Z_{26} 啮合。此时，主轴至轴Ⅸ的传动链表达式为

$$\text{主轴Ⅵ}-\left[\begin{array}{c} \text{——（正常螺纹导程 1∶1）} \dfrac{58}{58}\text{——} \\ \text{（扩大螺纹导程 4∶1）} \\ \dfrac{58}{26}-\text{V}-\dfrac{80}{20}-\text{IV}-\begin{bmatrix} \dfrac{50}{50} \\ \dfrac{80}{20} \end{bmatrix}-\text{III}-\dfrac{44}{44}-\text{Ⅷ}-\dfrac{26}{58}- \\ \text{（扩大螺纹导程 16∶1）} \end{array}\right]-\text{Ⅸ}-$$

自Ⅸ轴以后的传动路线表达式仍与正常螺纹导程时相同。从Ⅵ轴到Ⅸ轴的传动比：

$$u_{\text{扩}1} = \frac{58}{26} \times \frac{80}{20} \times \frac{50}{50} \times \frac{44}{44} \times \frac{26}{58} = 4$$

$$u_{\text{扩}2} = \frac{58}{26} \times \frac{80}{20} \times \frac{80}{20} \times \frac{44}{44} \times \frac{26}{58} = 16$$

所以，用于车削大导程螺纹的导程扩大机构 $u_{\text{扩}}$ 实质上也是一个增倍组。但必须注意，由于导程扩大机构的传动齿轮就是主运动的传动齿轮，所以，只有主轴上的 M_2 合上，即主轴处于低速状态时用螺纹导程扩大机构才能车削大导程螺纹。当主轴转速确定后，这时导程可能扩大的倍数也就确定了，不能再变动。

正常螺纹导程时，从Ⅵ轴到Ⅸ轴的传动比 $u=1$。

与车削常用螺纹时，主轴至Ⅸ间的传动比为 $u=1$ 相比，传动比分别扩大了 4 倍和 16 倍，即可使被加工螺纹导程扩大 4 倍和 16 倍。

应当指出的是，加工大导程螺纹时，主轴Ⅵ—轴 III 间的传动联系为主传动链及车螺纹链公有，此时主轴只能以较低速度旋转。具体说，当 $u_{扩}=16$ 时，主轴转速为 10～32 r/min，（最低六级转速）；当 $u_{扩}=4$ 时，主轴转速为 40～125 r/min（较低六级转速）。主轴转速高于 125 r/min 时，则不能加工大导程螺纹，但这对实际加工并无影响，因为从操作可能性看，只有在主轴低速旋转时，才能加工大导程螺纹。

（4）车削模数螺纹。模数螺纹主要是米制蜗杆，有时某些特殊丝杠的导程也是模数制的。米制蜗杆的齿距为 πm，所以模数螺纹的导程为 $S_m=K\pi m$，这里 K 为螺纹的头数。

模数 m 的标准值也是按分段等差数列规律排列的，但在模数螺纹导程 $S_m=K\pi m$ 中含有特殊因子 π，模数 m 值见表 3-4。

表 3-4　CA6140 型卧式车床车削模数螺纹模数表

	$\frac{26}{28}$	$\frac{28}{28}$	$\frac{32}{28}$	$\frac{36}{28}$	$\frac{19}{14}$	$\frac{20}{14}$	$\frac{33}{21}$	$\frac{36}{21}$
$\frac{18}{45}\times\frac{15}{48}=\frac{1}{8}$	—	—	0. 25	—	—	—	—	—
$\frac{28}{35}\times\frac{15}{48}=\frac{1}{4}$	—	—	0. 5	—	—	—	—	—
$\frac{18}{45}\times\frac{35}{28}=\frac{1}{2}$	—	—	1	—	—	1. 25	—	1. 5
$\frac{28}{35}\times\frac{35}{28}=1$	—	1. 75	2	2. 25	—	2. 5	2. 75	3

车削模数螺纹时，在车削米制螺纹传动路线表达式的基础上，将挂轮更换为 $\frac{64}{100}\times\frac{100}{97}$ 即可引入 π 因子，运动平衡式为：

$$S_m=\mathrm{lr}_{(主轴)}\times\frac{58}{58}\times\frac{33}{33}\times\frac{64}{100}\times\frac{100}{97}\times\frac{25}{36}\times u_{基}\times\frac{25}{36}\times\frac{36}{25}\times u_{倍}\times 12\ (\mathrm{mm})$$

式中

$$\frac{64}{100}\times\frac{100}{97}\times\frac{25}{36}\approx\frac{7\pi}{48}$$

代入化简后得：

$$S_m=\frac{7\pi}{4}u_{基}\ u_{倍}\ \text{mm}$$

因为 $S_m=K\pi m$，从而得：

$$m=\frac{7}{4K}u_{基}\ u_{倍}\ \text{mm}$$

改变 $u_{基}$ 和 $u_{倍}$，或应用螺纹导程扩大机构，就可以车削出按分段等差数列规律排列的各种模数的螺纹。

（5）车非标准螺纹及精密螺纹。车削非标准螺纹或精密螺纹时，可将离合器 M_3、M_4、M_5 全部结合，使轴Ⅻ、轴ⅩⅣ、轴ⅩⅧ和丝杠联成一体，所要求的螺纹导程值可通过选配挂轮架齿轮齿数来得到。由于主轴至丝杠的传动路线大为缩短，从而减少传动累积误差，加工出具有较高精度的螺纹。

运动平衡式为

$$S=1\text{r}_{(主轴)}\times\frac{58}{58}\times\frac{33}{33}\times u_{挂}\times 12\ \text{mm}$$

$$主轴Ⅵ—\frac{58}{26}—Ⅴ—\frac{80}{20}—Ⅳ—\begin{bmatrix}\frac{50}{50}\\ \frac{80}{20}\end{bmatrix}—Ⅲ—\frac{44}{44}—Ⅷ—\frac{26}{58}—Ⅸ$$

主轴至轴Ⅸ间的传动比为：

$$u_{扩1}=\frac{58}{26}\times\frac{80}{20}\times\frac{50}{50}\times\frac{44}{44}\times\frac{26}{58}=4$$

$$u_{扩2}=\frac{58}{26}\times\frac{80}{20}\times\frac{80}{20}\times\frac{44}{44}\times\frac{26}{58}=16$$

式中　$u_{挂}$——挂轮组传动化。

化简后得换置公式

$$u_{挂}=\frac{a}{b}\times\frac{c}{d}=\frac{S}{12}$$

（6）车削径节螺纹。径节螺纹主要是英制蜗杆，它是用径节 D_P 来表示的。径节 $D_P=\frac{z}{D}$（z—齿数，D—分度圆直径，英寸），即蜗轮或齿轮折算到每一英寸分度圆直径上的齿数。所以英制蜗杆的轴向齿距即径节螺纹的导程为：

$$S_{D_P}=\frac{\pi K}{D_P}\ \text{in}=\frac{25.4\pi K}{D_P}\ \text{mm}$$

径节 D_P 也是按分段等差数列的规律排列的，所以径节螺纹与英制螺纹导程系列的排列规律相同，只是多了特殊因子 25.4π 。车削径节螺纹时，在车削英制螺纹传动路线表达式的基础上，将挂轮更换为$\frac{64}{100}\times\frac{100}{97}$，以引入特殊因子 π 。当 $K=1$ 时，D_P 值与 $u_{基}$ 和 $u_{倍}$ 的关系见表 3-5。

表 3-5　CA6140 型卧式车床车削径节螺纹 D_P 值表

D_P 基本组 / 增倍组	$\frac{26}{28}$	$\frac{28}{28}$	$\frac{32}{28}$	$\frac{36}{28}$	$\frac{19}{14}$	$\frac{20}{14}$	$\frac{33}{21}$	$\frac{36}{21}$
$\frac{18}{45}\times\frac{15}{48}=\frac{1}{8}$	—	56	64	72	—	80	88	96
$\frac{28}{35}\times\frac{15}{48}=\frac{1}{4}$	—	28	32	36	—	40	44	48
$\frac{18}{45}\times\frac{35}{28}=\frac{1}{2}$	—	14	16	18	—	20	22	24
$\frac{28}{35}\times\frac{35}{28}=1$	—	7	8	9	—	10	11	12

为了综合分析和比较车削上述各种螺纹时的传动路线表达式，把 CA6140 型车床进给运动链中加工螺纹时的传动路线表达式归纳总结如下：

$$\text{主轴 VI}-\left[\begin{array}{c}\frac{58}{58}\\ \text{（正常螺纹导程）}\\ \frac{58}{26}-\text{V}-\frac{80}{20}-\text{IV}-\left[\begin{array}{c}\frac{50}{50}\\ \frac{80}{20}\end{array}\right]-\text{III}-\frac{44}{44}-\text{VIII}-\frac{26}{58}\\ \text{（扩大螺纹导程）}\end{array}\right]-\text{IX}-\left[\begin{array}{c}\frac{33}{33}\\ \text{（右螺纹）}\\ \frac{33}{25}-\text{X}-\frac{25}{33}\\ \text{（左螺纹）}\end{array}\right]-\text{XI}\rightarrow$$

$$\rightarrow\left[\begin{array}{c}\left[\begin{array}{c}\frac{63}{100}-\frac{100}{75}\\ \text{（米制和英制螺纹）}\\ \frac{64}{100}-\frac{100}{97}\\ \text{（模数和径节螺纹）}\end{array}\right]-\text{XII}-\left[\begin{array}{c}\frac{25}{36}-\text{XIII}-u_{基}-\text{XIV}-\frac{25}{36}-\frac{36}{25}\\ \text{（米制和模数螺纹）}\\ M_{3合}-\text{XIV}-\frac{1}{u_{基}}-\text{XIII}-\frac{36}{25}\\ \text{（英制和径节螺纹）}\end{array}\right]-\text{XV}-u_{倍}\\ \frac{a}{b}\ \frac{c}{d}-\text{XII}-M_{3合}-\text{XIV}-M_{4合}\\ \text{（非标准螺纹）}\end{array}\right]\rightarrow$$

$$\rightarrow \text{XVII}-M_{5合}-\text{XVIII（丝杆）}-\text{刀架}$$

2. 纵向与横向进给运动

CA6140 型卧式车床作机动进给时，从主轴Ⅵ至进给箱轴ⅩⅦ的传动路线表达式与车削螺纹时的传动路线表达式相同，轴ⅩⅦ上滑移齿轮 Z_{28} 处于左位，使 M_5 脱开，从而切断进给箱与丝杆的联系。运动由齿轮副 28/56 及联轴节传至光杠ⅩⅨ，再由光杠通过溜板箱中的

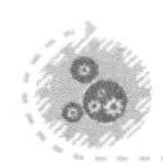

传动机构，分别传至齿轮齿条机构或横向进给丝杠ⅩⅩⅦ，使刀架作纵向或横向机动进给。纵、横向机动进给的传动路线表达式为：

$$\text{主轴 VI}-\begin{pmatrix}\text{米制螺纹传动路线}\\ \text{英制螺纹传动路线}\end{pmatrix}-\text{XVII}-\frac{28}{56}-\text{XIX（光杠）}-$$

$$\frac{36}{32}\times\frac{32}{56}-M_6\text{（超越离合器）}-M_7\text{（安全离合器）}-\text{XX}-\frac{4}{29}-\text{XXI}$$

$$-\begin{cases}\begin{bmatrix}\frac{40}{48}-M_9\uparrow\\ \frac{40}{30}\times\frac{30}{48}-M_9\downarrow\end{bmatrix}-\text{XXV}-\frac{48}{48}\times\frac{59}{18}-\text{XXVII（丝杠）}-\text{刀架（横向进给）}\\ \begin{bmatrix}\frac{40}{48}-M_8\uparrow\\ \frac{40}{30}\times\frac{30}{48}-M_8\downarrow\end{bmatrix}-\text{XXII}-\frac{28}{80}-\text{XXIII}-Z_{12}-\text{齿条}-\text{刀架（纵向进给）}\end{cases}$$

溜板箱内的双向齿式离合器 M_8 及 M_9 分别用于纵、横向机动进给运动的接通、断开及控制进给方向。

CA6140 型卧式车床可以通过四种不同的传动路线表达式实现机动进给运动，从而获得纵向和横向进给量各 64 种，CA6140 型卧式车床纵向进给量见表 3-6 所示。

表 3-6　CA6140 型卧式车床纵向进给量表

传动路线表达式类型	细进给量	正常进给量				较大进给量	加大进给量			
							4	16	4	16
$u_{基}$	$u_{倍}$									
	1/8	1/8	1/4	1/2	1	1	1/2	1/8	1	1/4
26/28	0.028	0.08	0.16	0.33	0.66	1.59	3.16		6.33	
28/28	0.032	0.09	0.18	0.36	0.71	1.47	2.93		5.87	
32/28	0.036	0.10	0.20	0.41	0.81	1.29	2.57		5.14	
36/28	0.039	0.11	0.23	0.46	0.91	1.15	2.28		4.56	
19/14	0.043	0.12	0.24	0.48	0.96	1.09	2.16		4.32	
20/14	0.046	0.13	0.26	0.51	1.02	1.03	2.05		4.11	
33/21	0.050	0.14	0.28	0.56	1.12	0.94	1.87		3.74	
36/21	0.054	0.15	0.30	0.61	1.22	0.86	1.71		3.42	

下面以纵向进给为例介绍不同的传动路线表达式。

运动经车米制螺纹传动路线表达式传动，运动平衡式为

$$f_{纵}=1_{(\text{主轴})}\times\frac{58}{58}\times\frac{33}{33}\times\frac{63}{100}\times\frac{100}{75}\times\frac{25}{36}\times u_{基}\times\frac{25}{36}\times\frac{36}{25}\times u_{倍}\times\frac{28}{56}\times\frac{36}{32}\times$$

$$\frac{32}{56}\times\frac{4}{29}\times\frac{40}{48}\times\frac{28}{80}\times\pi\times2.5\times12$$

式中　$f_{纵}$——纵向进给量，mm/r

化简后得：$f_{纵}=0.71u_{基}u_{倍}$

通过该传动路线表达式，可得到 0.08～1.22 mm/r 的 32 种正常进给量。

3. 细进给量与加大进给量的计算

（1）细进给量的计算

当主轴转速为 450～1 400 r/min（其中 500 r/min 除外）时，如接通扩大螺距机构（此时并无扩大主轴Ⅵ至轴Ⅸ间传动比的作用），选用米制螺纹路线，并使 $u_{倍}=1/8$，此时运动平衡式为

$$f_{纵}=1_{(主轴)}\times\frac{50}{63}\times\frac{44}{44}\times\frac{26}{58}\times\frac{33}{33}\times\frac{63}{100}\times\frac{100}{75}\times\frac{25}{36}\times u_{基}\times\frac{25}{36}\times\frac{36}{25}\times\frac{1}{8}\times\frac{28}{56}\times\frac{36}{32}\times\frac{32}{56}\times\frac{4}{29}\times\frac{40}{30}\times\frac{30}{48}\times\frac{28}{80}\times\pi\times2.5\times12$$

化简后得：$f_{纵}=0.031\,5u_{基}$

变换 $u_{基}$ 可获得 0.028～0.054 mm/r 的 8 级用于高速精车的细进给量。

（2）加大进给量的计算

当主轴转速为 10～125 r/min 时，接通扩大螺距机构，采用英制螺纹传动路线表达式，并适当调整增倍机构，可获得 16 级供强力切削或宽刃精车之用的加大进给量，其范围为 1.17～6.33 mm/r。

4. 刀具纵向和横向快速运动

刀架的纵、横向快速移动由装在溜板箱右侧的快速电动机（0.25 kW，2 800 r/min）传动。电动机的运动由齿轮副 18/24 传至轴ⅩⅫ，然后沿机动工作传动路线表达式，传至纵向进给齿轮齿条副或横向进给丝杠，获得刀架在纵向或横向的快速移动。轴ⅩⅫ左端的超越离合器 M_9 能保证快速移动与工作进给不发生运动干涉。

3-2-3　CA6140 型卧式车床典型结构

一、主轴箱

主轴箱主要由主轴部件、传动机构、开停与制动装置、操纵机构及润滑装置等组成。为了便于了解主轴箱内各传动件的传动关系，传动件的结构、形状、装配方式及其支承结构，常采用展开图的形式表示。图 3-6 为 CA6140 型卧式车床主轴箱展开图。

展开图基本上是按主轴箱内各传动轴的传动顺序，沿其轴线取剖切面，再展开绘制而成（图 3-6）。展开图中一些有传动关系的轴在展开后被分开了，如轴 III 和轴 IV、轴 V 和轴Ⅵ等，从而使相互啮合的齿轮副也被分开了，因而在读图时应予以注意。以下对主轴箱内主要部件的结构（图 3-7）、工作原理及调整方法进行介绍。

1. 卸荷式带轮装置

主电动机通过带传动使轴旋转，为提高轴 I 旋转的平稳性，轴 I 上的带轮采用了卸荷结构。如图 3-8 所示，带轮 2 通过螺钉与花键套 1 联成一体，支承在法兰 3 内的两个深沟球轴承上。法兰 3 则用螺钉固定在主轴箱体 4 上。当带轮 2 通过花键套 1 的内花键带动轴 I 旋转

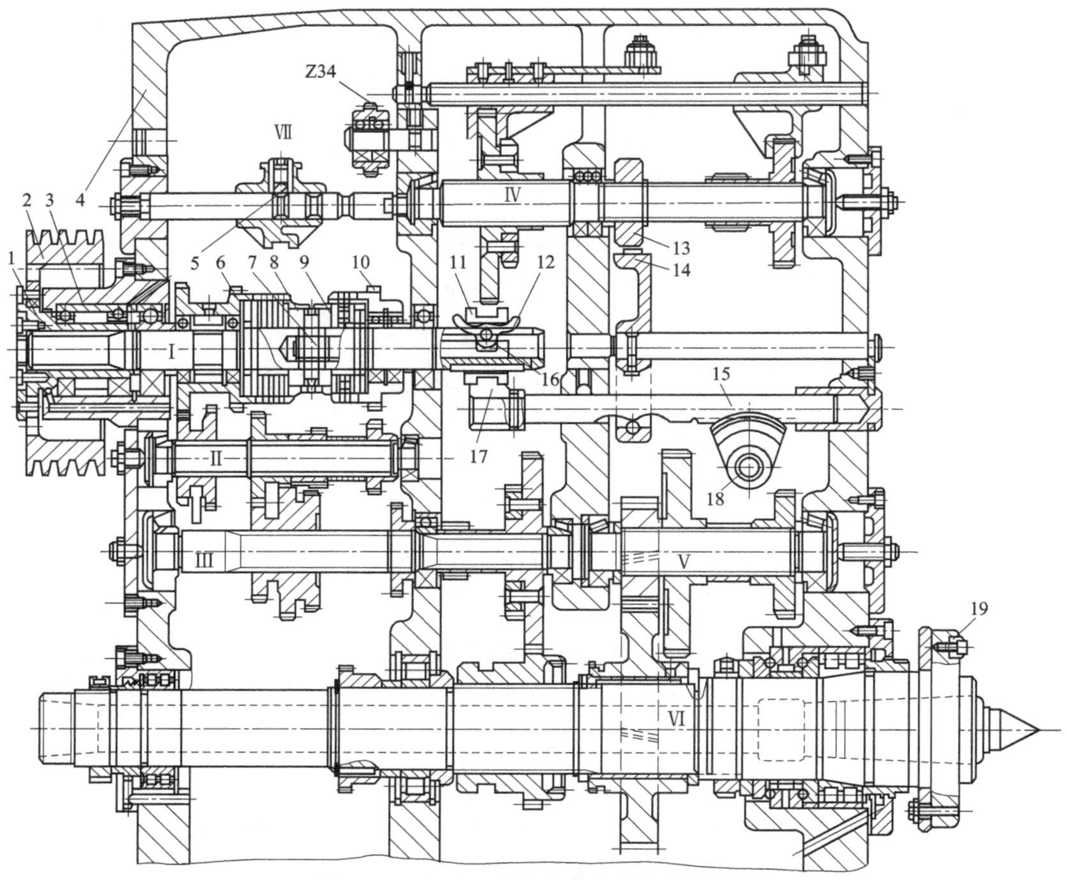

图 3-6　CA6140 型卧式车床主轴箱展开图

1—花键套；2—带轮；3—法兰；4—主轴箱体；5—钢球；6，10—齿轮；7—销；8，9—螺母；11—滑套；12—元宝杠杆；13—制动盘；14—制动带；15—齿条；16—拉杆；17—拨叉；18—扇形齿轮；19—圆键

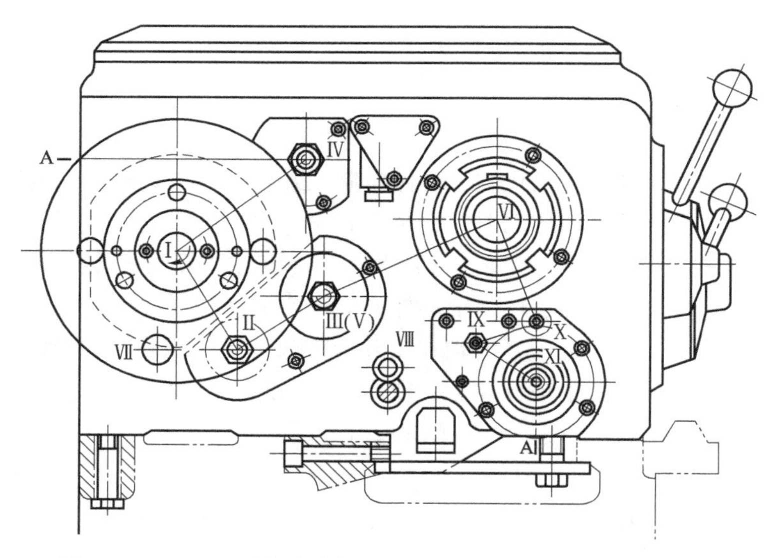

图 3-7　CA6140 型车床各轴空间位置及主轴箱展开剖切示意图

时，胶带的拉力经轴承、法兰 3 传至箱体，这样轴 I 就免受胶带拉力，减少了轴的弯曲变形，提高了传动平稳性。

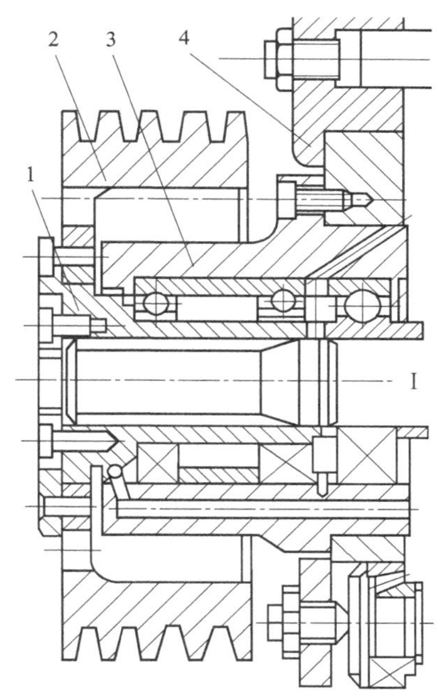

图 3-8　卸荷式带轮装置

1—花键套；2—带轮；
3—法兰；4—主轴箱体

2. 双向多片式摩擦离合器和制动器的结构及其调整

轴 I 上装有双向多片式摩擦离合器（图 3-9）用以控制主轴的启动、停止及换向。轴 I 右半部为空心轴，在其右端安装有可绕销轴 11 摆动的元宝形摆块 12。元宝形摆块下端弧形尾部卡在拉杆 9 的缺口槽内。

当拨叉 13 由操纵机构控制，拨动滑套 10 右移时，摆块 12 绕销轴 11 顺时针摆动，其尾部拨动拉杆 9 向左移动。拉杆通过固定在其左端的长销 6，带动压套 5 和螺母 4 压紧左离合器的内、外摩擦片 2、3，从而将轴 I 的运动传至空套其上的齿轮 1，使主轴得到正转。

当滑套 10 向左移动时，元宝形摆块绕销轴 11 逆时针摆动，从而使拉杆 9 通过压套 5、螺母 7，使右离合器内、外摩擦片压紧，并使轴 I 的运动传至齿轮 8，再经由安装在轴 Ⅶ 上的中间轮，将运动传至轴 II（如图 3-6），从而使主轴反转。当滑套处于中间位置时，左右离合器内外摩擦片均松开，主轴停转。

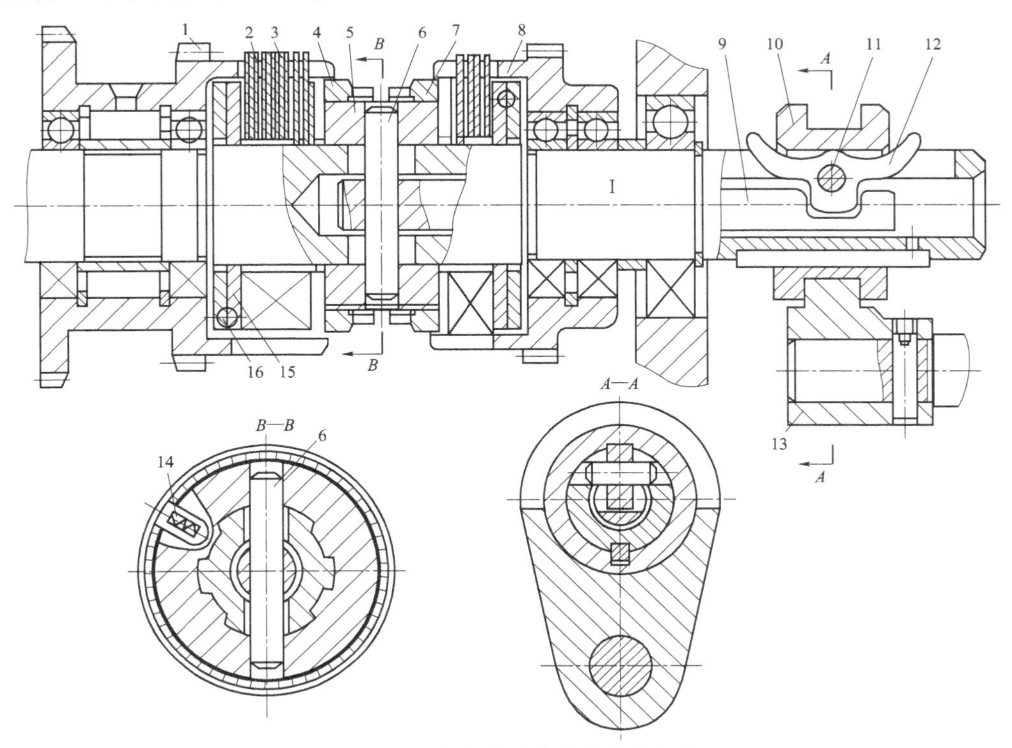

图 3-9　双向多片式摩擦离合器结构

1—齿轮；2—内摩擦片；3—外摩擦片；4—螺母；5—压套；6—长销；7—螺母；
8—齿轮；9—拉杆；10—滑套；11—销轴；12—元宝形摆块；13—拨叉

为了在摩擦离合器松开后，克服惯性作用，使主轴迅速制动，在主轴箱轴 IV 上装有制动装置（如图 3-11）。制动装置由通过花键与轴Ⅳ连接的制动盘 16、制动带 15、杠杆 14 以及调整装置等组成。制动带内侧固定一层钢丝石棉以增大制动摩擦力矩。制动带一端通过调节螺钉 12 与箱体连接，另一端固定在杠杆上端。当杠杆 14 绕心轴逆时针摆动时，拉动制动带，使其包紧在制动轮上，并通过制动带与制动轮之间的摩擦力使主轴得到迅速制动。制动摩擦力矩的大小可用调节螺钉 12 进行调整。

摩擦离合器和制动装置使用一定时间后应进行调整。如摩擦离合器中摩擦片间隙过大，压紧力足，不能传递足够的摩擦力矩，会使摩擦片间发生相对打滑，这样会使摩擦片摩擦加剧，导致主轴箱内温度升高，严重时会使主轴不能正常传动；如间隙过小，不能完全脱开，也会使摩擦片间相对打滑和发热，而且还会使主轴制动不灵，因而片式摩擦离合器应通过螺母 4、7 和弹簧销 14 正确调整（图 3-9、图 3-10）。制动装置中制动带松紧程度也应通过调节螺钉 12 适当调整（图 3-11），以达到在要求停车时，主轴能迅速制动；而在开车时，制动带则完全松开。

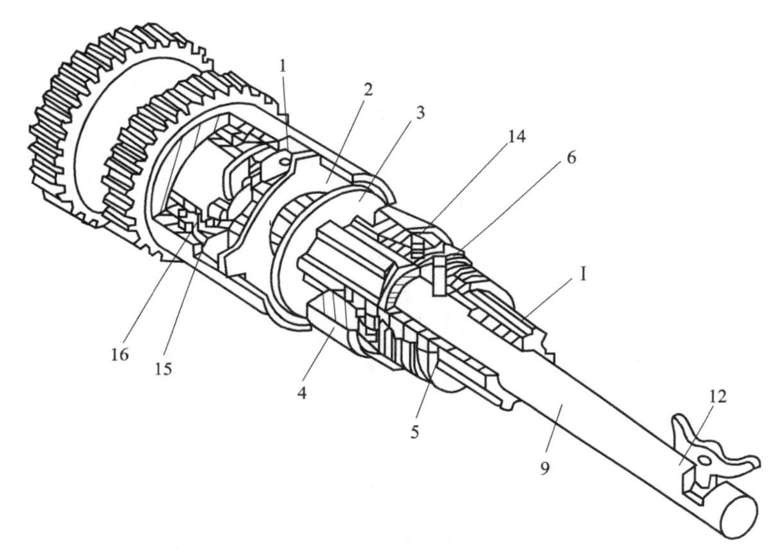

图 3-10　双向多片式摩擦离合器立体剖视结构

1—止推片螺钉；2—外摩擦片；3—内摩擦片；4—压套；5—Ⅰ轴；
6—长销；9—拉杆；14—弹簧销；15、16—止推片

双向多片式摩擦离合器与制动装置采用一套操纵机构控制（图 3-11）以协调两机构的工作。当抬起或压下手柄 21 时，通过轴 20、曲柄 19 及扇形齿轮 18，使齿条轴 17 向右或向左移动，再通过元宝形摆块 23、拉杆 9 使左边或右边离合器结合，使主轴正转或反转。此时杠杆 14 下端位于齿条轴圆弧形凹槽内，制动带处于松开状态。当操纵手柄 21 处于中间位置时，齿条轴 17 和滑套 10 也处于中间位置，摩擦离合器左、右摩擦片组都松开，主轴与运动源断开。这时，杠杆 14 下端被齿条轴两圆弧形凹槽间凸起部分顶起，从而拉紧制动带，使主轴迅速制动。

3. 传动轴及其轴承的调整

主轴箱内传动轴转速较高，通常采用角接触球轴承或圆锥滚子轴承，一般采用二支承结

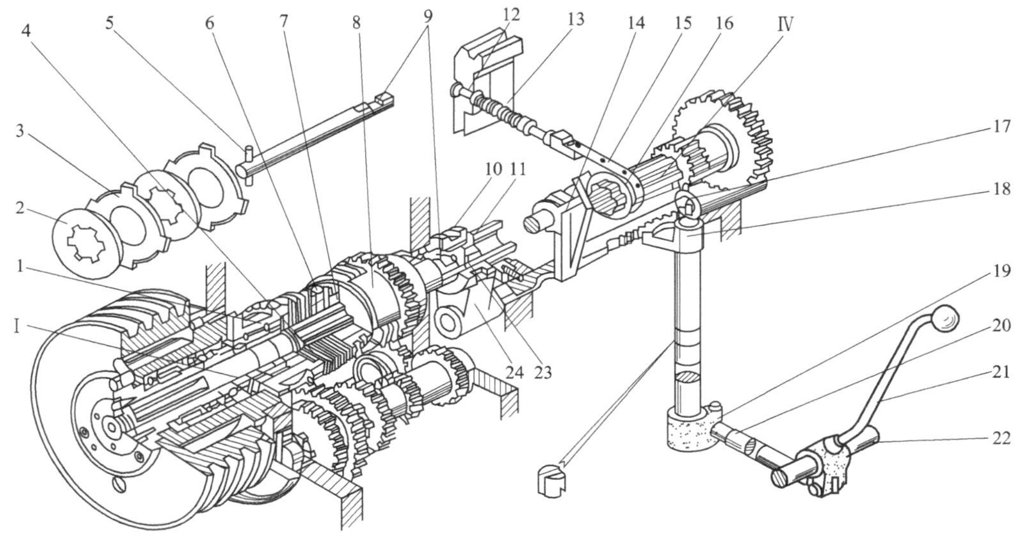

图 3-11 双向多片式摩擦离合器和制动装置操纵机构

1，8—齿轮；2—内摩擦片；3—外摩擦片；4—止推片；5—销；6—调节螺母；7—压块；9—拉杆；10—滑套；11—元宝杠杆；12—调节螺钉；13—弹簧；14—杠杆；15—制动带；16—制动盘；17—齿条轴；18—扇形齿轮；19—曲柄；20，22—轴；21—手柄；23—元宝形摆块；24—拨叉

构，对较长的传动轴，为提高刚度，也采用三支承，如轴 III 的两端各有一个圆锥滚子轴承，中间还有一深沟球轴承作附加支承（见图 3-6）。

在传动轴靠箱体外壁一端有轴承间隙调整装置，可通过螺钉、压盖推动轴承外圈，同时调整传动轴两端轴承的间隙。传动轴与齿轮一般通过花键相连接。齿轮的轴向固定通常采用弹性挡圈、隔套、轴肩和半圆环等实现。如轴Ⅴ上的三个固定齿轮通过左右两端顶在轴承内圈上的挡圈以及中间的隔套而得以轴向固定。空套齿轮与传动轴之间，装有滚动轴承或铜套。如轴Ⅰ上的齿轮就是通过轴承空套在轴上的。

4. 主轴部件结构及其轴承的调整

主轴部件主要由主轴、主轴支承及安装在主轴上的齿轮等组成（见图 3-12）。主轴是外部有花键、内部空心的阶梯轴。主轴的内孔可通过长的棒料或用于通过气动、液压或电动夹紧装置机构。在拆卸主轴顶尖时，还可由孔穿过拆卸钢棒。主轴前端加工有莫氏 6 号锥度的锥孔，用于安装前顶尖。

主轴部件采用三支承结构，前后支承处分别装有双列圆柱滚子轴承，中间支承为圆柱滚子轴承。双列圆柱滚子轴承具有旋转精度高、刚度好、调整方便等优点，但只能承受径向载荷。前支承处还装有一个 60°角接触的双向推力角接触球轴承，用以承受左右两个方向的轴向力。轴承的间隙对主轴回转精度有较大影响，使用中由于磨损导致间隙增大时，应及时进行调整。调整前轴承时，先松开轴承前螺母 23，再拧开后螺母 26 上的紧定螺钉，然后拧动螺母 26，通过轴承左、右内圈及垫圈，使双列圆柱滚子轴承 22 的内圈相对主轴锥形轴颈右移。在锥面作用下，轴承内圈径向外涨，从而消除轴承间隙。后轴承的调整方法与前轴承类似，但一般情况下，只需调整前轴承即可。轴套 25 的间隙由垫圈予以控制，如间隙增大，可通过磨削垫圈来进行调整。

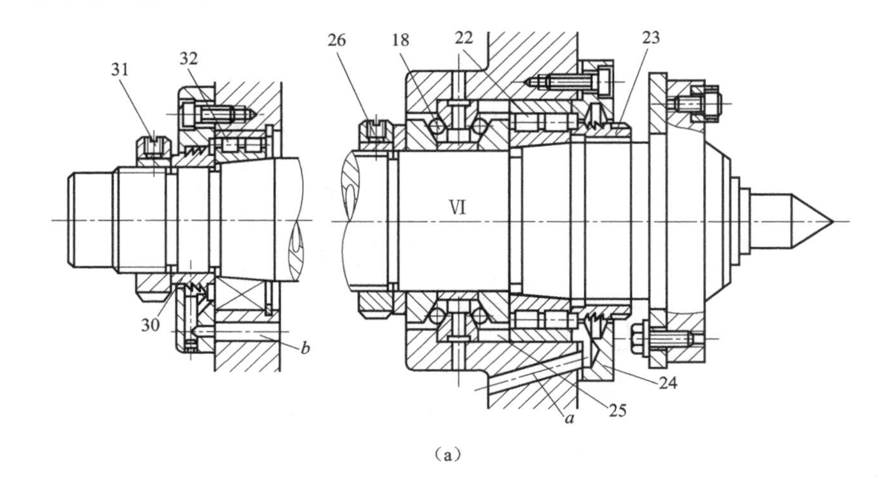

（a）

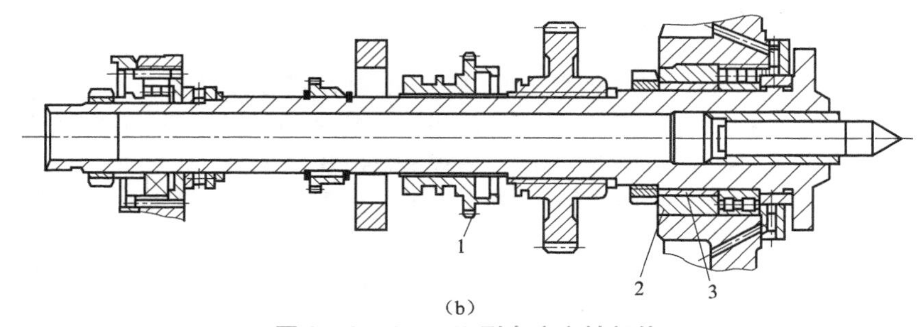

（b）

图 3-12　CA6140 型车床主轴部件

（a）三支承主轴结构；（b）二支承主轴结构

1—齿轮；2—减振套；3—隔套；18—双向角接触推力球轴承；22，32—双列圆柱滚子轴承；
23—前螺母；24—端盖；25，30—轴套；26，31—后螺母；a，b—回油通道

由于采用三支承结构的箱体加工工艺性较差，前、中、后三个支承孔很难保证有较高的同轴度，因而主轴安装时易产生变形，影响传动件精确啮合，工作时噪声及发热较大。所以目前有的 CA6140 型卧式车床的主轴部件采用二支承结构。在二支承的主轴部件结构中，前支承仍采用双列圆柱滚子轴承，后支承采用角接触球轴承，承受径向力及向右的轴向力；向左方向的轴向力则由后支承中推力球轴承承受。滑移齿轮 1（$z=50$）的套筒上加工有两个槽，左边槽为拨叉槽，右边燕尾槽中，均匀安装着四块平衡块，用以调整轴的平稳性。前支承双列圆柱滚子轴承的左侧安装有减振套 2，该减振套 2 与隔套 3 之间有 0.02～0.03 的间隙，在间隙中存有油膜，起到阻尼减振作用。

主轴前端与卡盘或拨盘等夹具结合部分采用短锥法兰式结构（如图 3-13）。主轴 3 以前端短锥和轴肩端面作为定位面，通过四个螺栓 5 及其螺母 6 将卡盘或拨盘固定在主轴前端，而由安装在轴肩的端面键（图 3-6 中的件 19）传递扭矩。安装时先将螺母 6 及螺栓 5 安装在卡盘座上，然后将带螺母的螺栓从主轴轴肩和锁紧盘 2 的孔中穿过去，再将锁紧盘拧过一个角度，使四个螺栓进入锁紧盘孔圆弧槽较窄的部位，把螺栓卡住。拧紧螺母 6 和螺钉 1 就可把卡盘或拨盘紧固在轴端。短锥法兰式轴端结构具有定心精度高，轴端悬伸长度小，刚度好，安装方便等优点，应用较多。主轴尾部的圆柱面是安装各种辅具（气动、液压或电气装置等）的安装基准面。

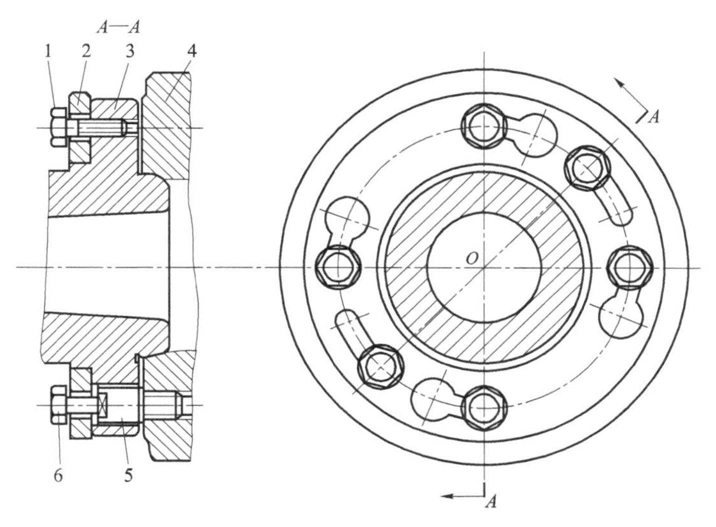

图 3-13　主轴前端与卡盘或拨盘采用短锥法兰式结构结合

1—螺钉；2—锁紧盘；3—主轴；4—卡盘座；5—螺栓；6—螺母

5. Ⅱ—Ⅲ轴上的六级变速操纵结构

主轴箱内轴Ⅲ可通过轴Ⅱ—Ⅲ间双联滑移齿轮机构及轴Ⅱ—Ⅲ间三联滑移齿轮机构得到六级转速。控制这两个滑移齿轮机构的是一个单手柄六级变速操纵机构（图 3-14）。

转动手柄 9 可通过链轮、链条带动装在轴 7 上的盘形凸轮 6 和曲柄 5 上的曲柄销 4 同时转动。手柄轴和轴 7 的传动比为 1∶1，因而手柄旋转 1 周，盘形凸轮 6 和曲柄销 4 也均转过 1 周。盘形凸轮上的封闭曲线槽由半径不同的两段圆弧和过渡直线组成。杠杆 11 上端有一销子 10 插入盘形凸轮曲线槽内，下端也有一个销子后面装有滑块，并嵌于拨叉 12 的槽内。当盘形凸轮上大半径圆弧的曲线槽转至杠杆 11 上端销子 10 处时，销子往下移动（如图 3-14（b）、图 3-14（c）、图 3-14（d）），带动杠杆顺时针摆动，从而使双联滑移齿轮 1 处于左位；当盘形凸轮上小半径圆弧曲线槽转至销子处时，销子往上移动（如图 3-14（e）、图 3-14（f）、图 3-14（g）），从而使双联滑移齿轮块 1 处于右位。曲柄 5 上的曲柄销 4 上装有滑块，并嵌入拨叉 3 的槽内。轴 7 带动曲柄 5 转动时，曲柄销 4 绕轴 7 转动，并通过拨叉 3 使三联滑移齿轮块 2 被拨至左、中、右不同位置（如图 3-14（b）-图 3-14（g））。每次顺序转动手柄 60°就可通过双联滑移齿轮块 1 左右不同位置与三联滑移齿轮块 2 左、中、右三个不同位置的组合，使轴Ⅲ得到六级转速。单手柄操纵六级变速的组合情况见表 3-7。

表 3-7　单手柄操纵六级变速组合情况

曲柄 5 上的销子位置	a	b	c	d	e	f
三联滑移齿轮块 2 位置	左	中	右	右	中	左
杠杆 11 上端的销子位置	a′	b′	c′	d′	e′	f′
双联滑移齿轮块 1 位置	左	左	左	右	右	右
齿轮工作情况（见图 3-14）	$\frac{56}{38}\times\frac{39}{41}$	$\frac{56}{38}\times\frac{22}{58}$	$\frac{56}{38}\times\frac{30}{50}$	$\frac{51}{43}\times\frac{30}{50}$	$\frac{51}{43}\times\frac{22}{58}$	$\frac{51}{43}\times\frac{39}{41}$

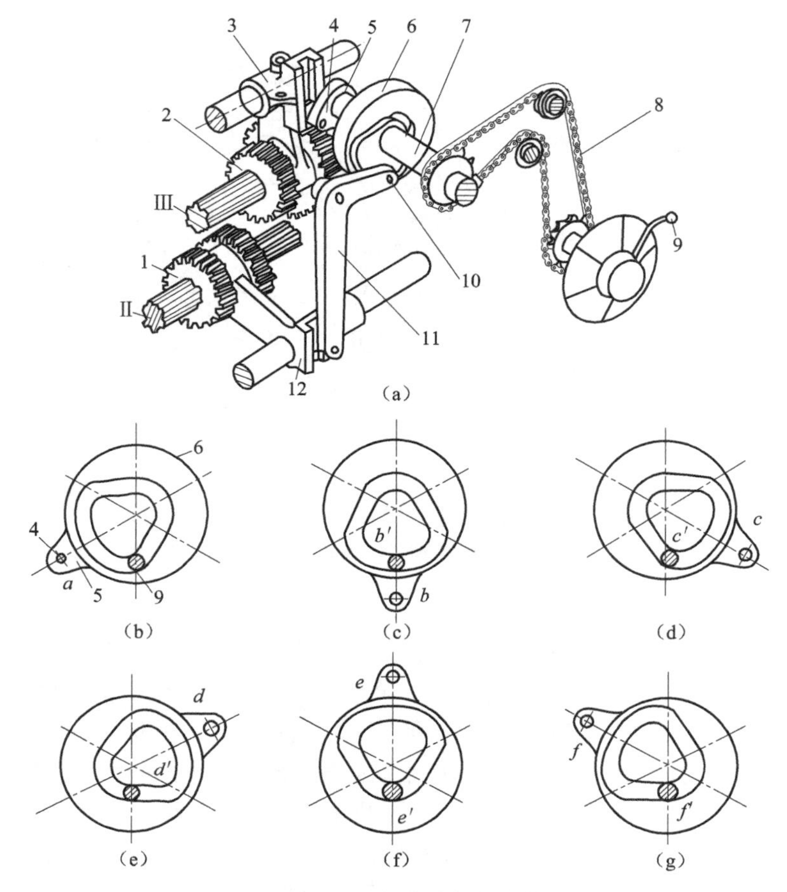

图3-14 六级变速操纵结构

1—双联滑移齿轮块；2—三联滑移齿轮块；3，12—拨叉；4—曲柄销；5—曲柄；6—盘形凸轮；7—轴；8—链条；9—手柄；10—销子；11—杠杆

二、进给箱

进给箱主要由基本螺距机构、增倍机构、变换螺纹种类的移换机构及操纵机构等组成。箱内主要传动轴以两组同心轴的形式布置（见图3-15）。

轴Ⅻ、XⅣ、XⅦ及丝杠布置在同一轴线上，轴XⅣ两端以半圆键连接两个内齿离合器，并以套在离合器上的两个深沟球轴承支承在箱体上。内齿离合器的内孔中安装有圆锥滚子轴承，分别作为轴右端Ⅻ及轴XⅦ左端的支承。轴XⅦ右端由轴XⅧ左端内齿离合器孔内的圆锥滚子轴承支承。轴XⅧ由固定在箱体上的支架及推力轴承支承，并通过联轴节与丝杠相连。两侧的推力球轴承分别承受丝杠工作时所产生的两个方向的轴向力。松开锁紧螺母，然后拧动其左侧的调整螺母，可调整轴XⅧ两侧推力轴承间隙，以防止丝杠在工作时作轴向窜动。拧动轴Ⅻ左端的螺母，可以通过轴承、内齿离合器端面以及轴肩而使同心轴上的所有圆锥滚子轴承的间隙得到调整。

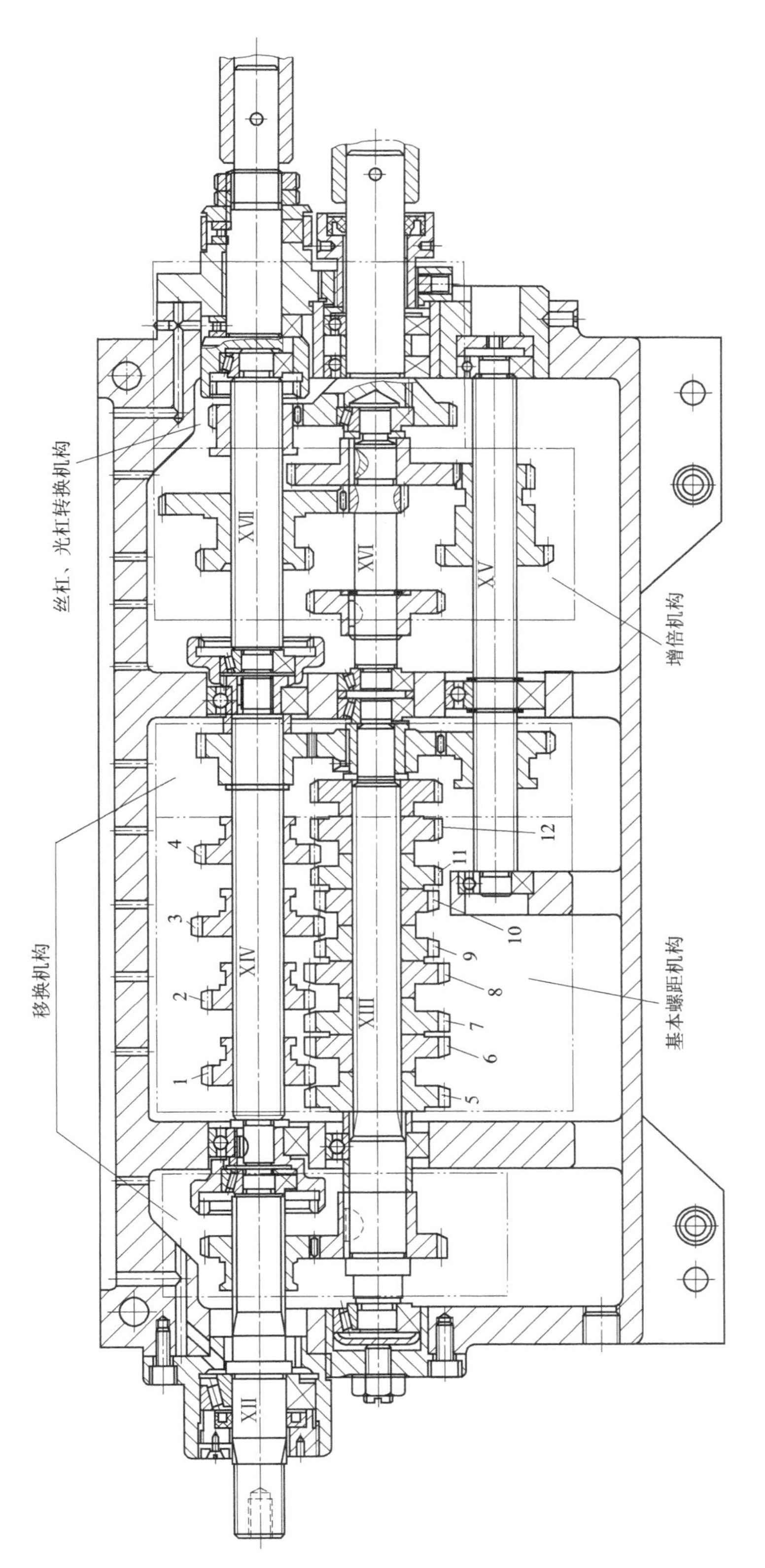
丝杠、光杠转换机构
增倍机构
移换机构
基本螺距机构
XVII
XVI
XV
XIV
XIII
XII
1
2
3
4
5
6
7
8
9
10
11
12

图 3-15　进给箱结构图

三、溜板箱

溜板箱内包含以下机构：实现刀架快慢移动转换的超越离合器，起过载保护作用的安全离合器，接通、断开丝杠传动的开合螺母机构，接通、断开和转换纵、横向机动进给运动的操纵机构，以及避免运动干涉的互锁机构。

1. 单向超越离合器的结构及工作原理

为了节省辅助时间及简化操作动作，在刀架快速移动过程中，光杠仍可继续转动而不必脱开进给运动传动链。这时，为了避免光杠和快速电动机同时传动同一运动部件而使运动部件损坏，在溜板箱中使用超越离合器。

图3-16是CA6140型车床的安全离合器及单向超越离合器结构图。单向超越离合器装在齿轮Z_{56}与轴XX上，由齿轮Z_{56}、三个滚柱8、三个弹簧14和星形体5组成。星形体5空套在轴XX上，而齿轮Z_{56}又空套在星形体5上。

当刀架机动进给时，由光杠传来的运动通过单向超越离合器传给安全离合器（后面将详细介绍）后再传至轴XX。这时，齿轮Z_{56}（即外环6）按图示的逆时针方向旋转，三个短圆柱滚柱8分别在弹簧14的弹力及滚柱8与外环6间的摩擦力作用下，楔紧在外环6和星形体5之间，外环6通过滚柱8带动星形体5一起转动，于是运动便经过安全离合器传至轴XX。这时如将进给操纵手柄扳到相应的位置，便可使刀架作相应的纵向或横向进给。

当按下快速电机启动按钮使刀架作快速移动时，运动由齿轮副13/29传至轴XX，轴XX及星形体5得到一个与齿轮Z_{56}转向相同，而转速却快得多的旋转运动。结果，由于滚柱8与外环6之间的摩擦力，使滚柱8压缩弹簧14而向楔形槽的宽端滚动，从而脱开外环6与星形体（以及轴XX）间的传动联系。

这时，虽然光杠XIX及齿轮Z_{56}仍在旋转，但不再传动至轴XX。当快速电动机停止转动时，在弹簧14和摩擦力作用下，滚柱8又楔紧于齿轮Z_{56}和星形体5之间，光杠传来的运动又正常接通。

由以上分析可知，单向超越离合器主要用于有快、慢两个运动交替传动的轴上，以实现运动的快、慢速自动转换。由于CA6140型车床使用的是单向超越离合器，所以要求光杠及快速电动机都只能做单方向转动。若光杠反向旋转，则不能实现纵向或横向机动进给；若快速电动机反向旋转，则超越离合器不起超越作用。

2. 安全离合器的结构及其调整

机动进给时，如果进给力过大或刀架移动受阻，则有可能损坏机件。为此，在进给链中设有安全离合器M_8来自动地停止进给。

在图3-16中，单向超越离合器的星形体5空套在XX轴上。安全离合器左半部4用键固定在星形体上，安全离合器右半部10经花键与XX轴相连。正常情况下，安全离合器的左、右两半部由弹簧3压紧在一起，运动经安全离合器左、右两半间的齿，以及外环6传给XX轴。由于安全离合器左、右半部之间是螺旋形端面齿，故倾斜的接触面在传递转矩时产生轴向力，这个力靠弹簧3平衡，如进给力过大或刀架移动受阻，轴向力克服弹簧的弹力而使离合器的左、右半部脱开啮合，停止进给。安全离合器的工作原理见图3-17。

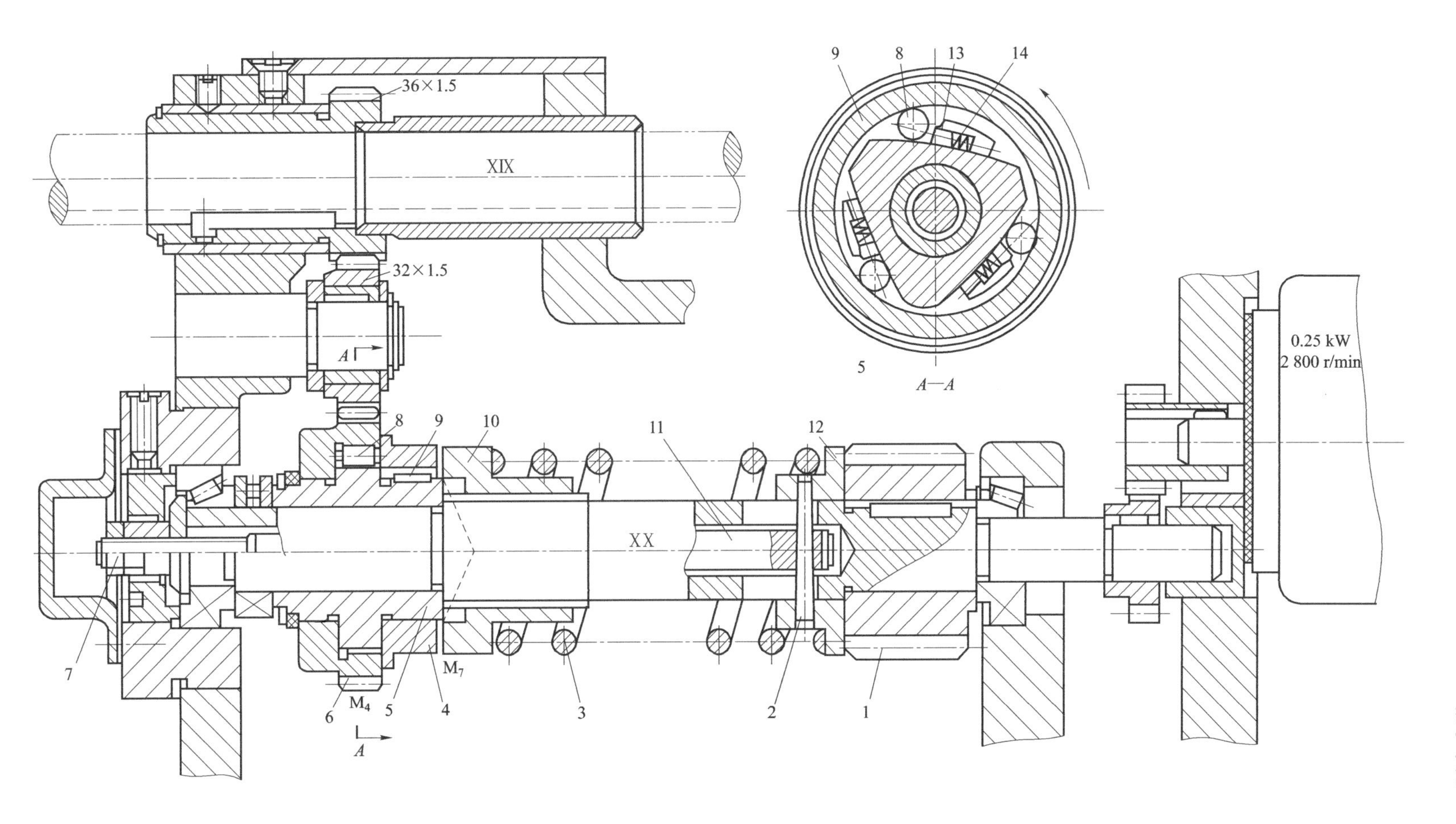

图3-16　安全离合器及单向超越离合器

1—齿轮；2—锥销；3—弹簧；4—安全离合器左半部；5—星形体；6—外环；7—XX轴；8—滚柱；9—键；10—安全离合器右半部；11—调节拉杆；12—弹簧座；13—推块；14—弹簧

安全离合器是一种过载保护机构，其形状如图 3-17 中的 5、6 号零件；它可使机床的传动零件在过载时，自动断开传动，以免机构发生损坏。

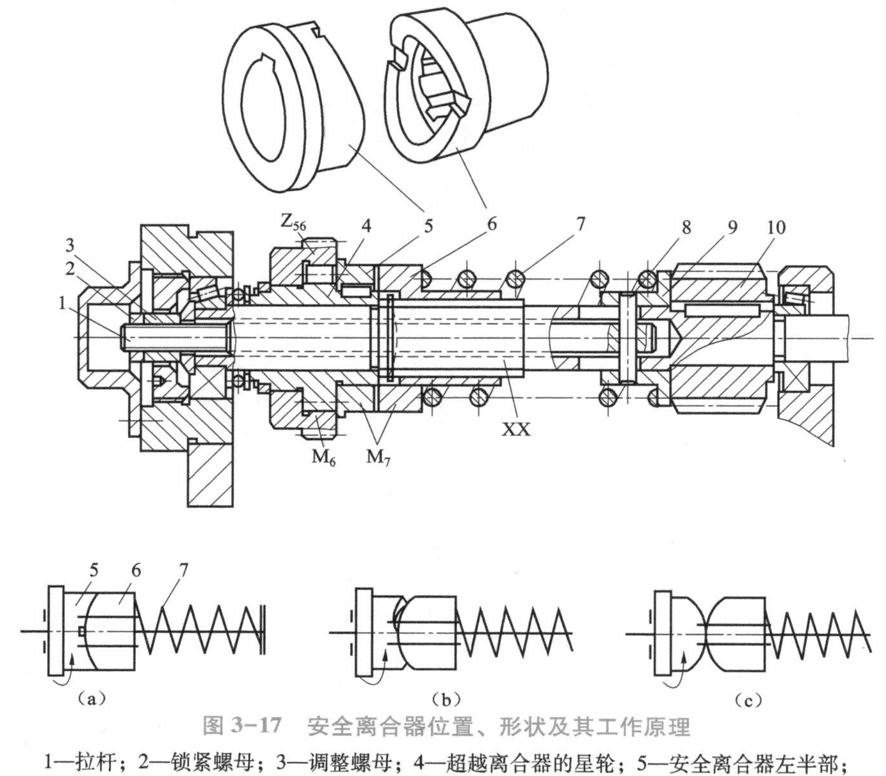

图 3-17　安全离合器位置、形状及其工作原理

1—拉杆；2—锁紧螺母；3—调整螺母；4—超越离合器的星轮；5—安全离合器左半部；6—安全离合器右半部；7—弹簧；8—圆柱销；9—弹簧座；10—蜗杆

3. 开合螺母的结构及调整

开合螺母的功用是接通或断开从丝杠传来的运动。车螺纹时，将开合螺母合上，丝杠通过开合螺母带动滑板箱及刀架。开合螺母由上、下两个半螺母 2 和 1 组成，装在溜板箱体后壁的燕尾形导轨中，可上下移动（如图 3-18）。上、下半螺母的背面各装有一个圆柱销 3，其伸出端分别嵌在槽盘 4 的两条曲线槽中。扳动手柄 6，经轴 7 使槽盘逆时针转动时，曲线槽迫使两圆柱销互相靠近，带动上、下螺母合拢，与丝杠啮合，刀架便由丝杠螺母经溜板箱传动。槽盘顺时针转动时，曲线槽通过圆柱销使两半螺母相互分离，与丝杠脱开啮合，刀架便停止进给。开合螺母合上时的啮合位置，由销钉 10 限定。利用螺钉 9 调节销钉 10 的伸出长度，可调整丝杠与螺母之间的间隙。开合螺母与箱体上燕尾导轨间的间隙，可用螺钉 5 经镶条 8 进行调整。

4. 纵、横向机动进给操纵机构

图 3-19 所示为纵、横向机动进给操纵机构。纵、横向机动进给的接通、断开和换向由一个手柄集中操纵。手柄 1 通过销轴 2 与轴向固定的轴 23 相连接。向左或向右扳动手柄时，手柄 1 下端缺口通过球头销 4 拨动轴 5 轴向移动，然后经杠杆 11、连杆 12、偏心销使圆柱形凸轮 13 转动。凸轮上的曲线槽通过圆销 14、轴 15 和拨叉 16，拨动离合器 M_8 与空套在轴

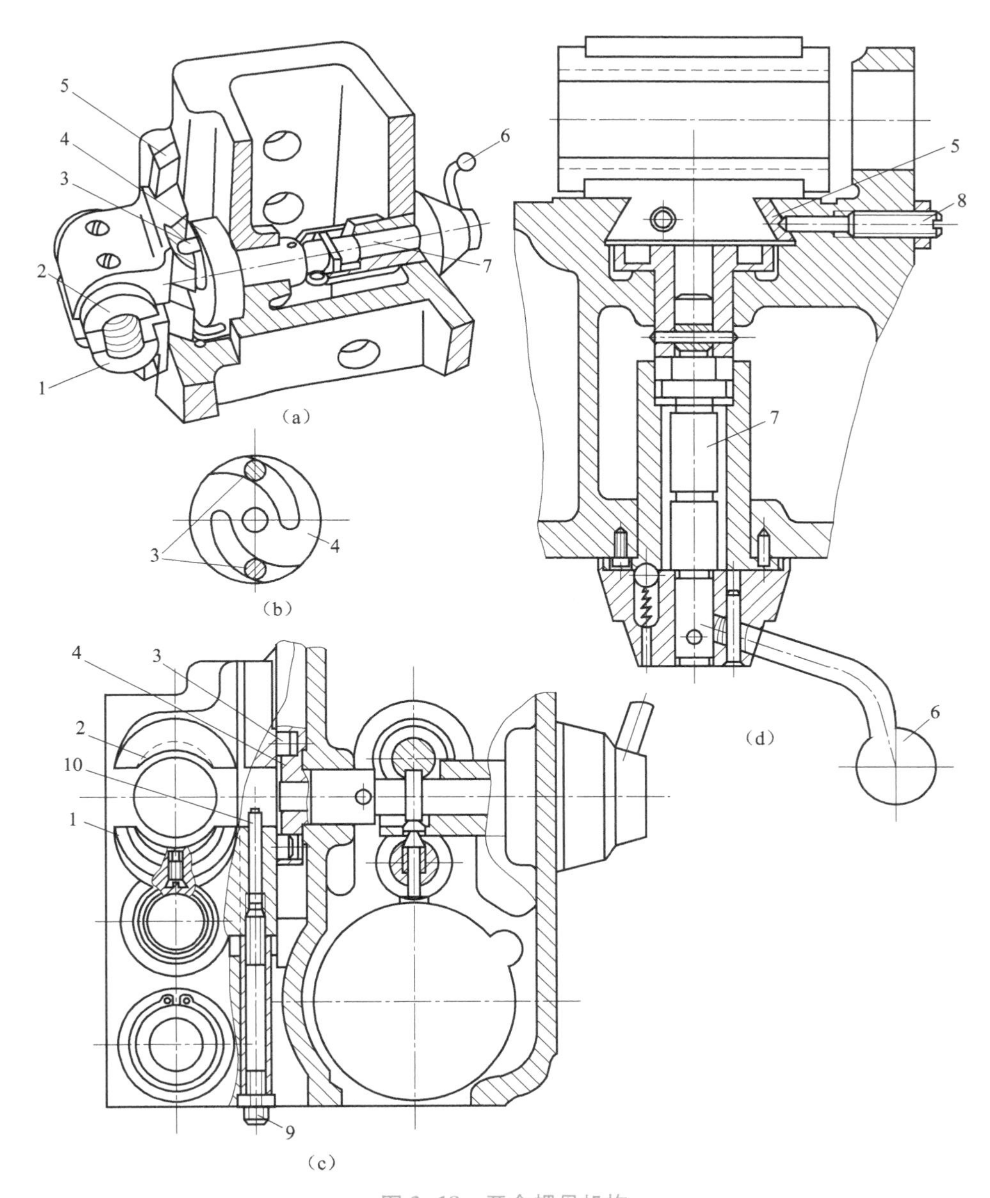

图 3-18 开合螺母机构

1，2—半螺母；3—圆柱销；4—槽盘；5，9—螺钉；6—手柄；7—轴；8—镶条；10—销钉

XⅫ上的两个空套齿轮之一啮合，从而接通纵向机动进给，并使刀架向左或右移动。

当需要横向进给运动时，扳动手柄 1 向里或向外，带动轴 23 以及固定在其左端的凸轮 22 转动，其上的曲线槽通过圆销 19、杠杆 20 和圆销 18，使拨叉 17 拨动离合器 M_9，从而接通横向机动进给，使刀架向前或向后移动。

纵、横向机动进给机构操纵手柄的扳动方向与刀架进给方向一致，给使用带来方便。手柄在中间位置时，两离合器均处于中间位置，机动进给断开。按下操纵手柄顶端的按钮 S，就接通快速电动机，可使刀架按手柄位置确定的进给方向快速移动。由于超越离合器的作用，即使机动进给时，也可使刀架快速移动，而不会发生运动干涉。

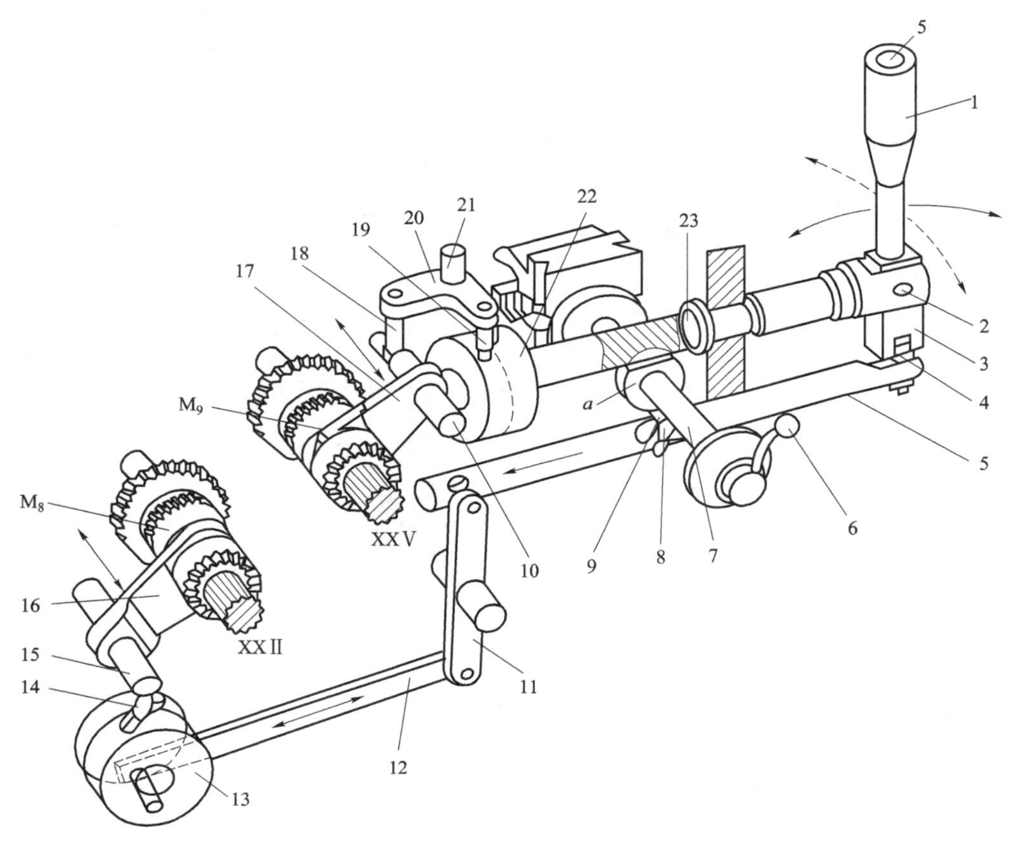

图 3-19　纵、横向机动进给操纵机构

1—手柄；2—销轴；3—手柄下段；4—球头销；5—轴；6—开合螺母手柄；7—轴；8—弹簧销；9—球头销；10—轴；11—杠杆；12—连杆；13—凸轮；14—圆销；15—轴；16—拨叉；17—拨叉；18—圆销；19—圆销；20—杠杆；21—轴；22—凸轮；23—轴

5. 互锁机构的结构原理

机床工作时，如因操作错误同时将丝杠和纵、横向机动进给（或快速运动）接通，则将损坏机床。为防止发生上述事故，溜板箱中设有互锁机构，以保证开合螺母合上时，机动进给不能接通；反之，机动进给接通时，开合螺母不能合上。

图 3-20 为互锁机构工作原理图，互锁机构由开合螺母操纵手柄轴 5 的凸肩 a、固定套 4、球头销 3 和弹簧销 2 等组成。图 3-20（a）是合上开合螺母的情况，这时由于轴 5 转过一个角度，它的凸肩 a 嵌入轴 6 的槽中，将轴 6 卡住，使之不能转动，同时凸肩又将装在固定套 4 径向孔中的球头销 3 往下压，使它的下端插入轴 1 的孔中，另一半在固定套中，所以就将轴 1 锁住，使之不能移动。因此，这时纵、横向机动进给都不能接通。图 3-20（b）是轴 1 移动后的情况，这时纵向机动进给或纵向快速移动被接通。此时，由于轴 1 移动了位置，轴上的径向孔不再与球头销 3 对准，使球头销不能往下移动，因而轴 5 就被锁住而无法转动，也就是开合螺母不能合上。图 3-20（c）是轴 6 转动后的情况，这时横向机动进给或横向快速移动被接通。此时，由于轴 6 转动了位置，其上的沟槽不再对准轴 5 上的凸肩 a，使轴 5 无法转动，开合螺母也不能合上。

四、横向进给机构、刀架与尾座

1. 横向进给机构

在图 3-21 中，横向进给丝杠 1 的作用是将机动或手动传至其上的运动，经螺母传动使刀架获得横向进给运动。横向进给丝杠 1 的右端支承在滑动轴承 7 和 11 上，实现径向和轴向定位。利用螺母 9 可调整轴承的间隙。

横向进给丝杠采用可调的双螺母结构。螺母固定在横向滑板 2 的底面上，它由分开的两部分 18 和 21 组成，中间用楔块 26 隔开。当由于磨损致使丝杠螺母之间间隙过大时，可将螺母 21 的紧固螺钉松开然后拧动楔块 26 上的螺钉 19，将楔块 26 向上拉紧，依靠斜楔的作用将螺母 21 向左挤，使螺母 21 与丝杠之间产生相对位移，减小螺母与丝杠的间隙。间隙调妥后，拧紧螺钉 19 将螺母固定。

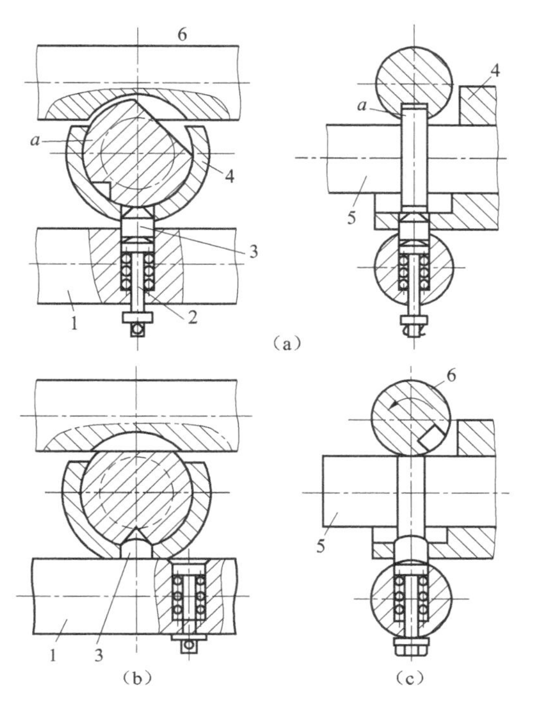

图 3-20　互锁机构工作原理图

1—轴；2—弹簧销；3—球头销；4—固定套；5—轴；6—轴

2. 刀架

刀架的功用是安装车刀并带动其作纵向、横向和斜向进给运动，见图 3-22。在刀架转盘的底面上有圆柱形定心凸台（图中未示出），与横向滑板上的孔配合，可绕垂直轴线偏转角度使刀架滑板沿一定倾斜方向进给，以便车削圆锥面。

方刀架装在刀架滑板 3 上，以刀架滑板上的圆柱凸台定心，用拧在轴 37 上端螺纹上的手柄 40 夹紧（图 3-22）。方刀架可以转动间隔为 90 度的四个位置，使装在它四侧的四把车刀轮流地进行切削，每次转位后，由定位销 30 插入刀架滑板上的定位孔中进行定位，以便获得准确的位置。方刀架换位过程中的松开、拔出定位销、转位以及夹紧等动作，都由手柄 40 操纵。逆时针转动手柄 40，使其从轴 37 上的螺纹拧松时，刀架体便被松开。同时，手柄通过内花键套筒 35（用销钉与手柄 40 连接）带动外花键套筒 34 转动，花键套筒的下端有锯齿形齿爪，与凸轮 31 上的端面齿啮合，因而凸轮也被带着沿逆时针方向转动。凸轮转动时，先由其上的斜面 a 将定位销 30 从定位孔中拔出，接着其缺口的一个垂直侧面 b 与装在刀架体中的固定销 41 相碰，带动刀架体 39 一起转动，钢球 42 从定位孔中滑出。当刀架转至所需位置时，钢球 42 在弹簧 43 的作用下进入另一定位孔，使刀架体先进行初步定位（粗定位）；然后反向转动（顺时针向）手柄，同时凸轮 31 也被一起反转。当凸轮上斜面 a 脱离定位销 30 的钩形尾部时，在弹簧 43 作用下，定位销插入新的定位孔，使刀架体实现精确定位；接着凸轮上缺口的另一垂直侧面 c 与固定销 41 相碰，凸轮便被挡住不再转动。但此时，手柄 40 仍可带着外花键套筒 34 一起，继续顺时针转动，直到把刀架体压紧在刀架滑板上为止。在此过程中，外花键套筒 34 与凸轮 31 的齿爪上滑动。修磨垫片 33 的厚度，可调整手柄 40 在夹紧方刀架后的正确位置。

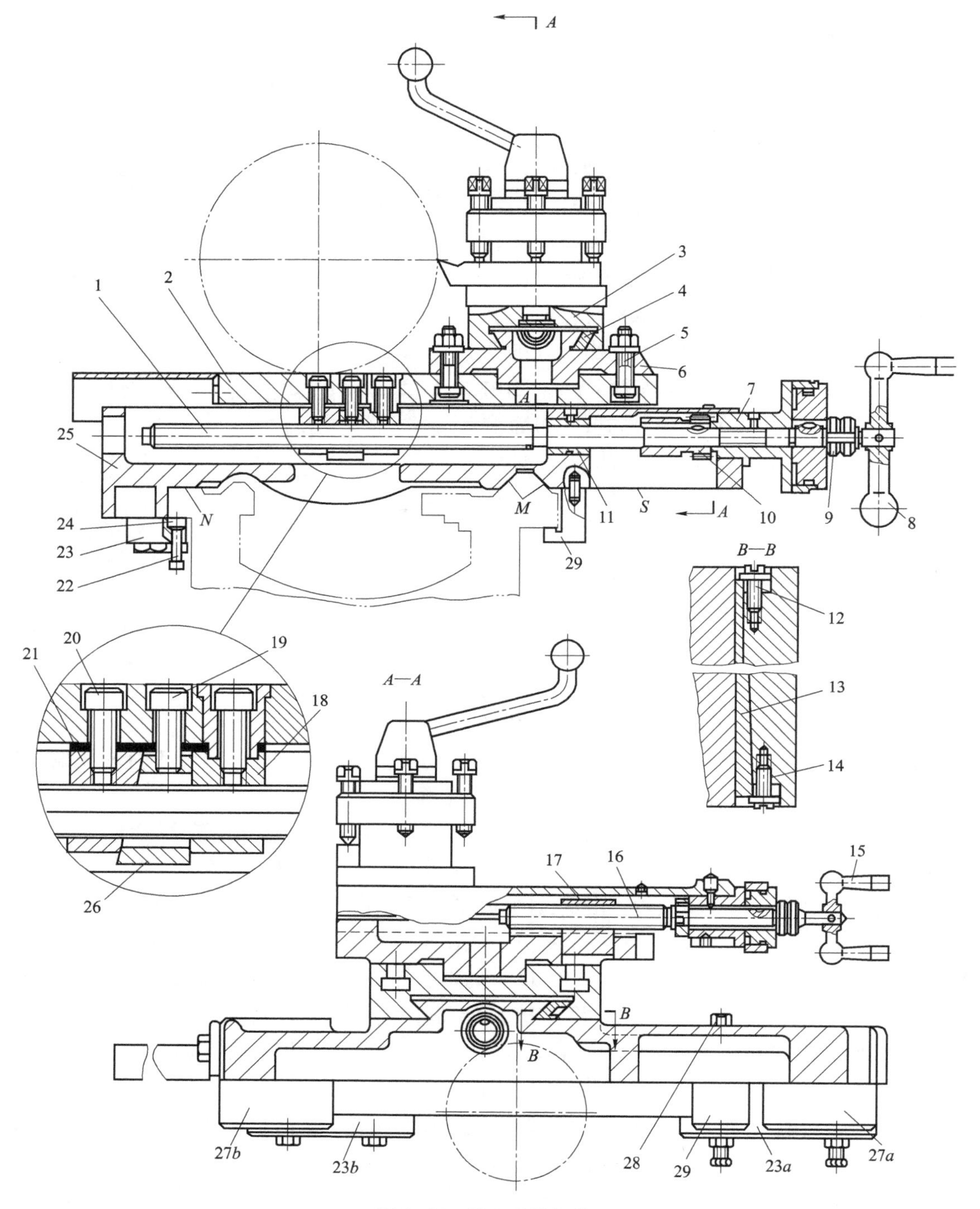

图 3-21　横向进给机构

1—丝杠；2—横向滑板；3—刀架滑板；4—镶条；5，12，14—螺钉；6—转盘；7，11—滑动轴承；8—手把；9，10，17，18—螺母；19，20，22—螺钉；21—螺母；23—压板；24—塞铁；25—床鞍；26—楔块；27—压板；28—螺钉；29—活动压板

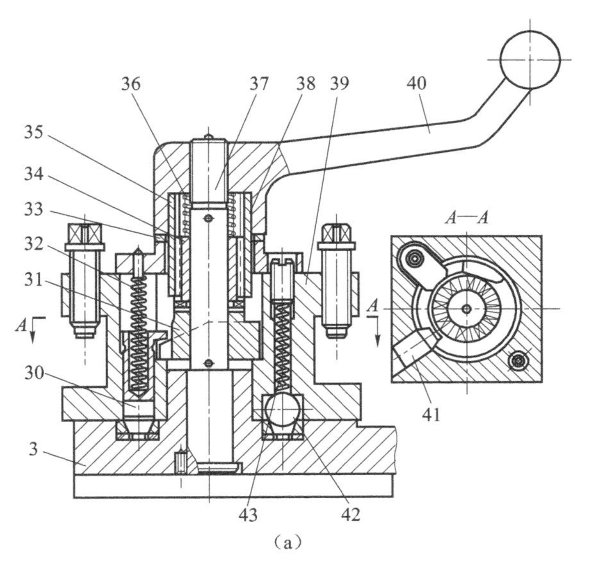

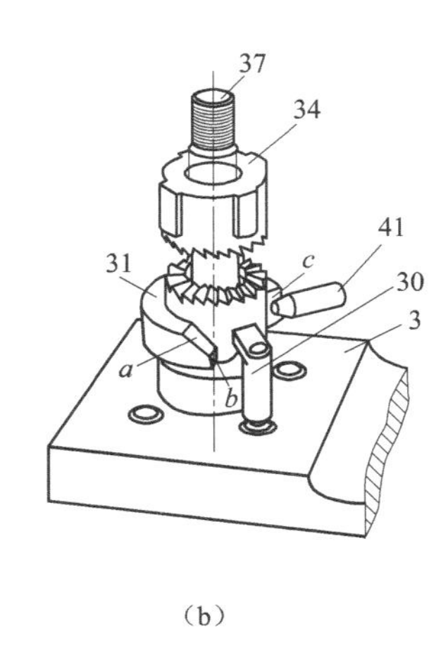

图 3-22　方刀架

3—刀架滑板；30—定位销；31—凸轮；32—弹簧；33—垫片；34—外花键套筒；35—内花键套筒；36—弹簧；37—轴；38—销钉；39—刀架体；40—手柄；41—销；42—钢球；43—弹簧

3. 尾座

图 3-23 是 CA6140 型卧式车床的尾座图。

尾座装在床身的尾座导轨上，它可以根据工件的长短调整纵向位置。位置调整妥当后用快速紧固手柄 8 加以夹紧，向后推动快速紧固手柄 8，通过偏心轴及拉杆，就可将尾座夹紧在床身导轨上。有时，为了将尾座紧固得更牢固可靠些，可拧紧螺母 10，这时螺母 10 通过螺钉 13 用压板 14 将尾座紧固地夹紧在床身上。后顶尖 1 安装在尾座套筒 3 的锥孔中。尾座套筒 3 装在尾座体的孔中，并由平键 16 导向，所以它只能轴向移动，不能转动。摇动手柄 9，可使尾座套筒 3 纵向移动。当尾座套筒移至所需位置后，可用手柄 4 转动螺杆 17 通过 18 和 19 以拉紧套筒，从而将尾座套筒夹紧。如需要卸下顶尖，可转动手柄 9，使尾座套筒 3 后退，直到丝杠 5 的左端顶住后顶尖，将后顶尖从锥孔中顶出。

在车削加工中，也可将钻头等孔加工刀具装在尾座套筒的锥孔中。这时，转动手柄 9，借助于丝杠 5 和螺母 6 的传动，可使尾座套筒 3 带动钻头等孔加工刀具纵向移动，进行孔的加工。

调整螺钉 20 和 22 用于调整尾座体 2 的横向位置，也就是调整后顶尖中心线在水平面内的位置，使它与主轴中心线重合，或用以车削锥度较小的锥面（工件由前后顶尖支承）。

3-2-4　CA6140 型卧式车床附件

CA6140 型卧式车床主要用于加工回转表面。安装工件时，应该使要加工表面回转中心和车床主轴的中心线重合，以保证工件位置准确；同时还要把工件卡紧，以承受切削力，保证工作时安全。在车床上常用的装卡附件有三爪卡盘、四爪卡盘、顶尖、中心架、跟刀架、心轴、花盘和弯板等。

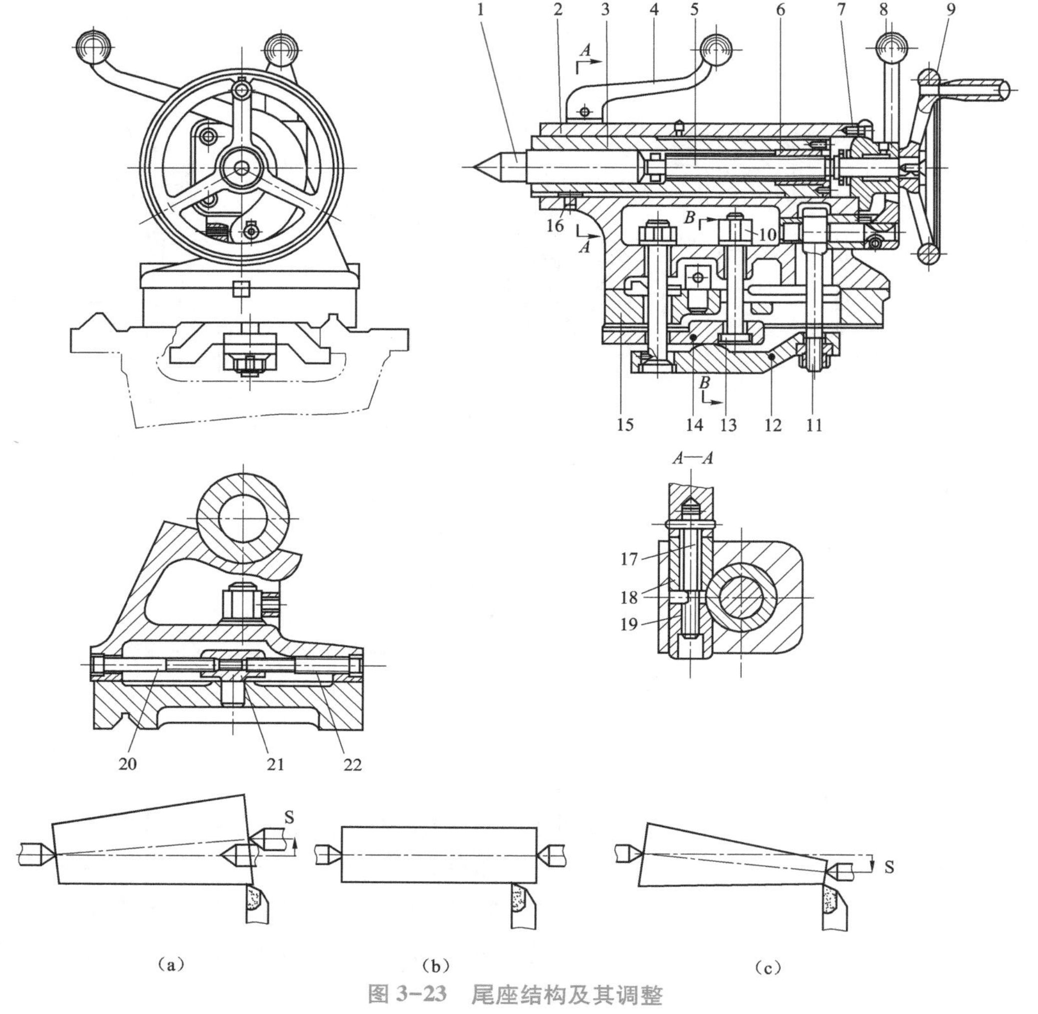

图 3-23 尾座结构及其调整

（a）向后偏移；（b）前、后顶尖同轴；（c）向前偏移

1—后顶尖；2—尾座体；3—尾座套筒；4—套筒锁紧手柄；5—丝杠；6—螺母；7—螺钉；8—快速紧固手柄；9—手柄；10—螺母；11—拉杆；12—夹紧块；13—螺钉；14—压板；15—尾座底板；16—平键；17—螺杆；18，19—尾座套筒锁紧块；20，22—调整螺钉；21—螺母

一、三爪卡盘

三爪卡盘是车床上最常用的附件，三爪卡盘构造如图 3-24 所示。

当转动小锥齿轮时，可使与它相啮合的大锥齿轮随之转动，大锥齿轮背面的平面螺纹就使三个卡爪同时缩向中心或涨开，以夹紧不同直径的工件。由于三个卡爪同时移动并能自行对中（对中精度约为 0.05～0.15 mm）。故三爪卡盘适于快速夹持截面为圆形、正三边形、正六边形的工件。三爪卡盘还附带三个“反爪”，换到卡盘体上即可夹持直径较大的工件。

二、四爪卡盘

四爪卡盘外形如图 3-25 所示。它的四个卡爪通过四个调整螺杆独立移动，因此用途广

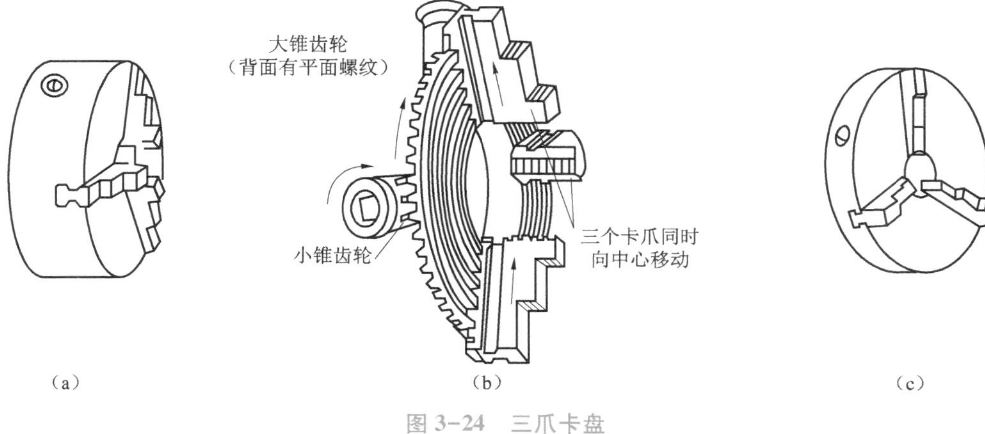

图 3-24　三爪卡盘

（a）三爪卡盘外形；（b）三爪卡盘结构；（c）反三爪卡盘

泛。它不但可以安装截面是圆形的工件，还可以安装截面是方形、长方形、椭圆或其他不规则形状的工件，如图 3-26。在圆盘上车偏心孔也常用四爪卡盘安装。此外，四爪卡盘较三爪卡盘的卡紧力大，所以也用来安装较重的圆形截面工件。如果把四个卡爪各自调头安装到卡盘体上，起到“反爪”作用，即可安装较大的工件，如图 3-27。

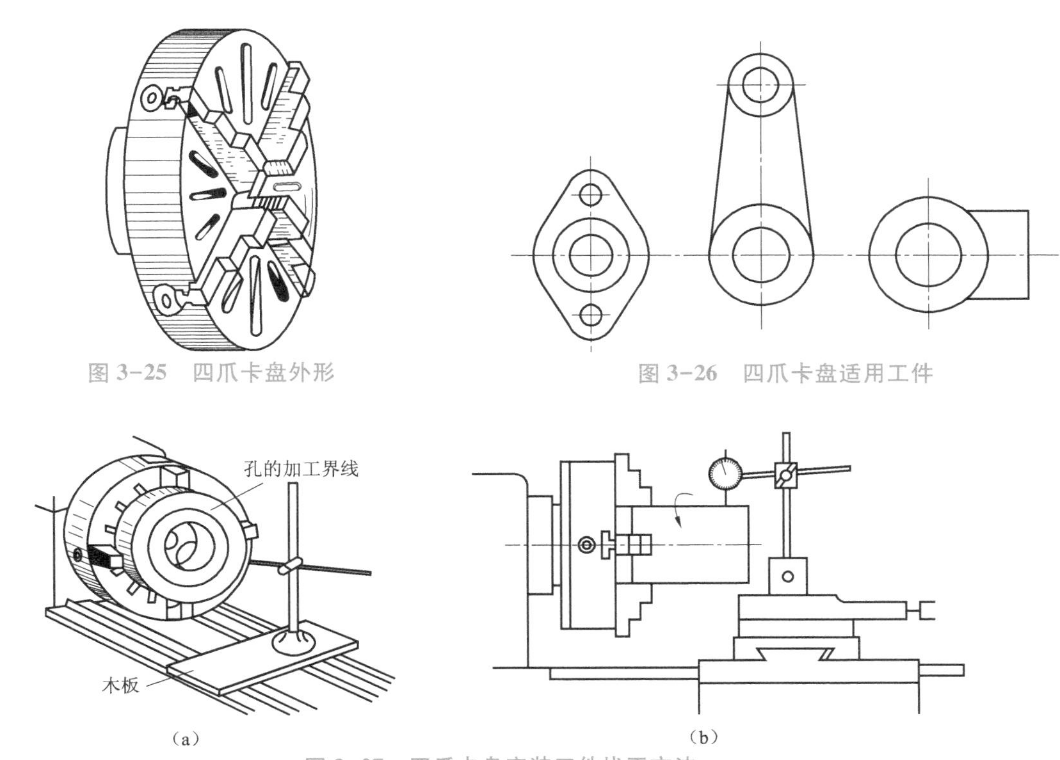

图 3-25　四爪卡盘外形

图 3-26　四爪卡盘适用工件

图 3-27　四爪卡盘安装工件找正方法

（a）用划针盘找正；（b）用百分表找正

由于四爪卡盘的四个卡爪是独立移动的，在安装工件时须进行仔细地找正工作。一般用划针盘按工件外圆表面或内孔表面找正，也常按预先在工件上划的线找正，如图 3-27（a）。若零件的安装精度要求很高，三爪卡盘不能满足安装精度要求，也往往在四爪卡盘上安装。此时，须用百分表找正，如图 3-27（b），安装精度可达 0.01 mm。

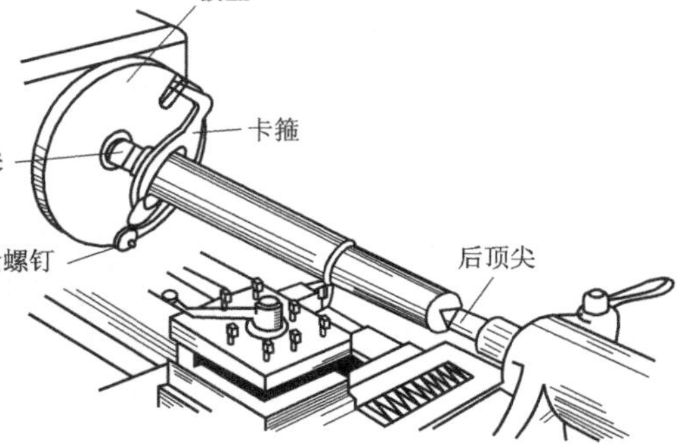

图 3-28　用顶尖安装工件

三、顶尖

在车床上加工轴类工件时，往往用顶尖来安装工件，如图 3-28 所示。把轴架在前后两个顶尖上，前顶尖装在主轴锥孔内，并和主轴一起旋转，后顶尖装在尾架套筒内，前后顶尖就确定了轴的位置。将卡箍卡紧在轴端上，卡箍的尾部伸入到拨盘的槽中，拨盘安装在主轴上（安装方式与三爪卡盘相同）并随主轴一起转动，通过拨盘带动卡箍即可使轴转动。

常用的顶尖有死顶尖和活顶尖两种，其形状如图 3-29 所示。前顶尖用死顶尖。在高速切削时，为了防止后顶尖与中心孔由于摩擦发热过大而磨损或烧坏，常采用活顶尖。由于活顶尖的准确度不如死顶尖高，故一般用于轴的粗加工或半精加工。轴的精度要求比较高时，后顶尖也应使用死顶尖，但要合理选择切削速度。用顶尖安装轴类工件的步骤如下：

（1）在轴的两端打中心孔；

（2）安装校正顶尖；

（3）安装工件。

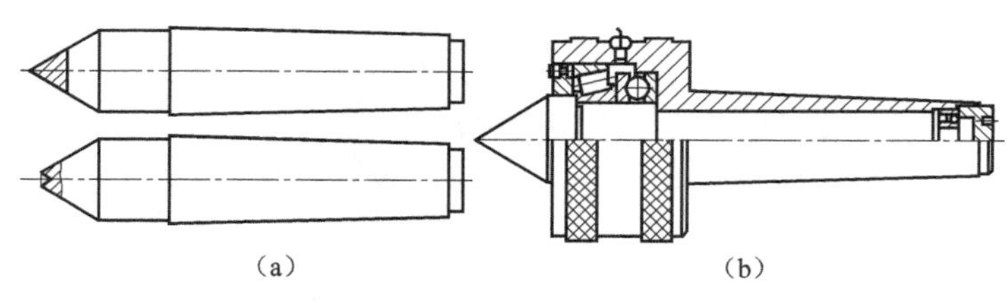

图 3-29　顶尖

（a）死顶尖；（b）活顶尖

首先在轴的一端安装卡箍，稍微拧紧卡箍的螺钉。另一端的中心孔涂上黄油。但如用活顶尖，就不必涂黄油。对于已加工表面，装卡箍时应该垫上一个开缝的小套或包上薄铁皮以免夹伤工件。轴在顶尖上安装的步骤如图 3-30 所示。

在顶尖上安装轴类工件，由于两端都是锥面定位，其定位的准确度比较高，即使多次装卸与调头，零件的轴线始终是两端锥孔中心的连线，即保持了轴的中心线位置不变。因而，能保证在多次安装中所加工的各个外圆面有较高的同轴度。

四、中心架与跟刀架

加工细长轴时，为了防止轴受切削力的作用而产生弯曲变形，往往需要加用中心架或跟刀架。

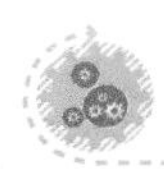

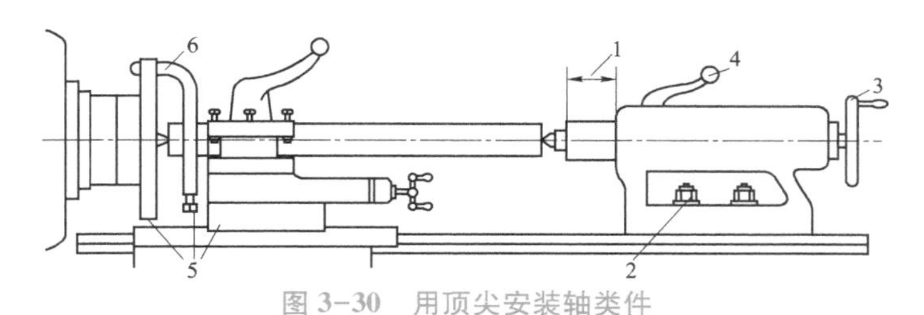

图 3-30　用顶尖安装轴类件

1—调整套筒伸出长度；2—将尾架固定；3—调节工件与顶尖松紧；4—锁紧套筒；
5—刀架移至车削行程左端，用手转动拨盘，检查是否会碰撞；6—拧紧卡箍

中心架固定于床面上。支承工件前先在工件上车出一小段光滑表面，然后调整中心架的三个支承爪与其接触，再分段进行车削。图 3-31（a）是利用中心架车外圆，工件的右端加工完毕后调头再加工另一端。加工长轴的端面和轴端的孔时，可用卡盘夹持轴的一端，用中心架支承轴的另一端，如 3-31（b）所示。中心架多用于加工阶梯轴。

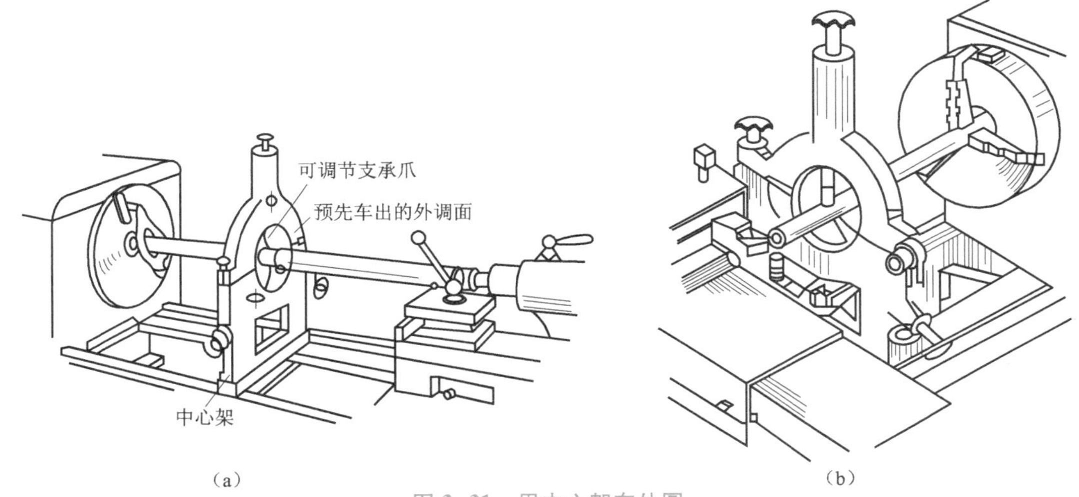

图 3-31　用中心架车外圆

（a）用中心架车外圆；（b）用中心架车端面

跟刀架与中心架不同，它固定于大刀架上，并随大刀架一起作纵向移动。使用跟刀架需先在工件上靠后顶尖的一端车出一小段外圆，根据它来调节跟刀架的支承爪，然后再车出工件的全长。跟刀架多用于加工细长的光轴和长丝杆等工件，见图 3-32。

应用跟刀架或中心架时，工件被支承部分应是加工过的外圆表面，并要加机油润滑。工件的转速不能很高，以免工件与支承爪之间摩擦过热而烧坏或磨损支承爪。

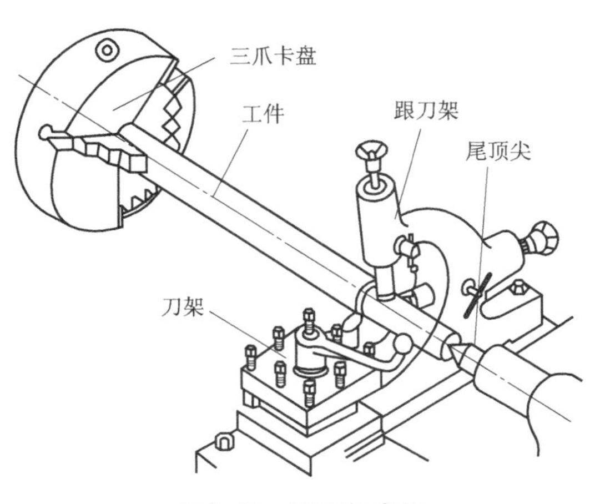

图 3-32　跟刀架应用

五、心轴

盘套类零件在卡盘上加工时，其外圆、孔和两个端面无法在一次安装中全部加工完。如果把零件调头安装再加工，往往无法保证零件的径向跳动（外圆与孔）和端面跳动（端面与孔）的要求。因此需要利用已精加工过的孔把零件装在心轴上，再把心轴安装在前后顶尖之间来加工外圆或端面。

心轴种类很多，常用的有锥度心轴和圆柱体心轴。

在图3-33中，1为锥度心轴，锥度一般为1∶2 000~1∶5 000。工件2压入后靠摩擦力与心轴固紧。这种心轴装卸方便，对中准确，但不能承受较大的切削力。多用于精加工盘套类零件。

在图3-34中，1为圆柱体心轴，其对中准确度较前者差。工件4装入后加上垫圈3，用螺母2锁紧。其夹紧力较大，多用于加工盘类零件。用这种心轴，工件的两个端面都需要和孔垂直，以免当螺母拧紧时，心轴弯曲变形。

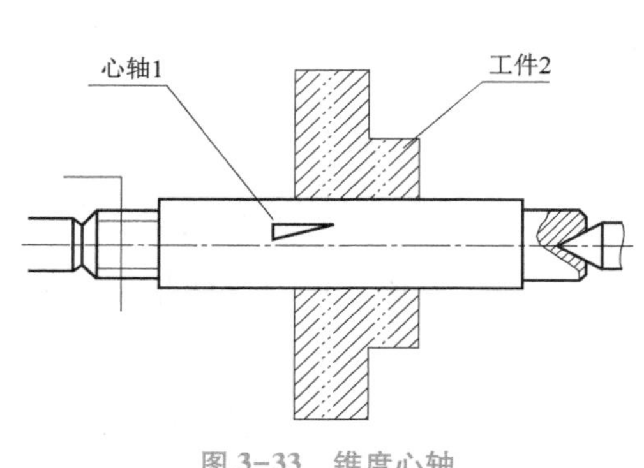

图3-33 锥度心轴

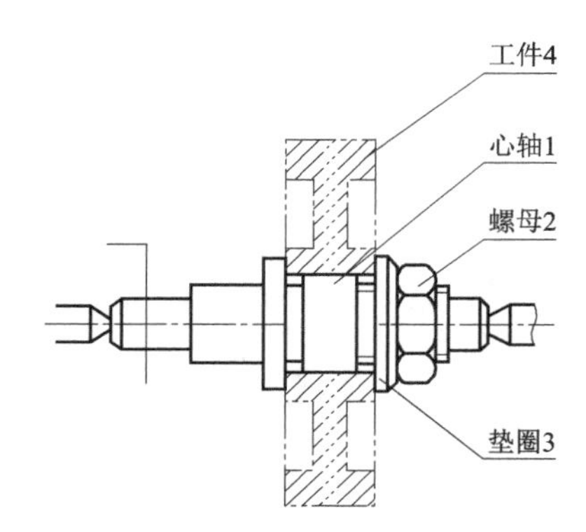

图3-34 圆柱心轴

盘套类零件用于安装心轴的孔，应有较高的精度，一般为IT9~IT7，否则零件在心轴上无法准确定位。

六、花盘、弯板及压板、螺栓

在车床上加工形状不规则的大型工件，为保证加工平面与安装平面的平行；或加工外圆、孔的轴线与安装平面的垂直，可以把工件直接压在花盘上加工。花盘是安装在车床主轴上的一个大圆盘，盘面上的许多长槽用以穿放螺栓，如图3-35所示。花盘的端面必须平整，且跳动量很小。用花盘安装工件时，需经过仔细找正。

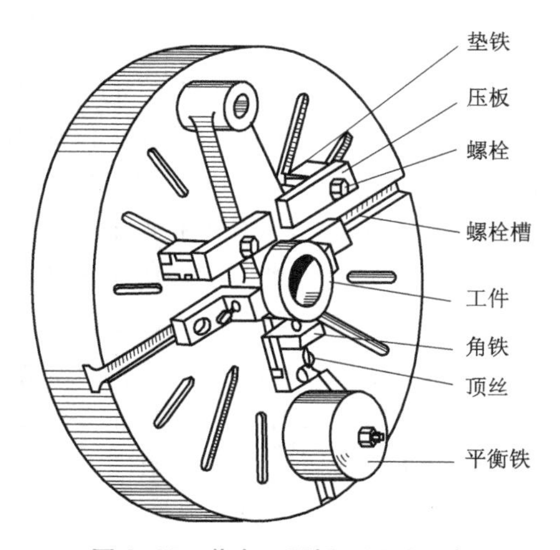

图3-35 花盘、压板、配重组合

有些复杂的零件要求孔的轴线与安装面平行，或要求孔的轴线垂直相交时，可用花盘、弯板安装工件，如图3-36所示。弯板要有一定的刚度和强度，用于贴靠花盘和安放工件的两

个面应有较高的垂直度。弯板安装在花盘上要仔细地进行找正，工件紧固于弯板上也须找正。

用花盘或花盘、弯板安装工件，由于重心常偏向一边，需要在另一边上加平衡铁予以平衡，以减小旋转时的振动。

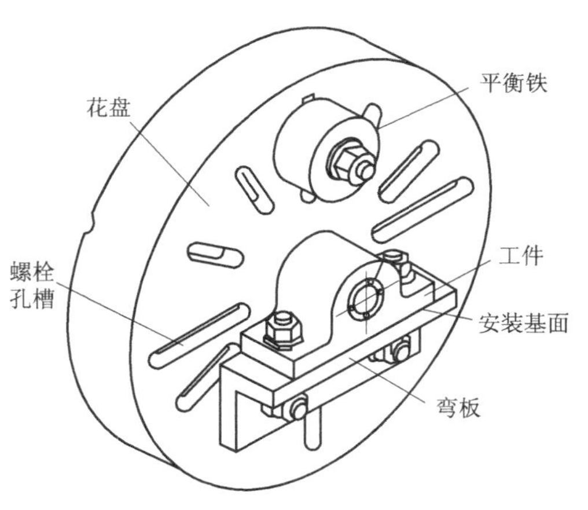

图 3-36 花盘、弯板组合

3-2-5 其他车床简介

一、立式车床

立式车床是用来加工大型盘类零件的。图 3-37 是立式车床的外形图。它的主轴处于垂直位置，安装工件用的花盘（或卡盘）处于水平位置。即使安装了大型零件，运转仍很平稳。立柱上装有横梁，可作上下移动；立柱及横梁上都装有刀架，可作上下左右移动。

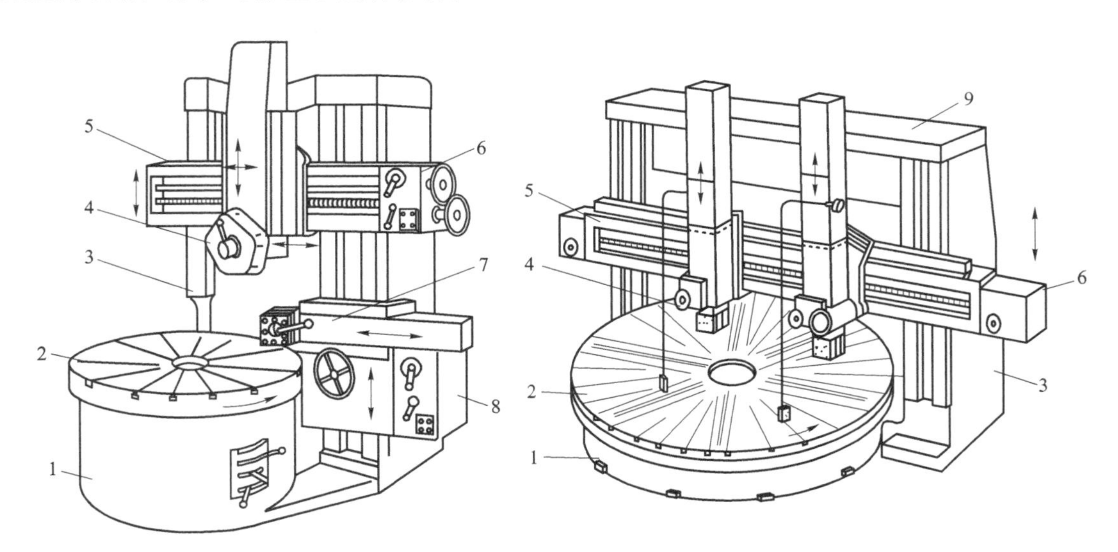

图 3-37 立式车床

（a）单柱式立式车床；（b）双柱式立式车床

1—底座；2—工作台；3—立柱；4—垂直刀架；5—横梁；

6—垂直刀架进给箱；7—侧刀架；8—侧刀架进给箱；9—顶梁

1. 主参数

最大车削直径。

2. 主要特征

主轴立式布置，工件装夹在水平的回转工作台上，刀架在横梁或立柱上移动。

3. 主要用途

适用于加工较大、较重、难于在普通车床上安装的工件。立车主要用于加工直径大、长度短的大型、重型工件和不易在卧式车床上装夹的工件，回转直径满足的情况下，太重的工件在卧式车床不易装夹，由于本身自重，对加工精度有影响，采用立式车床可以解决上述问题。

立式车床一般可分为单柱式和双柱式。小型立式车床一般做成单柱式，大型立式车床做成双柱式。立式车床结构的主要特点是它的主轴处于垂直位置。立式车床的主要特点是：工作台在水平面内，工件的安装调整比较方便。工作台由导轨支承，刚性好，切削平稳。有几个刀架，并能快速换刀，立式车床的加工精度可达到 IT9 ~ IT8，表面粗糙度 *Ra* 可达 3.2~1.6 μm。

4. 结构特点

立式车床主轴轴线为垂直布局，工作台台面处于水平平面内，因此工件的夹装与找正比较方便。这种布局减轻了主轴及轴承的荷载，因此立式车床能够较长期的保持工作精度。

二、转塔车床

对于外形复杂而且多具有内孔的成批零件，用转塔车床加工较为合适。转塔车床与卧式车床不同的地方是有一个可转动的六角刀架，代替了卧式车床上的尾架。在六角刀架上可同时安装钻头、铰刀、板牙以及装在特殊刀夹中的各种车刀，以便进行多刀加工。这些刀具是按零件加工顺序安装的。六角刀架每转 60°，便更换一组刀具而且与方刀架的刀具可同时对工件进行加工。此外，机床上有定程装置，可控制尺寸，节省了很多度量工件的时间。六角刀架绕水平轴旋转的车床称为回轮车床。

1. 主参数

转塔车床以卡盘直径为主参数。回轮车床以最大棒料直径为主参数。

2. 主要特征

具有能装多把刀具的转塔刀架，能在工件的一次装夹中由工人依次使用不同刀具完成多种工序。

3. 结构特点

转塔车床与卧式车床相比，其主要结构特点是没有尾架和丝杠，而尾架位置上装有一个能向移动多任务位主切削刀架（如：转塔刀架、回轮刀架），另外还具有辅助刀架（如：前、后刀架），能完成卧式车床上各种加工工序。是一种多刀、多任务位加工高效机床，加工效率比卧式车床高 2~3 倍。转塔车床调整需花费较多时间，适合于成批生产。如图 3-38、图 3-39 所示。

此外，转塔车床刀架纵横向进给设有撞停定程装置，可自动控制工件尺寸，保证成批工件尺寸一致性，能自动实现机床变速预选、进给量改变等操作。

机床设有 6 工位转塔刀架，转塔刀架轴线垂直于机床主轴，可沿导轨作纵向移动。多有前、后刀架可作纵、横移动。转塔刀架各刀具均按加工顺序预调好，切削一次后，刀架退回并转位，再用另一把刀切削，故可在工件一次装夹中，完成较复杂加工。用可调挡块控制刀具行程终点位置，也可用插销板式程序控制半自动循环加工。转塔刀架和横刀架适当调整可以联合切削，适用于中小批量生产盘类和套类零件加工。

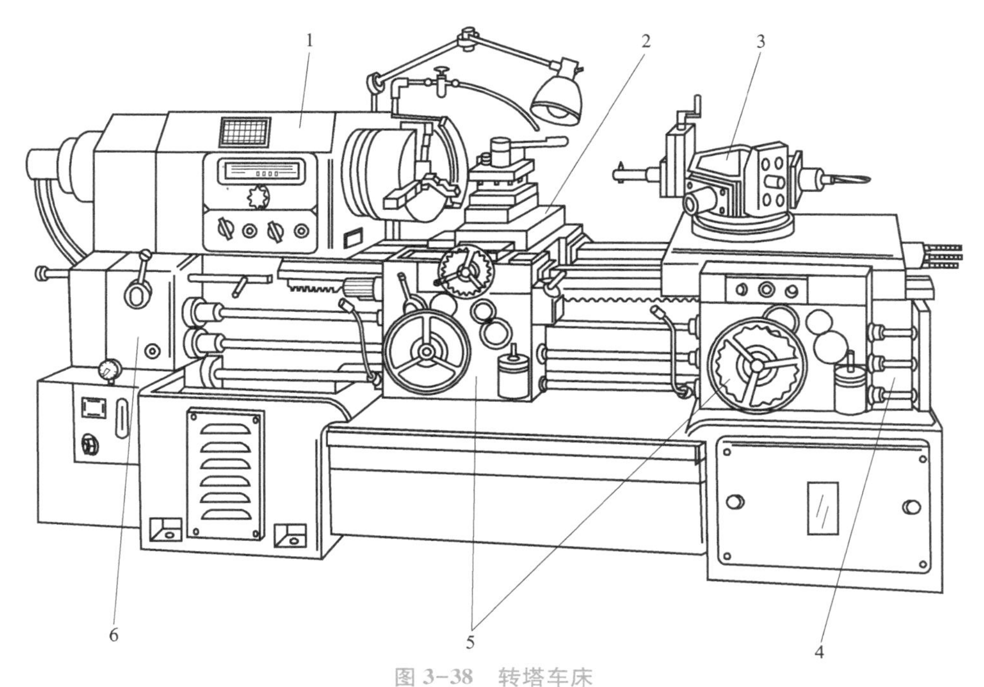

图 3-38　转塔车床

1—主轴箱（床头箱）；2—横刀架（四方刀架）；3—转塔刀架（六角刀架）；4—床身；5—横刀架、转塔刀架溜板箱；6—进给箱

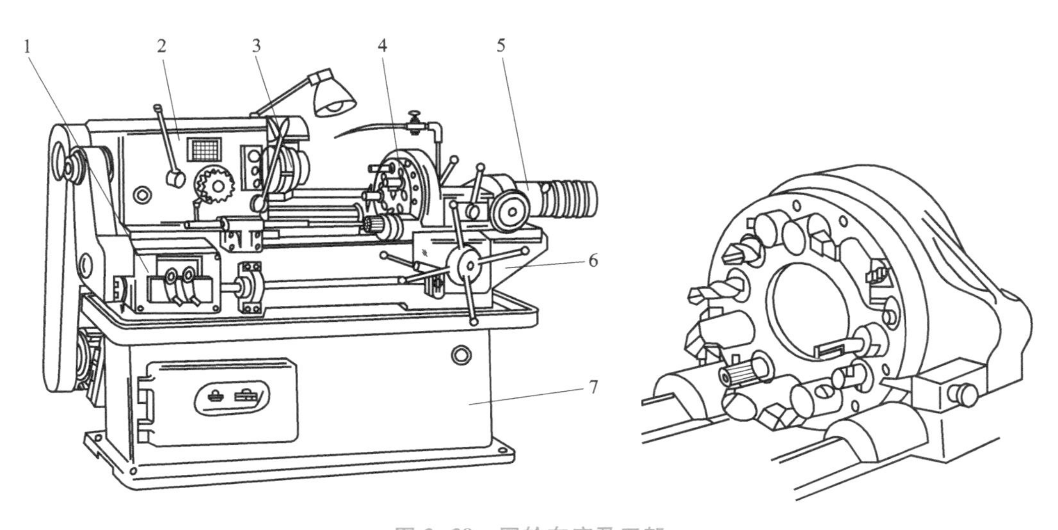

图 3-39　回轮车床及刀架

1—进给箱；2—主轴箱；3—主轴及夹头；4—回轮刀架；5—定程装置；6—床身；7—底座

三、落地车床

1. 主参数

最大回转直径。

2. 工艺范围及用途

落地车床又称花盘车床、端面车床、大头车床或地坑车床。它适用于车削直径为 800~4 000 mm 的直径大、长度短、质量较轻的盘形、环形工件或薄壁筒形等工件。适用于单件、小批量生产。结构特点：无床身、尾架，没有丝杠，如图 3-40 所示。

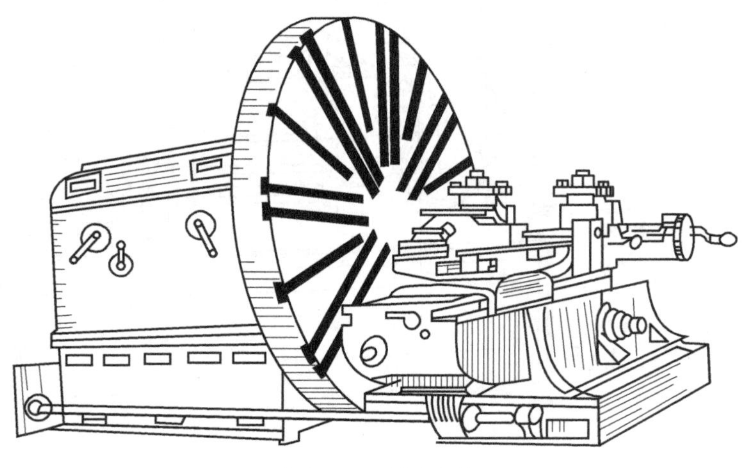

图 3-40 落地车床

落地车床主要用于车削直径较大的重型机械零件，如轮胎模具、大直径法兰管板、汽轮机配件、封头等，广泛应用于石油化工、重型机械、汽车制造、矿山铁路设备及航空部件的加工制造。

3. 结构特点

落地车床底座导轨采用矩形结构，跨距大、刚性好、适宜于低速重载切削。操纵站安装在前床腿位置，操作方便，外观协调。落地车床结构采用床头箱主轴垂直于托板运动的床身导轨，床头箱和横向床身连接在同一底座上，底座上为山型导轨结构，可手动调节托板的横向移动。机床铸件通过振动时效消除内应力，床身也经过超音频淬火，导轨磨加工。落地车床承载能力大，刚性强、操作方便、能够车削各种零件的内外圆柱面、端面、圆弧等成形表面，是加工各种轮胎模具及大平面盘类、环类零件的理想设备，落地车床外形结构见图 3-40。

常见的落地车床系列及其型号。

YL 系列：YL1600、YL2000 等，此系列基本已退出市场，但还有一定数量的设备在使用。

CY 系列：CY1512-A、CY2216-A、CY2218-A、CY2220-A、CY2420-A 等，其中 CY1512-A 代表卡盘直径 1 200 mm，最大回转直径 1 500 mm，A 代表连体结构。

SFC 系列：SFC6020、SFC6025、SFC6031 等，此系列连体落地车床最大回转直径分别为 2 000 mm，2 500 mm，3 100 mm。

四、液压仿形半自动车床

液压仿形半自动车床通过液压随动伺服阀控制刀架进给。在靠模轮廓控制下，伺服阀进出油口开度和方向不断变化，控制刀架驱动油缸进油量的大小与方向，使得刀具将工件加工

得与靠模轮廓相一致。

1. 主参数

以最大棒料直径为主参数。

2. 主要特征

具有实现半自动控制的液压随动仿形机构；根据靠模轮廓在一次装夹中自动完成中小型工件的多工序加工，适用于大批、大量生产。

3. 主要用途

适于大批、大量生产形状不太复杂的非圆表面和轴类零件，可车削圆柱面、圆锥面和成形表面，液压仿形半自动车床的外形结构如图 3-41 所示。

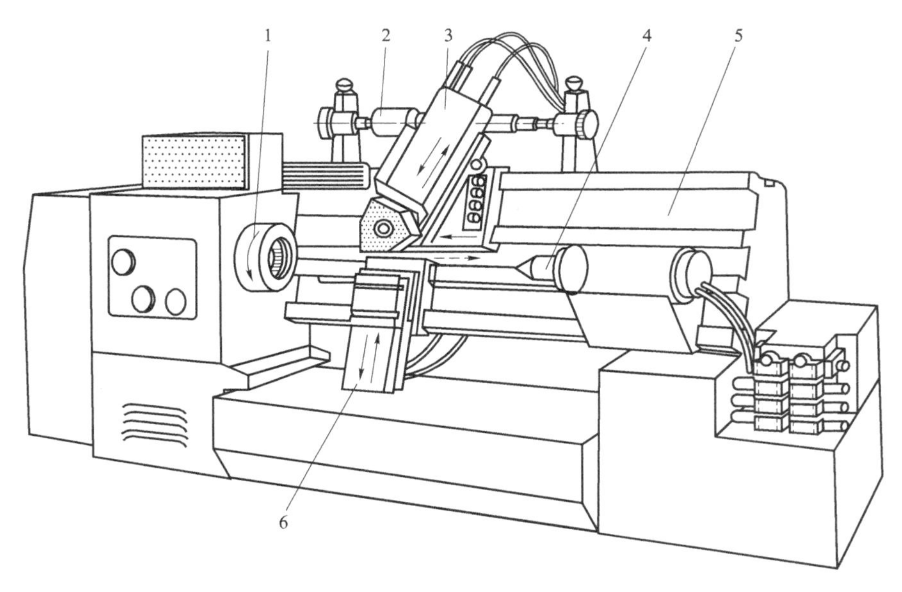

图 3-41 液压仿形半自动车床

1—主轴；2—靠模；3—液压仿形刀架；4—顶尖；5—床身；6—下刀架

五、自动车床

自动车床能按一定程序自动完成中小型工件的多工序加工，能自动上下料，重复加工一批同样的工件，适用于大批、大量生产，图 3-42 为 C1312 型单轴转塔自动车床结构外形图。

多刀半自动车床有单轴、多轴、卧式和立式之分。单轴卧式的布局形式与普通车床相似，但两组刀架分别装在主轴的前后或上下，用于加工盘、环和轴类工件，其生产率比普通车床提高 3~5 倍。

仿形车床能仿照样板或样件的形状尺寸，自动完成工件的加工循环，适用于形状较复杂的工件的小批和成批生产，生产率比普通车床高 10~15 倍。有多刀架、多轴、卡盘式、立式等类型。

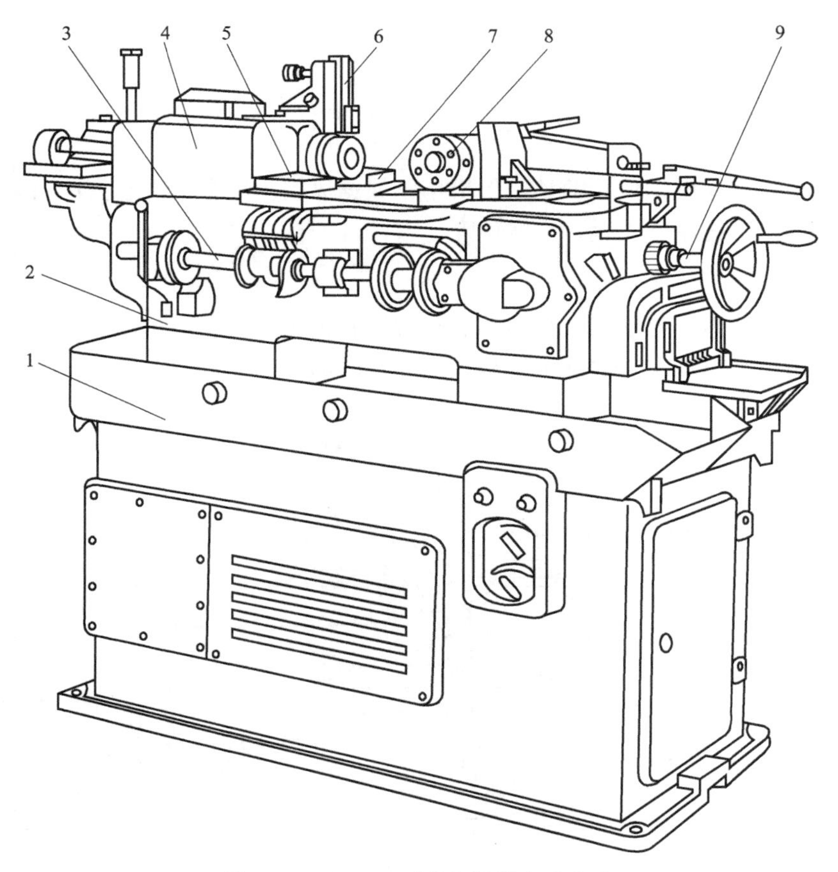

图 3-42　C1312 型单轴转塔自动车床

1—底座；2—床身；3—分配轴；4—主轴箱；5—前刀架；
6—上刀架；7—后刀架；8—转塔刀架；9—辅助轴

1. 主参数

以最大棒料直径为主参数。

2. 主要特征

具有实现自动控制的凸轮（或仿形）机构；按一定程序自动完成中小型工件的多工序加工，能自动上下料，重复加工一批同样的工件，适用于大批、大量生产。

3. 主要用途

适于大批、大量生产形状不太复杂的小型的盘、环和轴类零件，尤其适于加工细长的工件。可车削圆柱面、圆锥面和成形表面，当采用各种附属装置时，可完成螺纹加工、孔加工、钻横孔、铣槽、滚花和端面沉割等工作。

3-3 任务的实施

3-3-1 车床技术参数的确定

任务一 轴类零件加工（见任务图-1）

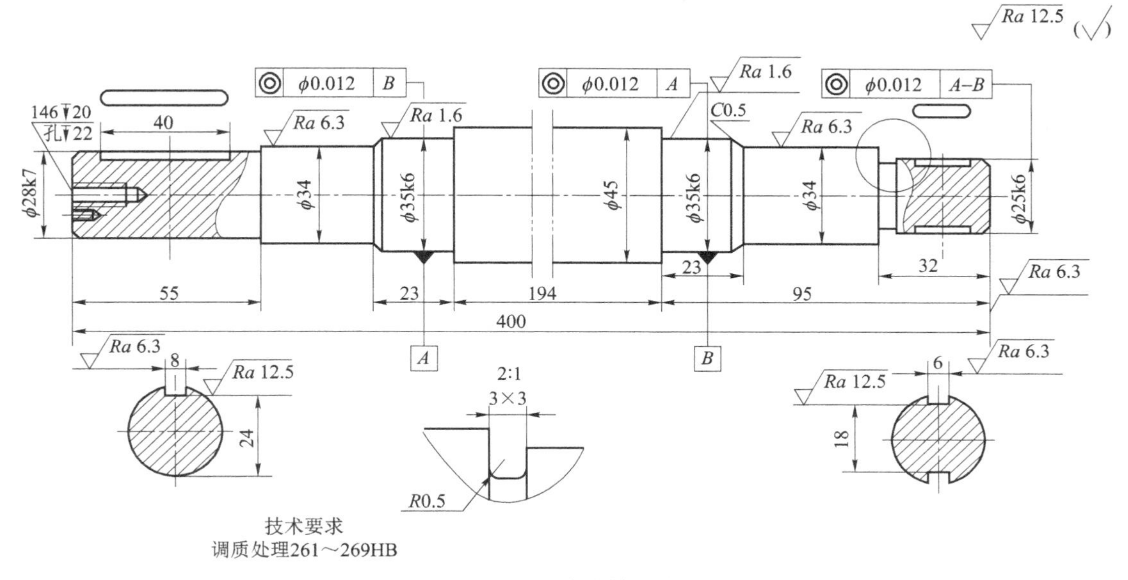

任务图-1 传动轴零件图

1. 零件图分析

（1）零件上两处 ϕ34 轴颈，两处 ϕ35k6 轴颈，一处 ϕ45 轴颈，一处 ϕ25k6 轴颈，一处 ϕ28k6 轴颈及各端面、倒角均需车削加工。

（2）各轴颈表面粗糙度 *Ra* 值从 12. 5~1. 6，均位于车床经济加工精度范围内。

（3）两处 ϕ35k6 轴颈，一处 ϕ25k6 轴颈提出了同轴度要求，所以这三处轴颈应在一次装夹加工出来。

（4）零件材料为 45 钢。

2. 刀具选用

（1）为减小径向抗力，避免零件弯曲，各轴颈车刀主偏角取 90°，前角取 10°–30°。

（2）刀片材料为 YT15，刀杆材料为 45 钢。

（3）区分粗、精加工刀具，并配用 45°倒角刀具。

3. 切削参数选用

（1）粗车时切削速度 50 ~ 60 m/min，进给量 0. 3 ~ 0. 4 mm/r，背吃刀量（切削深度）1. 5 ~ 2 mm。（查上海科学技术出版社出版的《金属切削手册》或机械工业出版社出版的《机械工人切削手册》）

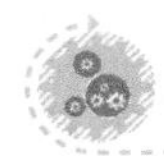

（2）精车时切削速度100~120 m/min，进给量0.08~0.12 mm/r，背吃刀量（切削深度）0.5~1 mm，采用乳化液作冷却润滑液。（查上海科学技术出版社出版的《金属切削手册》或机械工业出版社出版的《机械工人切削手册》）

4. 装夹方式选择

采用三爪自定心卡盘（K250）装夹，夹持长度10 mm，尾座顶尖辅助定位，工件不保留中心孔。

5. 车床参数的确定

（1）任务一零件属于中、小型零件，适用的车床种类很多，如C620、C6132、CA6140等型号，其中CA6140型普通车床应用广泛，具有典型性，所以本任务选用CA6140型普通车床。

（2）CA6140型普通车床主参数（最大车削直径）400 mm，最大工件长度1 000 mm，满足工件加工要求。

（3）根据公式$v=\frac{\pi dn}{1\,000}$（m/min）计算CA6140型普通车床主轴转速：

① 粗加工转速范围：n=357~438 r/min，可选400 r/min。

② 精加工转速范围：n=666~851 r/min，可选710 r/min。

任务二　螺纹类零件加工（见任务图-2）

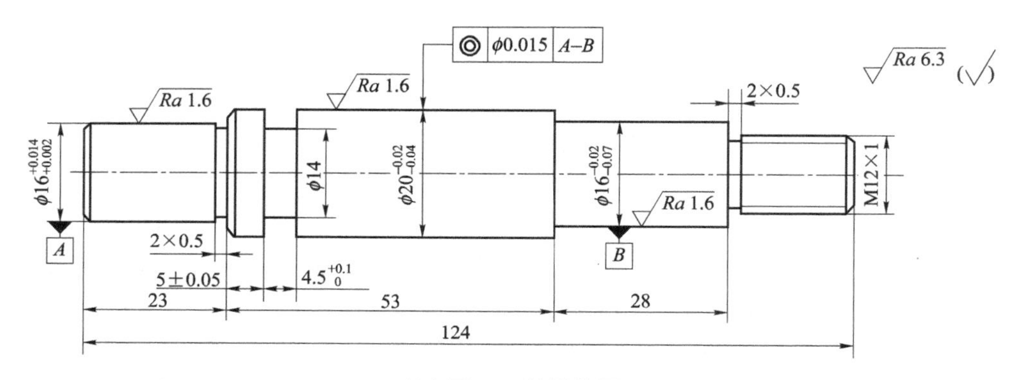

任务图-2　轴零件图

1. 零件图分析

（1）零件上M12×1螺纹处需车削加工。

（2）零件材料为45钢。

2. 刀具选用

（1）选用螺纹车刀。

（2）刀片材料为YT15，刀杆材料为45钢。

3. 切削参数选用

（1）车螺纹时切削速度2~4 m/min，进给量1 mm/r，背吃刀量（切削深度）0.15~0.3 mm。（查上海科学技术出版社出版的《金属切削手册》或机械工业出版社出版的《机械

工人切削手册》）

（2）精车时切削速度4～5 m/min，进给量1 mm/r，背吃刀量（切削深度）0.05 mm。（查上海科学技术出版社出版的《金属切削手册》或机械工业出版社出版的《机械工人切削手册》）

4. 装夹方式选择

采用三爪自定心卡盘（K250）装夹，夹持长度10 mm，尾座顶尖辅助定位，工件不保留中心孔。

5. 车床参数的确定

（1）任务二零件属于中、小型零件，适用的车床种类很多，如C620、C6132、CA6140等型号，其中CA6140型普通车床应用广泛，具有典型性，所以本任务选用CA6140型普通车床。

（2）CA6140型普通车床主参数（最大车削直径）400 mm，最大工件长度1 000 mm，满足工件加工要求。

（3）根据公式 $v=\frac{\pi dn}{1\ 000}$（m/min）计算CA6140型普通车床主轴转速：

① 粗加工转速范围：$n=40\sim125$ r/min。可选40 r/min。

② 精加工转速范围：$n=80\sim125$ r/min，可选100 r/min。

3-3-2　车床的调整计算

任务一　轴类零件加工

1. 粗加工主轴转速400 r/min，传动路线表达式

电动机-（1 450 r/min）$-\frac{\phi130}{\phi230}-\frac{51}{43}-\frac{39}{41}-\frac{50}{50}-\frac{51}{50}-\frac{26}{58}-$主轴Ⅵ

2. 主轴箱调整

六变速操纵手柄调整Ⅰ－Ⅱ轴间51/43啮合，Ⅱ－Ⅲ轴间齿轮39/41啮合，选择主轴转速区间400 r，调整扩大螺距机构50/50、51/50啮合，离合器M_2右移，26/58啮合。粗加工各轴颈、端面，留精加工余量。

3. 精加工主轴转速710 r/min，传动路线表达式

（1 450 r/min）$-\frac{\phi130}{\phi230}-\frac{51}{43}-\frac{30}{50}-\frac{63}{50}-$主轴Ⅵ，加工至尺寸。

4. 主轴箱调整

六变速操纵手柄调整Ⅰ－Ⅱ轴间$\frac{51}{43}$啮合，Ⅱ－Ⅲ轴间齿轮$\frac{30}{50}$啮合，选择主轴转速区间710 r，离合器M_2左移，$\frac{63}{50}$啮合。精加工各轴颈、端面，倒角。

5. 粗加工进给量选0.36 mm/r，背吃刀量（切削深度）1.5～2 mm，按下面运动平衡式调整纵向进给量

$$f_{纵}=1_{(主轴)}\times\frac{58}{58}\times\frac{33}{33}\times\frac{63}{100}\times\frac{100}{75}\times\frac{25}{36}\times u_{基}\times\frac{25}{36}\times\frac{36}{25}\times u_{倍}\times\frac{28}{56}\times\frac{36}{32}\times$$

$$\frac{32}{56}\times\frac{4}{29}\times\frac{40}{48}\times\frac{28}{80}\times\pi\times2.5\times12$$

取 $u_{基}=\frac{28}{28}$，$u_{倍}=\frac{18}{45}\times\frac{35}{28}=\frac{1}{2}$，手动横向进给 1.5～2 mm

精加工选进给量 0.08 mm/r，取 $u_{基}=\frac{26}{28}$，$u_{倍}=\frac{18}{45}\times\frac{35}{28}=\frac{1}{8}$，背吃刀量（切削深度）0.5～1 mm，手动横向进给 0.5～1 mm，加工至尺寸。

任务二　螺纹类零件加工

1. 粗加工机床主轴转速 40 r/min，传动路线表达式

电动机（1 450 r/min）$-\frac{\phi130}{\phi230}-\frac{51}{43}-\frac{22}{58}-\frac{50}{50}-\frac{20}{80}-\frac{26}{58}-$主轴Ⅵ。

2. 精加工主轴转速 100 r/min，传动路线表达式

电动机（1 450 r/min）$-\frac{\phi130}{\phi230}-\frac{51}{43}-\frac{39}{41}-\frac{50}{50}-\frac{20}{80}-\frac{26}{58}-$主轴Ⅵ。

3. 主轴箱调整

六变速操纵手柄调整Ⅰ－Ⅱ轴间$\frac{51}{43}$啮合，Ⅱ－Ⅲ轴间齿轮$\frac{22}{58}$（粗加工）、$\frac{39}{41}$（精加工）啮合，选择主轴转速区间 40 r/min（粗加工）、100 r/min（精加工），调整扩大螺距机构$\frac{50}{50}$、$\frac{20}{80}$啮合，离合器 M_2 右移，$\frac{26}{58}$啮合。粗加工螺纹，留精加工余量，精加工。

4. 依据以下运动平衡式确定 $u_{基}$，$u_{倍}$

$$S=kP=1_{(主轴)}\times\frac{58}{58}\times\frac{33}{33}\times\frac{63}{100}\times\frac{100}{75}\times\frac{25}{36}\times u_{基}\times\frac{25}{36}\times\frac{36}{25}\times u_{倍}\times12\ \text{mm}$$

$$u_{基}=\frac{32}{28},u_{倍}=\frac{18}{45}\times\frac{15}{48}=\frac{1}{8}$$

$$S=kP=7u_{基}u_{倍}=7\times\frac{8}{7}\times\frac{1}{8}=1(\text{mm})$$

5. 粗加工背吃刀量（切削深度）0.15～0.3 mm，手动横向进给 0.15～0.3 mm。精车时背吃刀量（切削深度）0.05 mm，手动横向进给 0.05 mm。

6. 车螺纹的步骤与方法

（低速车削三角形螺纹 $v<5$ m/min）

（1）车螺纹前对工件的要求：

螺纹大径：理论上大径等于公称直径，但根据与螺母的配合有下偏差，上偏差为 0；因此在加工中，按照螺纹三级精度要求。螺纹外径比公称直径小 0.1p。螺纹外径 $D=D_{公称直径}-0.1p$。

退刀槽：车螺纹前在螺纹的终端应有退刀槽，以便车刀及时退出。

倒角：车螺纹前在螺纹的起始部位和终端应有倒角，且倒角的小端直径小于螺纹底径。

牙型高度（切削深度）：$h_1=0.6p$

（2）调整车床：调整主轴箱各变速手柄，控制主轴转速。根据工件的螺距或导程调整进给箱外手柄所示位置，调整各手柄到位。

（3）开车、对刀记下刻度盘读数，向工件右侧退出车刀。

（4）转动开合螺母手柄，合上开合螺母，接通丝杠，在工件表面上车出一条螺旋线，横向退出车刀，并开反车把车刀退到右端，停车检查螺距是否正确（钢尺）。

（5）开始切削，利用刻度盘调整横向进给量（切深），每次切削逐渐减小切深。注意操作中，车刀将终了时应做好退刀、停车准备，先快速退出车刀，然后开反车退回刀架。

企 业 点 评

车床学习应包括以下几方面的内容：

（1）车床工艺范围、分类、常用刀具及刃磨；

（2）车床的结构、传动系统分析；

（3）车床典型部件及其功能、调整方法；

（4）车床常用附件及用途；

（5）车床的正确操作、调整；

（6）常用车刀识别及选用；

（7）常见故障分析、处理。

习题与思考题

3-1　传动系统如习题图 3-1 所示，如要求工作台移动 L（单位为 mm）时，主轴转 1 转，试导出换置机构$\frac{a}{b}\times\frac{c}{d}$的换置公式。

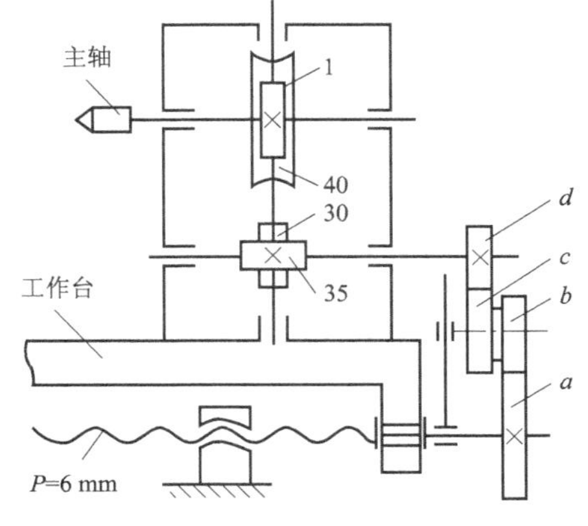

习题图 3-1

3-2　分析 CA6140 型普通车床的传动系统：

（1）计算主轴低速转动时能扩大的螺纹倍数，并进行分析。

（2）分析车削径节螺纹的传动路线表达式，列出运动平衡式，说明为什么此时能车削出标准的径节螺纹。

（3）当主轴转速分别为 40、160 及 400 r/min 时，能否实现螺距扩大 4 及 16 倍？为什么？

（4）为什么用丝杠和光杠分别担任切螺纹和车削进给的传动？如果只用其中一个，既切螺纹又传动进给，将会有什么问题？

（5）为什么在主轴箱中有两个换向机构？能否取消其中的一个？溜板箱内的换向机构又有什么用处？

（6）离合器 M_3、M_4 和 M_5 的功用是什么？是否可以取消其中的一个？

3-3　在 CA6140 型普通车床的主运动、车螺纹运动、纵向、横向进给运动、快速运动等传动链中，哪几条传动链的两端件之间具有严格的传动比？哪几条传动链是内联系传动链？

3-4　在CA6140型普通车床上车削的螺纹导程最大值是多少？最小值是多少？分别列出传动链的运动平衡方程式。

3-5　写出在CA6140型普通车床上进行下列加工时的运动平衡式，并说明主轴的转速范围（习题图3-2）。

（1）米制螺纹 $P=16$ mm，$k=1$；

（2）英制螺纹 $a=8$ 牙/in；

（3）模数螺纹 $m=2$ mm，$k=3$。

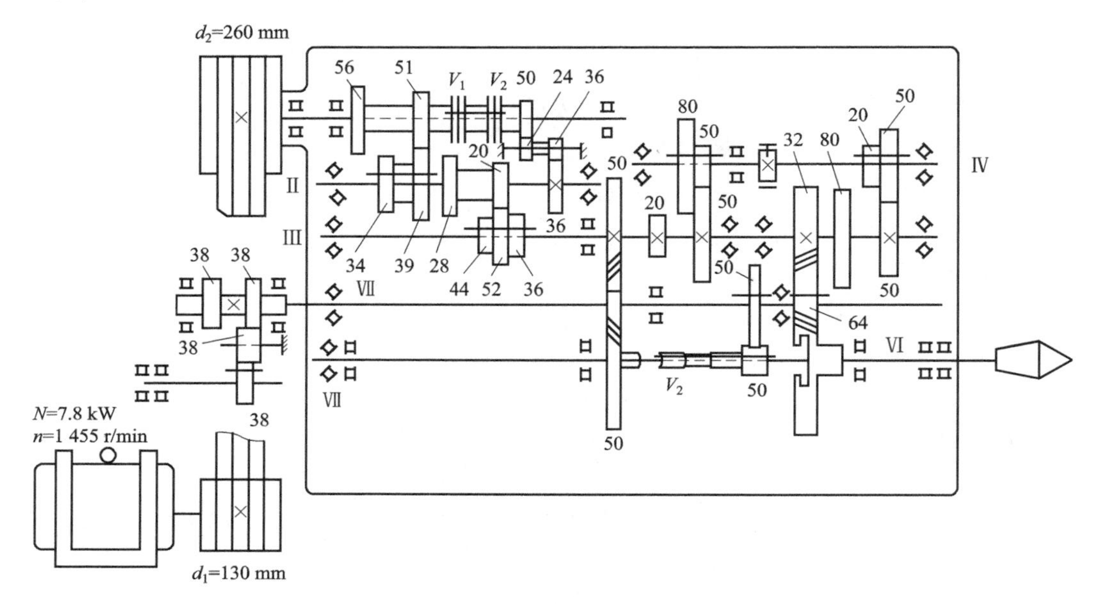

习题图3-2

3-6　为什么车螺纹运动传动链（非标和精密螺纹除外）中必须有基本变速组和倍增变速组？

3-7　见车床传动系统图，请简要说明CA6140传动系统中各离合器 $M_1 \sim M_9$ 的功用。

3-8　见CA6140型车床纵横机动进给操纵机构，分析该机构的用途和工作原理。

3-9　见摩擦离合器及制动装置的操纵机构图，分析该操纵机构的用途和操作原理。

3-10　见开合螺母机构图，分析该机构用途、操作方法和开合量调节方法。

3-11　如果CA6140型车床的横向进给丝杠螺母间隙过大，会给车削工作带来什么不良影响？如何解决？

3-12　分析CA6140型车床主轴前端锥孔和尾座套筒前端锥孔的用途？

3-13　见CA6140型车床横向进给机构图，分析该机构的主要结构和丝杠螺母副间隙消除的方法和意义。

3-14　见互锁机构图，分析互锁机构的用途和工作原理。

3-15　卧式车床的离合器操纵手柄有时会自动掉落，试分析原因并说明解决办法。

3-16　简述卧式车床的主要组成部件和各部件的功用?

3-17　简要说明 CA6140 传动系统图中细进给量的传动路线表达式。

3-18　车削加工时，如把多片式摩擦离合器的操纵手柄扳到中间位置后，车床主轴要转一段时间后才能停止，试分析原因并说明解决的方法。

3-19　见多片式摩擦离合器图，分析该离合器的功能、操作方法和工作原理。

3-20　见卧式车床超越离合器及安全离合器结构图，分析二离合器的功能和实现该功能的机械结构。

3-21　CA6140 型车床的安全离合器在正常车削时出现打滑现象，试分析原因并说明解决办法。

3-22　CA6140 型车床纵向进给丝杠有轴向窜动现象，试分析它会给车削工作带来什么不良影响? 分析产生窜动的原因并指出解决的办法?

3-23　见卧式车床的工艺范围图，写出各个小图中刀具的名称。

3-24　CA6140 型卧式车床纵向进给量分为哪几种? 它们各自的用途是什么?

3-25　车削过程中有时出现“闷车”现象，原因何在? 试指出解决的办法。

3-26　在 CA6140 型车床上加工螺纹，判断下列结论是否正确，并说明理由。

1）车削米制螺纹转换为车削英制螺纹，用同一组挂轮，也不要转换传动链表达式。

2）车削米制螺纹转换为车削模数制螺纹，用米制螺纹传动链表达式，但要改变挂轮。

3-27　当 CA6140 型车床主轴正转后，光杠获得了旋转运动，但是接通溜板箱中的 M_8 或 M_9 离合器，却没有进给运动产生，试分析其原因并说明解决办法。

3-28　CA6140 型车床的传动系统中，主轴箱及溜板箱中都有换向机构，它们的作用是否相同? 能否用主轴箱中的换向机构来变换纵横机动进给方向? 为什么?

3-29　见车床传动系统图，在 CA6140 上加工螺距为 18 mm 的米制螺纹时，请指出一条米制螺纹加工的传动链表达式。给出主轴转速和基本变速组、增倍变速组的传动比值。

3-30　见车床传动系统图，在 CA6140 上加工螺距为 32 mm 的米制螺纹时，请指出一条米制螺纹加工的传动链表达式，给出主轴转速和基本变速组、增倍变速组的传动比值。

教学单元 4

铣　　床

铣削是金属切削中常用方法之一。在一般情况下，它的切削运动是刀具作快速的旋转运动（即主运动）和工件作缓慢的直线运动（即进给运动）。铣刀是一种旋转运动的多齿刀具。在铣削时，铣刀每个刀齿不像车刀和钻头那样连续地进行切削，而是间歇地进行切削。因而刀刃的散热条件好，切速可选的高些。加工过程中通常有几个多刀齿同时参与切削，因此铣削的生产率较高。由于铣刀刀齿的不断切入、切出，铣削力不断地变化，故而铣削容易产生振动。

4-1　任务的引入

铣床的用途十分广泛，在铣床上可以加工平面、沟槽、分齿零件（齿轮、链轮、棘轮、花键轴等）、螺旋形表面（螺纹、螺旋槽）及各种成形和非成形曲面。此外，还可以加工内外回转表面，以及进行切断工作等，如图 4-1 所示。

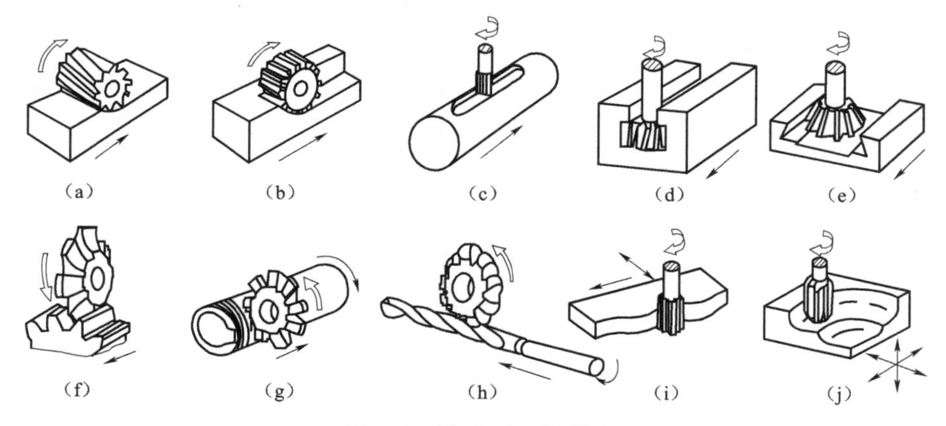

图 4-1　铣床的工艺范围

(a) 铣平面；(b) 铣台阶；(c) 铣键槽；(d) 铣 T 型槽；(e) 铣燕尾槽；(f) 铣齿槽；(g) 铣螺纹；(h) 铣螺旋槽；(i) 铣二维曲面；(j) 铣三维曲面

任务一　键槽铣削

铣削键槽，采用哪种装夹方式，选择什么刀具，工序如何编排，机床如何调整。

任务二 使用分度头分度

分度头分度，采用哪种分度方法，分度头、机床如何调整。

任务三 典型平面零件的铣削加工（学生独立完成）

通过典型平面零件铣削加工，掌握熟悉平面和槽的铣削和检测技能，正确区分顺、逆铣，掌握设备和工艺装备的选择与使用，了解机加工工艺系统对被加工零件的加工精度影响。

4-2 相关知识

4-2-1 铣床的分类

铣床的分类方法类很多，根据铣床的控制方式可以将其分为通用铣床和数控铣床两大类；根据布局和用途又可分为卧式铣床和立式铣床等，见图4-2、图4-3。常见主要类型有卧式升降台铣床、立式升降台铣床、龙门铣床、工具铣床，此外还有仿形铣床、仪表铣床和各种专门化铣床（如键槽铣床、曲轴铣床）。

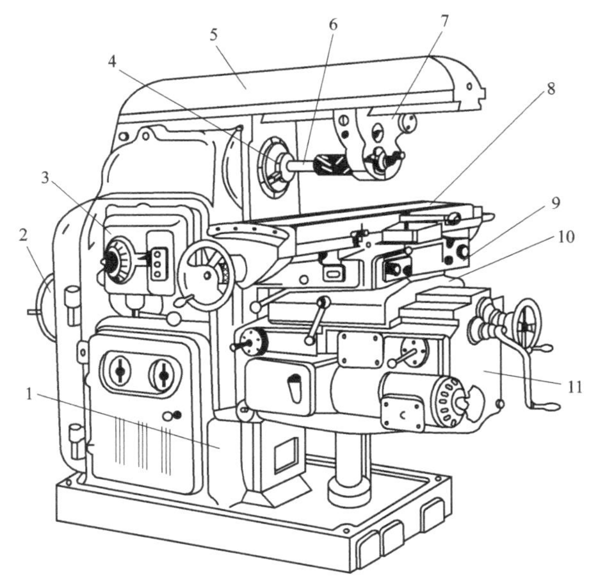

图4-2 万能升降台铣床

1—床身；2—电动机；3—主轴变速机构；4—主轴；5—横梁；6—刀杆；7—吊架；8—纵向工作台；9—转台；10—横向工作台；11—升降台

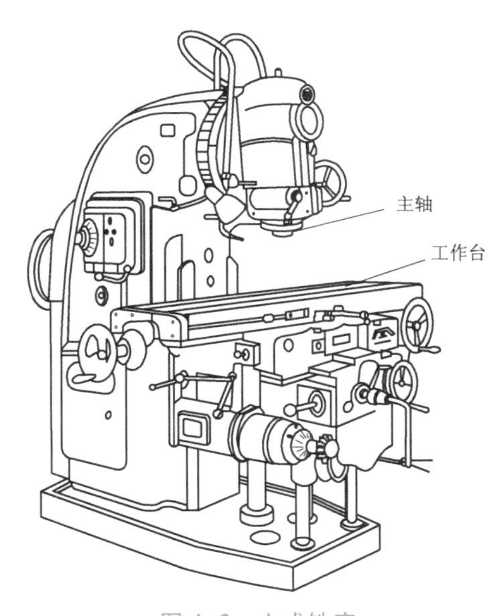

图4-3 立式铣床

4-2-2 X6132型万能升降台铣床的组成及传动系统

一、X6132型万能升降台铣床主要组成部件

X6132卧式万能升降台铣床型号中各字母、数字含义如下：

X——铣床；

6——卧式升降台铣床；

1——万能升降台铣床；

32——主参数为工作台宽度（折算系数为 1/10），即工作台宽度为 320 mm。

X6132 卧式万能升降台铣床的主要组成部分如图 4-2 所示。

（1）床身 1　床身用来固定和支承铣床上所有的部件。电动机 2、主轴变速机构 3、主轴 4 等安装在它的内部。

（2）横梁 5　横梁的上面可安装吊架 7，用来支承刀杆 6 外伸的一端，以加强刀杆的刚性。横梁可沿床身的水平导轨移动，以调整其伸出的长度。

（3）主轴 4　主轴是空心轴，前端有 7∶24 的精密锥孔，用来安装铣刀刀杆并带动铣刀旋转。

（4）纵向工作台 8　纵向工作台可以在转台的导轨上作纵向移动，以带动台面上的工件作纵向进给。

（5）横向工作台 10　横向工作台位于升降台上面的水平导轨上，可带动纵向工作台一起作横向进给。

（6）转台 9　转台的唯一作用是能将纵向工作台在水平面内扳转一个角度（正、反最大均可转过 45°），以便铣削螺旋表面或槽等。

（7）升降台 11　升降台可以使整个工作台沿床身的垂直导轨上下移动，以调整工作台面到铣刀的距离，并作垂直进给。

带有转台的卧铣，由于其工作台除了能作纵向、横向和垂直方向移动外，尚能在水平面内左右扳转 45°，因此称为万能卧式铣床。

二、X6132 型万能升降台铣床的传动系统

X6132 型万能升降台铣床的传动系统一般是由主运动传动链、进给运动传动链及工作台快速移动传动链组成。铣床的主运动传动链的两端件是电动机与主轴，其任务是通过主变速传动装置把电动机的运动传给主轴，使其获得各种不同的转速，以满足加工的需要。进给运动传动链及工作台快速移动传动链的传动，使机床获得纵向、横向及垂直三个方向的工作进给或快速调整移动，以满足不同的加工需要。图 4-4 为 X6132 型万能卧式升降台铣床传动系统，图中数字标号为齿轮的齿数。

1. 主运动

铣床的主运动是主轴的旋转运动。主运动传动链首端件为主电动机（轴Ⅰ），经Ⅱ—Ⅳ轴，最后传至末端件轴Ⅴ（主轴）。主轴旋转方向的改变由主电动机正反转实现，主轴的制动由多片式电磁制动器 M 来控制。主运动的传动路线表达式为

$$\begin{matrix}\text{电动机}\\ 7.5\ \text{kW}\\ 1\ 450\ \text{r/min}\end{matrix}\ —\frac{\phi150}{\phi290}—\text{II}—\begin{bmatrix}\frac{19}{36}\\ \frac{22}{33}\\ \frac{16}{38}\end{bmatrix}—\text{III}—\begin{bmatrix}\frac{27}{37}\\ \frac{17}{46}\\ \frac{38}{26}\end{bmatrix}—\text{IV}—\begin{bmatrix}\frac{80}{40}\\ \\ \frac{18}{71}\end{bmatrix}—\text{V}$$

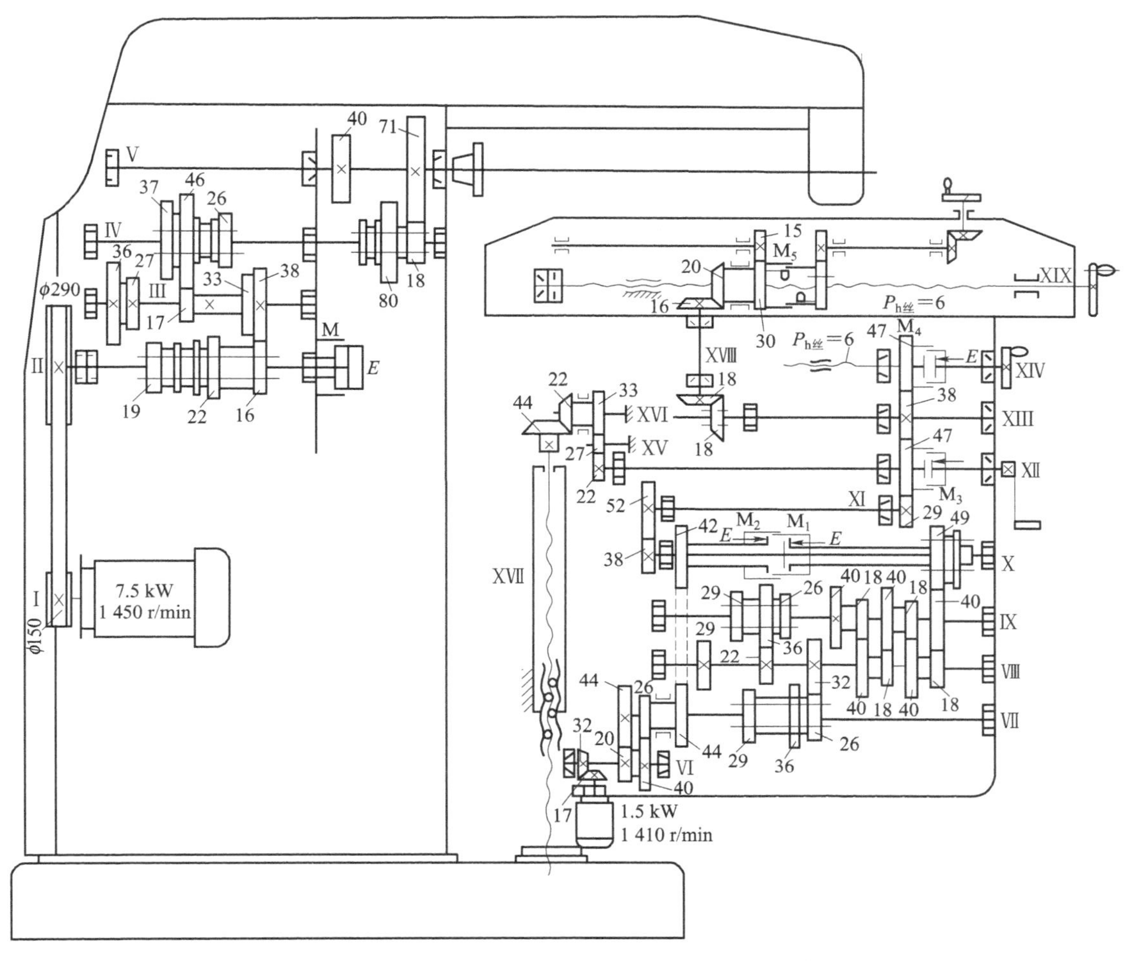

图 4-4　X6132 型万能卧式升降台铣床传动系统

2. 进给运动

X6132 型万能卧式升降台铣床工作台可在相互垂直的三个方向作进给运动和快速移动。进给运动传动链首端件为进给电动机，当运动由轴Ⅵ经进给运动传动链传至轴Ⅹ，轴Ⅹ的运动经电磁离合器 M_3（YV4）、M_4（YV5）以及端面齿离合器 M_5 的不同接合，可使工作台获得垂直、横向和纵向三个方向的进给运动。在进给传动路线表达式中，有一曲回机构，见图 4-5，轴Ⅹ上 $z=49$ 的单联滑移齿轮有三个不同的啮合位置（图 4-5 中的 a、b、c 三个位置）。当 $z=49$ 单联滑移齿轮处于位置 a 时，轴Ⅸ的运动经$\frac{40}{49}$齿轮传至轴Ⅹ；当处于位置 b 时，

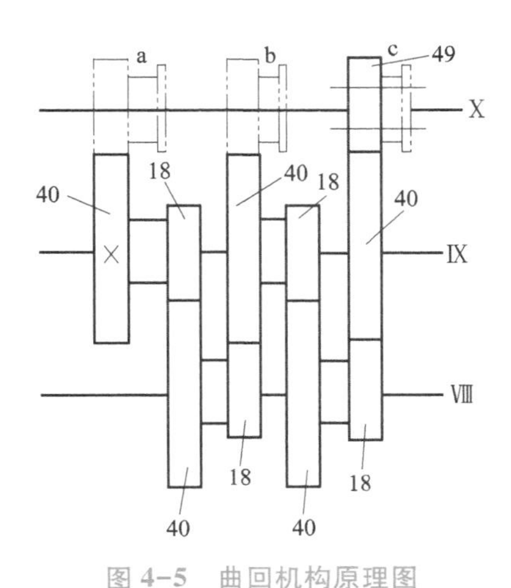

图 4-5　曲回机构原理图

a，b，c——齿数为 49 的齿轮在变速过程中的三个工作位置

轴Ⅸ的运动经齿轮$\frac{18}{40}$—$\frac{18}{40}$—$\frac{40}{49}$传至轴Ⅹ；当处于位置 c 时，轴Ⅸ的运动经曲回机构齿轮$\frac{18}{40}$—$\frac{18}{40}$—$\frac{18}{40}$—$\frac{18}{40}$—$\frac{40}{49}$传至轴Ⅹ。

由此可知，当曲回机构中的单联滑移齿轮 $z=49$ 处于三种不同啮合位置时，可以获得三种较大的降速比。

由上述分析可知，轴Ⅶ的一种转速，经两组三联滑移齿轮变速组，可使轴Ⅸ获得 9 级不同的转速；轴Ⅸ的 9 级转速，经曲回机构传动，其上的三个 $z=40$ 齿轮，每一个都有输出的 9 级转速的功能，当 $z=49$ 单联滑移齿轮作不同位置的啮合工作时，可使轴Ⅹ上的 $z=49$ 齿轮获得 27 级理论转速。但由于轴Ⅶ—Ⅷ间两组三联滑移齿轮变速组所得 3×3＝9 种传动比中，有三种是重复的，因此，轴Ⅹ上的 $z=49$ 齿轮只有 21 级实际转速。当接通电磁离合器 M_1 时，轴Ⅹ便可获得 21 级不同的转速，再经电磁离合器 M_3（YV4）、M_4（YV5）以及端面齿离合器 M_5 的不同接合，使工作台获得垂直、横向和纵向三个方向的 21 种不同的进给量，进给运动方向的改变由进给电动机的旋转方向来实现。

3. 工作台快速移动

工作台的快速移动用于分别调整工作台在纵向、横向或垂直方向的位置。X6132 型万能卧式升降台铣床的工作台快速移动的动力源仍由进给电动机提供，但轴Ⅵ和Ⅹ轴之间的运动是由齿轮副$\frac{40}{26}\times\frac{44}{42}$，经离合器 M_2 直接传至轴Ⅹ，使轴Ⅹ快速旋转。利用离合器 M_3、M_4、M_5 接通纵向、横向或垂直方向的快速调整移动。快速调整移动的方向通过电动机改变旋转方向来实现。纵向及横向快速移动速度为 2 300 mm/min，垂直方向快速移动速度为 770 mm/min。快速移动的方向由进给电动机旋转方向决定。

$$\begin{bmatrix}\text{电动机}\\ 1.5\ \text{kW}\\ 1\ 410\ \text{r/min}\end{bmatrix}-\frac{17}{32}-\text{Ⅵ}-\begin{bmatrix}\frac{20}{44}-\text{Ⅶ}-\begin{bmatrix}\frac{29}{29}\\ \frac{36}{22}\\ \frac{26}{32}\end{bmatrix}-\text{Ⅷ}-\begin{bmatrix}\frac{29}{29}\\ \frac{22}{36}\\ \frac{32}{26}\end{bmatrix}-\text{Ⅸ}\begin{bmatrix}\frac{40}{49}\\ \frac{18}{40}\times\frac{18}{40}\times\frac{18}{40}\times\frac{18}{40}\times\frac{40}{49}\\ \frac{18}{40}\times\frac{18}{40}\times\frac{40}{49}\end{bmatrix}-\begin{matrix}M_1\text{ 合}\\ \text{（工作进给）}\end{matrix}\\ \frac{40}{26}\times\frac{44}{42}-M_2\text{ 合（快速移动）}-\end{bmatrix}-$$

$$-\text{Ⅹ}-\frac{38}{52}-\text{Ⅺ}-\frac{29}{47}-\begin{bmatrix}\frac{47}{38}-\text{ⅩⅢ}-\begin{bmatrix}\frac{18}{18}-\text{ⅩⅧ}-\frac{16}{20}-M_5\text{ 合—纵向丝杠ⅩⅨ（纵向进给）}\\ \frac{38}{47}-M_4\text{ 合—横向丝杠ⅩⅣ（横向进给）}\end{bmatrix}\\ M_3\text{ 合}-\text{Ⅻ}-\frac{22}{27}-\text{ⅩⅤ}-\frac{27}{33}-\text{ⅩⅥ}-\frac{22}{44}-\text{垂直丝杠ⅩⅦ（垂直进给）}\end{bmatrix}$$

4-2-3　X6132 型万能升降台铣床典型机构

一、主轴部件

主轴部件用于安装铣刀并带动其旋转，是保证机床加工精度和表面质量的关键部件。由

于铣床采用多齿刀具，引起铣削力周期性变化，从而使切削过程产生振动，这就要求主轴部件具有较高的刚度和抗振性，因此主轴采用三支承结构。

图 4-6 为 X6132 型万能卧式升降台铣床主轴部件结构，前支承采用圆锥滚子轴承 6，用以承受径向力和向左的轴向力；中间支承采用圆锥滚子轴承 4，用以承受径向力和向右的轴向力；后支承采用单列深沟球轴承 2，只承受径向力。主轴的回转精度即工作精度主要由前支承和中间支承来保证，后支承只起辅助支承作用。当主轴的回转精度由于轴承磨损而降低时，须对主轴轴承进行调整。调整时，先移开悬梁并拆下床身盖板，拧松螺母 11 上的锁紧螺钉 3，用专用勾头扳手勾住螺母 11 的轴向槽，然后用一根短铁棒通过主轴前端的端面键 8，扳动主轴作顺时针旋转，使中间支承的内圈向右移动而消除中间支承 4 的间隙；再继续转动主轴，使主轴向左移动，通过主轴前端的台肩推动前轴承内圈一起向左移动，从而消除前支承 6 的间隙。调整好后，必须拧紧锁紧螺钉 3，盖上盖板并恢复悬梁位置。飞轮 9 用螺钉和定位销与主轴上的大齿轮紧固定在一起，利用它在高速运转中的惯性，缓和铣削过程中的铣刀齿的断续切入而产生的冲击振动。

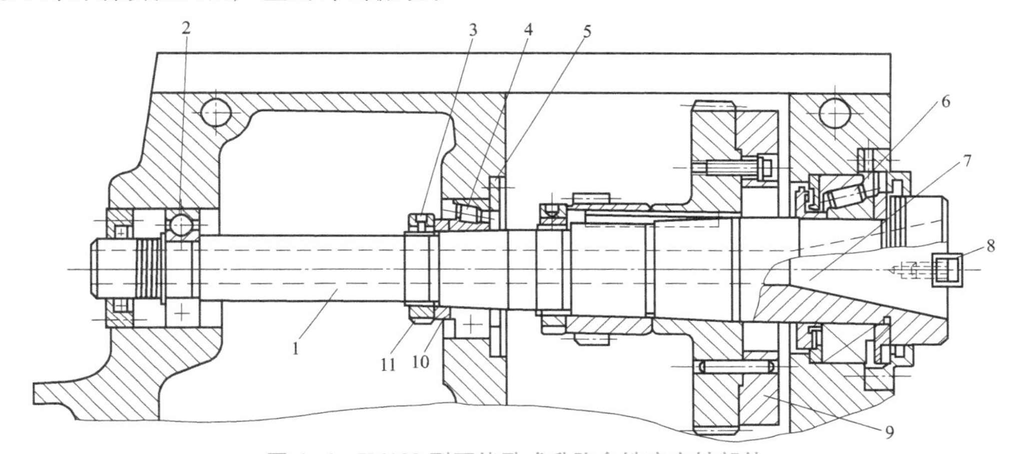

图 4-6　X6132 型万能卧式升降台铣床主轴部件

1—主轴；2—后支承；3—锁紧螺钉；4—中间支承；5—轴承盖；6—前支承；
7—主轴锥孔；8—端面键；9—飞轮；10—隔套；11—螺母

主轴是一空心轴，前端有 7∶24 的精密锥孔，作为刀具定位用；端面切有径向槽，用于传递扭矩，端面键 8 用螺钉固定在径向槽中。锥孔用于刀具、刀具心轴的定心。由于 7∶24 的锥度不能自锁，需用拉杆从主轴尾部通过中心通孔把刀具、刀具心轴拉紧在锥孔内。端面键 8 与铣刀盘的径向槽相配合，以传递转矩。主轴前端的锥孔用于安装刀杆或端铣刀，其空心内孔用于穿过拉杆将刀杆或端铣刀拉紧。安装时先转动拉杆左端的六角头，使拉杆右端螺纹旋入刀具锥柄的螺孔中，然后用锁紧螺母锁紧。刀杆悬伸部分可支承在悬梁支架（见图4-2 件 7）的滑动轴承内。铣刀安装在刀杆上的轴向位置，可用不同厚度的调整套进行调整。

二、孔盘变速操纵机构

X6132 型铣床的主运动及进给运动的变速都采用了孔盘变速操纵机构进行控制，下面以主变速操纵机构为例介绍其工作原理。

图 4-7 所示为利用孔盘变速操纵机构控制三联滑移齿轮的原理图。孔盘变速操纵机构

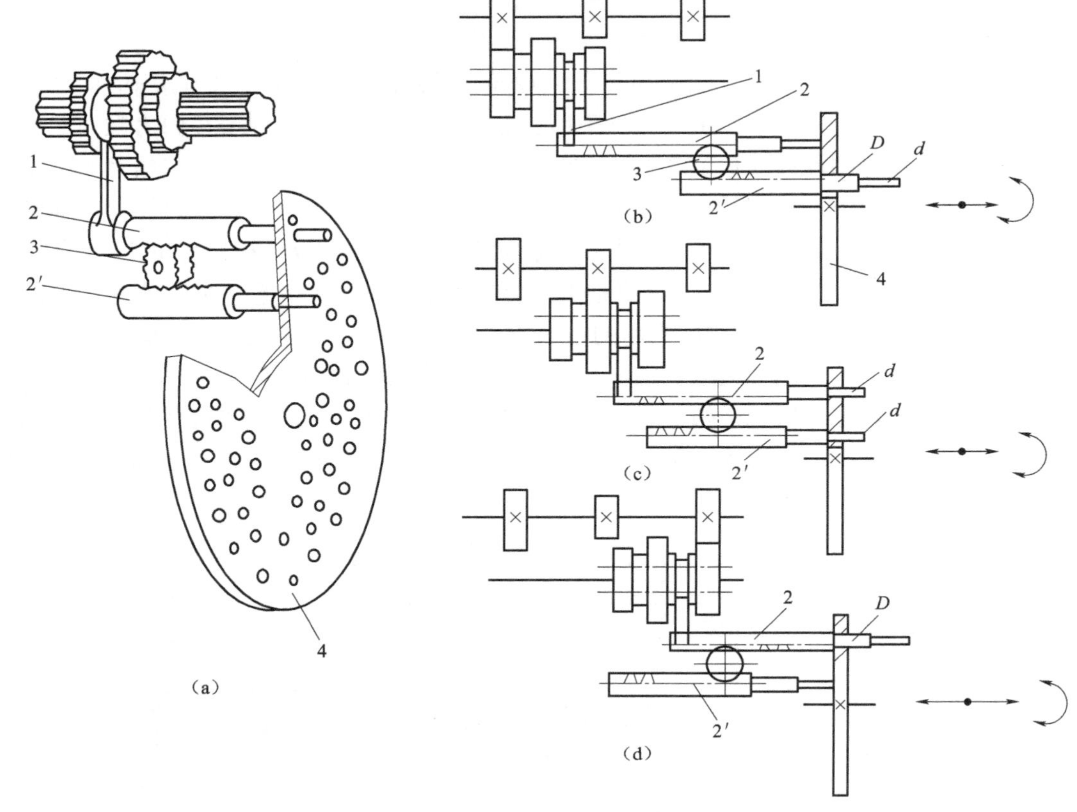

图4-7　孔盘变速操纵机构

(a) 结构图；(b)，(c)，(d) 3种工作状态（左、中、右）

1—拨叉；2，2′—齿条轴；3—齿轮；4—孔盘；D，d—圆柱直径

主要由孔盘4、齿条轴2和2′、齿轮3及拨叉1组成（图4-7（a））。

孔盘4上划分了几组直径不同的圆周，每个圆周又划分成18等分。根据变速时滑移齿轮不同位置的要求，这18个位置分为钻有大孔、钻有小孔或未钻孔三个状态。齿条轴2和2′上加工有直径分别为D和d的两段台肩，直径为d的台肩能穿过孔盘上的小孔，而直径为D的台肩能穿过孔盘上的大孔。变速时，先将孔盘右移，使其退离齿条轴，然后根据变速要求，转过孔盘一定角度，再使孔盘左移复位，孔盘在复位时，可通过孔盘上大孔、小孔或无孔的不同情况。而使滑移齿轮获得三个不同位置，从而达到变速目的。三个工作状态为：①孔盘上对应齿条轴2的位置无孔，而对应齿条轴2′的位置为大孔，孔盘在复位时，向左顶齿条轴2，并通过拨叉将三联滑移齿轮推至左位。齿条轴2′则在齿条轴2及齿轮3的共同作用下右移，台肩D穿过孔盘上的大孔（图4-7（b））；②孔盘对应两齿条轴均为小孔，齿条轴上的小台肩d穿过孔盘上小孔，两齿条轴均处于中间位置，从而通过拨叉使滑移齿轮处于中间位置（图4-7（c））；③孔盘上对应齿条轴2的位置为大孔，对应齿条轴2′的位置无孔，这时孔盘顶齿条轴2′左移，从而通过齿轮3使齿条轴2的台肩穿过大孔右移，并使齿轮处于右位（图4-7（d））。

主变速操纵机构的结构如图4-8所示。它是安装在床身立柱左侧面的一个独立部件，

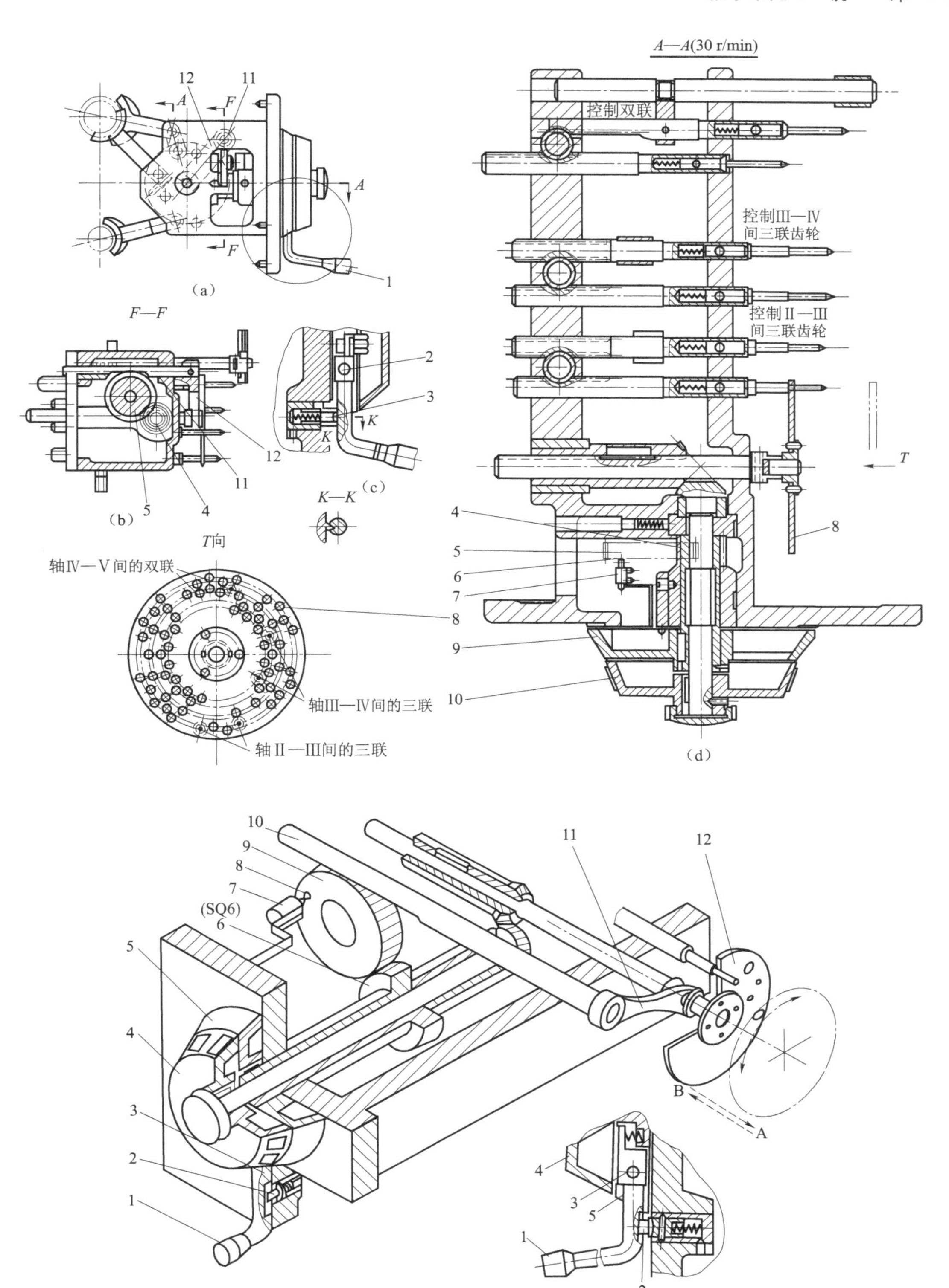

图 4-8　X6132 型铣床主变速操纵机构

1—手柄；2—定位销；3—销轴；4—速度盘；5—操纵盘；6—齿轮套筒；7—微动开关；8—凸块；9—齿轮；10—齿条轴；11—拨叉；12—孔盘

由手柄 1 和速度盘 4 进行变速操纵。变速时，将手柄 1 向外拉出，则手柄 1 以销轴 3 为回转中心，脱开定位销 2 在手柄槽中的定位；然后按逆时针方向转动手柄 1 约 250°，经操纵盘 5、平键而使齿轮套筒 6 转动，再经齿轮 9 使齿条轴 10 向右移动，其上的拨叉 11 便拨动孔盘 12 向右移动，使孔盘 12 脱开各组齿条轴，为孔盘 12 的转位作好准备；转动速度盘 4 至所需转速位置，经一对锥齿轮使孔盘 12 转过相应的角度；最后，将手柄 1 推回到原来位置并重新定位，则孔盘 12 向左移动而推动各组齿条轴作相应的位移，实现转速的变换。变速时，为了使滑移齿轮在改变啮合位置时易于啮合，机床上设有主电动机瞬时冲动装置，它利用齿轮 9 上的凸块 8 压动微动开关 7，以瞬时接通主电动机电源，使主电动机实现一次瞬时冲动，带动主变速箱内的传动齿轮以缓慢的速度转动，滑移齿轮即可顺利地移动到另一啮合位置工作。

三、工作台及顺铣机构

（1）工作台结构

升降台式铣床工作台的纵向进给及快速移动一般采用丝杠螺母副传动。图 4-9 所示为 X6132 型万能卧式升降台铣床工作台结构图。它由工作台 7、床鞍 1、回转盘 3 三层组成。床鞍 1 用它的矩形导轨与升降台（图中未示出）的导轨相配合，使工作台在升降台导轨上作横向移动。工作台不作横向移动时，可通过手柄 13 经偏心轴 12 的作用将床鞍夹紧在升降台上。工作台 7 可沿回转盘 3 上面的燕尾导轨作纵向移动。工作台连同转盘一起可绕圆锥齿轮的轴线 XⅧ回转-45°至+45°，并利用螺栓 14 和两块弧形压板 2 紧固在床鞍上。纵向进给丝杠 4 支承在工作台左端前支架 6 处的滑动轴承及工作台右端后支架 10 处的推力球轴承和圆锥滚子轴承上，以承受径向力和两个方向的轴向力。轴承的间隙由螺母 11 进行调整。手轮 5 空套在纵向进给丝杠 4 上，当将手轮 5 向里推（图中向右推），并压缩弹簧使端面齿离合器 M 接通后，便可手摇工作台纵向移动。在回转盘 3 上，离合器 M_5 用花键与花键套筒 9 连接，而花键套筒 9 又以滑键 8 与铣有键槽的纵向进给丝杠 4 连接，因此，如将端面齿离合器

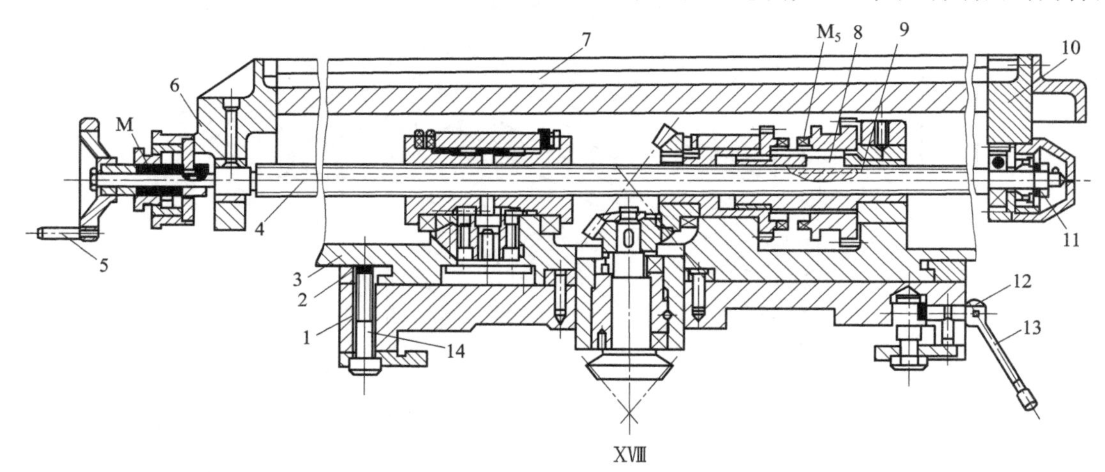

图 4-9　X6132 型铣床工作台结构图

1—床鞍；2—压板；3—回转盘；4—纵向进给丝杠；5—手轮；6—前支架；7—工作台；8—滑键；9—花键套筒；10—后支架；11—螺母；12—偏心轴；13—手柄；14—螺栓

M_5 向左接通，则来自轴XⅧ的运动，经圆锥齿轮副、M_5 及滑键8而带动纵向进给丝杠4转动。由于双螺母固定安装在回转盘的左端，它既不能转动又不能作轴向移动，所以，当纵向进给丝杠4获得旋转运动后，会同时又作轴向移动，从而使工作台7作纵向进给运动或快速移动。

（2）顺铣机构

在铣床上加工工件时，常常采用逆铣和顺铣两种加工方式。

逆铣：当工件的进给方向与圆柱铣刀的切削速度的方向相反称为逆铣。

顺铣：当工件的进给方向与圆柱铣刀的切削速度的方向相同称为顺铣。

顺铣有利于提高刀具的耐用度和工件装夹的稳定性，但容易引起工作台窜动，甚至造成事故。因此顺铣时机床应具有消除丝杠与螺母之间间隙的装置，并且顺铣的加工范围应限于无硬皮的工件。精加工时，铣削力小，不易引起工作台的窜动，多采用顺铣。因为顺铣无滑移现象，加工后的表面质量较好。

顺铣时，铣刀始终有一个向下的分力压紧工件，使铣削平稳；顺铣时，每个刀齿的切削厚度是从最大减小到零，易于切入工件，而且切出时对已加工面的挤压摩擦也小，刀刃磨损较慢，加工表面质量较高；顺铣时消耗在进给运动方向上的功率较小。顺铣时，刀刃从工件外表面切入，当工件是有硬皮和杂质的毛坯件时，刀刃易磨损和损坏；顺铣时，铣刀对工件的水平分力与进给方向相同，所以会拉动工作台，当丝杠与螺母、轴承的轴向间隙较大时，工作台被拉动将使铣刀每齿进给量突然增大，造成刀齿折断，刀轴弯曲，工件和夹具移动，甚至损坏机床。

逆铣多用于粗加工，加工有硬皮的铸件、锻件毛坯时采用逆铣；使用无丝杠螺母调整机构的铣床加工时，也应采用逆铣。逆铣时，由于刀刃不是从工件的外表面切入，故铣削表面有硬皮的工件，对刀刃损坏的影响较小，但此时每个刀齿的切削厚度是从零增大到最大值，由于刀齿的刃口总有一定的圆弧，所以，刀齿接触工件后要滑动一段距离才能切入工件，刀刃易磨损，并使已加工面受挤压和摩擦，影响加工表面的质量。

逆铣时，水平分力与工件进给方向相反，不会拉动工作台，丝杠与螺母、轴承之间总是保持紧密接触而不会松动，但逆铣时会产生向上的垂直分力，使工件有上抬的趋势，因此，必须使工件装夹牢固，而且垂直分力在切削过程中是变化的，易产生振动，影响工件表面粗糙度。逆铣时消耗在进给方向上的功率较大。

逆铣时切削力 F 的水平分力 F_x 的方向与进给运动 f 相反（见图4-10（a））；若工作台向右进给，则丝杠螺纹左侧与螺母螺纹右侧接触，而在螺纹的另一侧则存在间隙。这时铣刀作用在工件上的水平切削分力 F_x 与进给运动 f 方向相反，丝杠螺纹左侧始终与螺母螺纹的右侧接触，因而在铣削过程中，工作是稳定的。顺铣时切削力 F 的水平分力 F_x 的方向与进给运动 f 相同（见图4-10（b）），若工作台仍向右进给，则丝杠螺纹右侧与螺母螺纹左侧仍存在间隙，这时铣刀作用在工件上的水平切削分力 F_x 与进给运动方向相同。

作用力 F_x 通过工作台带动丝杠向右窜动；又由于铣刀是多刃刀具，铣切时切削力是不断变化的，因此这个水平切削分力 F_x 也是变化的，丝杠就会在间隙的范围内来回窜动，使工作台产生振动，影响切削加工的稳定性，甚至造成铣刀刀齿折断现象，此时，铣床工作台的进给丝杠与螺母之间，必须设有顺铣机构。合理的顺铣机构能消除丝杠、螺母之间的间隙，不会产生轴向窜动现象，保证顺铣顺利进行；在逆铣或快速移动时，能够自动地使丝杠与螺母松开，降低螺母加在丝杠上的压紧力，以减少丝杠与螺母之间不必要的磨损。

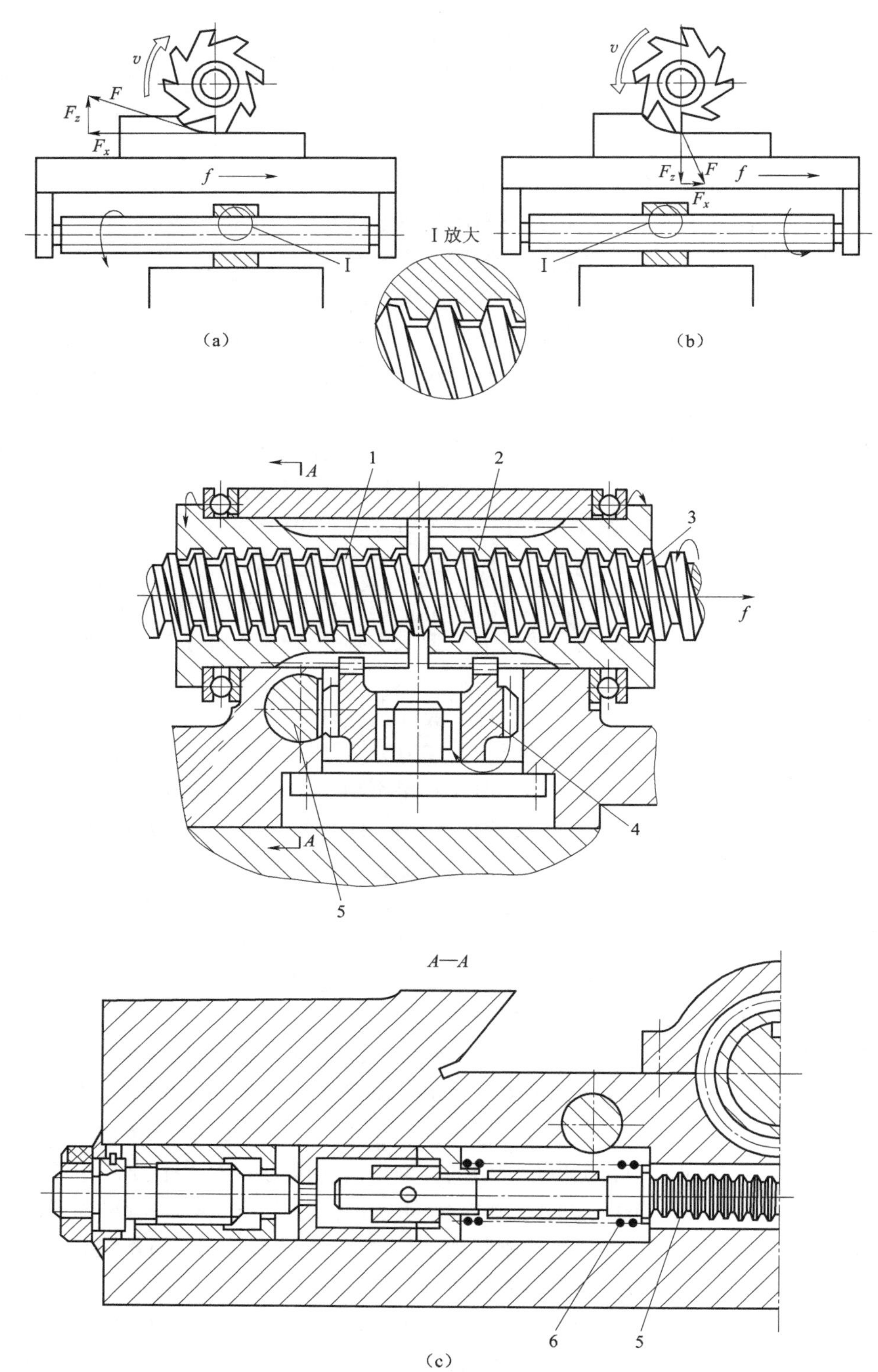

图 4-10　逆铣和顺铣及顺铣机构

（a）逆铣；（b）顺铣；（c）顺铣机构

1—左螺母；2—右螺母；3—右旋丝杠；4—冠状齿轮；5—齿条；6—弹簧

图 4-10 为 X6132 型卧式铣床所用的顺铣机构结构图。此顺铣机构由右旋丝杠 3、左螺母 1、右螺母 2、冠状齿轮 4、齿条 5 及弹簧 6 等组成。其工作原理如下：齿条 5 在弹簧 6 作用下向右移（*A*-*A* 截面），推动冠状齿轮 4 及沿图中箭头方向回转，带动左、右螺母 1 及 2 沿相反方向回转，使左螺母 1 的螺纹左侧紧靠丝杠螺纹右侧，右螺母 2 的螺纹右侧紧靠丝杠螺纹左侧。机床工作时，工作台所受向右的作用力通过丝杠由左螺母 1 承受；向左的作用力由右螺母 2 承受。现以工作台向右进给运动（丝杆按图中箭头方向旋转）为例，说明顺铣机构在逆铣和顺铣时所起的作用。

顺铣时，铣刀作用在工件上的水平切削分力 F_x 与进给运动 f 方向相同（向右），由螺母 1 承受丝杠轴向力。因螺母 1 的螺纹与丝杠螺纹之间的摩擦力较大，螺母 1 有随丝杠一起转动的趋势，通过齿轮 4 传动螺母 2，使螺母 2 有与丝杠反向转动的趋势，同时，由于齿条 5 的移动推动齿轮 4，也会使螺母 2 沿与丝杠反向的方向转动，从而使螺母 2 的螺纹右侧紧靠丝杠螺纹左侧，自动消除丝杠与螺母之间的间隙。随着水平切削分力 F_x 及传动件阻力的增减，该顺铣机构能够自动调节螺母与丝杠的间隙，并与两者的压紧力为一定值。

逆铣时，铣刀作用在工件上的水平切削分力 F_x 与进给运动 f 方向相反（F_x 方向向左），由螺母 2 承受丝杠轴向力。因螺母 2 的螺纹与丝杠螺纹之间的摩擦力较大，螺母 2 有随丝杠一起转动的趋势，通过齿轮 4 传动螺母 1，使螺母 1 有与丝杠反向转动的趋势，从而使螺母 1 的螺纹左侧与丝杠螺纹右侧之间产生间隙，以减少丝杠磨损。

四、进给变速箱结构

X6132 型铣床的进给变速箱结构如图 4-11 所示。进给箱内的轴 X 上，装有两个摩擦片式电磁离合器 M_1 和 M_2，分别用于接通工作台的工作进给和快速移动，且由电气实现互锁。当 M_1 通电吸合时，运动由轴Ⅶ左端用平键连接的 $z=44$ 齿轮传入，经Ⅶ—Ⅷ轴间和Ⅷ—Ⅸ轴间的三联滑移齿轮变速组，以及Ⅷ—Ⅸ轴间的曲回机构，将运动传给轴 X 上 $z=49$ 齿轮；再通过其上的花键轴套 2 及电磁离合器 M_1 使 X 轴获得旋转运动。轴 X 左端装 $z=38$ 齿轮，运动便由此输出，传至工作台的纵向、横向和垂向的进给丝杠，实现工作台的工作进给运动。当 M_2 通电吸合时，运动由进给箱体外壁的 $z=26$ 齿轮输入，经内壁的 $z=44$ 齿轮而直接传至轴 X 上进给箱体内壁的 $z=42$ 齿轮，使轴 X 获得快速旋转运动。最后，经轴 X 左端 $z=38$ 齿轮传至工作台的纵向、横向和垂向的进给丝杠，实现工作台的快速移动。当机床工作超载或发生故障时，电磁离合器可起安全保护作用。

五、工作台纵向进给操纵机构

X6132 型铣床工作台纵向进给操纵机构如图 4-12 所示。工作台的纵向进给运动，由手柄 23 来操纵，在接通或断开端面齿离合器 M_5 的同时，压动微动开关 SQ_1 或 SQ_2，使进给电动机作正转或反转，从而实现工作台的向右或向左的纵向进给运动。在轴 6 上装有弹簧 7，拨动离合器 M_5 的拨叉 5，弹簧 7 的作用力可使轴 6 向左移动，带动拨叉 5 向左移接通离合器 M_5；工作台的纵向进给运动，也可由机床侧面的另一手柄来操纵，扳动手柄时，经杠杆、

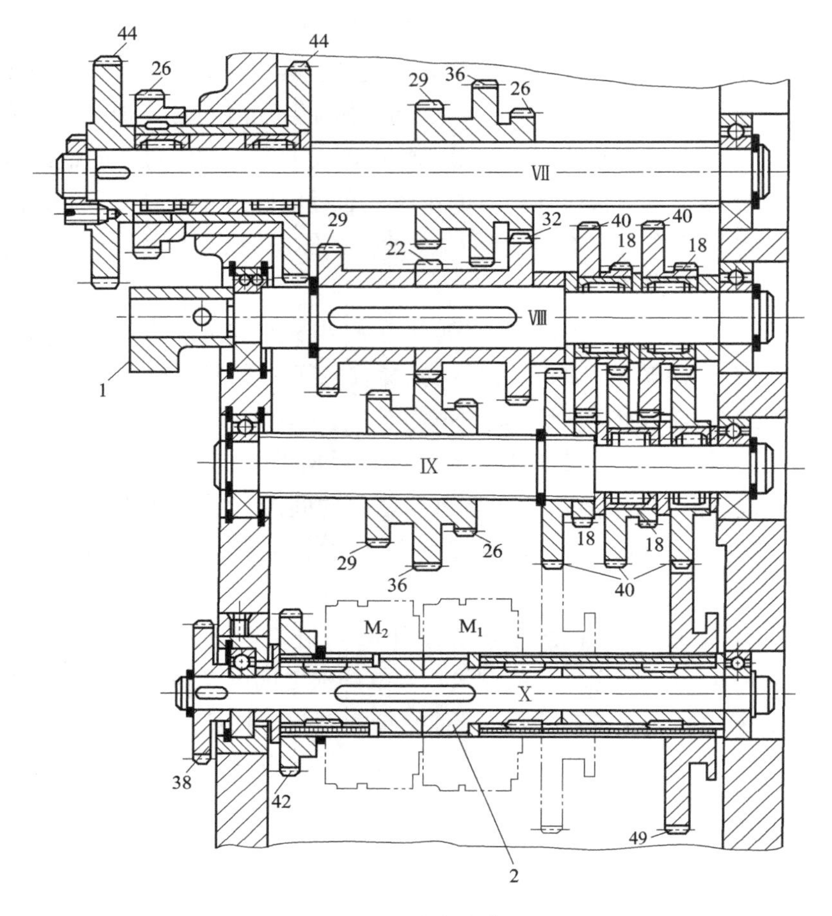

图 4-11　进给变速箱结构

摆块上销 10、凸块下端叉子 9 使凸块 1 上、下摆动。

当将手柄 23 向左扳动时，压块 16 向左摆动，压动微动开关 22（SQ_2），启动进给电动机反向旋转的同时，拨叉 14 作顺时针摆动，通过套筒上销 12、套筒 13 使摆块 11 作顺时针摆动，凸块 1 通过螺钉与摆块 11 相连接，于是凸块 1 也作顺时针摆动，凸块 1 的最高点便离开轴 6 的左端面，在弹簧 7 的作用下，轴 6 向左移动而带动拨叉 5 左移，使离合器 M_5 接通，实现工作台向左的纵向进给运动。

当将手柄 23 从左边扳向中间位置时，压块 16 放松微动开关 22（SQ_2），进给电动停止转动；同时，凸块 1 作逆时针摆动，其最高点将轴 6 推向右移，通过拨叉 5 使离合器 M_5 脱开，于是纵向向左的进给运动停止。

同理，当将手柄 23 由中间位置扳向右边位置时，压块 16 压动微开关 17（SQ_1），进给电动机正转；同时，由于凸块 1 作逆时针摆动，其最高点向上离开轴 6 的左端面，在弹簧 7 作用下，离合器 M_5 又被接通，从而实现工作台向右纵向进给运动。

六、工作台的横向和垂向进给操纵机构

X6132 型铣床工作台的横向和垂直方向进给操纵机构如图 4-13 所示。手柄 1 有上、下、

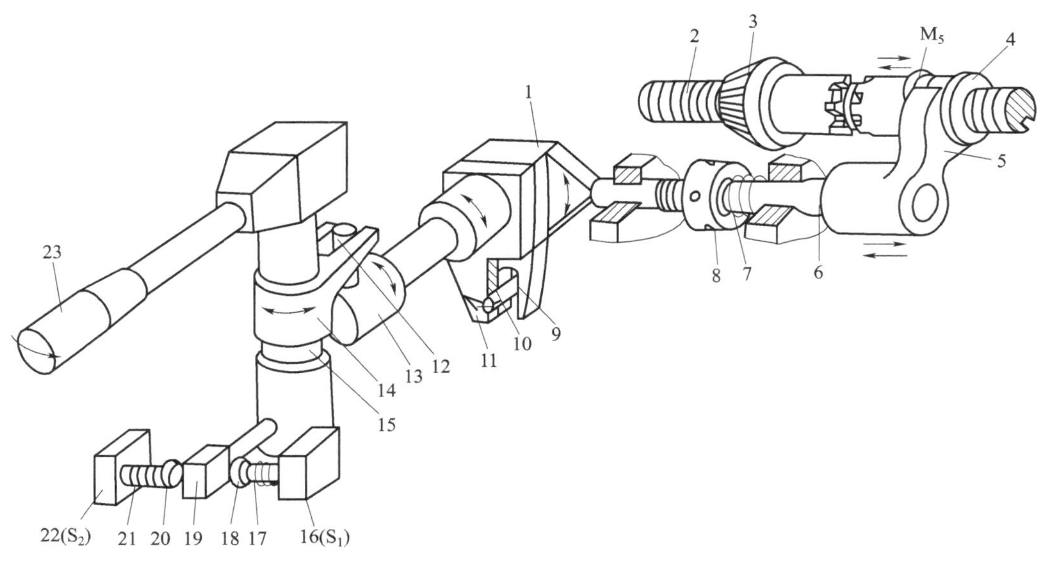

图 4-12 X6132 型铣床工作台纵向进给操纵机构简图

1—凸块；2—丝杠；3—纵向进给丝杠；4—空套锥齿轮；5—拨叉；6—轴；
7—弹簧；8—调整螺母；9—凸块下端叉子；10—摆块上销；11—摆块；12—套筒上销；
13—套筒；14—拨叉；15—垂直轴；16—压块；17—微动开（$S_1=SQ_1$）；
18—弹簧；19、20—可调螺钉；21—弹簧；22—微动开关（$S_2=SQ_2$）；23—手柄

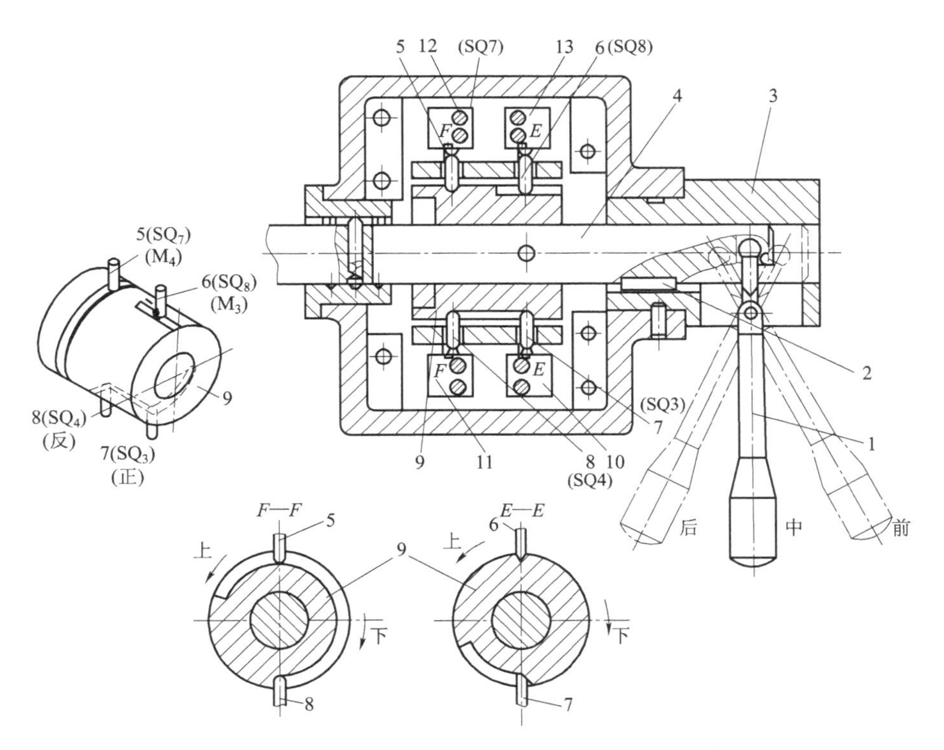

图 4-13 工作台的横向和垂直方向进给操纵机构

1—手柄；2—平键；3—壳体；4—轴；5，6，7，8—顶销；
9—鼓轮；10—SQ_3；11—SQ_4；12—SQ_7；13—SQ_8

前、后和中间五个工作位置，当前、后扳动手柄1时，通过手柄前端的球头拨动鼓轮作左、右轴向移动；当上、下扳动手柄1时，通过壳体3上的扁槽、平键2、轴4，使鼓轮9在一定角度范围内来回转动。在鼓轮9的圆周上铣有带斜面的槽分别控制微动开关SQ_3、SQ_4、SQ_7和SQ_8。其中，SQ_8用于控制电磁离合器M_3的接通或断开，SQ_4用于控制电磁离合器M_4的接通或断开，即分别接通或断开垂向进给运动和横向进给运动；SQ_3、SQ_4用于控制进给电动机的正转和反转，而实现工作台向前、向下和向后、向上的进给运动。

当向前扳动手柄1时，鼓轮9向左作轴向移动，鼓轮上的斜面压下顶销7，作用于微动开关SQ_3，使进给电动机正转；与此同时，顶销5处于鼓轮圆周上，作用于微动开关SQ_7，使横向进给电磁离合器M_4通电压紧工作，从而实现工作台向前的横向进给运动。

当向后扳动手柄1时，鼓轮9向右作轴向移动，鼓轮上的斜面压下顶销8，作用于微动开关SQ_4，使进给电动机反转；顶销5仍处于鼓轮圆周上，使电磁离合器M_4通电压紧工作，实现工作台向后的横向进给运动。

当向上扳动手柄1时，鼓轮9作逆时针方向转动，其上的斜面压下顶销8，作用于微动开关SQ_4，使进给电动机反转；顶销6处于鼓轮圆周上，压下顶销6并作用于微动开关SQ_8，使电磁离合器M_3通电压紧工作，实现工作台向上的进给运动。

当向下扳动手柄1时，鼓轮9作顺时针方向转动，其上的斜面压下顶销7，作用于微动开关SQ_3，使进给电动机正转；顶销6处于鼓轮圆周上被压下，使微动开关SQ_8起作用，电磁离合器M_3通电压紧工作，实现工作台向下的进给运动。

当将手柄1扳到中间位置时，顶销8和7同时处于鼓轮的槽中，松开微动开关SQ_4和SQ_3，进给电动机便停止转动；顶销5和6也同时处于鼓轮的槽中，松开微动开关SQ_7、SQ_8，使电磁离合器M_4和M_3断电，于是工作台的前后进给运动和上下进给运动全部停止。

4-2-4　铣床附件

一、万能分度头（dividing head）

在铣削加工中，常会遇到铣六方、齿轮、花键和刻线等工作。这时，工件每铣过一面或一个槽之后，需要转过一个角度，再铣削第二个面、第二个槽等。这种工作叫做分度。分度头就是根据加工需要，对工件在水平、垂直和倾斜位置进行分度的机构（见图4-14、图4-15及图4-16）。其中最为常见的是万能分度头。

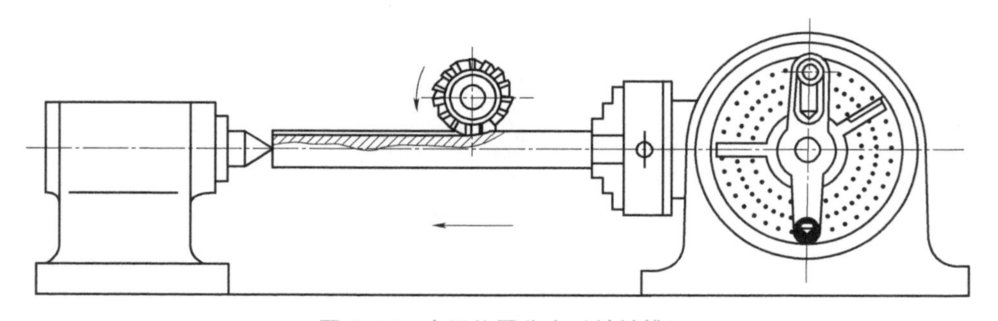

图4-14　水平位置分度（铣键槽）

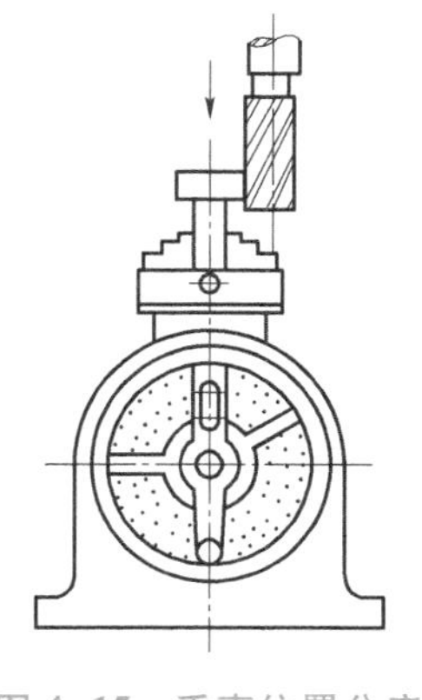

图 4-15　垂直位置分度

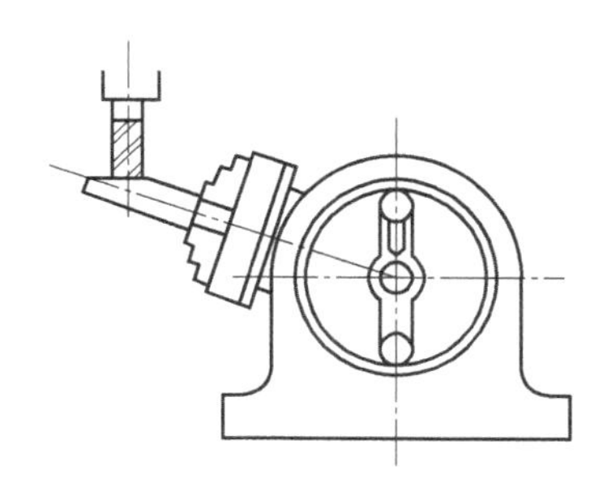

图 4-16　倾斜位置分度

1. 万能分度头的用途

升降台式铣床配备有多种附件，用来扩大工艺范围，其中万能分度头是常用的一种附件，被加工的工件装在万能分度头主轴的顶尖或卡盘上，可进行以下工作：

① 使工件绕轴线回转一定角度，以完成等分或不等分的圆周分度工作。如加工方头、六角头、齿轮、链轮以及不等分刀齿的铰刀等；

② 通过配换齿轮，由分度头带动工件连续转动，并与工作台的纵向进给运动相配合，可加工螺旋槽、螺旋齿轮和阿基米德螺旋线凸轮；

③ 用卡盘夹持工件，使工件轴线相对于铣床工作台面倾斜一所需的角度，用于加工与工件轴线相交一定角度的沟槽或平面等。

2. 万能分度头的构造

下面以 FW125 型万能分度头为例，说明分度头的构造及调整方法。图 4-17 为其外形及传动系统。

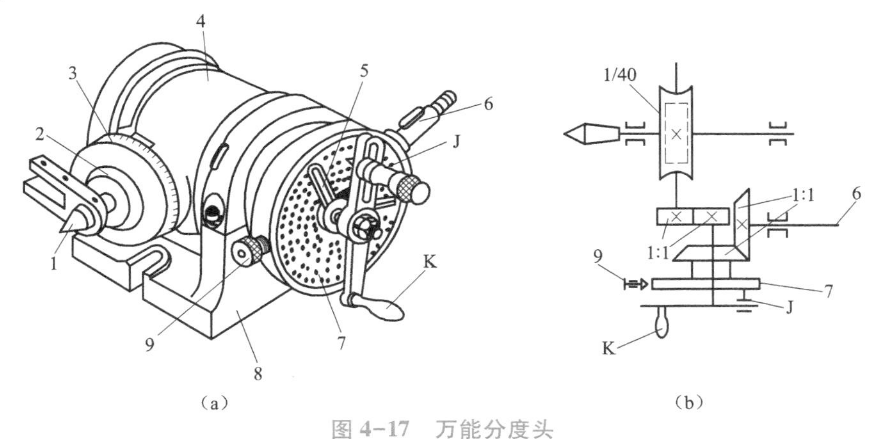

图 4-17　万能分度头

1—顶尖；2—主轴；3—刻度盘；4—鼓形壳体；5—分度叉；6—差动轴；7—分度盘；8—分度头支座；9—锁紧螺钉

分度头主轴 2 安装在鼓形壳体 4 内，鼓形壳体以两侧轴颈支承在底座上，可绕其轴线回转，使主轴在水平线以上 95°范围内调整所需角度。分度头主轴的前端有锥孔，用于安装顶

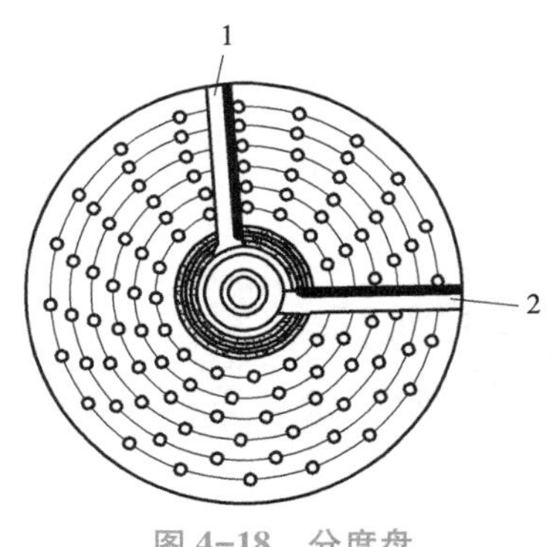

图 4-18　分度盘

尖1，其外部有一定位锥体，用于安装三爪卡盘。转动分度手柄K，经传动比 $u=1/40$ 的蜗杆蜗轮副，可带动分度头主轴回转至所需的分度位置。分度手柄K在分度时转过的转数，由插销J所对分度盘7上孔圈的小孔数目来确定。这些小孔在分度盘（图4-18）端面上，以不同孔数等分地分布在各同心圆上。FW125型万能分度头备有三块分度盘，供分度时选用，每块分度盘有8圈孔，每圈孔数分别为：

第一块　16、24、30、36、41、47、57、59

第二块　23、25、28、33、39、43、51、61

第三块　22、27、29、31、37、49、53、63

3. 简单分度法

分度数目较多时，可采用简单分度法。分度前应使蜗杆与蜗轮啮合，用锁紧螺钉9将分度盘7固定使之不能转动，并调整插销J使其对准所选分度盘的孔圈。分度时先拔出插销J，转动手柄K，带动分度头主轴回转至所需分度位置，然后将插销重新插入分度盘孔中。

设工件所需等分数为 Z，即每次分度时分度头主轴应转过 $\frac{1}{Z}$ 转。由传动系统（图4-17）可知，手柄每次分度时应转的转数为：

$$n_K=\frac{1}{Z}\times\frac{40}{1}\times\frac{1}{1}=\frac{40}{Z}\text{转}$$

上式可写成如下形式

$$n_K=\frac{40}{Z}=a+\frac{p}{q}$$

式中　a——每次分度时，手柄应转的整数转数（当 $Z>40$ 时，$a=0$）；

q——所选用孔圈的孔数；

p——插销10在 q 个孔的孔圈上应转过的孔距数。

例：在FW125型万能分度头上进行分度，分度数 $Z=32$；

解：

$$n_K=\frac{40}{Z}=\frac{40}{32}=1+\frac{1}{4}=1+\frac{4}{16}=1+\frac{6}{24}=1+\frac{9}{36}$$

上式中的分数部分先化简为最简整数比1/4，然后将其分子、分母各乘以同一整数，使分母为分度盘上所具有的孔圈孔数16或24、36等。在本例中，每次分度手柄应转一整转再在16孔的孔圈上转过4个孔间距；或再在24孔的孔圈上转过6个孔间距。

为保证分度无误，应调整分度叉5的夹角，使其内缘在 q 个孔的孔圈上包含（$p+1$）个孔，以便识别插销J在每次分度时应转过的孔间距，防止操作的差错。

4. 差动分度法

由于分度盘上所具有的孔圈有限，某些分度数因选不到合适的孔圈而不可能用简单分度法进行分度，例如73、83、113等。这时可采用差动分度法来分度。

差动分度时，应松开锁紧螺钉，使分度盘能被锥齿轮带动回转，并在分度头主轴后端锥孔内装上传动轴，经配换齿轮 a、b、c、d 与轴Ⅱ连接（图 4-19）。

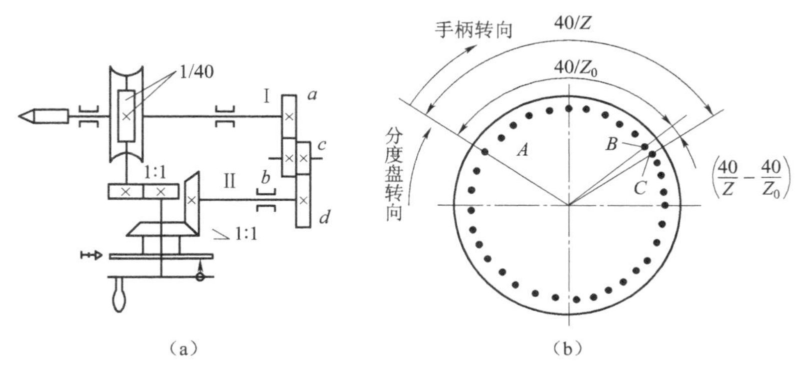

图 4-19 差动分度法工作原理

差动分度法的工作原理如下：设工件要求分度数为 Z，且 $Z>40$，则分度主轴每次应转 $\frac{1}{Z}$转。这时，手柄仍应转过$\frac{40}{Z}$转，即插销应由 A 点转至 C 点（图 4-19），用 C 点定位，但因分度盘在 C 处没有相应的孔可供识辨位置，因而不能用简单分度法实现分度。为了借用分度盘上的孔圈，选取 Z_0来计算手柄的转数（Z_0应与 Z 相接近，且能从分度盘上选取到借用分度盘上的孔圈），则手柄转数为$\frac{40}{Z_0}$转，即插销从 A 转至 B 点，用 B 点定位。这时如果分度盘是固定不动的，手柄转数是$\frac{40}{Z_0}$转而不是所要求的$\frac{40}{Z}$转，其差值为$\left(\frac{40}{Z}-\frac{40}{Z_0}\right)$转。为补偿这一差值，使 B 点的小孔转至 C 点以供插销定位。为此可用配换齿轮将分度头主轴与分度盘连接起来，在分度过程中，当插销自 A 点转$\frac{40}{Z}$转至 C 点时，使分度盘转过$\frac{40}{Z}-\frac{40}{Z_0}$转，使孔恰好与插销对准。这时手柄与分度盘之间的运动关系是：手柄转$\frac{40}{Z}$转，分度盘转$\frac{40}{Z}-\frac{40}{Z_0}=\frac{40(Z_0-Z)}{ZZ_0}$转。

运动平衡式为：

$$\frac{40}{Z}\times\frac{1}{1}\times\frac{1}{40}\times\frac{a}{b}\times\frac{c}{d}=\frac{40(Z_0-Z)}{ZZ_0}$$

化简后得换置公式：

$$\frac{a}{b}\times\frac{c}{d}=\frac{40(Z_0-Z)}{Z_0}$$

式中 Z——所要求的分度数；

Z_0——假定的分度数。

为了便于选用配换齿轮，Z_0应选取接近于 Z（可大于或小于 Z）且与 40 有公因数的数值。

选取 $Z_0>Z$ 时，手柄与分度盘旋转方向应相同，配换齿轮传动比为正值。

选取 $Z_0<Z$ 时，手柄与分度盘旋转方向应相反，配换齿轮传动比为负值。

FW125 型万能分度头备有模数为 1.75 mm 以下齿数的配换齿轮：24（两个）、28、32、40、44、48、56、64、72、80、84、96、100。

二、铣螺旋槽的调整

在万能升降台铣床上，用万能分度头铣螺旋槽时，应进行以下调整工作。

（1）工件夹持在分度头主轴顶尖上，并用尾座顶尖支承，将工作台绕垂直轴线偏转一角度，使铣刀旋转平面与工件螺旋槽的方向一致。工作台偏转方向根据螺旋槽的螺旋方向决定。

（2）在工作台纵向进给丝杠与分度头主轴之间，用配换挂轮 Z_1、Z_2、Z_3 和 Z_4 联系起来，当工作台和工件沿工件轴线方向移动时，将经过丝杠、配换齿轮 $\frac{Z_1}{Z_2}\times\frac{Z_3}{Z_4}$ 及分度头传动，带动工件作相应的回转运动。

设工件螺旋槽的导程为 T，铣床纵向进给丝杠的导程为 T_S。当工作台和工件移动一个导程 T 距离时，即纵向丝杠转 T/T_S 时，工件应转 1 转，这时工件即可被铣刀切出导程为 T 的螺旋槽。根据图 4-20（b）传动系统图，可列出运动平衡式 $\frac{T}{T_S}\times\frac{38}{24}\times\frac{24}{38}\times\frac{Z_1}{Z_2}\times\frac{Z_3}{Z_4}\times1\times1\times\frac{1}{40}=1$

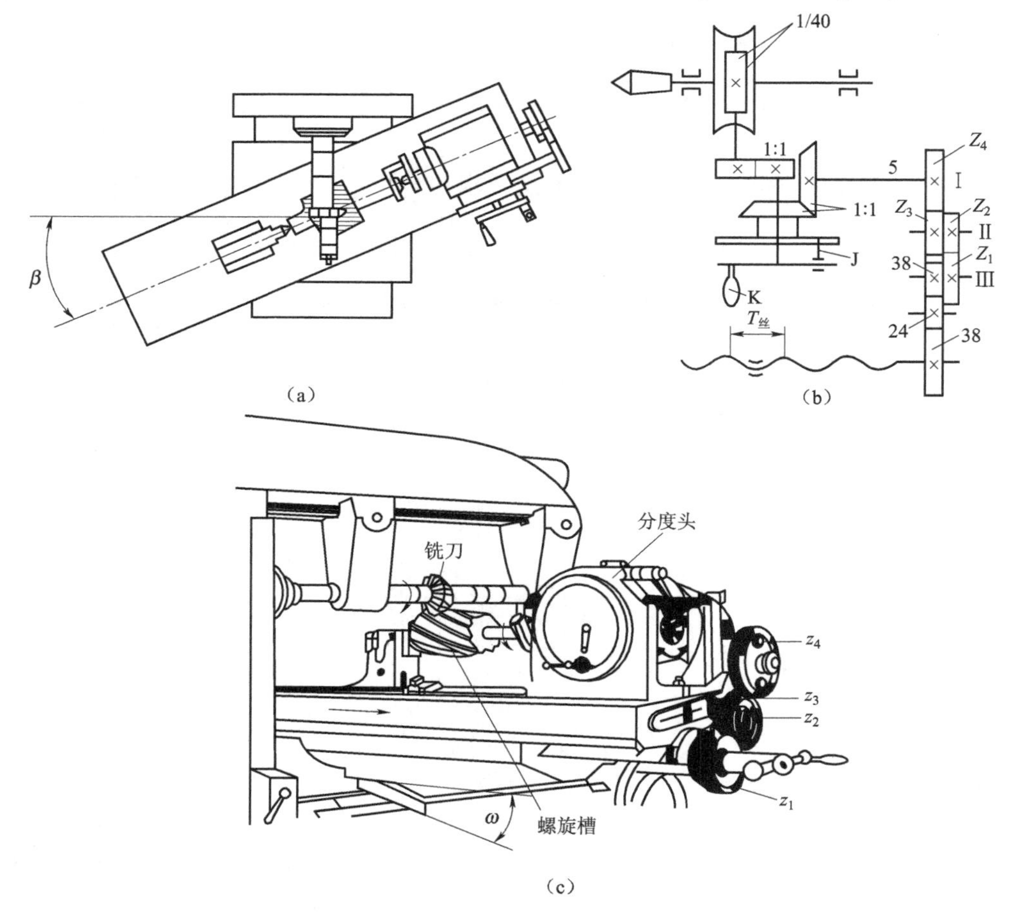

图 4-20　加工螺旋槽的调整

化简，得置换公式：$\frac{Z_1}{Z_2}\times\frac{Z_3}{Z_4}=\frac{40T_S}{T}$。

式中 T_S——工作台纵向进给丝杠导程，mm；

T——工件螺旋槽导程，mm。

对于分齿工件（如斜齿轮、螺旋铣刀、麻花钻头等），每加工完毕一个齿槽后，应将工件从加工位置退出，拔出插销 J 使分度头主轴和纵向进给丝杠断开运动联系，然后用简单分度法对工件进行分度。

二、万能铣头

在卧式铣床上装上万能铣头，不仅能完成各种立铣的工作，而且还可以根据铣削的需要，把铣头主轴扳成任意角度。

图 4-21（a）为万能铣头（将铣刀 2 扳成垂直位置）的外形图。其底座 1 用螺栓 5 固定在铣床的垂直导轨上。铣床主轴的运动通过铣头内的两对锥齿轮传到铣头主轴上。铣头的壳体 3 可绕铣床主轴轴线偏转任意角度（图 4-21（b））。铣头主轴的壳体 4 还能在壳体 3 上偏转任意角度（图 4-21（c））。因此，铣头主轴就能在空间偏转成所需要的任意角度。

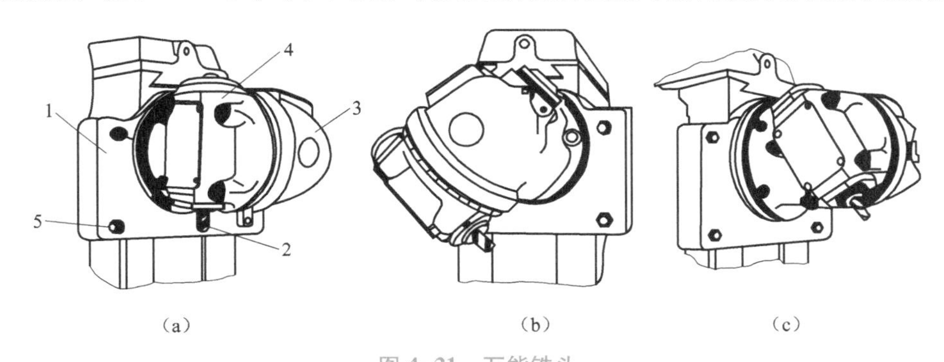

图 4-21 万能铣头

1—底座；2—铣刀；3—壳体；4—铣头主轴壳体；5—螺栓

三、回转工作台

回转工作台，又称为转盘、平分盘、圆形工作台等。其外形见图 4-22。它的内部有一

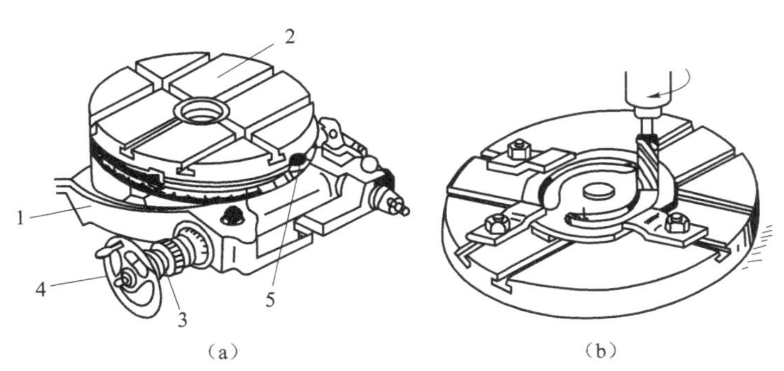

图 4-22 回转工作台及用途（铣圆弧槽）

1—回转工作台底座；2—转台；3—蜗杆轴；4—手轮；5—螺钉

套蜗轮蜗杆。摇动手轮4，通过蜗杆轴3，就能直接带动与转台2相连接的蜗轮转动。转台周围有刻度，可以用来观察和确定转台位置。拧紧固定螺钉5，转台就固定不动。转台中央有一孔，利用它可以方便地确定工件的回转中心。当底座1上的槽和铣床工作台上的T形槽对齐后，即可用螺栓把回转工作台固定在铣床工作台上。

铣圆弧槽时（图4-22），工件安装在回转工作台上。铣刀旋转，用手均匀缓慢地摇动回转工作台而使工件铣出圆弧槽。

四、平口钳

平口钳是一种通用夹具，经常用其安装小型工件。使用时先把平口钳钳口找正并固定在工作台上，然后再安装工件。常用的按划线找正的安装方法如图4-23所示。

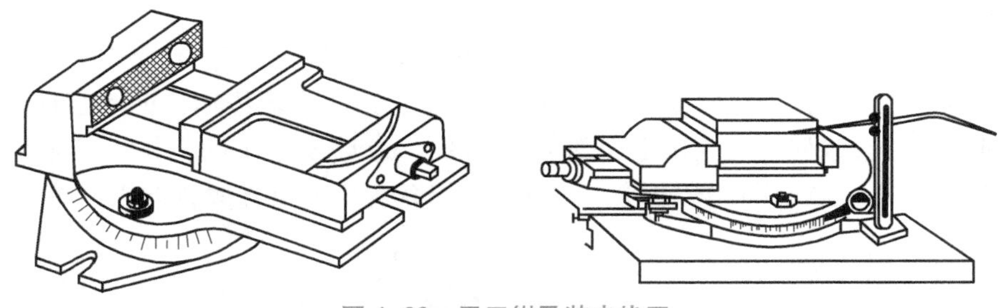

图4-23　平口钳及装夹找正

4-2-5　其他铣床简介

一、龙门铣床

1. 主参数

工作台面宽度。

2. 主要特征

具有多个铣头，生产率高，在成批、大量生产中广泛应用。

龙门铣床包括有床身、架设在床身上的工作台及控制系统。具有龙门式框架和卧式长床身的铣床。

龙门铣床加工精度和生产率均较高，适合在成批和大量生产中加工大型工件的平面和斜面。

龙门铣床（图4-24）由立柱和顶梁构成门式框架。横梁可沿两立柱导轨作升降运动。横梁上有1~2个带垂直主轴的铣头，可沿横梁导轨作横向运动。两立柱上还可分别安装一个带有水平主轴的铣头，它可沿立柱导轨作升降运动。这些铣头可同时加工几个表面。每个铣头都具有单独的电动机（功率最大可达150 kW）、变速机构、操纵机构和主轴部件等。加工时，工件安装在工作台上并随之作纵向进给运动。

大型龙门铣床（工作台6 m×22 m）的总质量达850 t。

龙门铣床还有一些变型以适应不同的加工对象。

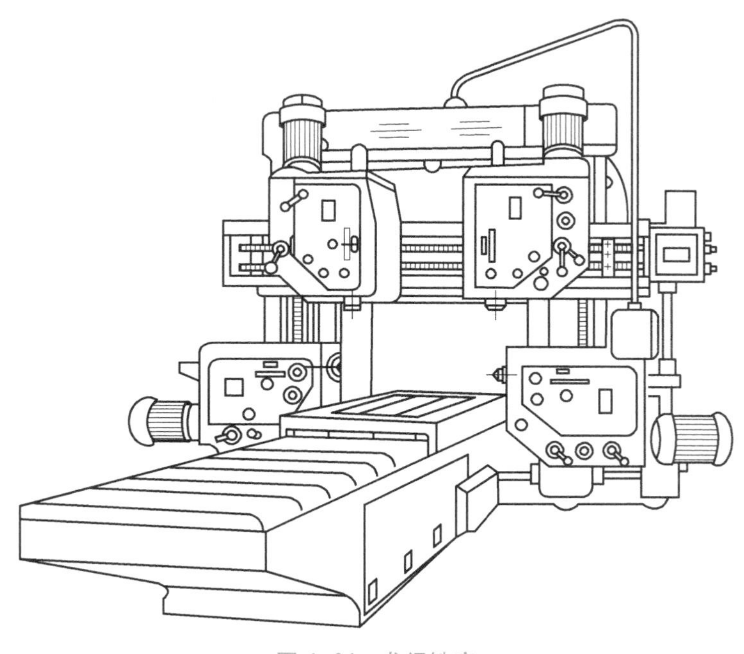

图 4-24　龙门铣床

① 龙门铣镗床：横梁上装有可铣可镗的铣镗头，其主轴（套筒或滑枕）能作轴向机动进给并有运动微调装置，微调速度可低至 5 mm/min。

② 桥式龙门铣床：加工时工作台和工件不动，而由龙门架移动。其特点是占地面积小，承载能力大，龙门架行程可达 20 m，便于加工特长或特重的工件。

并且龙门铣床的纵向工作台的往复运动是进给运动，铣刀的旋转运动是主运动。在龙门铣床上可以用多把铣刀同时加工表面，所以生产效率比较高，适用于成批和单件生产。

3. 主要用途

主要用于加工大型工件上的平面、沟槽等。

二、立式升降台铣床

立式升降台铣床外形结构如图 4-25 所示。

1. 分类及其特点

（1）铣头与床身连成整体的称为整体立式铣床。其主要特点是刚性好。

（2）铣头与床身分为两部分，中间靠转盘相连的称为回转式立式铣床。其主要特点是根据加工需要，可将铣头主轴相对于工作台台面扳转一定的角度，使用灵活方便，应用较为广泛。

2. 主参数

立式铣床主参数为工作台面宽度。

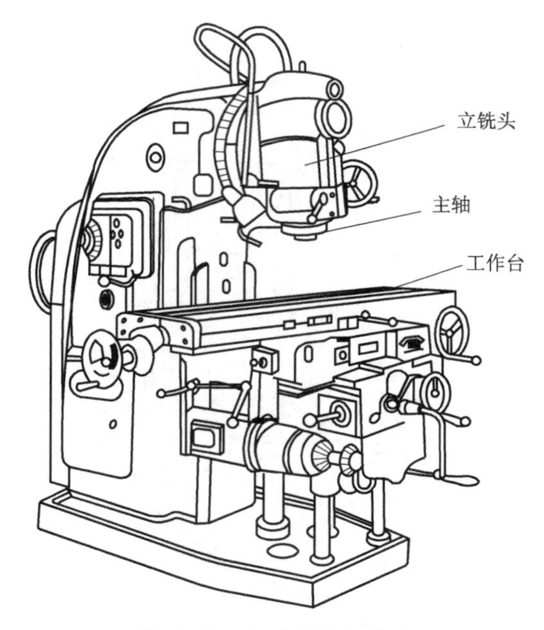

图 4–25　立式升降台铣床

4–3　任务的实施

4–3–1　机床参数的确定

任务一　尾座套筒定向键槽铣削（见任务图–1）

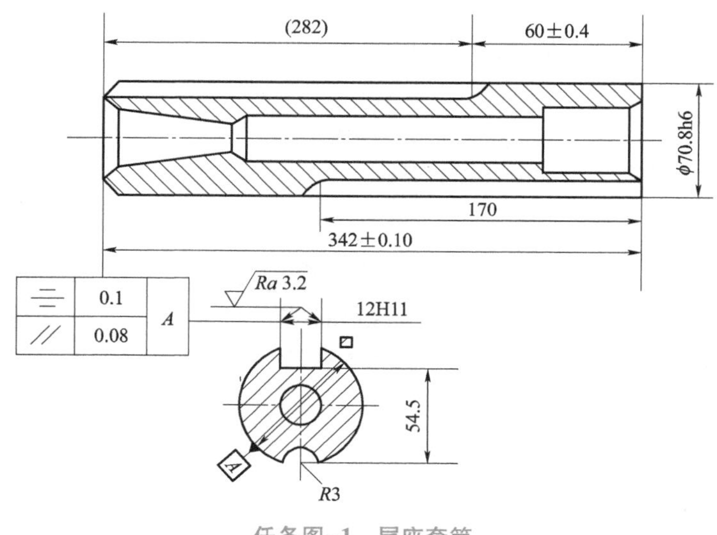

任务图–1　尾座套筒

1. 零件图分析

本任务需要铣削的工件材料为 HT200 铸铁，导向键槽宽度 12H11，长度 282 mm（理论正确尺寸），表面粗糙度要求 *Ra*3.2，属于开口键槽，但因为键槽收尾部分为垂直面内的圆弧面，所以选用卧式铣床加工。一般采用三面刃盘铣刀，由于铣刀的摆差会扩大键槽宽度尺寸，所以铣刀宽度应比所需键槽宽度稍小一些，根据三面刃盘铣刀直径不同，通常减小 0.2~0.4 mm。

2. 刀具选用

卧式铣床铣键槽一般采用三面刃盘铣刀，由于铣刀的摆差会扩大键槽宽度尺寸，所以铣刀宽度应比所需键槽宽度稍小一些，根据三面刃盘铣刀直径不同，通常减小 0.2~0.4 mm。

铣刀直径的选择：铣刀直径的选择可按下式计算：

$$D>2t+d$$

式中　D——铣刀直径（mm）；

t——工件厚度（或棒料的直径）（mm）；

d——刀杆垫圈直径（mm）。

本任务选用 ϕ120 mm，宽度 11.6 mm 的高速钢三面刃盘铣刀。

铣刀选好装夹后，即可调整铣刀与工件的相对位置，使铣刀中心对准轴的中心。对中心的方法有：

（1）用对称测量法对中心。

（2）按工件侧面对中心：先使铣刀侧面刀刃接触工件侧面（要使铣刀转动，为了避免划伤工件，要在工件侧面用油贴上一层薄纸，以铣刀把纸划直为准），然后降下工作台，再横向移动一个距离 A。A 值可用下式算出：

$$A=\frac{D}{2}+\frac{B}{2}+b\ \text{(mm)}$$

式中　D——工件直径（mm）；

B——铣削宽度（mm）；

b——贴纸厚度（一般薄纸厚度为 0.05 mm）。

（3）按切痕对中心：这种对刀方法是铣削中最常用对刀方法之一。先把工件调整到大致在铣刀中心的下面，然后开动机床使铣刀旋转，再慢慢上升工作台，使铣刀在工件表面上切出个椭圆形的切痕，依据痕迹来判断铣刀与工件位置。移动横向工作台，逐步调整吃刀深度，使铣刀的两侧刀刃之刀尖同时加入轴内，形成两个直角边，即为中心位置。

铣刀对中心后，即可调整铣削深度：首先使旋转的铣刀轻微擦划工件表面，然后移动纵向工作台，将工件退离铣刀，再上升工作台至槽深尺寸，即可开始铣削。

3. 切削参数选择

由于工件是铸铁件，使用高速钢铣刀，导向键槽需要在一次装夹中完成加工，表面粗糙度要求 *Ra*3.2，所以按精铣选择切削用量，每转进给量 0.2~1.0 mm（取 1.0 mm），纵向进给量取 23.5 mm/min。

4. 装夹方案

工件单件、小批生产时采用平口钳夹紧，加工前应校正平口钳钳口与工作台纵向进给的平行度。装夹工件时，不要使工件伸出钳口太长，以防止切断过程中产生颤动。

5. 铣床参数的确定

（1）任务一零件属于中、小型零件，适用的铣床种类很多，如 X62W、X6132 等型号，其中 X6132 型普通铣床应用广泛，具有典型性，所以本任务选用 X6132 型普通铣床。

（2）X6132 型普通铣床主参数（工作台宽度）320 mm，最大铣削工件长度 700 mm，满足工件加工要求。

（3）根据公式 $v=\frac{\pi dn}{1\ 000}$（m/min）计算 X6132 型普通铣床主轴转速：

加工转速范围：铣削速度 $v=10$ m/min，主轴转速 26.7 r/min，可选 $n=30$ r/min。

6. X6132 型普通铣床调整

（1）主运动传动系统调整：转动主轴箱侧面变速手柄，至刻度盘示值 30 r/min 处。

传动路线表达式：电动机（7.5 kW　1 450 r/min）$-\frac{\phi 150}{\phi 290}-\frac{16}{38}-\frac{17}{46}-\frac{18}{71}-$主轴。

（2）进给运动传动系统调整：转动进给箱侧面变速手柄，至刻度盘示值 23.5 mm/min 处（相当于丝杠 3.91 r/min）。

传动路线表达式：

电动机（1.5 kW　1 410 r/min）$-\frac{17}{32}-\frac{20}{44}-\frac{26}{32}-\frac{22}{36}-\frac{18}{40}-\frac{18}{40}-\frac{18}{40}-\frac{18}{40}-\frac{40}{49}-M_1-$

$\frac{38}{52}-\frac{29}{47}-\frac{47}{38}-\frac{18}{18}-\frac{16}{20}-M_5-$丝杠（$P=6$ mm）

7. 键槽加工的主要问题有

(1) 键槽的中心线与轴的中心线不重合，原因是在对中心时未有对正，或工作台横向位置有松动现象等，对于键槽对称性要求很严的工件，要用废料试铣，合格后再正式加工。另外，在水平进给时，铣刀受铣削力会向一边偏让，以致铣出的键槽偏向一边或者键槽两端尺寸增大。因此，在铣削中，水平进给速度一定要控制在选定的进给量范围内。

(2) 槽宽尺寸过大或过小：原因是铣刀有振摆，加工前没有校正，或者是铣刀经磨损后尺寸变小。

(3) 键槽的已加工面粗糙度高：原因是纵向进给速度太快，切削速度选择不当或缺乏切削液及铣刀侧刃不锋利。

4-3-2 铣削直齿圆柱齿轮分度头调整计算

任务二 铣削直齿圆柱齿轮（见任务图-2）

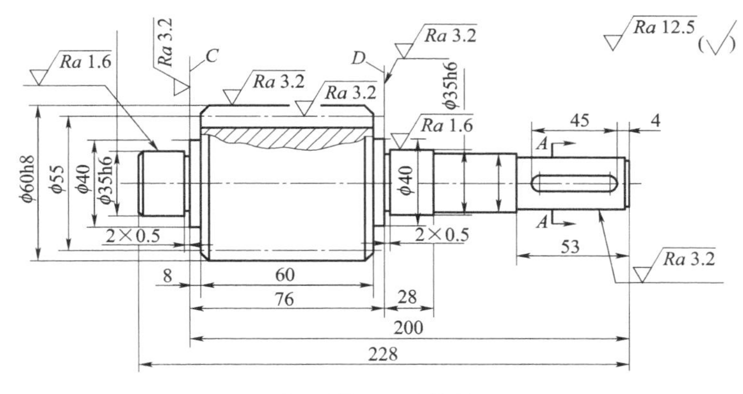

任务图-2 齿轮轴

1. 零件图分析

本任务需要铣削的工件材料为 45 钢调质处理，齿形宽度 60 mm，齿面粗糙度要求 Ra1. 6，模数 2. 5 mm，齿数 22，精度 8 级，属于单件生产，选用卧式铣床加工，需考虑铣后降低粗糙度值的方法，如无相应设备，可以考虑采用齿轮对辊法（需要留一定的余量）。

2. 刀具选用

因为齿轮的齿形曲线由该齿轮的基圆大小决定，基圆大小又与齿轮的模数、齿数、齿形角的大小有关。因此，模数和齿形角相同而齿数不同的齿轮，应有不同的铣刀，这样就需要制造许多不同齿形的铣刀，很不经济。为此，对同种模数、齿形角的齿轮盘铣刀，按被加工齿轮的齿数分段并编号，同一号齿轮铣刀加工分段内齿数的齿轮，其所产生的齿形误差，对精度要求不高的齿轮来说是允许的。这样较经济易行，所以齿轮盘铣刀要分号。

铣刀可按下表选择：

铣刀号数	1	2	3	4	5	6	7	8
能铣制的齿数范围	12~13	14~16	17~20	21~25	26~34	35~54	55~134	135 以上

本任务选用 4 号刀具，适用齿数 21~25 的铣刀。

铣刀选好装夹后，即可调整铣刀与工件的相对位置，使铣刀中心对准齿坯的中心。

3. 切削参数选择

由于工件是 45 钢，使用高速钢铣刀，需要在一次装夹中完成粗、精加工，表面粗糙度要求 Ra1. 6，所以本任务按精铣（最后一刀）选择切削用量（粗加工后留 0. 1 mm 余量），每转进给量 0. 2~1. 2 mm（取 0. 5 mm），纵向进给量取 40 mm/min。

4. 装夹方案

工件采用 FW125 万能分度头（配卡盘）加顶尖定位夹紧，加工前应校正工件中心线与工作台纵向进给的平行度。

5. 铣床参数的确定

（1）任务二零件属于中、小型零件，适用的铣床种类很多，如 X62W、X6132 等型号，其中 X6132 型普通铣床应用广泛，具有典型性，所以本任务选用 X6132 型普通铣床。

（2）X6132 型普通铣床主参数（工作台宽度）320 mm，最大铣削工件长度 700 mm，满足工件加工要求。

（3）根据公式 $v=\frac{\pi dn}{1\ 000}$（m/min）计算 X6132 型普通铣床主轴转速：

主轴转速范围：铣削速度 $v=15$ m/min，主轴转速 80 r/min，选 $n=80$ r/min。

6. X6132 型普通铣床调整

（1）主运动传动系统调整：转动主轴箱侧面变速手柄，至刻度盘示值 80 mm/min 处。

（2）进给运动传动系统调整：转动进给箱侧面变速手柄，至刻度盘示值 40 mm/min 处，相当于丝杠转速 6.6 r/min。

7. 万能分度头调整

在 FW125 型万能分度头上进行分度，分度数 $Z=22$；

$$n_K=\frac{40}{Z}=\frac{40}{22}=1+\frac{9}{11}=1+\frac{27}{33}$$

上式中的分数部分先化简为最简整数比$\frac{9}{11}$，然后将其分子、分母各乘以同一整数，使分母为分度盘上所具有的孔圈孔数 33。在本任务中，每次分度手柄应转一整转再在 33 孔的孔圈上转过 27 个孔间距。

为保证分度无误，应调整分度叉的夹角，使其内缘在 q 个孔的孔圈上包含（$p+1$）个孔，以便识别插销在每次分度时应转过的孔间距，防止操作的差错。

铣削直齿圆柱齿轮的一般操作过程如下：

（1）按图样要求，检查齿坯的齿顶圆尺寸。

（2）安装分度头，装夹、校正工件。进行分度计算后，调整分度手柄和分度叉。

（3）选择和安装铣刀。

（4）用切痕法或划线法对刀。

（5）调整机床切削参数，并检查切削液和冷却系统的工作情况。

（6）在齿坯上每隔 3～5 齿铣出很浅的刀痕，检查分度计算和调整是否正确。

（7）调整铣削深度。一般应分粗铣和精铣两次切出全部齿深。铣完两齿槽后测量齿厚。

（8）铣好全部齿槽后，应对齿厚再测量一次，合格后拆下工件交验。

任务拓展

在卧式铣床上，用万能分度头分度，加工齿数 $Z=67$ 链轮，进行分度头调整计算。

（1）取 $Z_0=70$，（$Z_0>Z$），Z_0为质数齿分度时选用的假想齿数。计算分度盘孔圈孔数及插销应转过的孔数。

$$n_{11}=\frac{40}{Z_0}=\frac{40}{70}=\frac{4}{7}=\frac{16}{28}$$

即选择第二块分度盘的28孔孔圈为依据分度，每次分度手柄11应转过16个孔距。

（2）计算配换齿轮齿数。

$$\frac{a}{b}\times\frac{c}{d}=\frac{40(Z_0-Z)}{Z_0}=\frac{40(70-67)}{70}=\frac{12}{7}=\frac{2}{1}\times\frac{6}{7}=\frac{80}{40}\times\frac{48}{56}$$

因 $Z_0>Z$，按FW125型万能分度头说明书规定，配换齿轮应加一个介轮。

任务三 典型平面零件铣削加工（见任务图-3）

（本任务由学生独立完成）

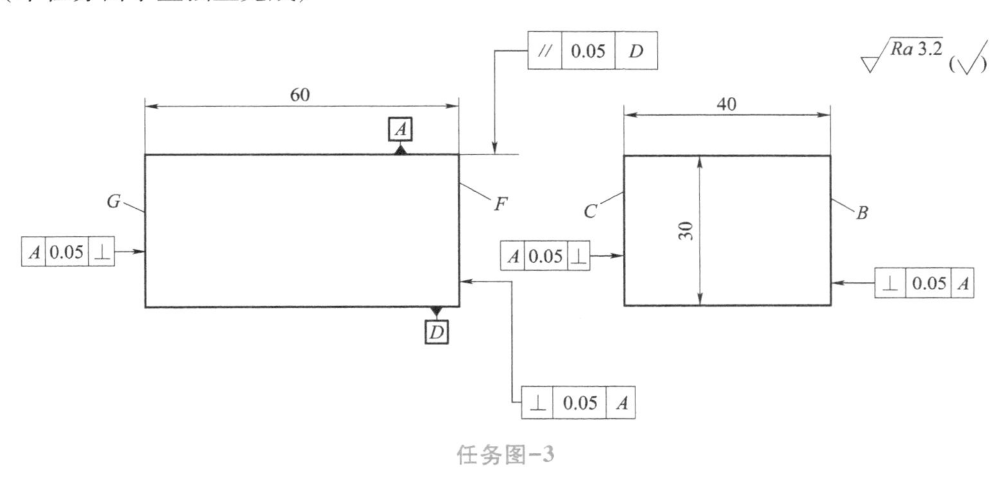

任务图-3

任务提示：

（1）根据零件图编制工艺文件（设定为单件生产，可按确定毛坯，选取45钢，64×44×34的方料，制订工艺路线，设计工序尺寸等步骤进行）。

（2）按工艺文件选择刀具、夹具、量具等工艺装备；选择（计算）切削用量及机床运动参数。

（3）开动机床，熟悉各操作手柄的功用，调整切削用量，用试切法进行加工，注意要测量尺寸时必须关闭机床，再进行尺寸测量。

（4）首先装夹毛坯，找正后再夹紧。

（5）加工过程。

① 铣削 *A* 面，以 *B* 面为粗基准，在活动钳口与工件间垫圆棒后夹紧（若精度较高可不垫）。开动机床，纵向进给铣 *A* 面。

② 铣削 *B* 面，以 *A* 面为精基准并紧贴于固定钳口上，保证两面的垂直度。

③ 以 *A* 面为基准，*B* 面贴于平行垫铁上，铣削 *C* 面，保证40 mm尺寸和垂直度。

④ 以 *B* 面为基准，*A* 面贴于平行垫铁上，铣削 *D* 面，保证30 mm尺寸和平行度。

⑤ 以 *A* 面为基准，找正 *B* 面，铣削 *G* 面。

⑥ 以 A 面为基准，G 面贴于平行垫铁上，铣削 F 面，保证 60 mm 尺寸。
⑦ 去毛刺。
⑧ 检验。
（6）选用量具测量尺寸以确定零件的加工质量是否合格。

企 业 点 评

铣床学习不是孤立的，应包括以下几方面的内容：
（1）铣床工艺范围及刀具；
（2）铣床的结构、传动系统分析；
（3）铣床典型部件及其功能、调整方法；
（4）铣床常用附件及用途；
（5）铣床的正确操作、调整；
（6）常用铣刀识别及选用；
（7）应与机械加工工艺、机床夹具及应用、金属切削加工与刀具的课程紧密联系。
学习过程中应培养独立分析能力，并要能将所学知识融会贯通。

习题与思考题

4-1　简述在 X6132 上用 FW125 万能分度头加工工件螺旋槽的方法。

4-2　见 X6132 型铣床顺铣机构图，分析顺铣机构的主要零件名称和顺铣机构的工作原理。

4-3　为什么通用车床的主运动和进给运动只用一台电动机，而 X6132 型卧式升降台铣床则分别采用两台电动机驱动？

4-4　X6132 型铣床有哪些附件？这些附件各有何作用？

4-5　简述 X6132 型铣床的主要组成部件和各个部件的用途。

4-6　分析 FW125 型分度头的主要结构和用途。

4-7　铣削加工的主要特点是什么？试分析主轴部件为适应这些特点在结构上采取了哪些措施？

4-8　见孔盘变速操作原理图，分析孔盘变速的工作原理。

4-9　在 X6132 上用 FW125 型分度头铣削 $Z=67$，$m=2.5$ mm 的直齿轮，确定分度方法，配出挂轮。

FW125 型万能分度头备有模数为 1.75 mm 的以下齿数的配换齿轮：24（两个）、28、32、40、44、48、56、72、80、84、86、96、100 共 14 个。

4-10　在 X6132 上用 FW125 型分度头铣削 $Z=73$，$m=2.5$ mm 的直齿轮，确定分度方法，配出挂轮。

FW125 型万能分度头备有模数为 1.75 mm 的以下齿数的配换齿轮：24（两个）、28、32、40、44、48、56、72、80、84、86、96、100 共 14 个。

齿轮加工机床

5-1 任务引入

齿轮加工机床是用齿轮切削刀具来加工齿轮轮齿表面或齿条轮齿表面的机床。齿轮作为最常用的传动件，广泛应用于各种机械及仪表中，随着现代工业的发展，对齿轮制造质量要求越来越高，齿轮加工设备向着高精度、高效率和高自动化的方向发展。

滚齿加工生产效率高，可加工工件种类多。齿轮加工机床已成为现代机械制造装备业中的重要加工装备。

任务　直齿圆柱齿轮加工

明确直齿圆柱齿轮加工刀具的选用、切削参数的确定、机床选型、机床调整计算、对刀等。

5-2 相关知识

5-2-1 齿轮加工概述

一、齿轮加工机床工作原理

齿轮作为最常用的传动件，广泛应用于各种机械及仪表中，随着现代工业的发展对齿轮制造质量要求越来越高，使齿轮加工设备向高精度、高效率和高自动化的方向发展。齿轮加工机床的种类很多，构造及加工方法也各不相同。但按齿形形成的原理分类，切削齿轮的方法可分为成形法和展成法两类。

1. 成形法

成形法加工齿轮是使用切削刃形状与被切齿轮的齿槽形状完全相符的成形刀具切出齿轮的方法。即由刀具的切削刃形成渐开线母线，再加上一个沿齿坯齿向的直线运动形成所要加工齿轮的齿面。这种方法一般在铣床上用盘铣刀或指形齿轮铣刀铣削齿轮，见图 5-1。此外，也可以在刨床或插床上用成形刀具刨、插削齿轮。

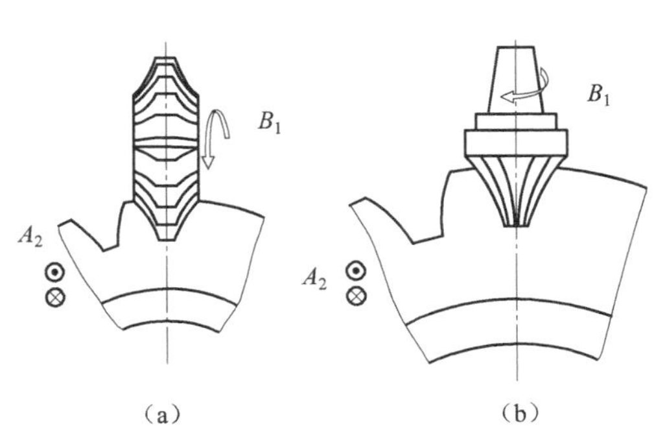

图 5-1　成形法加工齿轮

根据成形刀具每次所能加工的齿廓数多少，可以将成形法加工齿轮分单齿廓成形法和多齿廓成形法，图 5-1 是采用单齿廓成形法分齿加工齿轮的方法，即加工完一个齿，退回，工件分度，再加工下一个齿。因此生产率较低而且对于同一模数的齿轮，只要齿数不同，齿廓形状就不同，需采用不同的成形刀具，进而增加刀具的数量，提高制造成本。在实际生产中为了减少成形刀具的数量，每一种模数通常只配有八把刀，各自适应一定的齿数范围，因此加工出的齿形是近似的，加工精度较低。但是这种方法，机床简单，不需要专用设备，适用于单件小批生产及加工精度不高的修理行业。

2. 展成法

展成法加工齿轮是利用齿轮啮合的原理（即上一对啮合轮齿脱离啮合之前，下一对轮齿应及时进入啮合状态，保证运动传递的连续性）进行的，其切齿过程模拟齿轮副（齿轮—齿条、齿轮—齿轮）的啮合过程。把其中的一个转化为刀具，另一个转化为工件，并强制刀具和工件作严格的啮合运动，被加工工件的齿形表面是在刀具和工件包络过程中由刀具切削刃的位置连续变化而形成的。在展成法加工齿轮中用同一把刀具可以加工相同模数而任意齿数的齿轮。其加工精度和生产率都比较高，在齿轮加工中应用最为广泛，见图 5-2。

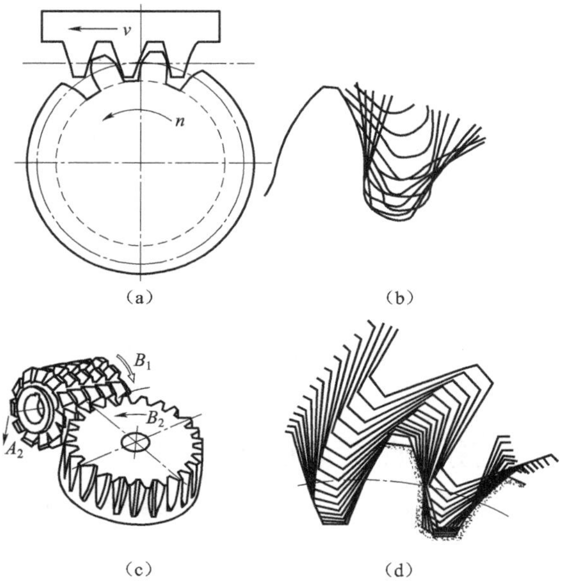

(a)　(b)　(c)　(d)

图 5-2　渐开线齿形的形成

二、齿轮加工机床的类型

按照被加工齿轮种类不同，齿轮加工机床可分为圆柱齿轮和锥齿轮加工机床两大类。圆柱齿轮加工机床主要有滚齿机、插齿机等，锥齿轮加工机床有加工直齿锥齿轮的刨齿机、铣齿机、拉齿机和加工弧齿锥齿轮的铣齿机。用来精加工齿轮齿面的机床有珩齿机、剃齿机和磨齿机等。

三、齿轮刀具

1. 齿轮刀具的种类

齿轮刀具是用于加工各种齿轮齿形的刀具。由于齿轮的种类很多，相应地齿轮刀具种类也极其繁多。一般按照齿轮的齿形可分为加工渐开线齿轮刀具和非渐开线齿轮刀具。按照其加工工艺方法则分为成形法和展成法加工用齿轮刀具两大类。

（1）成形法齿轮刀具。成形法齿轮刀具是指刀具切削刃的轮廓形状与被切齿的齿形相同或近似相同。常用的有盘形齿轮铣刀和指形齿轮铣刀，如图 5-3 所示。

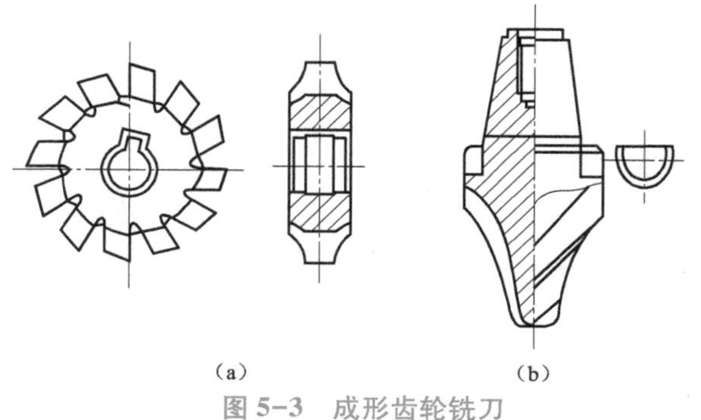

图 5-3　成形齿轮铣刀

（a）盘形齿轮铣刀；（b）指形齿轮铣刀

盘形齿轮铣刀是铲齿成形铣刀，铣刀

材料一般为高速钢，主要用于小模数（$m<8$）直齿和螺旋齿轮的加工。指形齿轮铣刀属于成形立铣刀，主要用于大模数（$m=8\sim40$）的直齿、斜齿或人字齿轮加工，渐开线齿轮的廓形是由模数、齿数和压力角决定的。因此，要用成形法铣出高精度的齿轮就必须针对被加工齿轮的模数、齿数等参数，设计与其齿形相同的专门铣刀。这样做在生产上不方便，也不经济，甚至不可能。实际生产中通常是把同一模数下不同齿数的齿轮按齿形的接近程度划分为8组或15组，每组只用一把铣刀加工，每一刀号的铣刀是按同组齿数中最少齿数的齿形设计的。选用铣刀时，应根据被切齿轮的齿数选出相应的铣刀刀号。加工斜齿轮时，则应按照其法向截面内的当量齿数来选择刀号。

成形法齿轮铣刀加工齿轮，生产率低，精度低，刀具不能通用；但是刀具结构简单、成本低，不需要专门机床。通常适合于单件、小批量生产或修配 9 级以下精度的齿轮加工。

（2）展成法齿轮刀具。这类刀具的切削刃廓形不同于被切齿轮任何剖面的槽形。被切齿轮齿形是由刀具在展成运动中若干位置包络形成的。展成法刀具的主要优点是一把刀具可加工同一模数的不同齿数的各种齿轮。与成形法相比，具有通用性广、加工精度和生产率高的特点。但展成法加工齿轮时，需配备专门机床，加工成本要高于成形法。常见的展成法齿轮刀具有：齿轮滚刀、插齿刀、蜗轮滚刀及剃齿刀等。

2. 齿轮滚刀

（1）齿轮滚刀的结构。齿轮滚刀形似蜗杆，为了形成切削刃，在垂直于蜗杆螺旋线方向或平行于轴线方向铣出容屑槽，形成前刀面，并对滚刀的顶面和侧面进行铲背，铲磨出后角。根据滚齿的工作原理，滚刀应当是一个端面截形为渐开线的斜齿轮，但由于这种渐开线滚刀的制造比较困难，目前应用较少。通常是将滚刀轴向截面做成直线齿形，这种刀具称为阿基米德滚刀。这样滚刀的轴向截形近似于齿条，当滚刀作旋转运动时，就如同齿条在轴向平面内作轴向移动，滚刀转 1 转，刀齿轴向移动一个齿距（$p=\pi m$），齿坯分度圆也相应转过一个周节的弧长，从而由切削刃包络出正确的渐开线齿形。如图 5-4 所示为齿轮滚刀的结构。

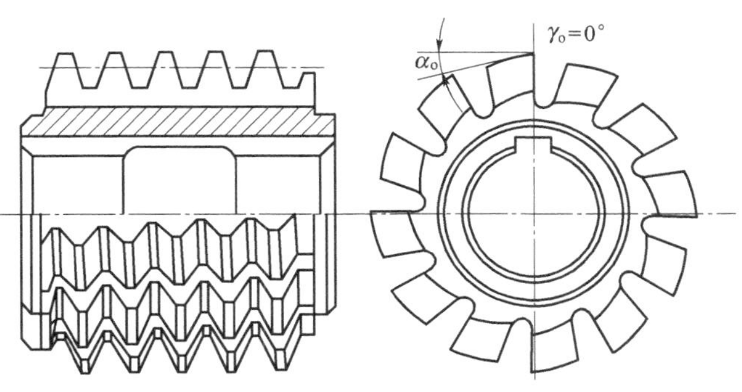

图 5-4　齿轮滚刀的结构

（2）齿轮滚刀的主要参数。齿轮滚刀的主要参数包括：外径、头数、齿形、螺旋升角及旋向等。外径越大，则加工精度越高。标准齿轮滚刀规定，同一模数有两种直径系列，I 型直径较大，适用于 AA 级精密滚刀，这种滚刀用于加工 7 级精度的齿轮；II 型直径较小，适用于 A、B、C 级精度的滚刀，用于加工 8、9、10 级精度的齿轮。单头滚刀的精度较高，多用于精切齿，多头滚刀精度较差，但生产率高。常用图 5-4 的滚刀（$m<10$）轴向齿形均为直线，而螺旋升角及旋向则决定了刀具在机床上的安装方位。

3. 插齿刀

插齿刀也是按展成原理加工齿轮的刀具。它主要用来加工直齿内、外齿轮和齿条，尤其是对于双联或多联齿轮、扇形齿轮等的加工有其独特的优越性。

插齿刀的外形像一个直齿圆柱齿轮。作为一种刀具，它必须有一定的前角和后角，将插齿刀的前刀面磨成一个锥面，锥顶在插齿刀的中心线上，从而形成正前角。为了使齿顶和齿侧都有后角，且重磨后仍可使用，将插齿刀制成一个“变位齿轮”，而且在垂直于插齿刀轴线的截面内的变位系数各不相同，从而保证了插齿刀刃磨后齿形不变。

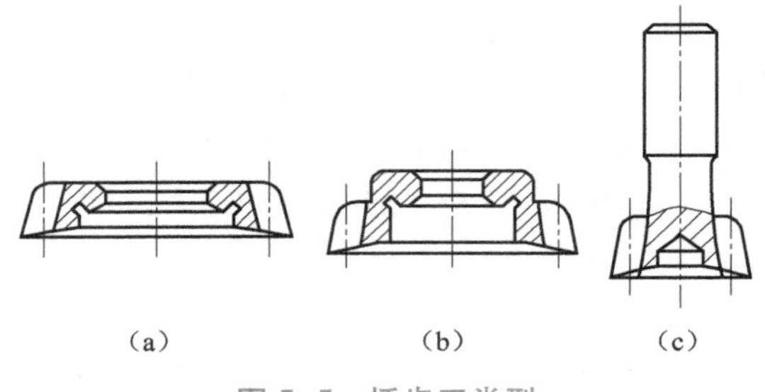

图 5-5　插齿刀类型

(a) 盘形直齿插刀；(b) 碗形直齿插刀；(c) 锥形直齿插刀

标准插齿刀有三种形式和三种精度等级，如图 5-5 所示。以盘形直齿插刀应用最为普遍。三种精度等级为 AA、A、B 级，分别用于加工 6 ~ 8 级精度直圆柱齿轮。

4. 剃齿刀

剃齿刀是用于对未淬硬的圆柱齿轮进行精加工的齿轮刀具。剃后的齿轮精度可达 6~7 级，表面粗糙度可达 Ra 0.4~0.8 μm。剃齿过程中，剃齿刀与被剃齿轮之间的位置和运动关系与一对螺旋圆柱齿轮的啮合关系相似。但被剃齿轮是由剃齿刀带动旋转。剃齿为一种非强制啮合的展成加工，如图 5-6 所示。

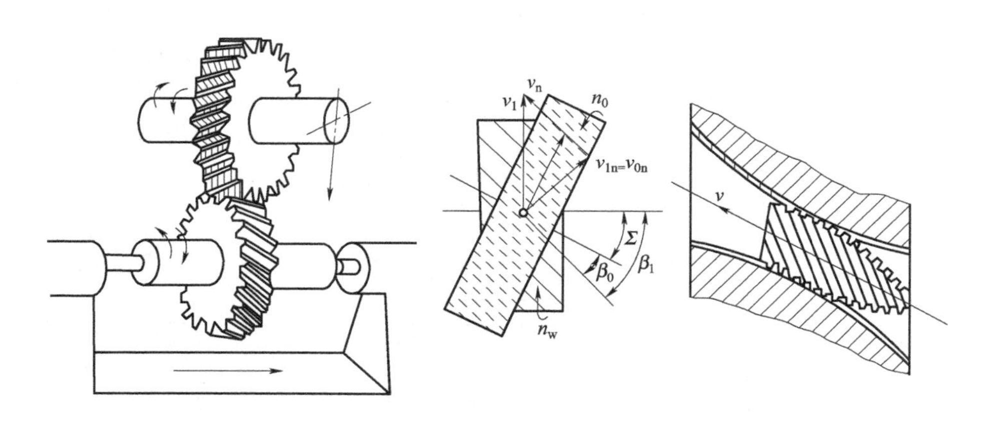

图 5-6　剃齿工作原理

剃齿刀本身是一个螺旋圆柱齿轮，其齿侧面上开有许多小沟槽，以形成切削刃。剃齿刀和齿轮啮合，带动齿轮旋转，在啮合点两者的速度方向不一致，使齿轮的齿侧面沿剃齿刀的齿侧面滑动，剃齿刀便从被切齿轮齿面上刮下一层薄薄的金属。为了剃出全齿宽和剃去全部余量，工作台要带动被剃齿轮作轴向往复进给运动，剃齿刀要做径向进给运动；同时剃齿刀在交替正、反转，以分别剃削齿轮轮齿的两个侧面。

四、滚齿机

滚齿机主要用于滚切直齿和斜齿圆柱齿轮及蜗轮，还可以加工花键轴的键。

1. 滚齿原理

滚齿加工是根据展成法原理加工齿轮，滚齿的过程相当于一对交错轴斜齿轮副啮合滚动的过程，见图 5-7。将这对啮合传动副中的一个齿轮的齿数减少到一个或几个，螺旋角增大到很大，它就成了蜗杆。再将蜗杆开槽并铲背，形成刀具角度（如前角、后角、容屑槽等），就成了齿轮滚刀。因此滚刀相当于一个斜齿轮，当机床使滚刀和工件严格地按一对斜齿圆柱齿轮的速比关系作旋转运动时，滚刀就可以在工件上连续不断地切出齿来。

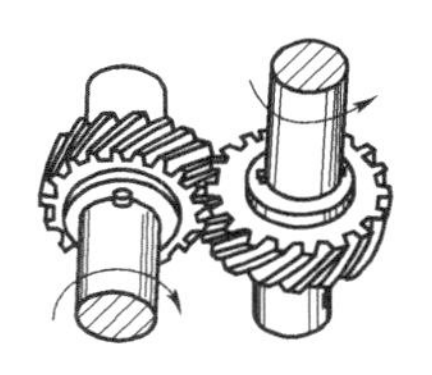

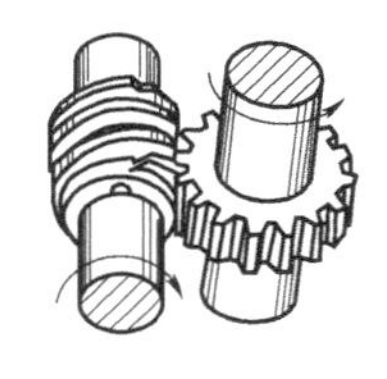

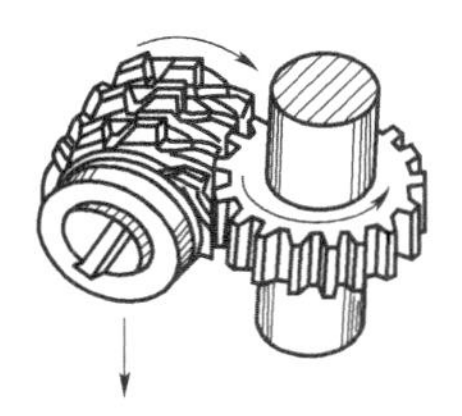

图 5-7　滚齿原理

2. 滚切直齿圆柱齿轮

（1）机床的运动和传动原理图。根据表面成形原理，加工直齿圆柱齿轮的成形运动必须包括形成渐开线齿廓（母线）的运动 B_{11}、B_{12}和形成直线形齿线（导线）的运动 A_2（图 5-8）。

① 展成运动及传动链。展成运动是滚刀与工件之间的啮合运动，是一个复合的表面成形运动，可被分解为两个部分：滚刀的旋转运动 B_{11}和工件的旋转运动 B_{12}。B_{11}和 B_{12}相互运动的结果，形成了轮齿表面的母线—渐开线。复合运动的两个组成部分 B_{11}和 B_{12}之间需要有一个内联系传动链，这个传动链应能保持 B_{11}和 B_{12}之间严格的传动比关系。设滚刀头数为 K，工件齿数为 z，则滚刀每转 1 转，工件应转过$\frac{K}{z}$转。在图 5-9 中联系 B_{11}和 B_{12}之间的传动链是：滚刀-4-5-u_x-6-7-工件，称为展成运动传动链。传动链中的换置机构 u_x用于适应工件齿数和滚刀头数的变化。

② 主运动及传动链。每个表面成形运动都应有一个外联系传动链与动力源相联系，以产生切削运动。在图 5-9 中，外联系传动链：电动机 1-2-u_p-3-4—滚刀，提供滚刀的旋转运动（称为主运动传动链）。传动链中的换置机构用于调整渐开线齿廓的成形速度，以适应滚刀直径、滚刀材料、工件材料、硬度以及加工质量要求等的变化。

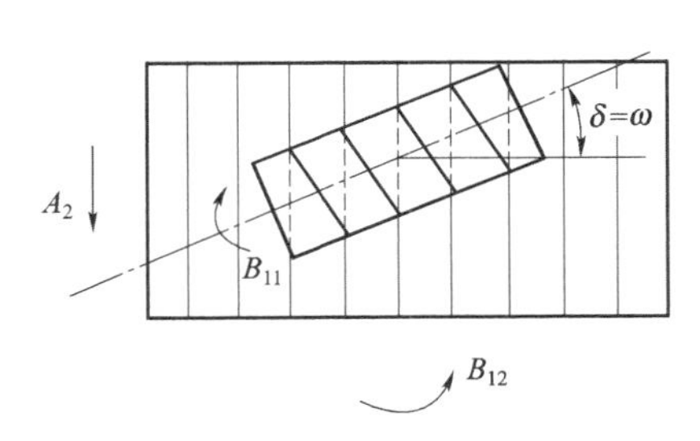

图 5-8　滚切直齿圆柱齿轮所需运动图

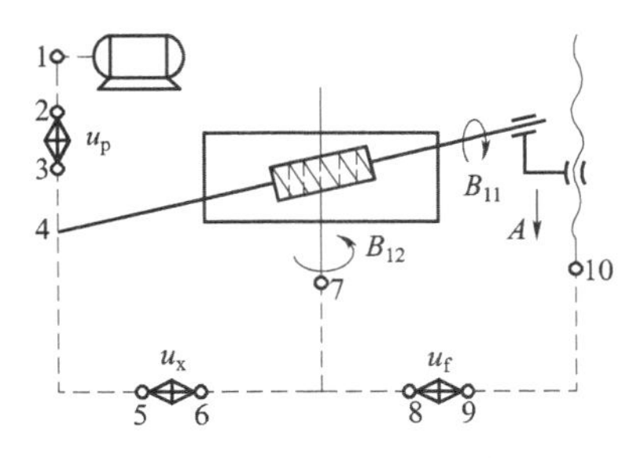

图 5-9　滚切直齿圆柱齿轮的传动原理图

③ 垂直进给运动及传动链。为了切出整个齿宽，即形成轮齿表面的导线，滚刀在自身旋转的同时，必需沿齿坯轴线方向作连续的进给运动 A_2。A_2是一个简单运动，可以使用独立的动力源驱动。滚齿机的进给以工件每转 1 转时滚刀架的轴向移动量计，单位为 mm/r。计算时可以把工作台作为间接动力源。在图 5-9 中，这条传动链为：工件-7-8-u_f-9-10-刀架升降丝杠。这是一条外联系传动链，称为进给传动链。传动链中的换置机构 u_f，用于调整轴向进给量的大小和进给方向；以适应不同加工表面粗糙度的要求。

2. 滚刀的安装

滚刀刀齿是沿螺旋线分布的，螺旋升角为 ω。加工直齿圆柱齿轮时，为了使滚刀刀齿方向与被切齿轮的齿槽方向一致，滚刀轴线与被切齿轮端面之间应倾斜一个角度 δ，称为滚刀的安装角。它在数值上等于滚刀的螺旋升角 ω。用右旋滚刀加工直齿的安装角如图 5-10（a）所示，用左旋滚刀时倾斜相反，如图 5-10（b）。图中虚线表示滚刀与齿坯接触一侧的滚刀螺旋线方向。

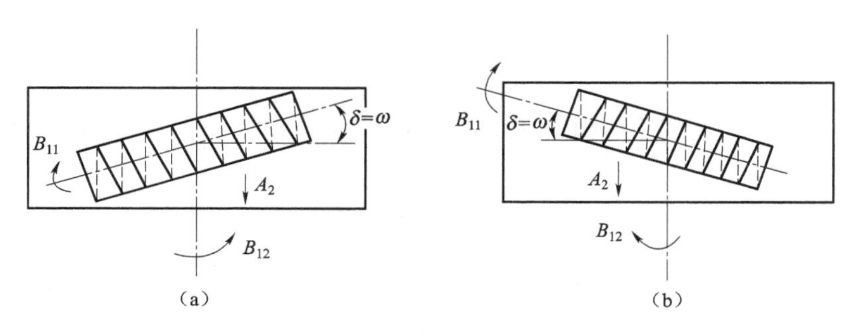

图 5-10　滚切直齿圆柱齿轮时安装角

3. 滚切斜齿圆柱齿轮

（1）机床的运动和传动原理图。斜齿圆柱齿轮与直齿圆柱齿轮相比，端面齿廓都是渐开线，但齿长方向不是直线，而是螺旋线。因此，加工斜齿圆柱齿轮也需要两个运动：一个是产生渐开线（母线）的展成运动；另一个是产生螺旋线（导线）的运动。前者与加工直齿齿轮时相同，后者则有所不同。加工直齿圆柱齿轮时，进给运动是直线运动，是一个简单运动。加工斜齿圆柱齿轮时，进给运动是螺旋运动，是一个复合运动，如图 5-11 所示，这个运动可分解为两部分，滚刀架的直线运动 A_{21}和工作台的旋转运动。工作台要同时完成 B_{12}和两种旋转运动，称为 B_{22}附加转动。这两个运动之间必须保持确定的关系，即滚刀移动一个工件的螺旋线导程 T 时，工件应准确地附加转过一转。

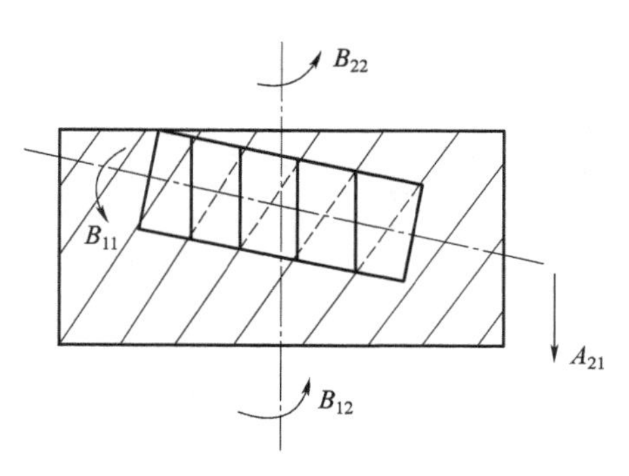

图 5-11　滚切斜齿圆柱齿轮所需的运动

滚切斜齿圆柱齿轮时的两个成形运动都各需一条内联系传动链和一条外联系传动链，如图 5-12 所示。展成运动的传动链与滚切直齿时完全相同。产生螺旋运动的外联系传动链——进给链，也与切削直齿圆柱齿轮时相同。但是，这时的进给运动是复合运动，还

需一条产生螺旋线的内联系传动链。它连接刀架移动 A_{21} 和工件的附加转动 B_{22}，以保证当刀架直线移动距离为螺旋线的一个导程 T 时，工件的附加转动为一转，这条内联系传动链习惯上称为差动链。图 5-12 中，差动链为丝杠-10-11-u_y-12-7-工件。传动链中换置机构 u_y 用于适应工件螺旋线导程 T 和螺旋角 β 的变化。由图 5-12 可以看出，展成运动链要求工件转动 B_{12}，差动传动链只要求工件附加转动 B_{22}。

这两个运动同时传给工件，在点 7 必然发生干涉。因此，图 5-12 实际上是不能实现的，必须采用合成机构，把 B_{12} 和 B_{22} 合并起来，然后传给工作台。如图 5-13 所示，合成机构把来自滚刀的运动（点 5）和来自刀架的运动（点 15）合并起来，在点 6 输出，传给工件。

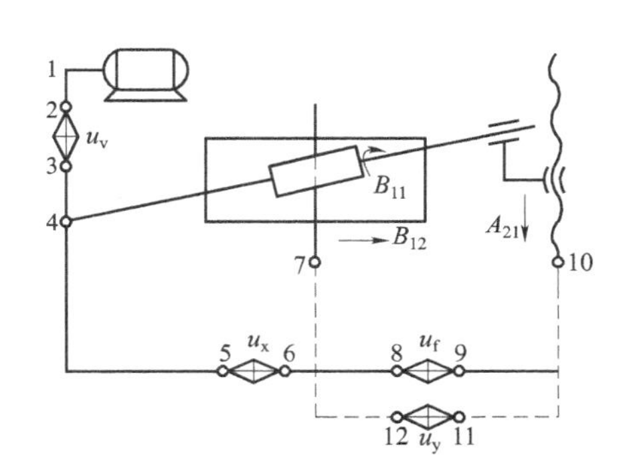

图 5-12 滚切斜齿圆柱齿轮的假想传动原理

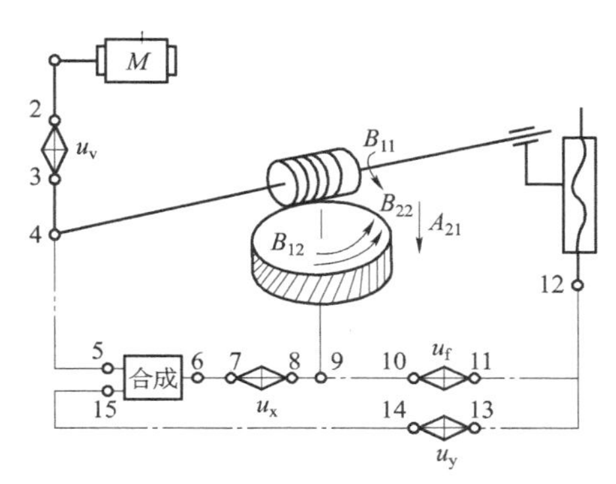

图 5-13 滚切斜齿圆柱齿轮传动原理图

滚齿机是根据滚切斜齿圆柱齿轮的原理设计的，当滚切直齿圆柱齿轮时，就将差动传动链断开，并把合成机构通过结构固定成为一个如同联轴器的整体。

（2）工件的附加转动。滚切斜齿圆柱齿轮时，为了获得螺旋线齿线，要求工件附加转动 B_{22} 与滚刀轴向进给运动 A_{21} 之间必须保持确定的关系，即滚刀移动一个工件螺旋线导程 T 时，工件应准确地附加转过 1 转，对此，用图 5-14 来加以说明，设工件螺旋线为右旋，当刀架带着滚刀沿工件轴向进给 Δf，滚刀由 a 点到 b 点时，为了能切出螺旋线齿线，应使工件的 b' 点转到 b 点，即在工件原来的旋转运动 B_{12} 的基础上，再附加转动 bb'。当滚刀进给至 c 点时，工件应附加转动 cc'。依此类推，当滚刀进给一个工件螺旋线导程 T 时，工件应附加转 1 转。附加运动 B_{22} 的方向，与工件在展成运动中的旋转运动 B_{12} 方向或者相同，或者相反，这取决于工件螺旋线方向、滚刀螺旋方向及滚刀进给方向。当滚刀向下送给时，如果工件与滚刀螺旋线方向相同时（即二者都是右旋，或都是左旋），B_{22} 和 B_{12} 同向（图 5-14（a）），计算时附加运动取+1 转。反之，若工件与滚刀螺旋线方向相反时，B_{22} 和 B_{12} 方向相反（图 5-14（b）），则取-1 转。

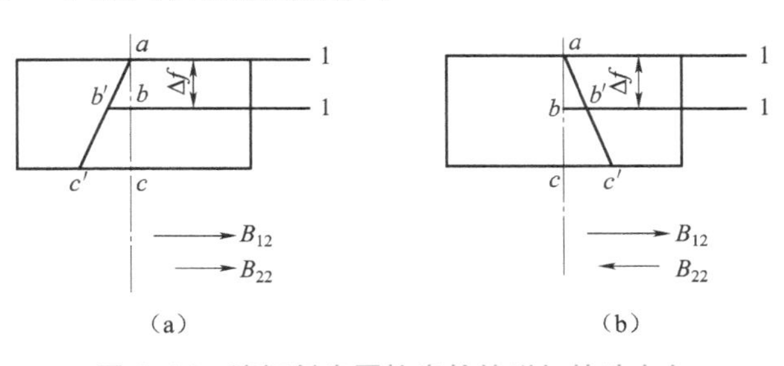

图 5-14 滚切斜齿圆柱齿轮的附加转动方向

（3）滚刀的安装。像滚切直齿圆柱齿轮那样，为了使滚刀的螺旋线方向和被加工齿轮的轮齿方向一致，加工前，要调整滚刀的安装角。它不仅与滚刀的螺旋线方向及螺旋升角 ω 有关，而且还与被加工齿轮的螺旋线方向及螺旋角 β 有关。当滚刀与齿轮的螺旋线方向相同（即二者都是右旋，或者都是左旋）时，滚刀的安装角 $\delta=\beta-\omega$；当滚刀与齿轮的螺旋线方向相反时，滚刀的安装角 $\delta=\beta+\omega$。

5-2-2　Y3150E 型滚齿机

Y3150E 型滚齿机主要用于加工直齿和斜齿圆柱齿轮。此外，使用蜗轮滚刀时，还可用手动径向进给滚切蜗轮或通过切向进给机构切向进给滚切蜗轮，也可用相应的滚切加工花键轴、链轮及同步带轮。

机床的主要技术参数为：加工齿轮最大直径 500 mm，最大宽度 250 mm，最大模数 8 mm，最小齿数为 $5k$（k 为滚刀头数）。

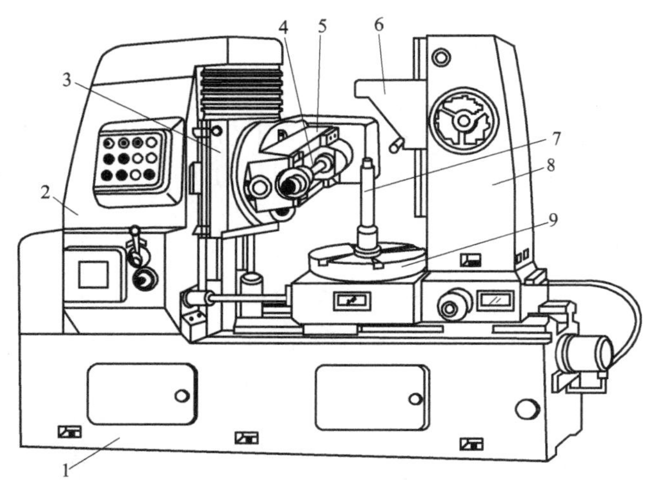

图 5-15　Y3150E 型滚齿机外形图

1—床身；2—立柱；3—刀架滑板；4—刀杆；5—滚刀架；6—支架；7—心轴；8—后立柱；9—工作台

一、主要组成部分

如图 5-15 所示，机床由床身 1、立柱 2、刀架滑板 3、滚刀架 5、后立柱 8 和工作台 9 等主要部件组成。立柱 2 固定在床身 1 上。刀架滑板 3 带动滚刀架可沿立柱导轨做垂向进给运动或快速移动。滚刀安装在刀杆 4 上，由滚刀架 5 的主轴带动作旋转主运动。滚刀架可绕自己的水平轴线转动，以调整滚刀的安装角度。工件安装在工作台 9 的心轴 7 上或直接安装在工作台上，随同工作台一起作旋转运动。工作台和后立柱装在同一滑板上，可沿床身的水平导轨移动，以调整工件的径向位置或作手动径向进给运动。后立柱上的支架 6 可通过轴套或顶尖支承在工件心轴的上端，以提高滚切工作的平稳性。

二、机床运动的调整计算

（一）加工直齿圆柱齿轮

1. 工作运动

根据展成法滚齿原理可知，用滚刀加工齿轮时，除具有切削工作运动外，还必须严格保持滚刀与工件之间的运动关系，这是切制出正确齿廓形状的必要条件。因此，滚齿机在加工直齿圆柱齿轮时的工作运动有以下几种。

（1）主运动。主运动即滚刀的旋转运动。根据合理的切削速度和滚刀直径，即可确定滚刀的转速。

（2）展成运动。展成运动即滚刀与工件之间的啮合运动。两者应准确地保持一对啮合齿轮

的传动比关系。设滚刀头数为 k，工件齿数为 z，则每当滚刀转1转时，工件应转$\frac{k}{z}$转。

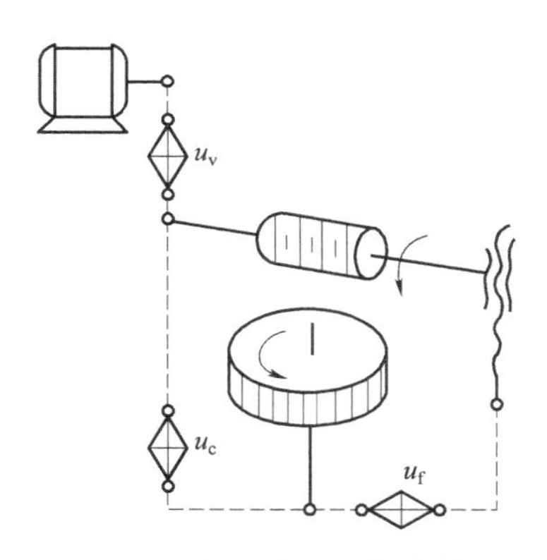

图 5-16　加工直齿圆柱齿轮时滚齿机的传动原理

（3）垂向进给运动。垂向进给运动即滚刀沿工件轴线方向作连续的进给运动，以切出整个齿宽上的齿形。根据合理的工艺条件（滚刀和工件材料），即可确定滚刀的垂向进给速度。

为了实现上述三个运动，机床就必须具有三条相应的传动链，而每一传动链中，又必须有可调环节（即变速机构），以保证传动链两端件间的运动关系。图 5-16 即为加工直齿圆柱齿轮时的滚齿机传动原理图。图中，主运动链的两端件为电动机和滚刀，滚刀的转速可通过改变 u_v 的传动比进行调整；展成运动链的两端件为滚刀及工件，通过调整的 u_c 的传动比，保以证滚刀转 1 转，工件转$\frac{k}{z}$转，以实现展成运动；垂直进给链的两端件为工件和滚刀，通过调整 u_f 的传动比，使工件转 1 转时，滚刀在垂向进给丝杠带动下，沿工件轴向移动所要求的进给量。

2. 传动链的调整计算

根据上面讨论的机床在加工直齿圆柱齿轮时的运动和传动原理图，即可从图 5-17 所示的传动系统图中找出各个运动的传动链，并进行运动的调整运算。图中的数字标号表示齿轮的齿数。

（1）主运动传动链。主运动传动链的两端件及其运动关系是：主电动机 $n_{主}$（1 430 r/min）—滚刀主轴 $n_{刀}$（r/min）。其传动路线表达式为

$$\text{主电动机 1 430 r/min}-\frac{\phi 115}{\phi 165}-\text{I}-\frac{21}{42}-\text{II}-\begin{bmatrix}\frac{31}{39}\\ \frac{35}{35}\\ \frac{27}{43}\end{bmatrix}-\text{III}-\frac{A}{B}-\text{IV}-\frac{28}{28}-\text{V}$$

$$-\frac{28}{28}-\text{VI}-\frac{28}{28}-\text{VII}-\frac{20}{80}-\text{VIII（滚刀主轴）}$$

传动链的运动平衡式为

$$n_{刀}=1\ 430\times\frac{115}{165}\times\frac{21}{42}\times u_{\text{II-III}}\times\frac{A}{B}\times\frac{28}{28}\times\frac{28}{28}\times\frac{28}{28}\times\frac{20}{80}$$

由上式可得主运动变速挂轮的计算公式

$$\frac{A}{B}=\frac{n_{刀}}{124.583u_{\text{II-III}}}$$

式中　$n_{刀}$——滚刀主轴转速，按合理切削速度及滚刀外径计算；

$u_{\text{II-III}}$——II-III 轴之间的三种传动比。

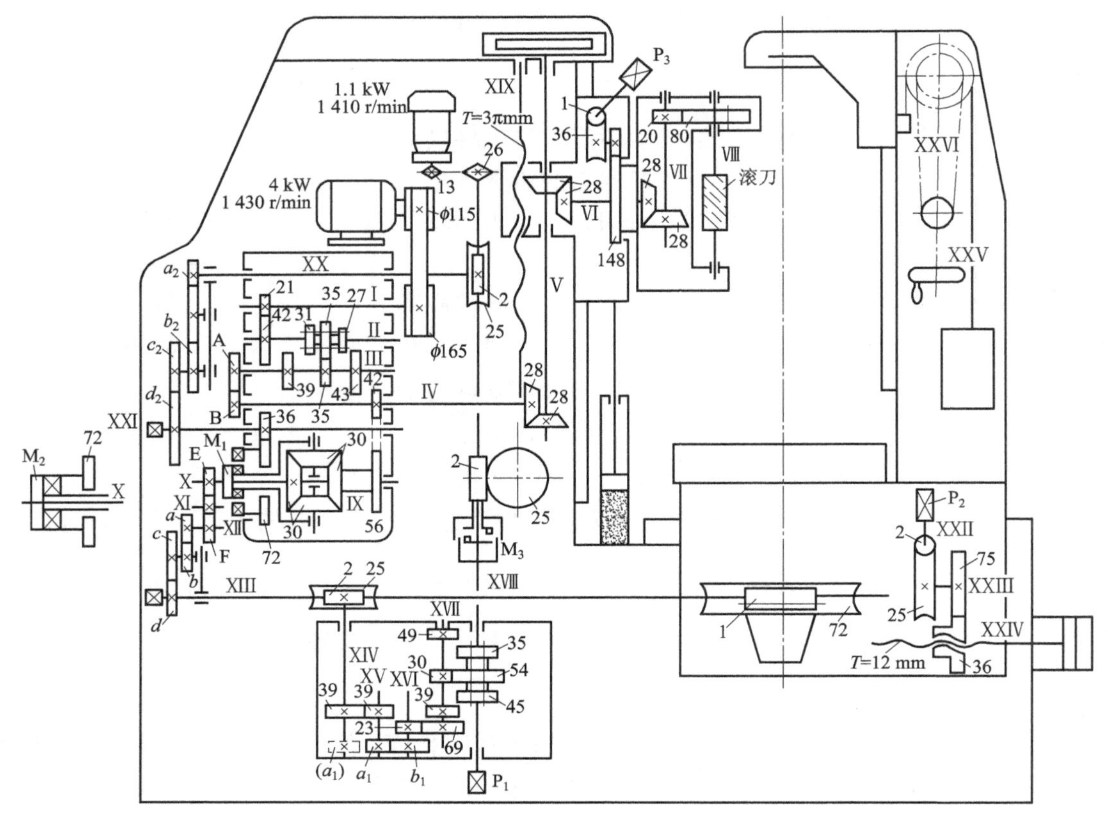

图 5-17　Y3150E 型滚齿机传动系统图

P_1—滚刀架垂直进给手摇方头；P_2—径向进给手摇方头；P_3—刀架扳角度手摇方头

机床上备有 A、B 挂轮为 $\frac{A}{B}=\frac{22}{44}$，$\frac{33}{33}$，$\frac{44}{22}$。因此，滚刀共有如表 5-1 所列的 9 级转速。

表 5-1　滚刀主轴转速

$\frac{A}{B}$	$\frac{22}{44}$	$\frac{33}{33}$	$\frac{44}{22}$
$u_{\text{II-III}}$	$\frac{27}{43}$　$\frac{31}{39}$　$\frac{35}{35}$	$\frac{27}{43}$　$\frac{31}{39}$　$\frac{35}{35}$	$\frac{27}{43}$　$\frac{31}{39}$　$\frac{35}{35}$
n（r/min）	40　50　63	80　100　125	160　200　250

（2）展成运动传动链。展成运动传动链两端件的运动关系是：当滚刀转 1 转，工件相对与滚刀转 $\frac{k}{z}$ 转。其传动路线表达式为

$$\text{滚刀主轴 VIII}—\frac{80}{20}—\text{VII}—\frac{28}{28}—\text{VI}—\frac{28}{28}—\text{V}—\frac{28}{28}—\text{IV}—\frac{42}{56}—\text{合成机构}—\frac{E}{F}—\text{XII}—\frac{a}{b}\times\frac{c}{d}—\text{XIII}—\frac{1}{72}—\text{工作台（工作）}$$

传动链的运动平衡式为

$$1_{刀}\times\frac{80}{20}\times\frac{28}{28}\times\frac{28}{28}\times\frac{28}{28}\times\frac{42}{56}\times u_{合}\times\frac{E}{F}\times\frac{a}{b}\times\frac{c}{d}\times\frac{1}{72}=\frac{k}{z}$$

滚切直齿圆柱齿轮时，运动合成机构用离合器 M_1 连接，此时合成机构的传动比 $u_{合}=1$（后说明）。化简上式可得展成运动挂轮的计算公式

$$\frac{a}{b}\times\frac{c}{d}=\frac{F}{E}\times\frac{24k}{z}$$

上式中的 F/E 挂轮，也称之为结构性挂轮，是用来调整挂轮 $\frac{a}{b}\frac{c}{d}$ 中分子、分母的相差倍数不至于过大，其值应根据 z/k 值确定，它有如下三种选择：

当 $5\leqslant\frac{z}{k}\leqslant20$ 时，取 $\frac{E}{F}=\frac{48}{24}$

当 $21\leqslant\frac{z}{k}\leqslant142$ 时，取 $\frac{E}{F}=\frac{36}{36}$

当 $143\leqslant\frac{z}{k}$ 时，取 $\frac{E}{F}=\frac{24}{48}$

上述的选择，可便于 $\frac{a}{b}\ \frac{c}{d}$ 挂轮的选取和安装。

（3）垂向进给运动链。垂向进给运动链的两端件及其运动关系是：当工件转 1 转时，由滚刀架带动滚刀沿工件轴线进给 f，其传动路线表达式为

$$工作台（工件）—\frac{72}{1}—\text{XIII}—\frac{2}{25}—\text{XIV}—\frac{39}{39}—\text{XV}—\frac{a_1}{b_1}—\text{XVI}—\frac{23}{69}—\text{XVII}$$

$$—\begin{bmatrix}\frac{49}{35}\\ \frac{30}{54}\\ \frac{39}{45}\end{bmatrix}—\text{XVII}—M_3—\frac{2}{25}—\text{XIX}（刀架垂向进给丝杠）$$

传动链的运动平衡式

$$f=1_{工件}\times\frac{72}{1}\times\frac{2}{25}\times\frac{39}{39}\times\frac{a_1}{b_1}\times\frac{23}{69}\times u_{\text{XVII-XVIII}}\times\frac{2}{25}\times3\pi$$

上式化简后得计算公式

$$\frac{a_1}{b_1}=f/0.46\pi\ u_{\text{XVII-XVIII}}$$

式中　f——垂向进给量，单位为 mm/r，根据工件材料、加工精度及表面粗糙度等条件选定；

$u_{\text{XVII-XVIII}}$——进给箱中轴 XVII-XVIII 之间的三种传动比。

当垂向进给量确定后，可从表 5-2 中查出进给挂轮。

表 5-2　垂直进给量及挂轮齿数

$\frac{a_1}{b_1}$	$\frac{26}{52}$			$\frac{32}{46}$			$\frac{46}{32}$			$\frac{52}{26}$		
$u_{XVII-XVIII}$	$\frac{30}{54}$	$\frac{39}{45}$	$\frac{49}{35}$	$\frac{30}{54}$	$\frac{39}{45}$	$\frac{49}{35}$	$\frac{30}{54}$	$\frac{39}{45}$	$\frac{49}{35}$	$\frac{30}{54}$	$\frac{39}{45}$	$\frac{49}{35}$
$f/(\mathrm{r\cdot min^{-1}})$	0.4	0.63	1	0.56	0.87	1.41	1.16	1.8	2.9	1.6	2.5	4

（二）加工斜齿圆柱齿轮

1. 工作运动

与加工直齿圆柱齿轮时一样，加工斜齿圆柱齿轮时同样需要主运动、展成运动、垂向进给运动。此外，为了形成螺旋形的轮齿，还必须给工件一个附加运动，这同在铣床上铣螺旋槽相似，即刀具沿工件轴线方向进给一个螺旋线导程时，工件应均匀的转1转。所以，在加工斜齿圆柱齿轮时，机床必须具有四条相应的传动链来实现上述四个工作运动，图5-18为加工斜齿圆柱齿轮时滚齿机的传动原理图。

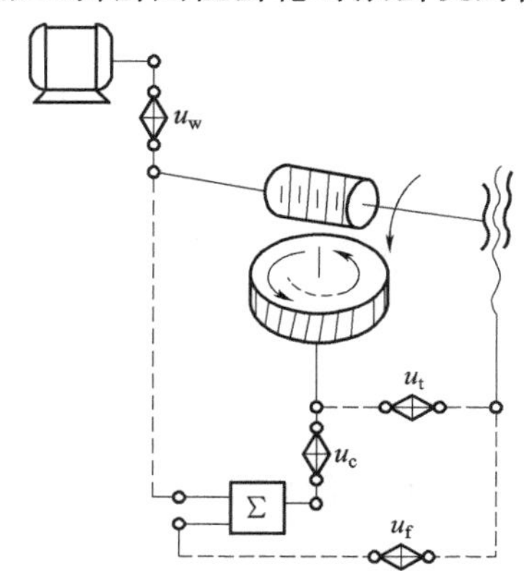

图 5-18　加工斜齿圆柱齿轮时滚齿机传动原理图

图5-18中，u_t为附加运动链的变速机构传动比，符号Σ来表示运动合成机构。需要特别指出的是，在加工斜齿圆柱齿轮时，展成运动和附加运动这两条传动链需要将两种不同要求的旋转运动同时传给工件。在一般情况下，两个运动同时传到一根轴上时，运动会发生干涉而将轴损坏。所以，在滚齿机上设有把不同方向和大小的运动进行合成的机构。

2. 运动合成机构

滚齿机所用的运动合成机构通常是圆柱齿轮或锥齿轮行星机构。图5-19为Y3150型滚齿机所用的运动合成机构，它主要由四个模数$m=3$、齿数$z=30$、螺旋角$\beta=0°$的弧齿锥齿轮组成。

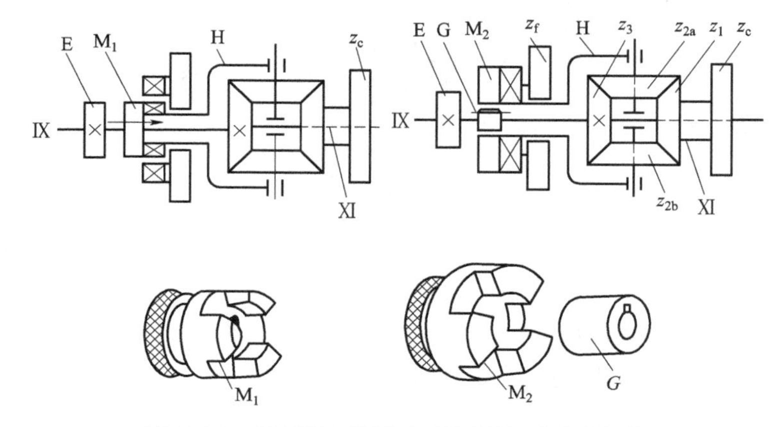

图 5-19　Y3150E型滚齿机所用的运动合成机构
E—挂轮；M_1，M_2—离合器；H—转臂（系杆）；G—套筒

加工斜齿圆柱齿轮时（图 5-19），在轴 IX 上先装上套筒 G（用键与轴连接），再将离合器 M_2空套在套筒 G 上。离合器 M_2的端面齿与空套齿轮 z_f的端面齿以及转臂 H 后部套筒上的端面齿同时啮合，将它们连接在一起，因而来自刀架的附加运动可通过 z_f传递给转臂 H。

设 n_{IX}、n_{XI}、n_H分别为轴 IX、XI 及转臂 H 的转速，根据行星齿轮机构传动原理，可以列出合成机构的传动比计算式

$$\frac{n_{IX}-n_H}{n_{XI}-n_H}=(-1)\frac{z_1}{z_{2a}}\frac{z_{2a}}{z_3}$$

式中的（-1）由锥齿轮传动的回转方向确定。又因 $z_1=z_{2a}=z_{2b}=z_3=30$，代入上式，则得

$$\frac{n_{IX}-n_H}{n_{XI}-n_H}=-1$$

移项后化简，可得

$$n_{IX}=2n_H-n_{XI}$$

在展成运动链中，来自滚刀的运动由齿轮 z_c 经合成机构传至轴 XI，此时可设 $n_H=0$，则得

$$u_{合1}=\frac{n_{IX}}{n_{XI}}=-1$$

在附加运动链中，来自刀架的运动由齿轮 z_f传给转臂，再经合成机构传至轴 IX，此时可设 $n_{IX}=0$，则得

$$u_{合2}=\frac{n_{XI}}{n_H}=2$$

综上所述，加工斜齿圆柱齿轮时，展成运动和附加运动同时通过合成机构传动，并分别按传动比 $u_{合1}=-1$ 及 $u_{合2}=2$ 经轴 IX 和齿轮 E 传至工作台。

加工直齿圆柱齿轮时，工件不需要附加运动。这时卸下离合器 M_2 及套筒 G，而将离合器 M_1 装在轴 IX 上，M_1 通过键与轴 IX 连接，其端面齿爪只和转臂 H 的端面齿爪连接，所以此时轴 XI、转臂 H 及轴 IX 形成一个整体，及 $u_{合}=1$。

3. 传动链的调整计算

（1）主运动传动链。加工斜齿圆柱齿轮时，机床主运动传动链的调整计算与加工直齿圆柱齿轮时相同。

（2）展成运动传动链。加工斜齿圆柱齿轮时，虽然展成运动的传动路线表达式以及运动平衡式都和加工直齿圆柱齿轮时相同，但因运动合成机构用 M_2 离合器连接，其传动比 $u_{合1}=-1$，因而代入运动平衡式后所得挂轮计算公式为

$$\frac{a}{b}\times\frac{c}{d}=-\frac{F}{E}\times\frac{24k}{z}$$

（3）垂向进给运动传动链。加工斜齿圆柱齿轮时，垂向进给传动链及其调整计算和加工直齿圆柱齿轮相同。

（4）附加运动传动链。加工斜齿圆柱齿轮时，附加运动传动链的两端件及其运动关系是：当滚刀架带动滚刀垂向移动工件的一个螺旋线导程 L 时，工件应附加转动±1转。其传动路线表达式为：

$$\text{XIX（刀架垂向进给丝杠）}-\frac{25}{2}-M_3-\text{XVIII}-\frac{2}{25}-\text{XX}-\frac{a_2c_2}{b_2d_2}-\text{XXI}-\frac{36}{72}-M_2$$

$$-\text{合成机构}-\text{IX}-\frac{E}{F}-\text{VII}-\frac{ac}{bd}-\text{VIII}-\frac{1}{72}-\text{工作台（工件）}$$

传动链的运动平衡式为

$$\frac{L}{3\pi}\times\frac{25}{2}\times\frac{2}{25}\times\frac{a_2}{b_2}\times\frac{c_2}{d_2}\times\frac{36}{72}\times u_{\text{合}2}\times\frac{E}{F}\times\frac{a}{b}\times\frac{c}{d}\times\frac{1}{72}=\pm1$$

式中　L——被加工齿轮螺旋线的导程，$L=\dfrac{\pi m_n z}{\sin\beta}$；

$\dfrac{a}{b}\times\dfrac{c}{d}$——展成运动挂轮传动比，$\dfrac{a}{b}\times\dfrac{c}{d}=-\dfrac{F}{E}\times\dfrac{24k}{z}$；

$u_{\text{合}2}$——合成机构在附加运动链中的传动比，$u_{\text{合}2}=2$。

代入上式，化简后可得附加运动挂轮的计算公式

$$\frac{a_2c_2}{b_2d_2}=\pm\frac{9\sin\beta}{m_n k}$$

式中　β——被加工齿轮的螺旋角；

m_n——被加工齿轮的法向模数；

k——滚刀头数。

式中的“±”值，表明工件附加运动的旋转方向，它决定于工件的螺旋方向和刀架进给运动的方向。在计算挂轮齿数时，“±”值可不予考虑，但在安装附加运动挂轮时，应按机床说明书规定配加惰轮。

附加运动传动链是形成螺旋线齿形的内联系传动链，其传动比数值的精确度，影响着工件齿轮的齿向精度，所以挂轮传动比应配算准确。但是，附加运动挂轮计算公式中包含有无理数 $\sin\beta$，所以往往无法配算得非常准确。实际选配的附加运动挂轮传动比与理论计算的传动比之间的误差，对于8级精度的斜齿圆柱齿轮，要准确到小数点后第四位数字，对于7级精度的斜齿圆柱齿轮，要准确到小数点后第五位数字，才能保证不超过精度标准中规定的齿向允差。

在Y3150E型滚齿机上，展成运动、垂向进给运动和附加运动三条传动链的调整，共用一套模数为2 mm，孔径为Φ30H7的配换挂轮，其齿数为20（两个）、23、24、25、26、30、32、33、34、35、37、40、41、43、45、46、47、48、50、52、53、55、57、58、59、60（两个）、61、62、65、67、70、73、75、79、80、83、85、89、90、92、95、97、98、100共46个。

（三）同步带轮、链轮和蜗轮的加工

Y3150E型滚齿机加工同步带轮和链轮时的传动路线表达式与加工直齿圆柱齿轮的传动

路线表达式类似，所不同的是滚刀的齿型。蜗轮的加工，其主传动路线表达式和展成运动的传动路线表达式与加工直齿圆柱齿轮的传动路线表达式类似，进给运动要根据机床的结构和加工要求而定，若机床上有切向进给机构，则可采用切向进给的方法滚切蜗轮；若机床上没有切向进给机构，则要断开直齿圆柱齿轮垂向进给传动链中的离合器 M_3，采用手动径向进给的方法滚切蜗轮。另外，蜗轮加工也要采用专门的蜗轮滚刀。

三、机床的工作调整

1. 运动方向的确定

滚刀的旋转方向，一般情况下应按图 5-20 及图 5-21 所示的方向转动，当滚刀按图示方向转动时，滚刀的垂向进给运动方向一般是从上向下的，此时工件的展成运动方向只取决于滚刀的螺旋方向（如图 5-20 及图 5-21 中实线箭头所示）；工件的附加运动方向只取决于工件的螺旋方向（如图 5-21 的虚线部分所示）。

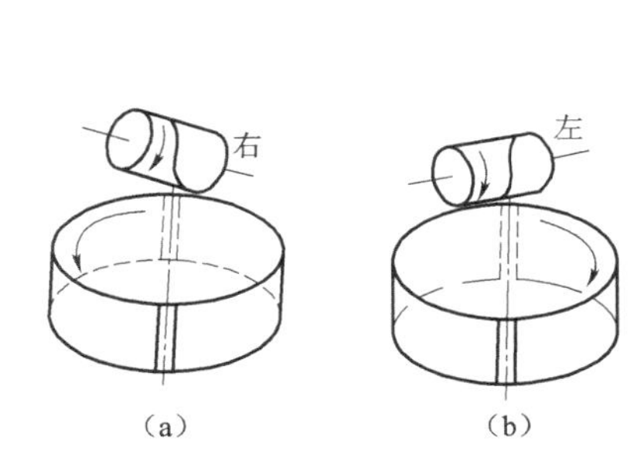

图 5-20　滚齿机加工直齿圆柱齿轮

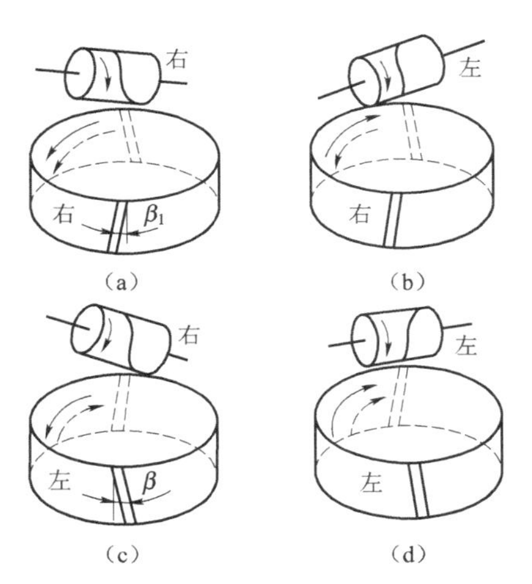

图 5-21　滚齿机加工斜齿圆柱齿轮

滚切齿轮前，应按图 5-20 及图 5-21 检查机床各运动的方向是否正确，如发现运动方向相反，只需在相应的传动链挂轮中装上（或去掉）一惰轮即可。

2. 滚刀安装角度的确定

滚齿时，为了切出准确的齿型，应使滚刀和工件处于正确的“啮合”位置，即滚刀在切削点处的螺旋方向应与被加工齿轮齿槽的方向一致。为此，需将滚刀轴线与工件顶面安装成一定的角度，此角度称为安装角。

加工直齿圆柱齿轮时，安装角 δ 等于滚刀的螺旋升角 λ，即 $\delta=\lambda$。倾斜方向与滚刀螺旋方向有关，见图 5-20（a）和图 5-20（b）。加工斜齿圆柱齿轮时，安装角 δ 与滚刀的螺旋升角 λ 和工件的螺旋角 β 大小有关，而且还与二者的螺旋线方向有关，即 $\delta=\beta\pm\lambda$（二者螺旋线方向相反时取“+”号，相同时取“-”号）。见图 5-21、图 5-22 所示。滚切斜齿圆柱齿轮时，应尽量采用与工件螺旋方向相同的滚旋线方刀，使滚刀的安装角较小，有利于提高机床运动的平稳性和加工精度。

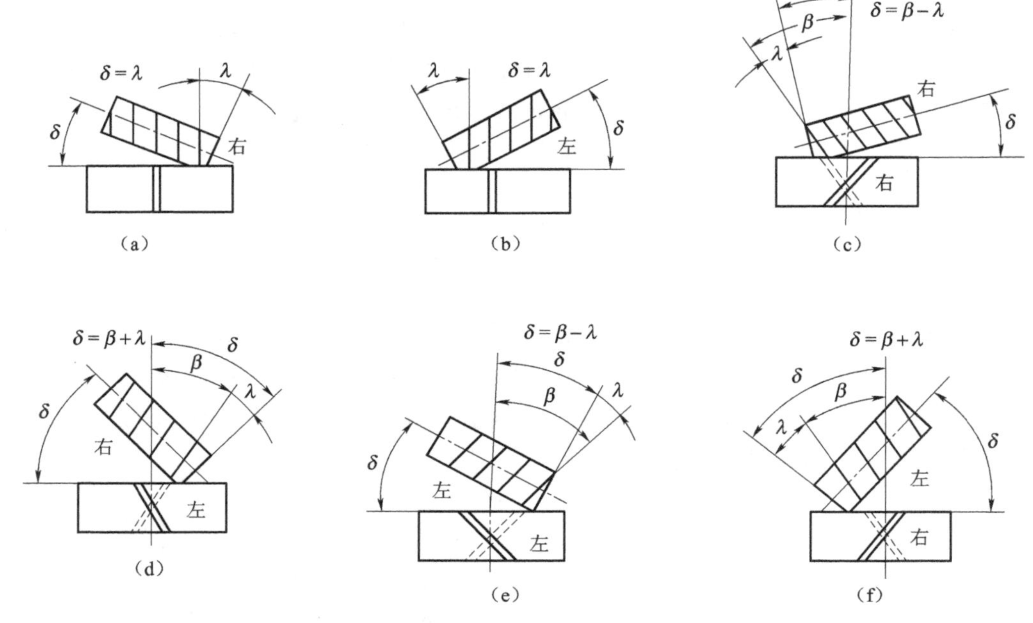

图 5-22　加工斜齿圆柱齿轮时滚刀的安装角度

5-2-3　Y3150E 型滚齿机典型结构

一、滚刀刀架

滚齿机刀架部件的几何精度，对被加工齿轮的齿距误差、齿形误差有直接的影响，GB 8064—1987 滚齿机检验的 19 项标准中，涉及刀架部件有关的就有 11 项。因此，刀架部件是滚齿机的主要关键部件之一。

1. Y3150E 型滚齿机滚刀刀架结构

滚刀刀架结构如图 5-23 所示。滚刀刀架用于支承滚刀主轴，并带动安装在主轴上的滚刀作垂直进给运动。滚刀刀架由刀架体和刀具溜板两部分组成。刀架体 1 通过六个螺栓 4 固定在刀架溜板的环形 T 形槽上（图中未示出）。刀架体可相对刀架溜板搬动一定的角度，使主轴轴线处于正确的工作位置。调整滚刀安装角时，先松开六个螺栓，用扳手转动刀具溜板上的方头轴 P3（见图 5-17），经蜗杆蜗轮副 1/36、齿轮副 16/148，由固定在刀架体上的齿轮（z=148）带动刀架回转到所需的角度。调整完毕后，应将六个螺栓重新紧固。

安装滚刀的刀杆 18（见图 5-23（b））右端用莫氏锥体与主轴 14 的莫氏锥孔相配合，并用方头螺杆 7 经主轴通孔从后端拉紧，刀杆的左端支承在后支架 16 的后支架滑动轴承 17 内。主轴与刀杆的径向圆跳动允差为 0.005 mm；圆度允差为 0.005 mm；其配合部位的接触面积应大于 85%。后支架 16 可在刀架体上沿主轴轴线方向调整，并用压板将其固定在所需的位置上。

主轴 14 的前端（左端）用内锥外圆的前滑动轴承 13 支承，以承受径向力。该轴承为双层金属结构，采用钢料为底层，面衬青铜，以减小主轴与轴承的摩擦力。其中 1 : 20 的锥

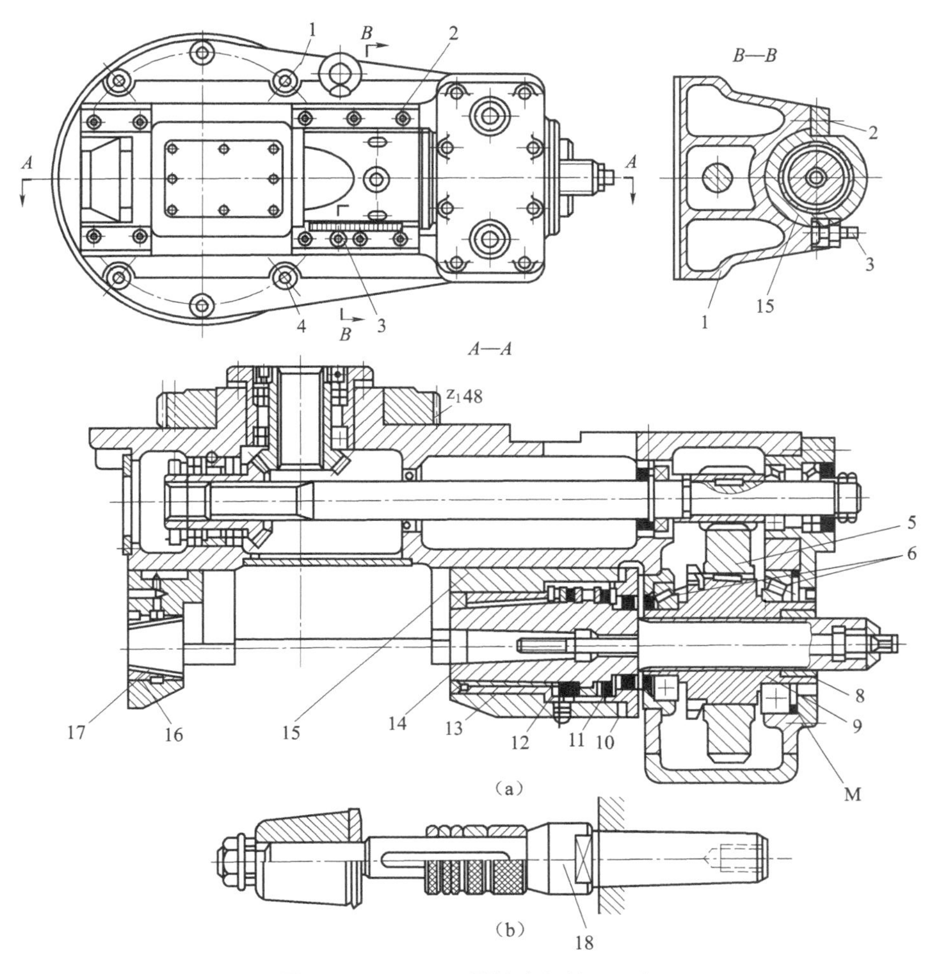

图 5-23　Y3150E 型滚齿机滚刀刀架

1—刀架体；2，4—螺栓；3—方头轴；5—齿轮；6—圆锥滚子轴承；7—方头螺杆；8—铜套；
9—花键套筒；10，12—垫片；11—推力球轴承；13—前滑动轴承；14—主轴；15—轴承座；
16—后支架；17—后支架滑动轴承；18—滚刀刀杆；19—压板；M—调整垫片

孔用作滚刀主轴的轴线定位基准。由于对主轴部件的回转精度要求很高，除要求前滑动轴承内孔与外圆柱面有较高的同轴度外，还必须保证主轴与前滑动轴承的配合间隙保持在 0.004~0.01 mm 内。在工作时，前滑动轴承应处于液体摩擦状态，以减小摩擦阻力，并具有良好的缓冲性和吸振性。该轴承在结构上设计有油孔和油槽，通过润滑系统供给清洁、充足的润滑油。选取前轴承与主轴的配合间隙值时，应充分考虑轴承工作温度和润滑油黏度的影响，在常用转速较高、润滑油液黏度较高的情况下，亦选用较大的间隙值，以防止润滑不良导致主轴与前轴承配合处摩擦力增大，温升过高而造成抱轴黏着现象。前滑动轴承 13、推力球轴承 11 安装在轴承座 15 内，经螺栓 2 通过两块压板将轴承座 15 紧固在刀架体上。主轴的轴向力由两个推力球轴承 11 来承受。主轴由后（右）端的花键轴通过铜套 8、花键套筒 9 支承在两个圆锥滚子轴承 6 上，由齿轮 5 带动旋转，为卸荷式主轴结构。

为了使加工出的齿轮齿廓两侧面对称，在安装滚刀时应使滚刀的某一刀齿或刀槽的对称线正确地对准被加工齿轮的中心（简称对刀）改善滚刀的局部磨损状态，使滚刀在全长上均匀磨损，调整滚刀的轴向位置（常称为串刀），提高滚刀的使用寿命，可通过串刀机构进行调整。调整时，应先松开压板螺栓2，用手柄转动方头轴3，经小齿轮及轴承座15上的齿条，带动轴承座15、滚刀主轴一起轴向移动。调整合适后，应将压板螺栓拧紧。Y3150E滚齿机主轴的轴向最大（串刀）调整距离为55 mm。

2. 滚刀架的常见故障及排除方法

滚齿机经长期使用后，滚刀架部件容易出现主轴径向圆跳动和轴向窜动超差、后支架与主轴同轴度误差增大等故障。其主要原因是主轴与滚刀刀杆磨损，前滑动轴承13、后支架滑动轴承17及铜套8磨损所致。

滚刀主轴易磨损部位是：主轴与前滑动轴承和铜套的配合表面；主轴锥孔（莫氏5号）与滚刀刀杆锥柄的配合表面。滚刀主轴的修复或更换应根据其磨损程度来确定。当主轴磨损较小时，可采用研磨法或磨削法予以修复；若主轴磨损、拉毛严重时，应予以更换。滚刀刀杆很容易出现磨损、弯曲、拉毛现象，在使用中应经常对其进行检查，及时更换磨损、变形严重的刀杆。

主轴轴承产生磨损后，将导致轴承间隙增大，使主轴的回转精度下降，直接影响加工齿轮的质量。若轴承磨损较小而均匀，可通过配磨垫片厚度，以调整轴承间隙。如主轴的前滑动轴承13磨损，造成主轴径向圆跳动超过允许值时，可拆下调整垫片10及12配磨，应使两垫片的修磨量相同。直至符合要求，推力球轴承11磨损后，会引起主轴的轴向窜动增大。调整时，则只需拆下调整垫片10，用修磨的方法减小垫片厚度尺寸，即可消除轴向间隙。当花键套筒9的圆锥滚子轴承6磨损时，由于支承套筒与铜套8、齿轮5紧密配合在一起，经铜套8引起主轴后支承精度下降，使主轴后端的斜齿轮副在工作时出现冲击、振动、发热和噪声，应对调整垫片M进行厚度调整以消除圆锥滚子轴承6的间隙。

若前滑动轴承磨损较大且不均匀，应对该轴承的锥孔进行修刮，或采用主轴与轴承锥孔对研法予以修整。但这种修理方法难以保证滑动轴承内外圆的同轴度，在主轴回转精度要求较高时，应更换前滑动轴承。更换前轴承之前，应先将主轴前轴颈的支承表面用磨削法恢复精度后，以修磨后的滚刀主轴为基准，重新配作前轴承。新配作的滑动轴承内外圆同轴度应达到0.005 mm，表面粗糙度达到$Ra0.4\ \mu m$。后轴承的调整与修磨方法与前支承大致相同，可参照上述方法予以调整。

二、工作台的结构、常见故障及排除方法

工作台部件既是展成运动传动链的末端件，又是附加运动传动链的首端件，不但运动精度要求高，而且要求抗振好，它是滚齿机的主要部件之一。

1. 工作台的结构

Y3150E型滚齿机的工作台结构如图5-24所示，工作台2支承在溜板1的平面圆环导轨上作旋转运动。该导轨制造容易，热变形后仍能保持接触，摩擦损失小，精度较高，但它只能承受轴向力。工作台2的下部的圆锥体与溜板1上的锥体滑动轴承17精密配合，起定心作用，并承受径向载荷。

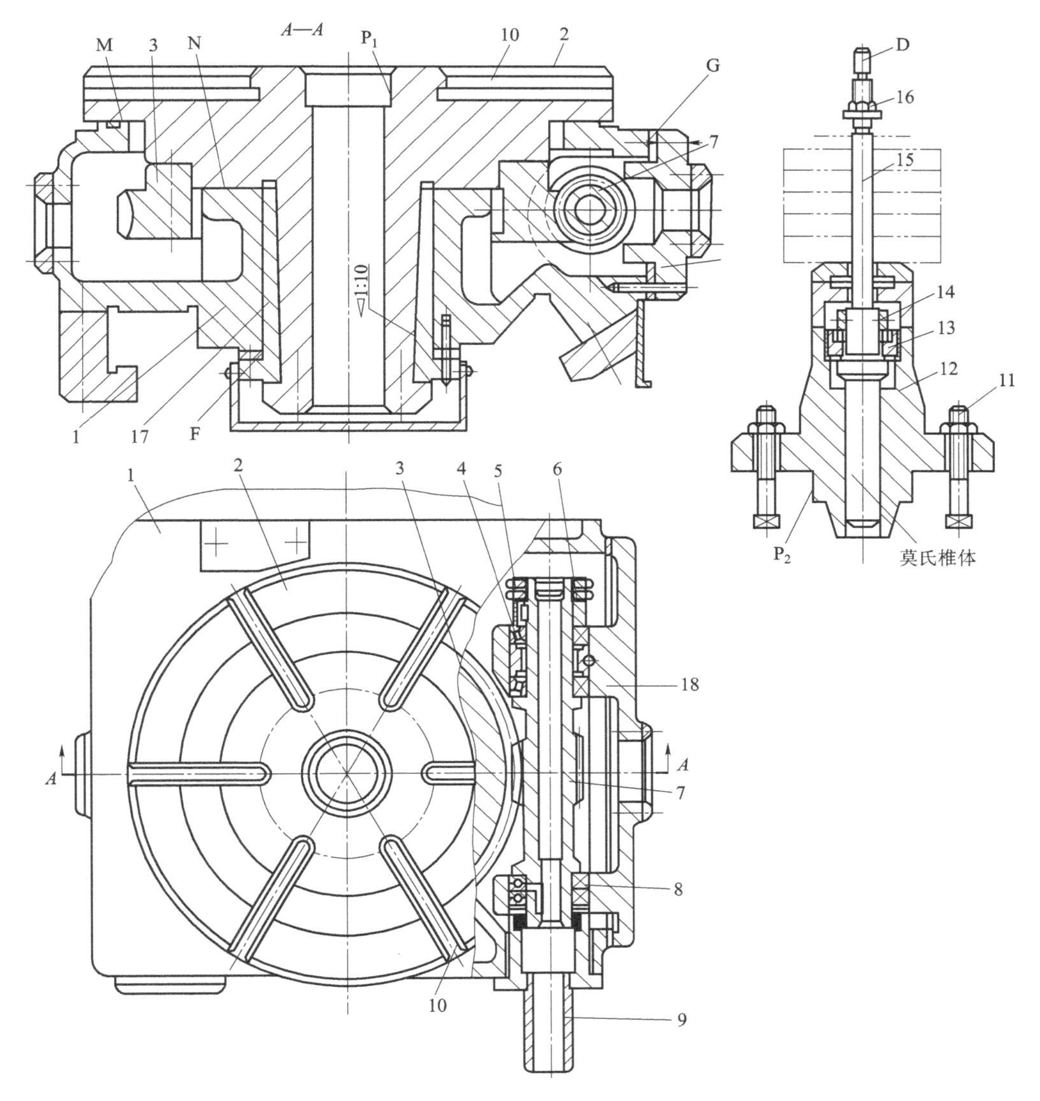

图 5-24　Y3150 型滚齿机工作台

1—溜板；2—工作台；3—分度蜗轮；4—圆锥滚子轴承；5—调整螺母；6—隔套；7—分度蜗杆；8—角接触球轴承；9套筒；10—T形槽；11—T形螺钉；12—底座；13—螺母；14—锁紧套；15—工件心轴；16—六角螺母；17—锥体滑动轴承；18—支架；D—圆柱体；F，G—垫片；M，N—平面圆环导轨

分度蜗杆副是滚齿机的关键部件，对机床的加工精度影响很大，它与一般动力蜗杆副的主要区别在于以运动精度为主，具有很高的传动精度。为了减轻蜗杆副受工作台脉动载荷而产生扭转振动，分度蜗杆副的啮合间隙很小。当蜗轮直径小于 1 000 mm 时，其间隙值为 0. 03～0. 05 mm；当蜗轮直径为 1 000～2 000 mm 时，通常取 0. 04～0. 06 mm。分度蜗轮 3 用锥销定位，通过螺栓固定在工作台下方。分度蜗杆 7 由两个圆锥滚子轴承 4 和两个角接触球轴承 8 支承在支架 18 上，通过调节调整螺母 5 可调节圆锥滚子轴承 4 的间隙。分度蜗杆副中心距的调整，采用修磨垫片 G 的厚度来实现，以保证分度蜗杆副要求的啮合侧隙。为了满足分度蜗杆副传动精度很高的要求，Y3150E 型滚齿机采用（GB 10089—

1988）5级精度的分度蜗轮，选用P5级精度的圆锥滚子轴承和P5级深沟球轴承来支承分度蜗杆轴。

为了装卸工件方便，在零件加工完后，将工作台操纵板上的“工作台快速移动”旋钮转到“后退”位置，由快速移动液压缸驱动快速返回原位。当重新装好工件后，将该旋钮转到“向前”位置，即可进行加工。在加工过程中，刀具的磨损直接影响到齿轮的加工精度，对工件与工作台的相对位置要作适当的调整。调整时，应先将工作台后退至原位，然后旋转手柄P_2使工作台及立柱移动至适当的位置。

2. 工作台的常见故障及排除方法

工作台经长时间使用，常常会出现工作台的径向跳动、轴向跳动超差，使工件的加工精度、工件的表面粗糙度下降，影响机床加工的平稳性。产生故障的主要原因是：锥体滑动轴承17、平面圆环导轨M和N因长期工作的不均匀磨损且磨损量过大，使工作台与锥体滑动轴承的配合间隙超过标准，而引起回转定心精度下降，工作台与平面圆环导轨间产生轴向窜动；分度蜗杆蜗轮副因长期磨损导致啮合侧隙增大，啮合不良；因突然事故产生较大冲击，导致分度蜗轮与工作台中心偏斜，甚至可能使分度蜗杆轴产生弯曲变形；工作台部件维护不良，使用不当（主要是超负荷使用）、润滑不良等。如果是修理后的滚齿机出现上述故障，应侧重对锥体滑动轴承17、平面导轨的精度、蜗杆副的修理质量进行检查，采用适当的方法予以修正。

锥体滑动轴承与工作台平面导轨的配合精度，对回转精度影响很大。若出现两者的配合间隙超差，磨损量较小而均匀时，可将调整垫片F（为两个半圆件组成）拆下，根据轴承的间隙的调整要求将其适当磨薄。磨削时，垫片两端面平行度必须在0.005 mm以内再重新装配。若两者间的磨损较严重且不均匀时，则应拆下工作台检查锥体滑动轴承和平面导轨的接触状况，其接触面积小于70%，锥体滑动轴承17的锥孔圆度超差，应对其进行必要的修理来恢复工作精度。修理时，通常是先精车或精磨工作台的磨损面，然后以此为基准配刮溜板1的平面环形导轨和锥体滑动轴承的锥孔，以达到规定的精度值。

滚齿机的运动积累误差取决于分度蜗杆副的制造精度，并以1∶1的比例反映到工件的齿距积累误差ΔF_p中，因而分度蜗轮是滚齿机的关键部件。在合理使用滚齿机，润滑良好的正常情况下，分度蜗轮出现局部磨损、精度超差一般是可以修复的。修理时，为了尽可能保持原有装配精度，蜗轮一般不从工作台上拆卸下来，仍保持蜗轮与工作台为一整体。目前在大多数工厂中修复蜗杆副采用“修蜗轮换蜗杆”修复法。对蜗轮视具体情况分别采用刮研法、精滚法、自由珩磨法、强迫珩磨法、变制动力矩珩磨法、研磨法等予以修复。由于修理后的蜗轮齿厚变薄（小），通常要用齿厚加大的新分度蜗杆更换原蜗杆，必须切实保证新蜗杆与修复后蜗轮的传动精度、接触精度和啮合精度达到技术要求。蜗杆副磨损均较小时，可对分度蜗杆用配磨法进行修理。修复时，将蜗杆在螺纹磨床上校正后，磨削已磨损的表面，以恢复其精度。若分度蜗轮磨损严重，齿顶变尖无法修复时，应及时更换新蜗轮。蜗轮的加工应与修复后的工作台装配固定，然后整体在蜗轮加工机床或高一级精度的滚齿机上粗滚、精滚或剃珩；若加工机床为普通级精度，则需要对机床进行精化。分度蜗杆的定位精度由支架保证，但支架支承孔内的轴承套是易损件，对分度蜗杆的定位精度影响很大，因而在机床大修中必须对支架进行修理，更换轴承套。

滚齿机长期工作，会引起分度蜗杆副的啮合侧隙增大，此时需对其啮合侧隙进行调整。调整的方法有径向调整法和轴向调整法。特别要注意的是：在调整分度蜗杆副侧隙时，应仔细检查各轮齿的磨损状况，发现轮齿表面磨损严重时，应先修复蜗轮，并更换蜗杆后方可进行调整作业；否则，将会破坏其接触精度和传动精度。

（1）径向调整法。Y3150E 型滚齿机等中、小型滚齿机，常采用延长渐开线型蜗杆蜗轮。通过调整分度蜗杆径向与蜗轮的中心距，即可调整其啮合侧隙的大小。但是，分度蜗杆副磨损严重时，在调整的同时会破坏其接触精度和传动精度。例如，分度蜗轮因长期使用使齿根磨损成台阶状，此时直接进行侧隙调整，势必造成分度蜗轮的台阶与分度蜗杆的齿顶接触，导致分度蜗杆副接触不良，不正确的啮合将使磨损加剧，很快出现侧隙增大，使蜗杆副的使用寿命缩短。正因如此，高精度分度蜗杆副不采用上述单导程普通圆柱蜗杆副的传动形式。如图 5-27 所示，Y3150E 型滚齿机分度蜗杆副啮合侧隙的径向调整是利用垫片 G 的厚度变化来实现的。分度蜗杆蜗轮通过修理恢复了传动精度和接触精度后，精确测量出实际啮合侧隙值，再来确定合理啮合侧隙下的垫片 G 的厚度减薄值 Δ，即调整时分度蜗杆径向移动量 Δ 值，也可以通过下式计算：

$$\Delta=\frac{\delta_1-\delta_2}{2\sin\ \alpha_0}-(0.03\sim0.05)$$

式中 Δ——分度蜗杆的径向移动量，即调整垫片的厚度减薄值（mm）；

δ_1——调整前啮合侧隙值（mm）；

δ_2——调整后啮合侧隙值（mm）；

α_0——延长渐开线蜗杆的法向齿形角，或者阿基米德蜗杆的轴线齿形角（°）。

Y3150E 型普通精度级中、小型滚齿机，其分度蜗杆副的啮合侧隙经调整后，最紧处的啮合侧隙为 0.003~0.05 mm，且要求转到灵活。

（2）轴向调整法。为了克服径向调整分度蜗杆蜗轮啮合侧隙时会改变其啮合精度的缺点，高精度的齿轮加工机床分度蜗杆副常采用双导程分度副结构。该结构依靠分度蜗杆的轴向移动实现啮合侧隙的调整。双导程蜗杆蜗轮分度副除结构紧凑、调整方便外，还具有调整时始终不会改变分度蜗杆副的啮合精度——传动精度和接触精度的最大特点。但是对于加工大模数齿轮时，容易产生根切现象。另外，用双导程蜗杆的左右齿面螺旋线导程不相等，并且公称分度圆上的左右齿面螺旋升角也不相等。故修理分度蜗杆时，应分别按原始左右齿面螺旋线升角，调整砂轮的安装角度，才能进行左右齿面的加工。双导程蜗杆的轴向调整，是靠配磨蜗杆轴肩上的垫片厚度来实现的。

5-2-4 插齿机

常见的圆柱齿轮加工机床除滚齿机外，还有插齿机。插齿机主要用于加工直齿圆柱齿轮，尤其适用于加工在滚齿机上不能滚切的内齿轮和多联齿轮。插齿机用来加工内、外啮合的圆柱齿轮，尤其适用于加工在滚齿机上不能加工的内齿轮和多联齿轮（如图 5-25，件 1 是插齿机刀具主轴、2 是插齿刀，3 是被加工齿轮），加工精度一般可达 7 级。

一、插齿机的工作原理

插齿机是按展成法原理来加工齿轮的。插齿刀实质上是一个端面磨有前角，齿顶及齿侧

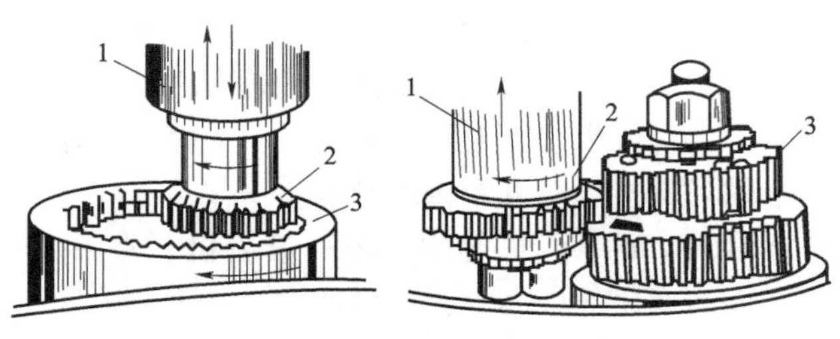

图 5-25 内外齿轮的插齿

1—主轴；2—插齿刀；3—被加工齿轮

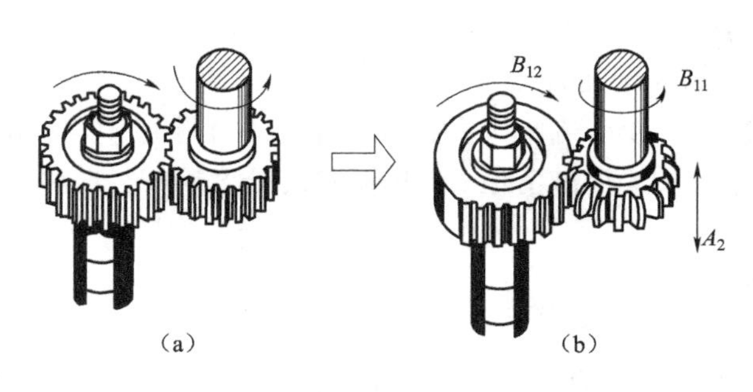

图 5-26 插齿原理及所需运动

均磨有后角的齿轮。插齿时，插齿刀沿工件轴向作直线往复运动以完成切削主运动，在刀具和工件轮坯作“无间隙啮合运动”过程中，在轮坯上渐渐切出齿廓。加工过程中，刀具每往复一次，仅切出工件齿槽的一小部分，齿廓曲线是在插齿刀切削刃多次相继的切削中，由切削刃各瞬时位置的包络线所形成的，如图 5-26、图 5-27 所示。

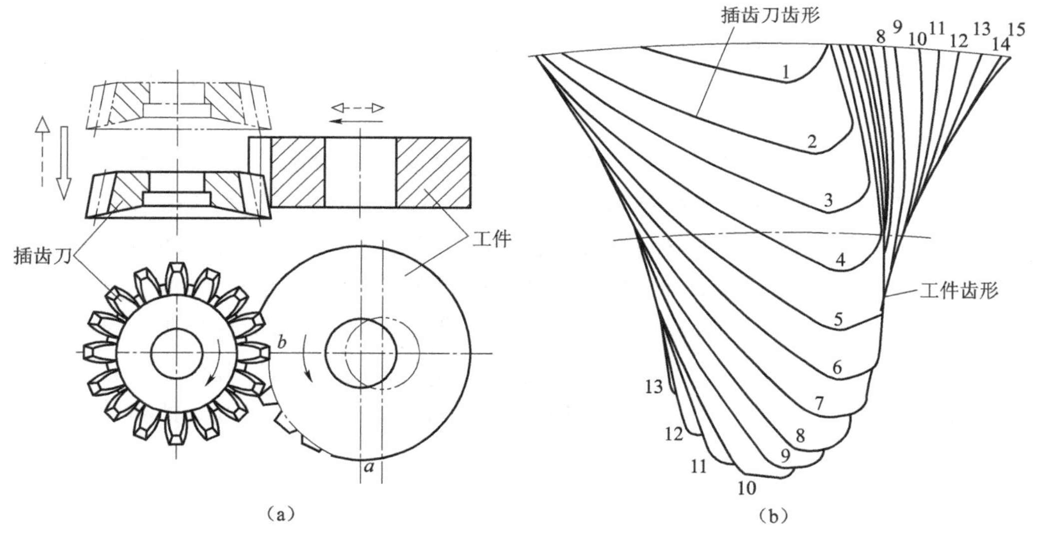

图 5-27 插齿工作原理

二、插齿机的工作运动

1. 主运动

插齿刀沿其轴线（即沿工件的轴向）所作的直线往复运动 A_2（图 5-27（b））。它是一个简单的成形运动，用以形成轮齿齿面的导线——直线。可按下式计算出插齿刀每分钟往复

行程数 $n_{刀}$，即 $n_{刀}=1\,000v/(2L)$。

2. 展成运动

加工过程中，插齿刀和工件必须保持一对圆柱齿轮的啮合运动关系即在插齿刀转过一个齿时工件也转过一个齿。可以分解为：插齿刀的旋转 B_{11}（图 5-27（b））和工件的旋转 B_{12}（图 5-27（b））。其啮合关系为：当插齿刀转过$\frac{1}{Z_T}$转（Z_T为插齿刀齿数）时，工件转$\frac{1}{Z_G}$转（Z_G 为工件的齿数）。主运动工件与插齿刀所作的啮合旋转运动即为展成运动。

3. 圆周进给运动

插齿刀绕自身轴线的旋转运动，其旋转速度的快慢决定了工件转动的快慢，也直接关系到插齿刀的切削负荷、被加工齿轮的表面质量、机床生产率和插齿刀的使用寿命。

4. 径向切入运动

开始插齿时，如插齿刀立即径向切入工件至全齿深，将会因切削负荷过大而损坏刀具和工件。为了避免这种情况，工件应逐渐地向插齿刀作径向切入。

5. 让刀运动

插齿刀向上运动（空行程）时，为了避免擦伤工件齿面和减少刀具磨损，刀具和工件间应让开一小段距离（一般为 0.5 mm 的间隙），而在插齿刀向下开始工作行程之前，又迅速恢复到原位，以便刀具进行下一次切削，这种让开和恢复原位的运动称为让刀运动。插齿机的让刀运动可以由安装工件的工作台移动来实现，也可由刀具主轴摆动得到。

三、插齿机的传动原理

图 5-28 为插齿机传动原理图，传动链中有 3 个成形运动的传动链。

（1）“电动机 M-1-2-u_v-3-4-5-曲柄偏心盘 A-插齿刀主轴”为主运动传动链，u_v为调整插齿刀每分钟往复行程数的换置机构。

（2）“曲柄偏心盘 A-5-4-6-u_s-7-8-9-蜗杆副 B-插齿刀主轴”为圆周进给运动传动链，其中 u_s为调整插齿刀圆周进给量大小的换置机构。

（3）“插齿刀主轴（插齿刀转动）-蜗杆副 B-9-8-10-u_c-11-12-蜗杆副 C-工作台”为展成运动传动链，其中 u_c 为调整工作台展成运动量的换置机构。

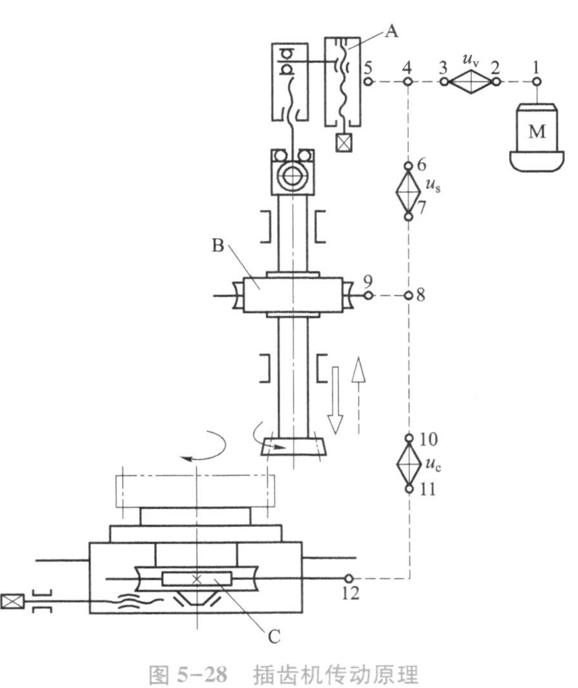

图 5-28　插齿机传动原理

当加工斜齿圆柱齿轮时，插齿刀主

轴及机床导轨应依靠螺旋导轨形成螺旋转动，插齿刀应具有一定大小的螺旋角，如图 5-29 所示。

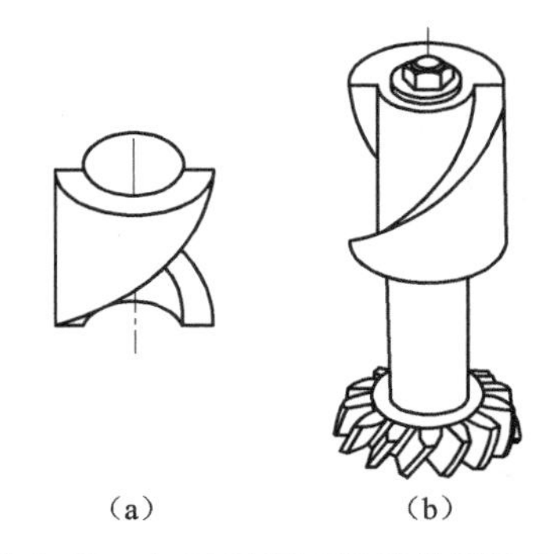

图 5-29 加工斜齿圆柱齿轮螺旋导轨

四、Y5132 型插齿机

1. Y5132 型插齿机组成

Y5132 型插齿机主要由床身 1、立柱 2、刀架 3、插齿刀主轴 4、工作台 5、挡块支架 6、工作台溜板 7 等部分组成，其外形结构如图 5-30 所示。

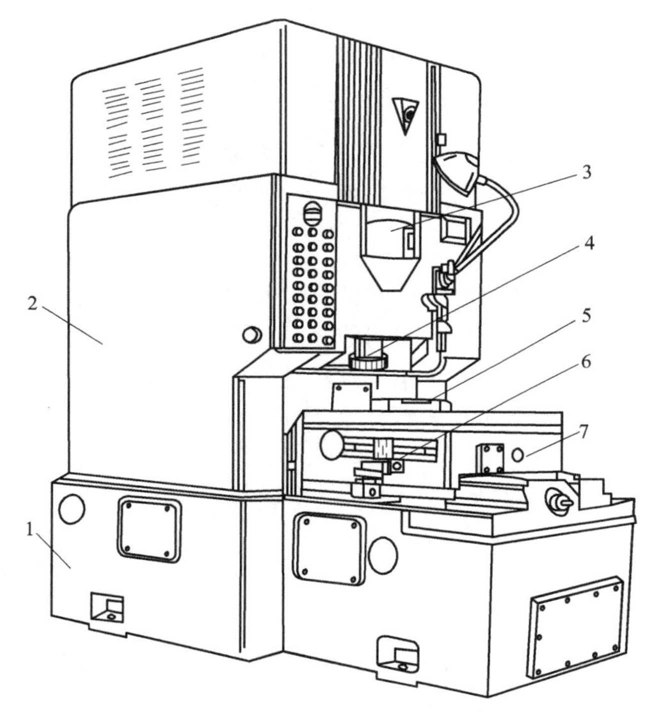

图 5-30 Y5132 型插齿机

1—床身；2—立柱；3—刀架；4—插齿刀主轴；5—工作台；6—挡块支架；7—工作台溜板

2. Y5132 型插齿机传动系统分析

Y5132 型插齿机传动系统如图 5-31 所示。

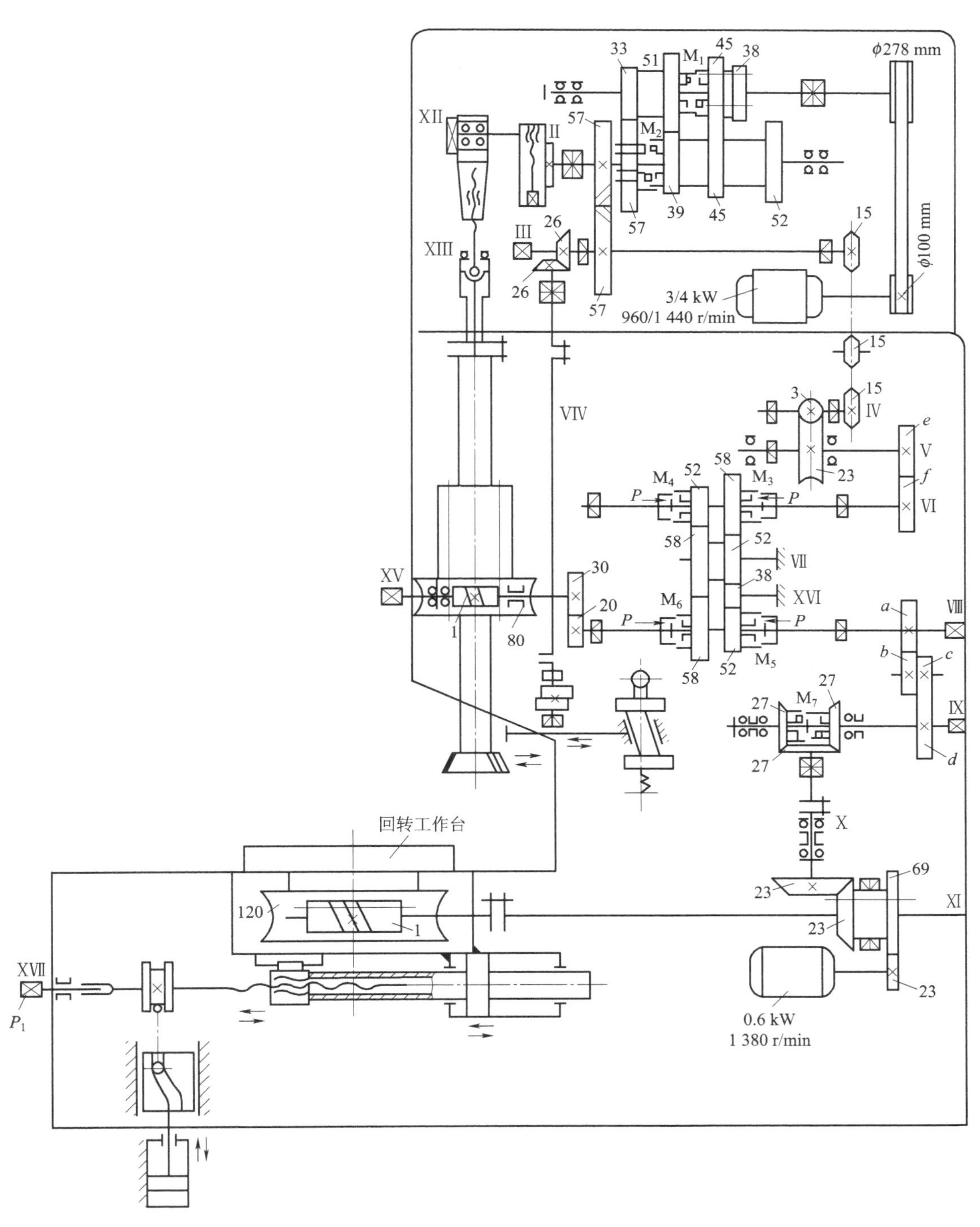

图 5-31　Y5132 型插齿机传动系统图

Y5132 型插齿机传动路线表达式为：

$$
\begin{array}{l}
\underset{\substack{3/4\text{kW}\\ 960/1\,440\ \text{r/min}}}{\text{双速电动机}}-\dfrac{\phi100}{\phi278}-\text{I}-\left[\begin{array}{l}
\left[\begin{array}{l}\dfrac{38}{52}\\ \dfrac{45}{45}\end{array}\right]\dfrac{39}{51}-\dfrac{33}{57}\\
-\text{M}_1-\dfrac{33}{57}-\\
\dfrac{38}{52}-\text{M}_2-\\
\dfrac{45}{45}-\text{M}_2-\\
\text{M}_1-\dfrac{51}{39}-\text{M}_2-
\end{array}\right]-\text{II}-\text{曲柄偏心盘}-\text{刀具主轴}\\
\qquad\text{II}-\dfrac{57}{57}-\text{III}-\dfrac{15}{15}-\text{IV}-\dfrac{3}{23}-\text{V}-\dfrac{e}{f}-\text{VI}-\left[\begin{array}{l}\text{M}_3-\dfrac{58}{52}\\ \text{M}_4-\dfrac{52}{58}\end{array}\right]-\\
-\text{VII}-\left[\begin{array}{l}\dfrac{52}{38}-\dfrac{38}{52}-\text{M}_5\\ \dfrac{58}{58}-\text{M}_6-\end{array}\right]-\text{VIII}-\dfrac{20}{30}-\text{XV}-\dfrac{1}{80}-\text{刀具主轴旋转(圆周进给运动)}\\
\qquad\text{VIII}-\dfrac{a}{b}\times\dfrac{c}{d}-\text{IX}-\underset{\text{(锥齿轮变向机构)}}{\left[\begin{array}{l}\dfrac{27}{27}\\ \dfrac{27}{27}\end{array}\right]}-\text{X}-\dfrac{23}{23}-\text{XI}-\dfrac{1}{120}-\underset{\text{(展成运动)}}{\text{工作台旋转}}\\
\qquad\underset{\left(\substack{1\,380\ \text{r/min}\\ 0.6\ \text{kW}}\right)}{\text{快速电动机}}-\dfrac{23}{69}-\text{XI}
\end{array}
$$

（1）展成运动传动链。由传动原理图，可见展成运动传动链联系插齿刀旋转和工件旋转。按照以下步骤，可以得出传动链换置机构的换置公式。

① 找出两末端件

插齿刀——工件

② 确定计算位移

$$1\text{r}_{(\text{插齿刀})}——\frac{Z_\text{T}}{Z_\text{G}}\text{r}_{(\text{工件})}$$

③ 列出运动平衡式

$$1\text{r}_{(\text{插齿刀})}\times\frac{80}{1}\times\frac{30}{20}\times\frac{a}{b}\times\frac{c}{d}\times\frac{27}{27}\times\frac{23}{23}\times\frac{1}{120}=\frac{Z_\text{T}}{Z_\text{G}}\text{r}_{(\text{工件})}$$

④ 计算换置公式

整理上式

$$u_\text{x}=\frac{a}{b}\times\frac{c}{d}=\frac{Z_\text{T}}{Z_\text{G}}$$

式中　Z_T——插齿刀齿数；

Z_G——工件齿数。

（2）主运动传动链。主运动传动链是联系主电动机与曲柄偏心盘之间的传动链。运动由双速电动机经轴 I 传至轴 II。轴 II 端部是一个曲柄偏心机构，把旋转运动转变为上下往复运动。刀具主轴每分钟上下往复行程次数由轴 I、轴 II 间变速齿轮组调整，再加上双速电动机的两种转速，得到六组具有高速和低速的刀具主轴每分钟上下往复行程次数。加工工件时可选用其中任一级速度，也可以自动转换。

主运动传动链换置机构的换置公式推导步骤：

① 找出两末端件

主电动机—曲柄偏心盘

② 确定计算位移

$$n_{电动机}\ \mathrm{r/min}-n_{曲柄偏心盘}\ \mathrm{r/min}$$

③ 列出运动平衡式

$$n_{电动机}\frac{100}{278}\times u_{\mathrm{v}}=n_{曲柄偏心盘}$$

④ 计算换置公式

$$u_v=2.78\frac{n_{曲柄偏心盘}}{n_{电动机}}$$

式中　$n_{曲柄偏心盘}$——曲柄偏心盘每分钟转速（即插齿刀主轴每分钟往复行程次数）；

$n_{电动机}$——双速电动机每分钟转速（本机床为 960 r/min 和 1 440 r/min）。

插齿刀主轴每分钟往复行程次数的选择取决于插齿刀的行程长度和模数；行程长度根据工件的齿宽确定，所以插齿刀主轴每分钟往复行程次数可用下面公式计算：

$$n=\frac{1\ 000v}{2L}$$

式中　v——平均切削速度 m/min；

L——插齿刀的行程长度 mm；

n——插齿刀主轴每分钟往复行程次数。

实际使用机床时，选择好插齿刀主轴每分钟往复行程次数后，可按机床上的标牌直接扳动变速手柄即可。

（3）圆周进给传动链。圆周进给传动链是联系插齿刀上下往复运动和插齿刀旋转运动的传动链。传动链换置机构的换置公式推导步骤如下：

① 找出两末端件

曲柄偏心盘——插齿刀

② 确定计算位移

$$1\mathrm{r}_{(曲柄偏心盘)}——S_{弧长}\ \mathrm{mm}\ (插齿刀)$$

③ 列出运动平衡式

$$1\mathrm{r}_{(曲柄偏心盘)}\times\frac{57}{57}\times\frac{15}{15}\times\frac{3}{23}\times\frac{e}{f}\times u_{\mathrm{VI-VII}}\times\frac{20}{30}\times\frac{1}{80}=\frac{S}{\pi D}$$

式中　S——圆周进给量 mm；

$\frac{e}{f}$——圆周进给交换挂轮，可换置14级不同大小进给量，每级均包括大小两种进给量；

D——插齿刀分度圆直径；

$u_{\text{VI-VII}}$——传动链中可变速部分传动比。

$u_{\text{VI-VII}}$包括高速传动路线表达式（大圆周进给量传动路线表达式）传动比$\frac{58}{52}$；低速传动路线表达式（小圆周进给量传动路线表达式）传动比$\frac{52}{58}$。传动路线表达式的变化由机床液压操纵系统的液压离合器完成。所以加工工件时由粗切转至精切的圆周进给量可由机床控制自动转换。

④ 计算换置公式

整理运动平衡式：

对于高速传动路线表达式，即$u_{\text{VI-VII}}=\frac{58}{52}$时，$u_f=\frac{e}{f}=263\frac{S}{D}$；

对于低速传动路线表达式，即$u_{\text{VI-VII}}=\frac{52}{58}$时，$u_f=\frac{e}{f}=327\frac{S}{D}$。

在机床说明书中一般都给出圆周进给挂轮选择表，可直接选取。Y5132型插齿机的圆周进给量是根据插齿刀的分度圆直径为100 mm给定的。

Y5132型插齿机的圆周进给传动链中设计有变向机构（轴VII至轴VIII间），用以同时改变插齿刀与工件的旋转方向，确定展成运动方向（图5-32）。设计变向机构的目的是充分利用插齿刀的两个侧刃。

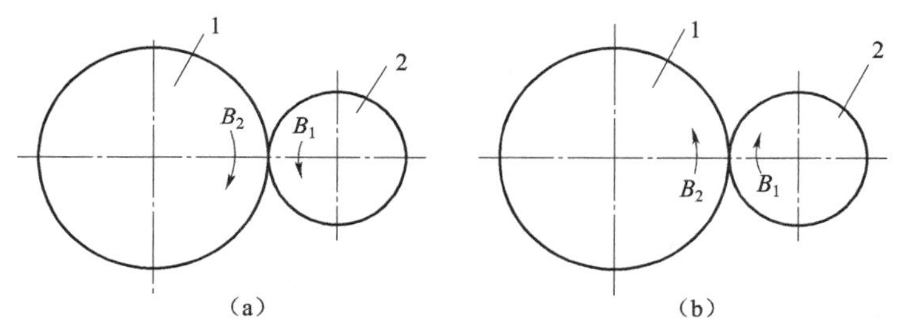

图5-32　展成运动方向

（a）工件顺时针方向；（b）工件逆时针方向

1—工件；2—插齿刀

2. Y5132型插齿机的部分结构

（1）刀具主轴和让刀机构。插齿刀向上运动（空行程）时，为了避免擦伤工件齿面和减少刀具磨损，刀具和工件间应让开一小段距离（一般为0.5 mm的间隙），而在插齿刀向下开始工作行程之前，又迅速恢复到原位，以便刀具进行下一次切削，这种让开和恢复原位的运动称为让刀运动。Y5132型插齿机让刀运动由刀具主轴摆动得到，如图5-33。

（2）径向切入机构。插齿时插齿刀要相对于工件作径向切入运动，直至全齿深时刀具与工件再继续对滚至工件转1r，全部轮齿即切削完毕，这种方法称为一次切入。如图5-34所示。

5-2-5　其他齿轮加工机床简介

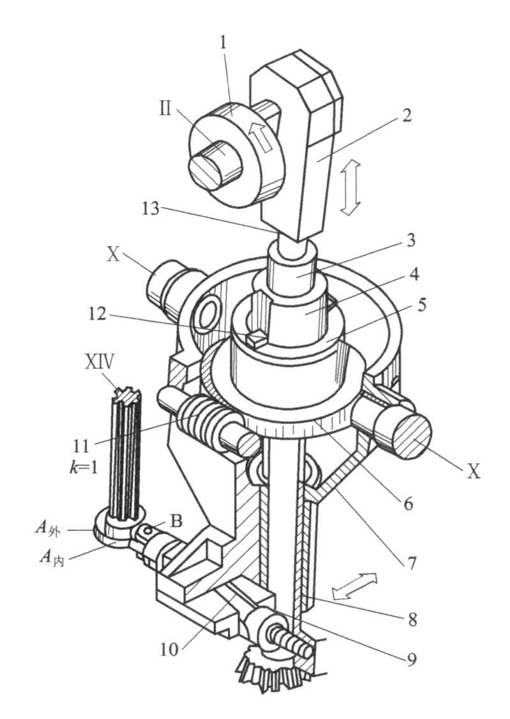

图 5-33　Y5132 型插齿机刀具主轴和让刀机构

1—曲柄机构；2—连杆；3—接杆；4—套筒；5—蜗轮体；6—蜗轮；7—刀架体；8—导向套；9—插齿刀杆；10—让刀楔块；11—蜗杆；12—滑键；13—拉杆；A—让刀凸轮；B—滚子；k—蜗杆头数

一、Y54 插齿机简介

1. Y54 型插齿机运动

图 5-35 为 Y54 型插齿机的外形结构图。Y54 型插齿机插齿刀的上下往复移动为主运动，插齿刀和工件的啮合运转为展成运动，插齿刀的径向移动为径向进给运动，工件的移动为让刀运动，其工作原理如图 5-36 所示。

2. 主要用途

用于加工内、外啮合的圆柱齿轮的轮齿齿面，尤其适合于加工内齿轮和多联齿轮中的小齿轮。

二、弧齿锥齿轮铣齿机

图 5-37 为弧齿锥齿轮铣齿机的外形结构图。用弧齿锥齿轮铣刀盘按展成法粗、精加工弧齿锥齿轮和准双曲面齿轮齿部的齿轮加工机床。弧齿锥齿轮铣齿机广泛用于机器制造业，尤在汽车、拖拉机工业中使用最多。加工直径小到 10 mm，大至 2 500 mm。加工精度一般为 7 级，有的可达 6 级。弧齿锥齿轮

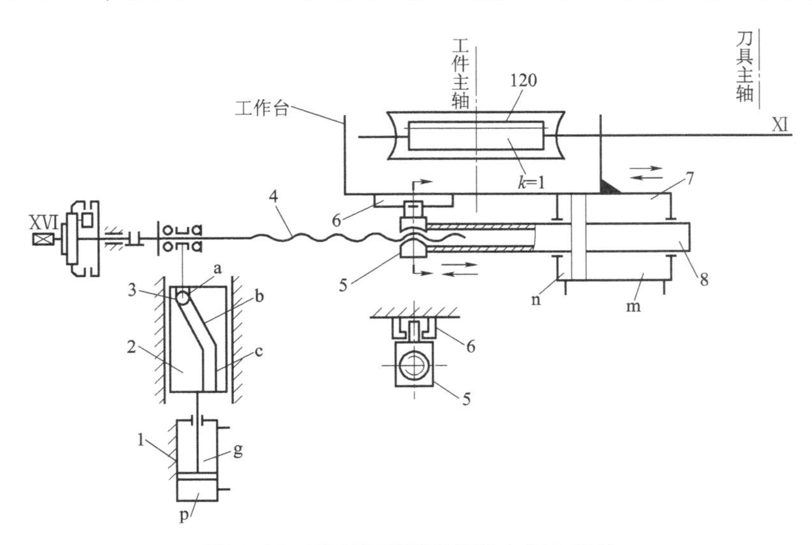

图 5-34　Y5132 型插齿机径向切入机构

1，7—液压缸；2—平面板式凸轮；3—滚子；4—丝杠；5—螺母；6—止转板；8—活塞杆；m—液压缸右腔；n—液压缸左腔；g—液压缸前腔；p—液压缸后腔；a，c—平面板式凸轮直槽；b—平面板式凸轮斜槽；k—蜗杆头数

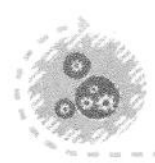

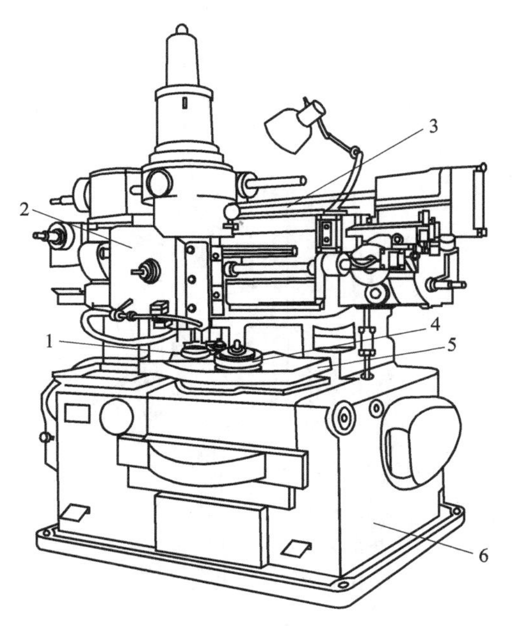

图 5-35　Y54 型插齿机

1—插齿刀；2—刀架；3—横梁；4—工件；5—工作台；6—床身

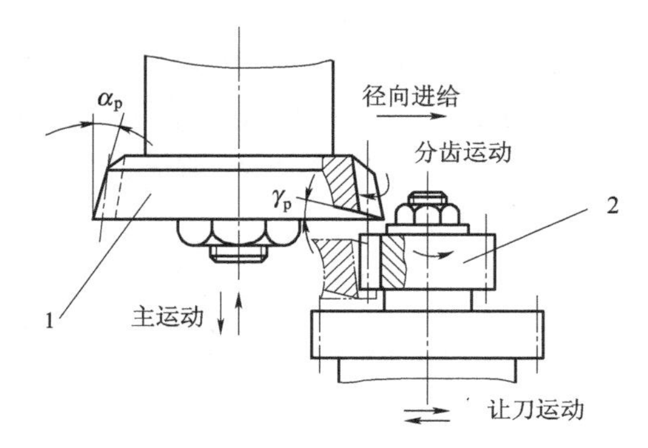

图 5-36　Y54 型插齿机运动

1—插齿刀；2—工件

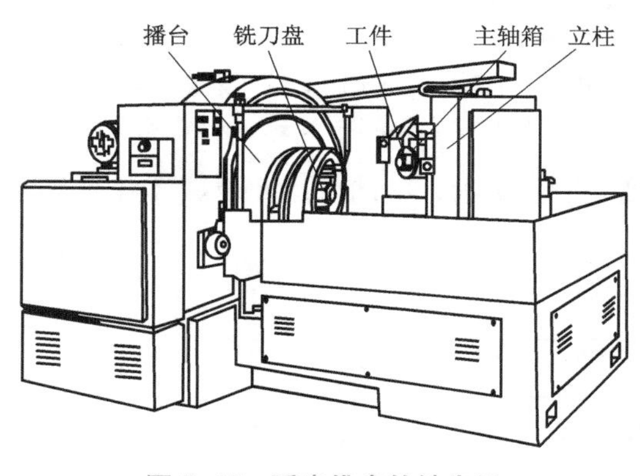

图 5-37　弧齿锥齿轮铣齿机

铣齿机的铣刀盘主轴装在偏心鼓轮内，用以调整铣刀盘中心的位置。偏心鼓轮装在摇台内，并随摇台（带着铣刀盘）作一定角度的摆动，与工件的相应角度的正反回转运动一起构成展成运动。摇台每上下摆动一次完成一个齿的切削，这时工件随床鞍退出，并进行分齿，然后床鞍又进到工作位置，切削第二个齿，全部齿切削完毕后机床自动停止。弧齿锥齿轮铣齿机的工件主轴箱可在立柱上作垂直位移的调整。当工件主轴与摇台中心等高时，可切削弧齿锥齿轮；偏移时可切削准双曲面齿轮，微量的偏移可用于调整轮齿的接触区。弧齿锥齿轮铣齿机的刀具主轴有水平固定安装的和可倾斜调整的两种。后者可减少铣刀盘的品种规格和扩大机床的工艺可能性，新型机床大多采用这种结构。

弧齿锥齿轮铣齿机的变型很多，有结构简单、不带展成运动的粗切机，也有带展成运动的粗切机，还有专门精切大轮的拉齿机、专切大轮和兼切大、小轮的铣齿机等。

三、磨齿机

磨齿机多用于对淬硬的齿轮进行齿廓的精加工。齿轮精度可达 6 级或更高。一般先由滚齿机或插齿机切出轮齿后再磨齿，有的磨齿机也可直接在齿轮坯件上磨出轮齿，但只限于模

数较小的齿轮。按齿廓的形成方法，磨齿机有成形法和展成法两种。大多数类型的磨齿机均以展成法来加工齿轮，如图 5-38 所示。

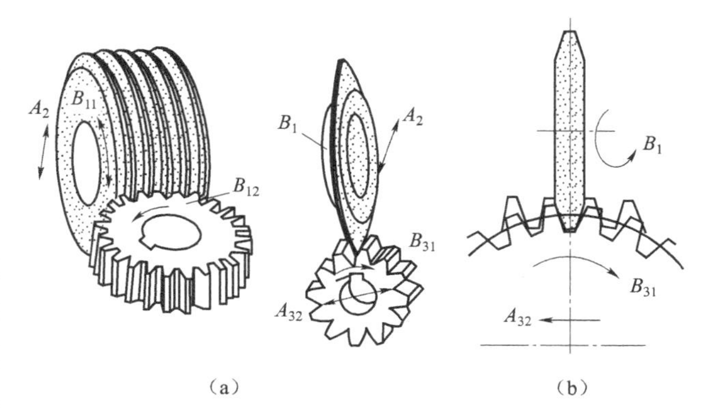

图 5-38　展成法磨齿机工作原理

(a) 蜗杆砂轮磨齿；(b) 锥形砂轮磨齿

1. 蜗杆砂轮磨齿机

这种磨齿机用直径很大的修整成蜗杆形的砂轮磨削齿轮，所以称蜗杆砂轮磨齿机。其工作原理与滚齿机相似，如图 5-38（a），蜗杆形砂轮相当于滚刀与工件一起转动作展成运动 B_{11}、B_{12}，磨出渐开线。工件同时作轴向直线往复运动 A_2，以磨削直齿圆柱齿轮的轮齿。如果作倾斜运动，就可磨削斜齿圆柱齿轮。这类机床在加工过程中因是连续磨削，其生产率很高。其缺点是砂轮修整困难，不易达到高精度，磨削不同模数的齿轮时需要更换砂轮；砂轮的转速很高，联系砂轮与工件的展成传动链如果用机械传动易产生噪声，磨损较快。为克服这一缺点，目前常用的方法有两种，一种用同步电动机驱动，另一种是用数控的方式保证砂轮和工件之间严格的数比关系。这种机床适用于中小模数齿轮的成批生产。

2. 锥形砂轮磨齿机

锥形砂轮磨齿机是利用齿条和齿轮啮合原理来磨削齿轮的，又称分度磨齿法。用砂轮代替齿条，将齿廓修整成齿条的直线齿廓。当砂轮按切削速度高速旋转，并沿工件齿线方向作直线往复运动时，砂轮两侧锥面的母线就形成了假想齿条的一个齿廓，如图 5-38（b），加工时，被切齿轮在假想齿条上滚动的同时进行移动，与砂轮保持齿条和齿轮的啮合运动关系，是砂轮锥面包络出渐开线齿形。每磨完一个齿槽后，砂轮自动退离，齿轮转过 $\frac{1}{z}$ 圈（z 为工件齿数）进行分齿运动，直到磨完为止。图 5-39 为锥形砂轮磨齿机传动原理图。

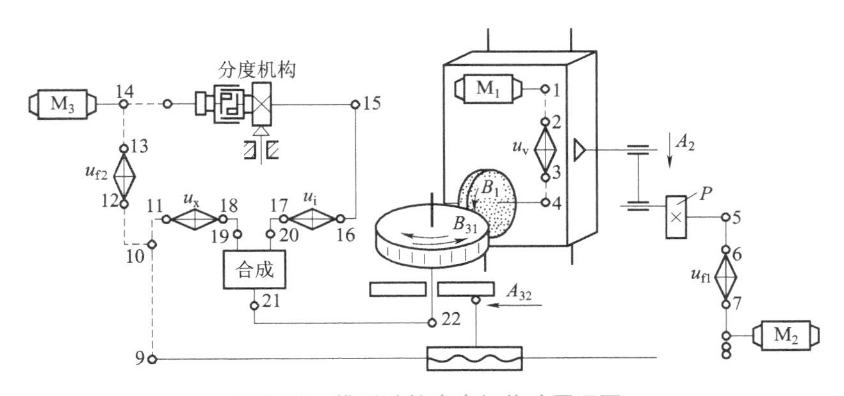

图 5-39　锥形砂轮磨齿机传动原理图

① 砂轮旋转运动（主运动）B_1。由外联系传动链"M_1—1—2—u_v—3—4—砂轮主轴

（砂轮转动）”实现 u_v 为调整砂轮转速的换置机构。砂轮的往复直线运动（轴向进给运动）A_2 由外联系传动链“M_2—8—7—u_{f1}—6—5—曲柄偏心盘机构 P—砂轮架溜板（砂轮移动）”实现。u_{f1} 为调整砂轮轴向进给速度的换置机构。

② 范成运动（$B_{31}+A_{32}$）。由内联系传动链“回转工作台（工作台旋转 B_{31}）—22—21—（合成）—19—18—u_x—11—10—9—纵向工作台（工件直线移动 A_{32}）”和外联系传动链“M_3—14—13—u_{f2}—12—10—9—纵向工作台”来实现。前者保证范成运动的运动轨迹，即工件转动与移动之间的严格运动关系，后者使工件获得一定速度和方向的范成运动。换置机构 u_{f2} 中除变速机构外，还有自动换向机构，使工件在加工过程中能来回滚转，一次完成各个齿的磨齿工作循环。u_x 是用来调节工件齿数和模数变化的换置机构。

③ 工件的分度运动。由分度运动传动链“分度机构—15—16—u_t—17—20—（合成）—21—22—回转工作台”实现。分度时，机床的自动控制系统将分度机构离合器接合，使分度机构在旋转一定角度后即脱开，并由分度盘准确定位。在分度机构接合一次的过程中，工件在范成运动的基础上，附加转过一个齿，这是由调整换置机构 u_t 来保证的，这种机床的优点是万能性高、砂轮形状简单；缺点是内联系传动链长、砂轮形状不易修整得准确、精度难以提高、生产率也较低。主要用于小批和单件生产。

四、剃齿机

用齿轮状的剃齿刀按螺旋齿轮啮合原理由刀具带动工件（或工件带动刀具）自由旋转对圆柱齿轮进行精加工的齿轮加工机床。剃齿机用于对预先经过滚齿或插齿的硬度不大于 HRC48 的直齿或斜齿轮进行剃齿（见齿轮加工），加附件后还可加工内齿轮。被加工齿轮最大直径可达 5 m，但以 500 mm 以下的中等规格剃齿机使用最广。剃齿精度为 7~6 级，表面粗糙度为 Ra0.63~0.32 μm。剃齿机的布局有卧式和立式两种。卧式剃齿机有两种结构：一种刀具位于工件上面（见图 5-40），机床结构紧凑，占地面积小，广泛应用于成批大量生产中小型齿轮的汽车、拖拉机和机床等行业；另一种刀具位于工件后面，工件装卸方便，主要用于加工大中型齿轮和轴齿轮。大型剃齿机多为立式，主要用于机车、矿山机械和船舶制造部门。在卧式剃齿机上，剃齿刀安装在主轴上，由主电动机驱动作交替的正反向旋转。工件安装在心轴上，并顶在工作台的前后顶尖间，与刀具呈交叉轴啮合状态，由刀具带动工件自由旋转。工件沿轴向或与轴线构成一夹角方向往复移动，工件每次往复行程后作一次径向进给运动。剃鼓形齿时，在工作台往复轴向移动的同时，工件轴线反复摆动一个很小的角度。

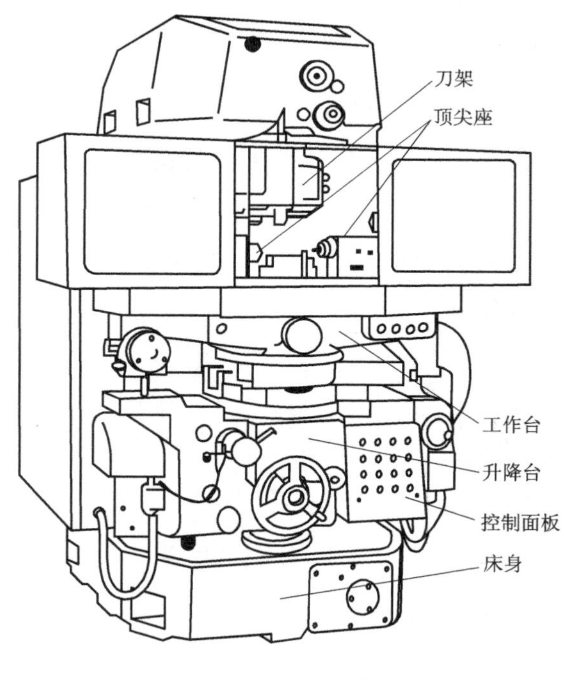

图 5-40 卧式剃齿机

大型剃齿机由工件带动剃齿刀旋转，刀具作轴向移动。双面剃齿时，刀具作径向进给；单面剃齿时，须在刀具主轴上加一制动扭矩。

六、珩齿机

利用齿轮式或蜗杆式珩轮对淬火圆柱齿轮进行精加工的齿轮加工机床。珩齿机是按螺旋齿轮啮合原理工作的，由珩轮带动工件自由旋转。珩轮一般由塑料和磨料制成。珩齿（见齿轮加工）的作用是降低齿面粗糙度，在一定程度上也能纠正齿向和齿形的局部误差。珩齿生产效率较高。珩齿机广泛应用于汽车、拖拉机和机床等制造业。珩齿机按所用珩轮的形式分为两种。① 轮珩轮珩齿机：它的结构布局近似于剃齿机，分为珩轮位于工件上面和珩轮位于工件后面两种形式。加工时珩轮与工件呈交叉轴啮合状态，工件由珩轮带动旋转，同时工作台作纵向往复移动。工作台每一往复行程，珩轮反向一次，从而加工出齿的全长和两齿侧面。② 杆珩轮珩齿机：它的结构布局近似于蜗杆砂轮磨齿机，但在蜗杆珩轮和工件之间没有传动链联系，由前者带动后者作自由旋转。

5-3 任务的实施

任务 直齿圆柱齿轮的滚齿加工（见任务图-1）

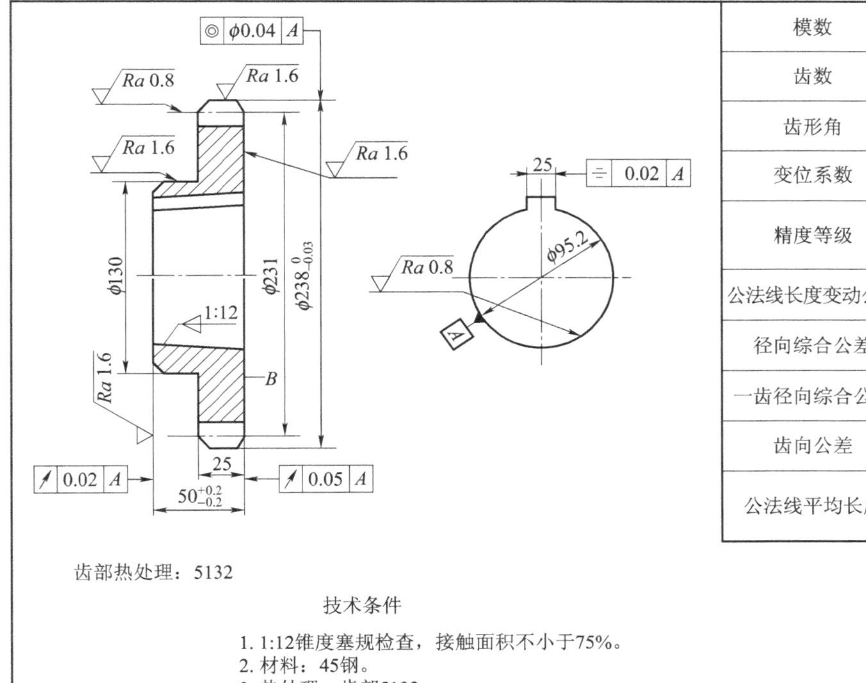

模数	m	3.5
齿数	z	66
齿形角	α	20°
变位系数	x	0
精度等级	766KM GB 10095—1988	
公法线长度变动公差	F_w	0.036
径向综合公差	F_z	0.08
一齿径向综合公差	f_1	0.016
齿向公差	F_β	0.009
公法线平均长度	$W=80.72_{-0.19}^{-0.14}$	

任务图-1

1. 零件图的分析

（1）零件齿形需要滚切加工，齿轮为直齿，$m=3.5$ mm，$z=66$，$\alpha=20°$，$x=0$。齿面粗糙度 $Ra0.8$，需考虑剃齿、磨齿或珩齿加工。

（2）零件材料为 45 钢。

2. 刀具选用

（1）选用 $m=3.5$ mm，压力角 $\alpha=20°$，$\varphi=85$ mm，$\lambda=3°6'$，A 级精度，右旋套装式渐开线单线滚刀。

（2）滚刀材料为高速钢，切削部分硬度 63~66 HRC。

3. 切削参数选用

（1）切削线速度 $v=21$ m/min。

（2）垂直进给量 f 取 1.41 mm/r。

4. 装夹方式选择

采用锥度心轴定位、装夹，后立柱顶尖辅助定位。

5. 滚齿机床参数的确定

（1）任务零件属于中、小型零件，适用的滚齿加工机床种类很多，如 YC3180、Y3150E 等型号，其中 Y3150E 型滚齿机床应用广泛，具有典型性，所以本任务选用 Y3150E 型普通车床。

（2）Y3150E 型滚齿机床主参数（最大加工直径）500 mm，工件齿顶圆直径 238 mm，满足工件加工要求。

（3）根据公式 $v=\frac{\pi dn}{1\ 000}$（m/min），计算 Y3150E 型滚齿机主轴转速：

主轴（刀具）转速范围：切削线速度 $v=21$ m/min，计算 $n_{刀}=83$ r/min，取 $n_{刀}=80$ r/min。

6. 挂轮计算

（1）速度挂轮$\frac{A}{B}$计算。根据切削线速度要求，计算主轴（刀具）转速，$v=21$ m/min，计算 $n_{刀}=83$ r/min，取 $n_{刀}=80$ r/min。查任务表-1，$\frac{A}{B}=\frac{33}{33}$。

任务表-1　速度挂轮选用表

$\frac{A}{B}$	$\frac{22}{44}$			$\frac{33}{33}$			$\frac{44}{22}$		
$u_{\text{Ⅱ-Ⅲ}}$	$\frac{27}{43}$	$\frac{31}{39}$	$\frac{35}{35}$	$\frac{27}{43}$	$\frac{31}{39}$	$\frac{35}{35}$	$\frac{27}{43}$	$\frac{31}{39}$	$\frac{35}{35}$
n/（r·min^{-1}）	40	50	63	80	100	125	160	200	250

（2）结构性挂轮$\frac{E}{F}$计算。$\frac{E}{F}$挂轮按下列范围选用：

当 $5\leqslant\frac{z}{k}\leqslant20$ 时，取$\frac{E}{F}=\frac{48}{24}$

当 $21\leqslant\frac{z}{k}\leqslant142$ 时，取$\frac{E}{F}=\frac{36}{36}$

当 $143\leqslant\frac{z}{k}$时，取$\frac{E}{F}=\frac{24}{48}$

本任务零件齿数 $z=66$，滚刀头数 $k=1$，$\frac{z}{k}=66$，根据 $21\leqslant\frac{z}{k}\leqslant142$，取$\frac{E}{F}=\frac{36}{36}$。

合成机构装 M_1。

（3）展成运动挂轮$\frac{a}{b}\times\frac{c}{d}$计算。根据下面公式：

$$\frac{a}{b}\times\frac{c}{d}=\frac{F}{E}=\frac{24k}{z}$$

$$\frac{a}{b}\times\frac{c}{d}=\frac{33}{33}\times\frac{24\times1}{66}=\frac{4}{11}$$

将$\frac{4}{11}$拆分为$\frac{4}{11}=\frac{1}{2}\times\frac{8}{11}$

根据 Y3150E 滚齿机配换挂轮，其齿数为 20（两个）、23、24、25、26、30、32、33、34、35、37、40、41、43、45、46、47、48、50、52、53、55、57、58、59、60（两个）、61、62、65、67、70、73、75、79、80、83、85、89、90、92、95、97、98、100

选择 $a=24$、$b=48$、$c=40$、$d=55$。

（4）进给挂轮$\frac{a_1}{b_1}$计算。根据选定的垂直进给量参数$f=1.41$ mm/r，查任务表-2。

任务表-2　进给挂轮选用表

$\frac{a_1}{b_1}$	$\frac{26}{52}$			$\frac{32}{46}$			$\frac{46}{32}$			$\frac{52}{26}$		
$U_{XVII-XVIII}$	$\frac{30}{54}$	$\frac{39}{45}$	$\frac{49}{35}$	$\frac{30}{54}$	$\frac{39}{45}$	$\frac{49}{35}$	$\frac{30}{54}$	$\frac{39}{45}$	$\frac{49}{35}$	$\frac{30}{54}$	$\frac{39}{45}$	$\frac{49}{35}$
f/（r·min^{-1}）	0.4	0.63	1	0.56	0.87	1.41	1.16	1.8	2.9	1.6	2.5	4
注：$\frac{a_1}{b_1}=\frac{32}{46}$，即 $a_1=32$，$b_1=46$。												

7. 滚刀刀架调整

刀架转动角度 $\delta=\beta\pm\lambda$，由于加工齿轮为直齿圆柱齿轮，$\beta=0$，所以 $\delta=\lambda=3°6'$。

参见图 5-20Y3150E 滚齿机传动系统图，松开刀架紧固螺母，转动 P3，带动蜗杆 1，带动蜗轮 Z_{36}，驱动小齿轮 Z_{16}，带动大齿轮 Z_{148}，使刀架顺时针转动 3°6′，见任务图-2。

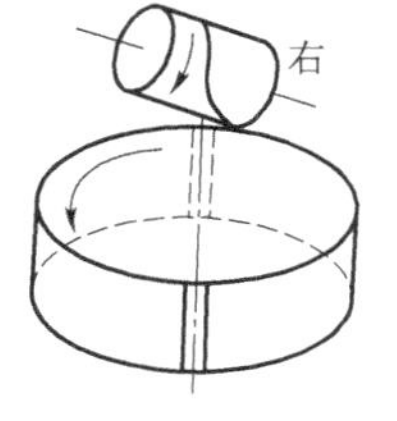

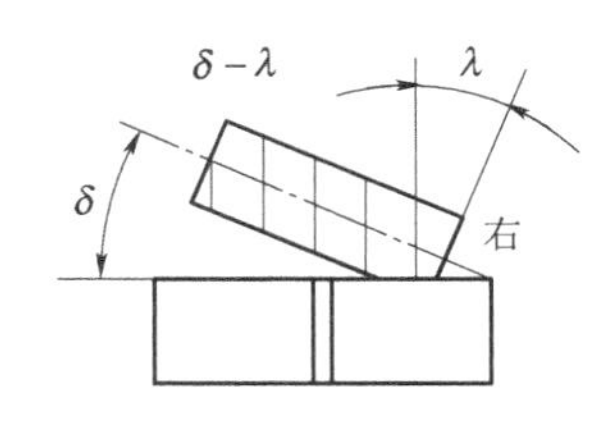

任务图-2

8. 刀具对中

为了使加工出的齿轮齿廓两侧面对称，在安装滚刀时应使滚刀的某一刀齿或刀槽的对称线正确地对准被加工齿轮的中心（简称对刀）。

9. 安装挂轮、检查调整机床、工件，确认无误后开始加工

企业点评

滚齿加工机床结构复杂，传动系统挂轮数量繁多，学习难度比车床、铣床大。如不能很好地理解展成法加工齿轮的原理，则滚齿机的学习将更困难。

习题与思考题

5-1　在滚齿机上加工一对齿数不同的斜齿圆柱齿轮，当其中一个齿轮加工完成后，在加工另一个齿轮前应对机床进行哪些调整工作？

5-2　比较滚齿机加工和插齿机加工的特点，它们各适宜加工什么样的齿轮？

5-3　分析滚齿机加工直齿圆柱齿轮，需要哪些运动？这些运动各自有何用途？

5-4　在Y3150E型滚齿机上加工斜齿轮时，问如何确定工件展成运动和附加运动的旋转方向？

5-5　列出Y3150E型滚齿机加工斜齿轮，滚刀架扳动角度的计算公式。并给出滚刀架扳动方法。

5-6　简述Y3150E型滚齿机的主要组成部件和各个部件的主要用途。

5-7　简述Y3150E型滚齿机在什么情况下，滚刀需要作轴向位置的调整？

5-8　见滚齿机传动系统图，在Y3150E型滚齿机上加工，$z=42$，$m=2$ mm的直齿圆柱齿轮，完成下列问题。

（1）试分别给出主运动、展成运动和垂直进给运动的挂轮。

（2）画图确定滚刀架扳角度的大小和扳动角度的方向，并标明刀具和工件的运动方向。

已知

① 切削用量 $V=27$ m/min，$f=0.87$ mm/r；

② 滚刀尺寸参数$\phi 70$ mm，$\lambda=3°6'$，$m=2$ mm，$k=1$；

③ 不考虑挂轮啮合条件和齿向误差。

5-9　见滚齿机传动系统图，在Y3150E型滚齿机上加工，$z=28$，$m=2$ mm的直齿圆柱齿轮，完成下列问题。

（1）试分别给出主运动、展成运动和垂直进给运动的挂轮。

（2）画图确定滚刀架扳动角度的大小和扳动角度的方向，并标明刀具和工件的运动方向。

① 切削用量 $V=28$ m/min　$f=0.87$ mm/r；

② 滚刀尺寸参数$\phi 70$ mm，$\lambda=3°6'$，$m=2$ mm，$k=1$；

③ 不考虑挂轮啮合条件和齿向误差。

磨床及应用

磨床类机床是以磨料、磨具（砂轮、砂带、油石、研磨料）为工具进行磨削加工的机床，它们是由精加工和硬表面加工的需要而发展起来的。

6-1 任务引入

外圆磨床主要用于磨削圆柱形或圆锥形的内外圆表面，还可以磨削阶梯轴的轴肩和端平面。在机械零部件制造加工中，外圆面磨削是一种重要的加工手段。

任务 阶梯轴的磨削

明确阶梯轴磨削砂轮选用，切削参数计算（选用），机床选型，机床调整。

6-2 相关知识

6-2-1 磨床的基本知识概述

磨床（grinding machine）广泛用于零件表面的精加工，尤其是淬硬钢件和高硬度特殊材料的精加工。磨削加工较易获得高的加工精度和小的表面粗糙度值，在一般加工条件下，精度为 IT5～IT6 级，表面粗糙度为 $Ra0.32 \sim 1.25\ \mu m$；在高精度外圆磨床上进行精密磨削时，尺寸精度可达 0.2 μm，圆度可达 0.1 μm，表面粗糙度可控制到 $Ra0.01\ \mu m$，精密平面磨削的平面度可达 1 000：0.001 5。近年来，由于科学技术的发展，对机器及仪器零件的精度和表面粗糙度要求越来越高，各种高硬度材料应用日益增多，同时，由于磨削本身工艺水平的不断提高，所以磨床的使用范围日益扩大，在金属切削机床中所占的比重不断上升。目前在工业发达国家中，磨床在金属切削机床中所占的比重约为 30%～40%。

为了适应磨削各种加工表面、工件形状及生产批量要求，磨床的种类很多，其中主要类型有以下几种：

① 外圆磨床。包括万能外圆磨床、外圆磨床、无心外圆磨床等。

② 内圆磨床。包括普通内圆磨床、无心内圆磨床等。

③ 平面磨床。包括卧轴矩台平面磨床、立轴矩台平面磨床、卧轴圆台平面磨床、立轴圆台平面磨床等。

④ 工具磨床。包括工具曲线磨床、钻头沟槽磨床、丝锥沟槽磨床等。

⑤ 刀具刃磨磨床。包括万能工具磨床、拉刀刃磨床、滚刀刃磨床等。

⑥ 各种专门化磨床。它是专门用于磨削某一类零件的磨床，包括曲轴磨床、凸轮轴磨床、花键轴磨床、球轴承套圈沟磨床、活塞环磨床、叶片磨床、导轨磨床、中心孔磨床等。

⑦ 其他磨床。包括珩磨床、研磨机、抛光机、超精加工机床、砂轮机等。

在生产中应用最广泛的是外圆磨床、内圆磨床和平面磨床三类。

目前，数控磨床的应用也在发展。现代磨床主要发展趋势是：提高机床的加工效率，提高机床的自动化程度以及进一步提高机床的加工精度和减小表面粗糙度值。

6-2-2　M1432A 型万能外圆磨床

M1432A 型磨床是普通精度级万能外圆磨床，主要用于磨削圆柱形或圆锥形的内外圆表面，还可以磨削阶梯轴的轴肩和端平面。该机床的工艺范围较广，但磨削效率不够高，适用于单件小批生产，常用于工具车间和机修车间。

一、机床的组成和主要技术规格

如图6-1所示，M1432A 型万能外圆磨床由床身1、工件头架2、内圆磨具3、工作台8、砂轮架4、尾座5和由工作台手摇机构、横向进给机构、工作台纵向往复运动液压控制板等组成的控制箱7等主要部件组成。在床身顶面前部的纵向导轨上装有工作台，台面上装有工件头架2和尾座5。被加工工件支承在头、尾架顶尖上，或用头架上的卡盘夹持，由头架上的传动装置带动旋转，实现圆周进给运动。尾架在工作台上可左右移动以调整位置，适应装夹不同长度工件的需要。工作台由液压传动驱动，使其沿床身导轨作往复移动，以实现工件的纵向进给运动；也可用手轮操作，作手动进给或调整纵向位置。工作台由上下两层组成，上工作台可相对于下工作台在水平面内偏转一定角度（一般不大于±10°），以便磨削锥度不

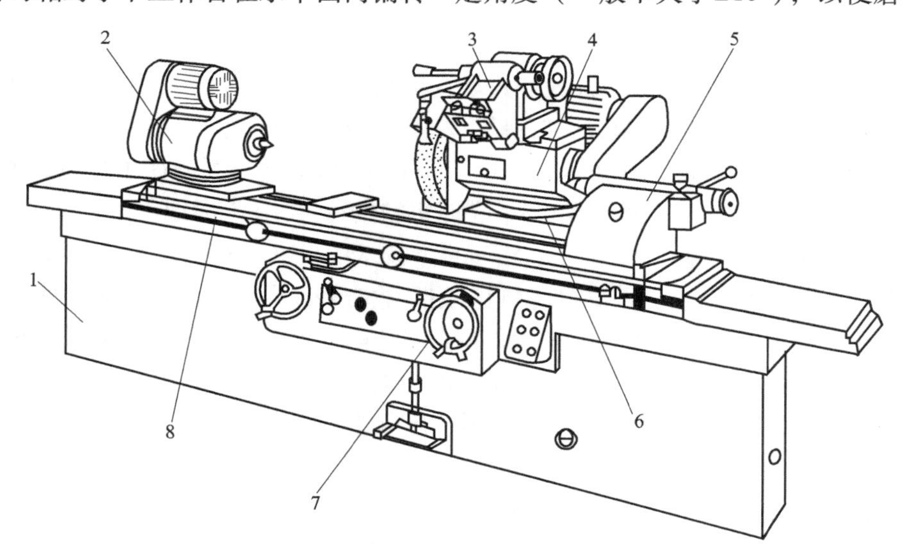

图 6-1　M1432A 型万能外圆磨床

1—床身；2—工件头架；3—内圆磨具；4—砂轮架；
5—尾座；6—滑板；7—控制箱；8—工作台

大的锥面。砂轮架 4 由主轴部件和传动装置组成，安装在床身顶面后部的横向导轨上，利用横向进给机构可实现横向进给运动以及调整位移。装在砂轮架上的内磨装置用于磨削内孔，其内圆磨具 3 由单独的电动机驱动。磨削内孔时，应将内磨装置翻下。万能外圆磨床的砂轮架和头架都可绕垂直轴线转动一定角度，以便磨削锥度较大的锥面。此外，在床身内还有液压传动装置，在床身左后侧有冷却液循环装置。

M1432A 型万能外圆磨床的主要技术规格如下：

外圆磨削直径为 ϕ 8~ϕ 320 mm；

最大外圆磨削长度有 1 000 mm、1 500 mm、2 000 mm 三种；

内孔磨削直径为 ϕ 13~ϕ 100 mm；

最大内孔磨削长度为 125 mm；

外圆磨削时砂轮转速为 1 670 r/min；

内圆磨削时砂轮转速有 10 000 r/min 和 15 000 r/min 两种。

二、典型加工方法

图 6-2 所示为 M1432A 型万能外圆磨床上几种典型表面的加工示意图。分析这几种典型表面的加工情况可知，机床应具有下列运动：磨外圆时砂轮的旋转主运动 n_t；磨内孔时砂轮的旋转主运动 n_t；工件旋转圆周进给运动 n_w，工件往复作纵向进给运动 f_a；砂轮横向进给运动 f_r（往复纵磨时为周期间隙进给；切入磨削时连续进给）。

此外，机床还具有两个辅助运动：为装卸和测量工件方便所需的砂轮架横向快速进退运动；为装卸工件所需要的尾座套筒的伸缩移动。

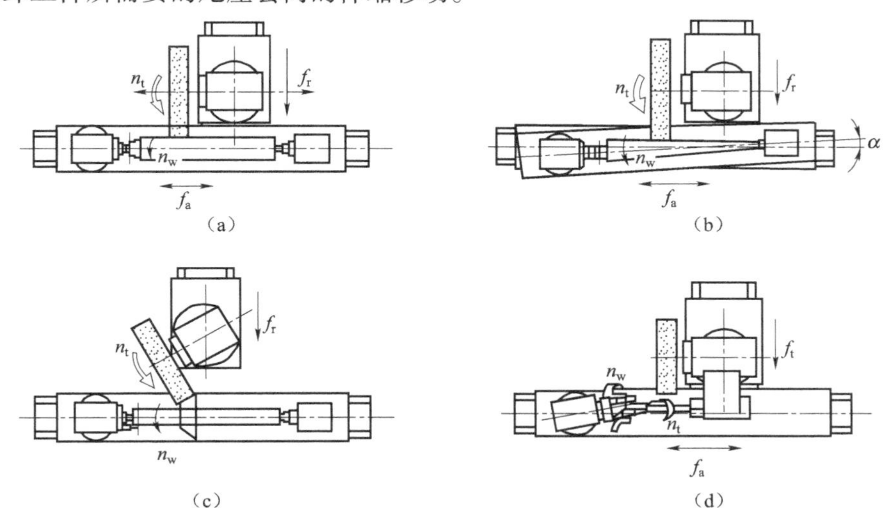

图 6-2 万能外圆磨床典型加工示意图

（a）纵磨法磨外圆柱面；（b）扳转工作台用纵磨法磨长圆锥面；

（c）扳转砂轮架用切入法磨短圆锥面；（d）扳转头架用纵磨法磨内圆锥面

三、机床的机械传动系统

M1432A 型万能外圆磨床各部件的运动，由液压和机械传动装置来实现。其中工作台纵

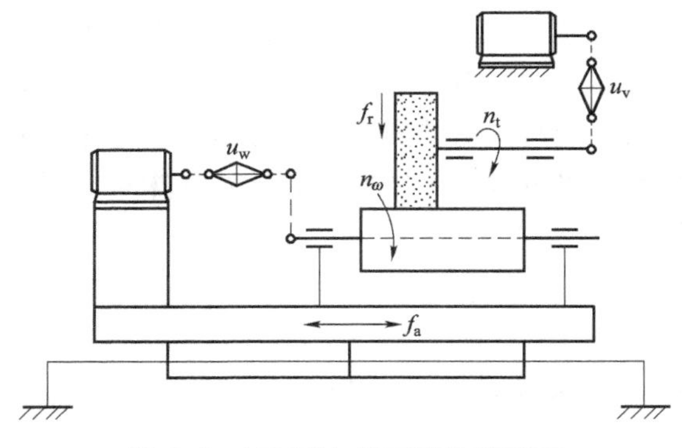

图 6-3　M1432A 型万能外圆磨床的机械传动原理图

向直线进给运动、砂轮架的快速前进和后退、砂轮架丝杠螺母副间隙消除机构以及工作台的液压传动与手动互锁机构等均由液压传动配合机械装置来实现，其他运动都由机械传动系统来完成。图 6-3 为 M1432A 型万能外圆磨床的机械传动原理图，图 6-4 为 M1432A 型万能外圆磨床的机械传动系统图。

1. 砂轮主轴的旋转主运动

砂轮主轴由 1 440 r/min、4 kW 的电动机驱动，经四根 V 型带直接传动，使主轴获得 1 620 r/min 的转速。（图 6-4）

2. 内圆磨具主轴的旋转主运动

内圆磨具主轴由内磨装置上的 2 840 r/min、1. 1 kW 的电动机驱动，经平行带直接传动，可更换带轮，使主轴获得 10 000 r/min 和 15 000 r/min 两种转速。（图 6-4）

3. 工件头架主轴的圆周进给运动

工件头架主轴由双速电动机（780/1 560 r/min、0. 55/1. 1 kW）驱动，经 V 型带塔轮的两级带传动，使头架主轴带动工件实现圆周进给运动。（图 6-4）

$$\text{双速电机 I}-\left\{\begin{matrix}\dfrac{\phi\,48}{\phi\,164}\\[2mm]\dfrac{\phi\,111}{\phi\,109}\\[2mm]\dfrac{\phi\,130}{\phi\,90}\end{matrix}\right\}-\text{II}-\frac{\phi\,61}{\phi\,184}-\text{III}-\frac{\phi\,68}{\phi\,177}-\text{拨盘（死顶尖、活顶尖磨削）}$$

4. 工作台的运动

工作台的纵向进给运动是由液压系统来实现的。调整机床及磨削阶梯轴的台阶时，工作台还可由手轮 A 驱动。机构中设置一互锁油缸，当工作台液压传动时，互锁油缸上腔通压力油，使齿轮 Z_{18} 与 Z_{72} 脱开，手动纵向直线移动不起作用；当工作台不用液压传动时，互锁油缸上腔通油池，在互锁油缸内弹簧的作用下，使齿轮 Z_{18} 与 Z_{72} 重新啮合传动，转动手轮 A，经齿轮副 15/72 和 18/72、Z_{18} 齿轮及齿条，实现工作台手动纵向直线移动。（图 6-4）

5. 砂轮架的横向进给

横向进给运动，可通过摇动手轮 B 来实现，也可由进给液压缸的柱塞 G 驱动，实现周期性的自动进给。图 6-4 传动路线表达式为

$$\left\{\begin{matrix}\text{手轮（手动进给）}\\\text{进给油缸柱塞 G（自动进给）}\end{matrix}\right\}-\text{VIII}-\left\{\begin{matrix}\dfrac{50}{50}\ (\text{E}\uparrow\text{粗进给})\\[2mm]\dfrac{20}{80}\ (\text{E}\downarrow\text{细进给})\end{matrix}\right\}\text{IX}-\frac{44}{88}-\text{横向进给红杠}$$

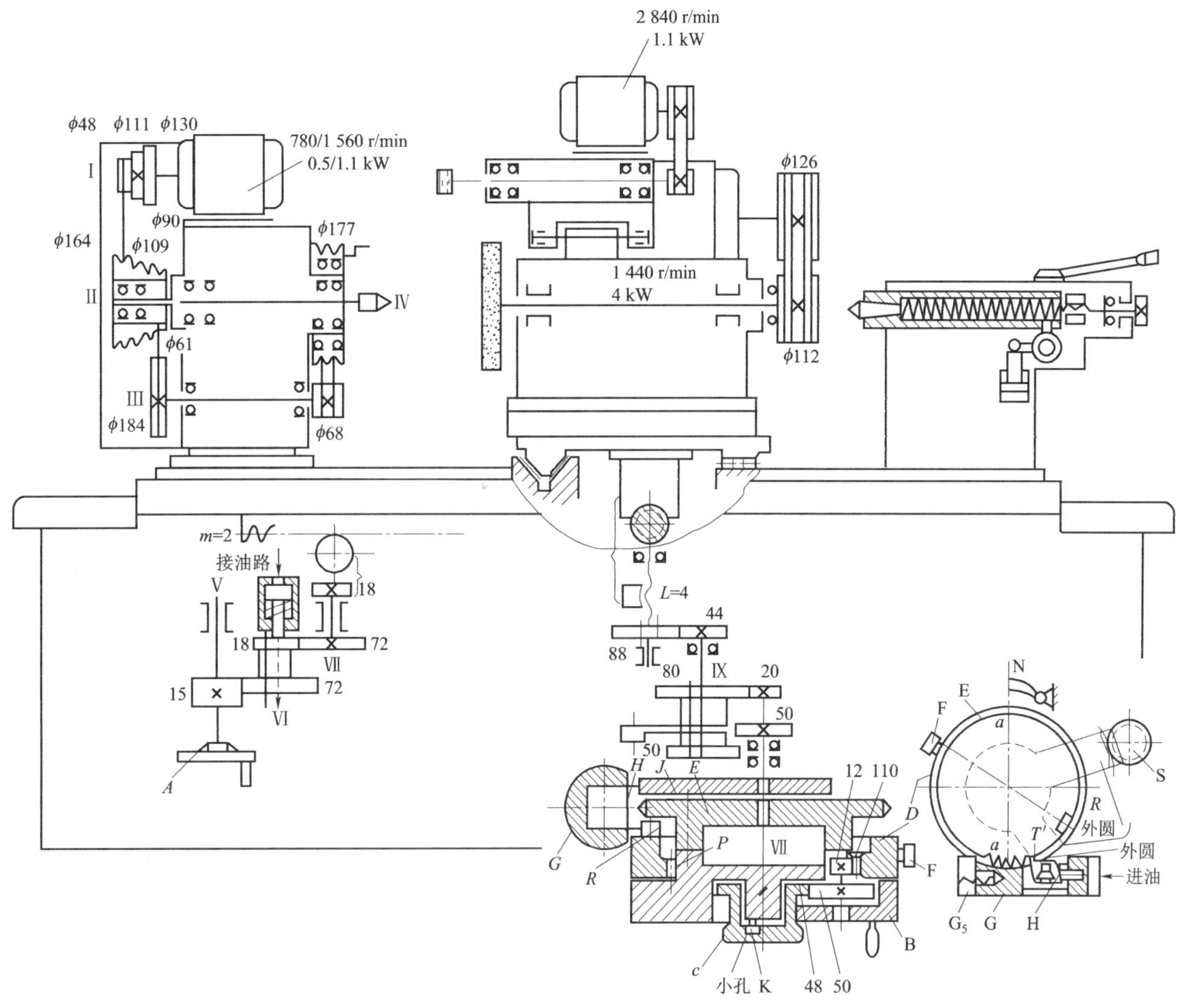

图 6－4　M1432A型万能外圆磨床传动系统图

6-2-3 外圆磨床的典型结构

一、主轴部件

1. 砂轮架

砂轮架由壳体、砂轮主轴及其轴承、传动装置与滑板等组成。砂轮主轴及其支承部分的结构将直接影响工件的加工精度和表面粗糙度，因而是砂轮架部件的关键部分，它应保证砂轮主轴有较高的旋转精度、刚度、抗振性及耐磨性。

图6-5所示的砂轮架中，砂轮主轴5以两端锥体定位，前端通过压盘1安装砂轮，后端

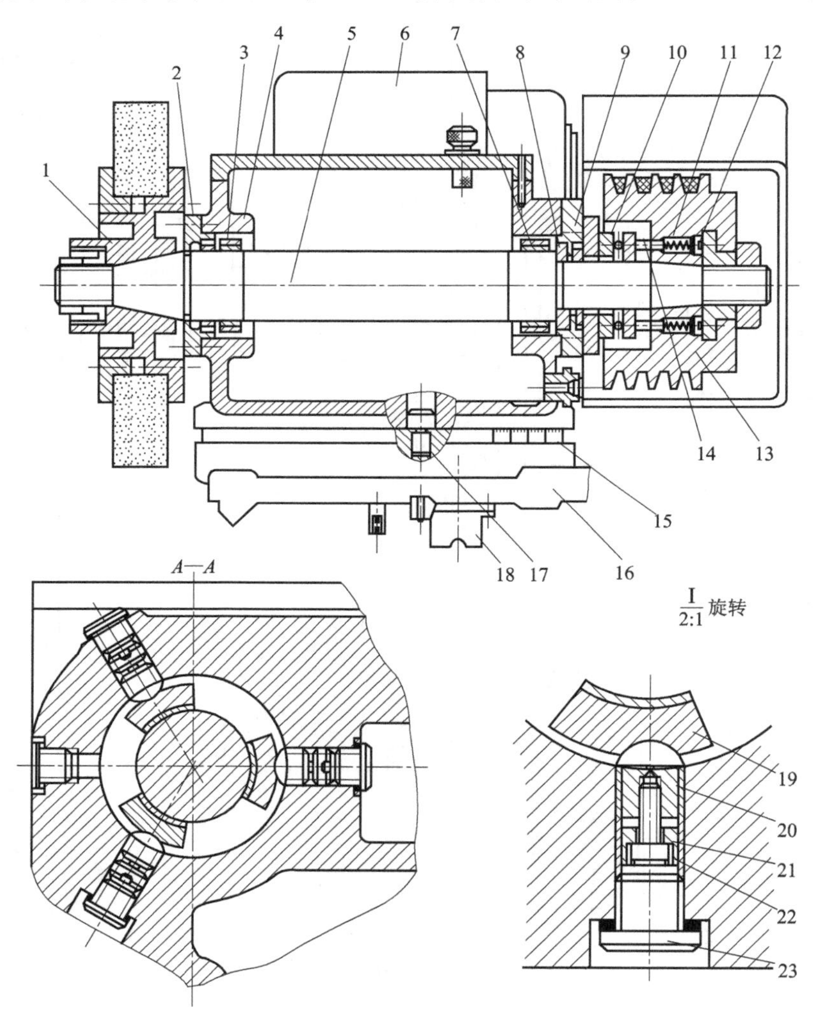

图6-5 M1432A型外圆磨床砂轮架结构

1—压盘；2，9—轴承盖；3、7—动压滑动轴承；4—壳体；5—砂轮主轴；6—主电动机；8—止推环；10—推力球轴承；11—弹簧；12—调节螺钉；13—带轮；14—销子；15—刻度盘；16—滑鞍；17—定位轴销；18—半螺母；19—扇形轴瓦；20—球头螺钉；21—螺套；22—锁紧螺钉；23—封口螺钉

通过锥体安装带轮 13。主轴的前、后支承均采用“短三瓦”动压滑动轴承，每个轴承由均布在圆周上的三块扇形轴瓦 19 组成。每块轴瓦都支承在球头螺钉 20 的球形端头上，由于球头中心在周向偏离轴瓦对称中心，当主轴高速旋转时，在轴瓦与主轴颈之间形成三个楔形缝隙，于是在三块轴瓦处形成三个压力油楔，砂轮主轴在三个油楔压力作用下，悬浮在轴承中心而呈纯液体摩擦状态。调整球头螺钉的位置，即可调整主轴轴颈与轴瓦之间的间隙。通常间隙应 0.01~0.02 mm。调整好以后，用螺套 21 和锁紧螺钉 22 保持锁紧，以防止球头螺钉松动而改变轴承间隙，最后用封口螺钉 23 密封。

砂轮主轴 5 由止推环 8 和推力球轴承 10 作轴向定位，并承受左右两个方向的轴向力。推力球轴承的间隙由装在带轮内的 6 根弹簧 11 通过销子 14 自动消除。

砂轮工作时的圆周速度很高，为了保证砂轮运转平稳，采用带传动直接传动砂轮主轴。装在主轴上的零件都经仔细校正静平衡，整个主轴部件还要经过动平衡校正。

砂轮架壳体 4 号内装润滑油来润滑主轴轴承（通常用 2 号主轴油并经严格过滤），油面高度可通过油标观察。主轴两端采用橡胶油封实现密封。

砂轮架壳体用 T 型螺钉紧固在滑鞍 16 上，它可绕滑鞍上的定位轴销 17 回转一定角度，以磨削锥度大的短锥体。磨削时，通过横向进给机构和半螺母 18，使滑鞍带着砂轮架沿横向滚动导轨作横向进给运动或快速进退移动。

2. 内圆磨削装置

万能外圆磨床除能磨削外回转面外，还可磨削内孔，所以设有内磨装置，见图 6-6 所示。内磨装置通常以铰链连接方式装在砂轮架的前上方，使用时翻下，不用时翻向上方，如图 6-1 所示位置。为了保证工作安全，机床上设有电气连锁装置，当内磨装置翻下时，压下相应的行程开关并发出电气信号，使砂轮架不能前后快速移动，且只有在这种情况下才能启动内磨装置的电动机，以防止工作过程中因误操作而发生意外。

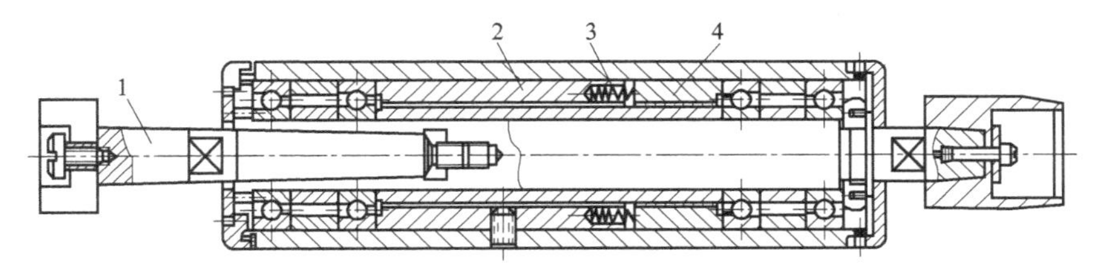

图 6-6　内圆磨削装置

1—接长轴；2，4—套筒；3—弹簧

内圆磨具是磨内孔用的砂轮主轴部件。如图 6-6 所示。它做成独立的部件，安装在支架的孔中，可以很方便地进行更换。通常每台万能外圆磨床备有几套尺寸与极限工作转速不同的内圆磨具，供磨削不同直径的内孔时选用。内磨主轴前后支承各为两个角接触球轴承，均匀分布的 8 个弹簧 3 的作用力通过套筒 2 和 4 顶紧轴承外圈。当轴承磨损产生间隙或主轴受热伸长时，由弹簧自动补偿调整，从而保证了主轴轴承的高刚度和稳定的预紧力。主轴的前端有一莫氏锥孔，可根据磨削孔的深度安装不同的接长轴；后端有一外锥面，以安装平带轮，由电动机通过平带直接传动主轴。

二、工件头架

工件头架结构见图6-7所示，头架主轴和前顶尖根据不同的加工情况，可以转动或固定不动。

（1）工件支承在前、后顶尖上（图6-7（a）），拨盘9的拨杆拨动工件夹头，使工件旋转，这时头架主轴和前顶尖固定不动。固定主轴的方法是拧紧螺杆2，使摩擦环1顶紧主轴后端，则主轴及前顶尖固定不动，避免了主轴回转精度误差对加工精度的影响。

（2）用三爪自定心或四爪单动卡盘装夹工件。这时，在头架主轴前端安装卡盘（图6-7（c）），卡盘固定在法兰盘22上，法兰盘22装在主轴的锥孔中，并用拉杆拉紧。运动由拨盘9经拨销21带动法兰盘22及卡盘旋转，于是，头架主轴由法兰盘带动，也随之一起转动。

（3）自磨主轴顶尖。此时将主轴放松，把主轴顶尖装入主轴锥孔，同时用拨块19将拨盘9和主轴相连（图6-7（b）），使拨盘9直接带动主轴和顶尖旋转，依靠机床自身修磨以提高工件的定位精度。壳体14可绕底座上的轴销16转动，调整头架角度位置的范围为0°~90°。

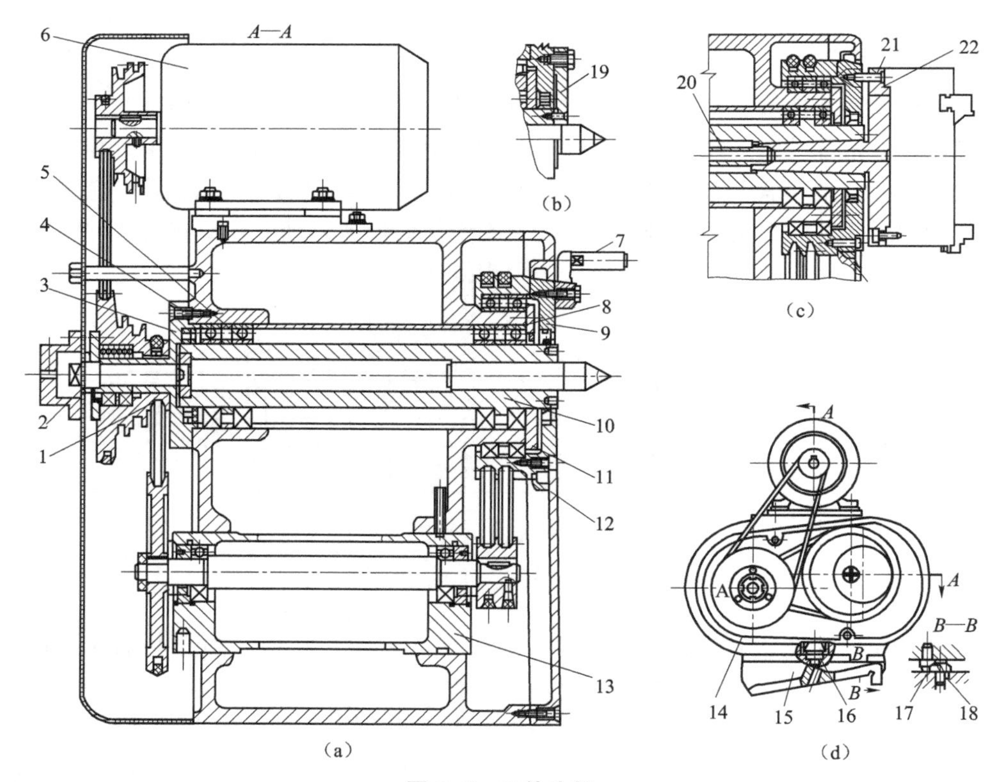

图6-7　工件头架

1—摩擦环；2—螺杆；3，11—轴承盖；4，5，8—隔套；6—电动机；7—拨杆；9—拨盘；10—头架主轴；12—带轮；13—偏心套；14—壳体；15—底座；16—轴销；17—销子；18—固定销；19—拨块；20—拉杆；21—拨销；22—法兰盘

三、尾座

尾座的功用是利用安装在尾座套筒上的顶尖（后顶尖）与头架主轴上的前顶尖一起支承工件，使工件实现准确定位。某些外圆磨床的尾座可在横向作微量位移调整，以便精确地控制工件的锥度，见图 6-8。

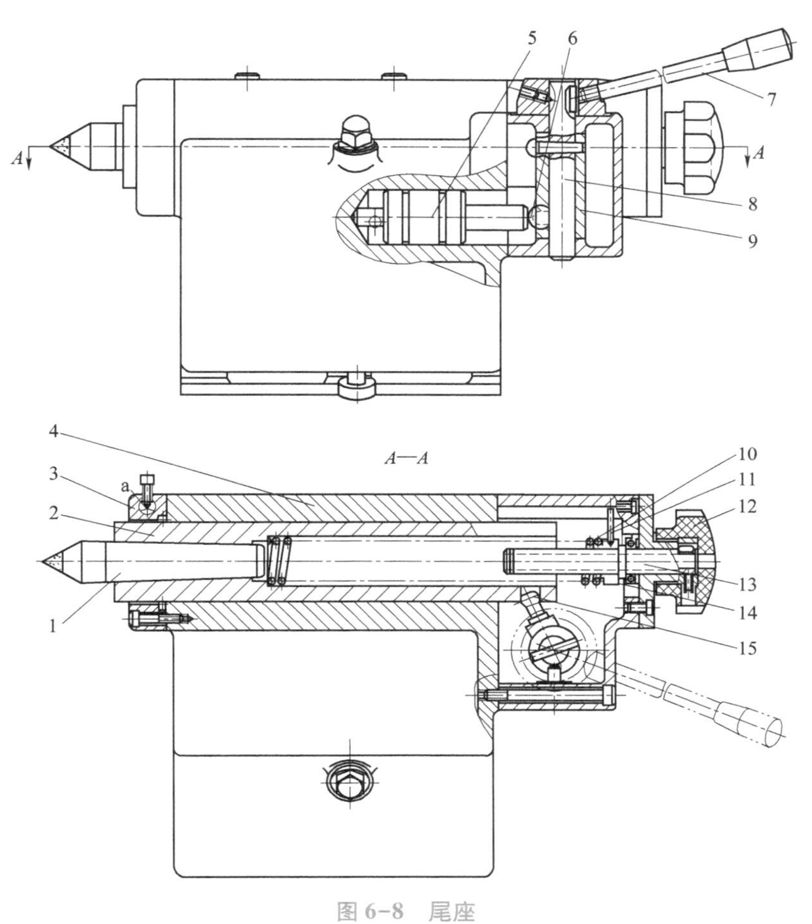

图 6-8　尾座

1—顶尖；2—尾座套筒；3—密封盖；4—壳体；5—活塞；6—下拨杆；
7—手柄；8—轴；9—轴套；10—弹簧；11—销子；12—手把；
13—丝杠；14—螺母；15—上拨杆；a—斜孔

四、横向进给机构（图 6-9、图 6-10）

1. 手动进给

转动手轮 11，经过用螺钉与其连接的中间体 17，带动轴Ⅱ，再由齿轮副 50/50，或 20/80，经 44/88，传动丝杠 16 转动，可使砂轮架横向进给运动。手轮转 1r，砂轮架 5 的横向进给量为 2 mm 或 0.5 mm，手轮 11 上的刻度盘 9 上刻度为 200 格，所以每格进给量为 0.01 mm 或 0.025 mm。

2. 周期自动进给

周期自动进给由液压缸柱塞 18 驱动，当工作台换向，液压油进入进给液压缸右腔，推动柱塞 18 向左侧运动，这时空套在柱塞 18 内的销轴上的棘爪 19 推动棘轮 8 转过一个角度，棘轮 8 用螺钉和中间体 17 紧固在一起，转动丝杠 16，实现一次自动进给；进给完毕后，进给液压缸右腔与回油路接通，柱塞 18 在左端弹簧作用下复位，转动齿轮 20，使遮板 7 改变位置，可以改变棘爪 19 能推动棘轮 8 的齿数，从而改变进给量的大小。棘轮 8 上有 200 个齿，与刻度盘 9 上刻度为 200 格相对应，棘爪 19 最多能推动棘轮 8 转过 4 个齿，相当于刻度盘转过 4 个格，当横向进给达到工件规定尺寸后，装在刻度盘 9 上的撞块 14 正好处于垂直线 *aa* 上的手轮 11 正下方，由于撞块 14 的外圆直径与棘轮 8 的外圆直径相等，将棘爪 19 压下，与棘轮 8 脱开啮合，横向进给运动停止。（图 6-9、图 6-10）

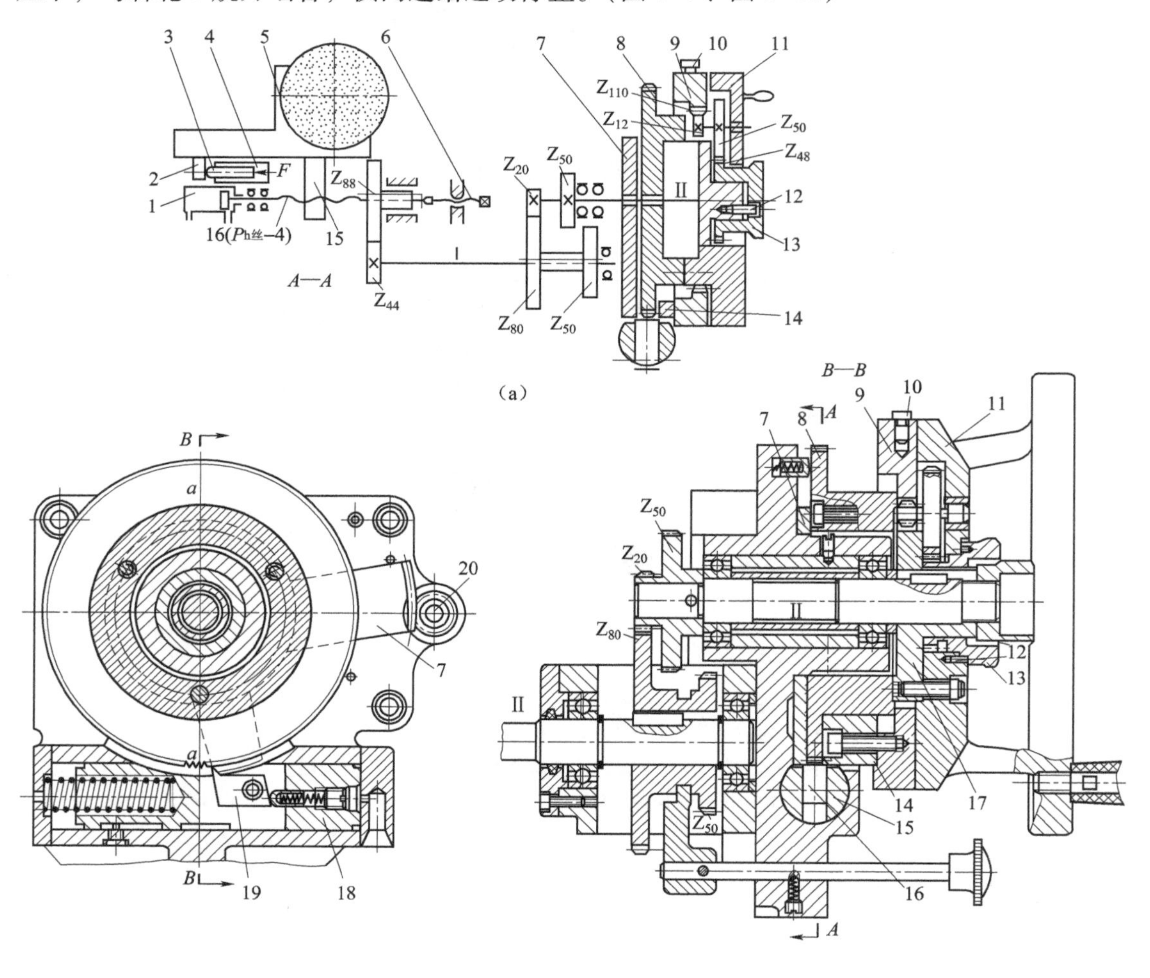

图 6-9　M1432A 型外圆磨床横向进给机构

1—液压缸；2—挡铁；3—柱塞；4—闸缸；5—砂轮架；6—定位螺钉；7—遮板；8—棘轮；9—刻度盘；10—挡销；11—手轮；12—销钉；13—旋钮；14—撞块；15—半螺母；16—丝杠；17—中间体；18—柱塞；19—棘爪；20—齿轮

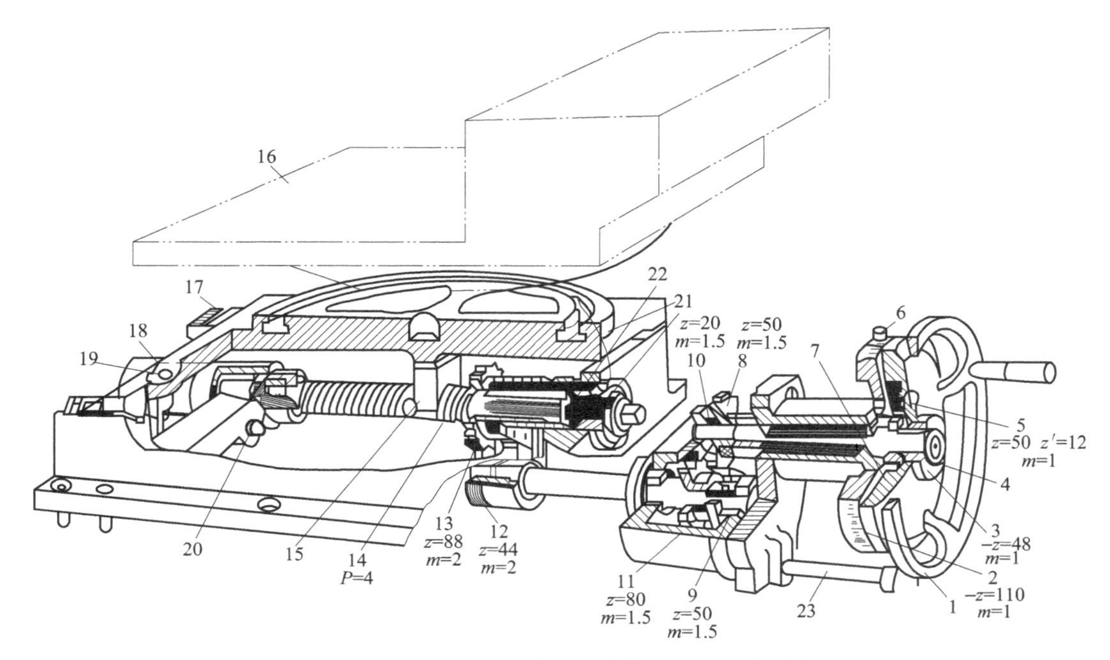

图 6-10　M1432A 型外圆磨床横向进给机构结构

1—手轮；2—刻度盘；3—旋钮；4—销钉；5—行星齿轮轴；6—挡销；7—中间体；8—齿轮；9—齿轮；10—齿轮；11—齿轮；12—齿轮；13—齿轮；14—丝杠；15—半螺母；16—砂轮架；17—挡铁；18—液压缸；19—螺钉；20—定位螺钉；21—刚度定位螺钉调节装置；22—刚度定位螺钉

3. 定程磨削及调整

在进行批量加工时，为简化操作，节约辅助时间，通常先试磨一个工件，达到规定尺寸后，调整刻度盘位置，使与撞块 14 成 180°安装的挡销 10 处于垂直线 aa 上的手轮 11 正上方刚好与固定在床身前罩上的定位爪相碰，此时手轮 11 不转，这样，在批量加工一批零件时，当转动手轮与挡销相碰时，说明工件已达到规定尺寸。当砂轮磨损或修正后，由挡销 10 控制的加工直径增大，这时必须调整砂轮架 5 的行程终点位置，因此需要调整刻度盘 9 上挡销 10 与手轮 11 的相对位置。调整方法是：拔出旋钮 13，使它与手轮 11 上的销钉 12 脱开后顺时针转动，经齿轮副$\frac{48}{50}$带动齿轮 Z_{12}转动，Z_{12}与刻度盘 9 上的内齿轮 Z_{110}啮合，使刻度盘 9 连同挡销 10 一起逆时针转动。刻度盘 9 转过的格数应根据砂轮直径减少所引起的工件尺寸变化量确定。调整完了后，将旋钮 13 推入，手轮 11 上的销钉 12 插入端面销孔，刻度盘 9 与手轮 11 连成一体（图 6-9）。

4. 快速进退

砂轮架 5 的定距离快速进退运动由液压缸 1 实现。当液压缸的活塞在液压油推动下左右运动时，通过滚动轴承座带动丝杠 16 轴向移动，此时丝杠的右端在齿轮 Z_{88}的内花键中移动，再由半螺母带动砂轮架 5 实现快进、快退。快进终点位置由刚度定位螺钉 6 保证。为提高砂轮架 5 的重复定位精度，液压缸 1 设有缓冲装置，防止定位冲击与振动。丝杠 16 与半

螺母 15 之间的间隙既影响进给量精度，也影响重复定位精度，利用闸缸 4 可以消除其影响。机床工作时，闸缸 4 接通液压油，柱塞 3 通过挡铁 2 使砂轮架 5 收到一个向左的作用力 F，与径向磨削力同向，与进给力相反，使半螺母 15 与丝杠 16 始终紧靠在螺纹一侧，从而消除螺纹间隙的影响。

五、磨床的液压传动系统

横向进给及砂轮的快速引进和退出均系液压传动，见图 6-11。磨床采用液压传动是因其工作平稳，无冲击振动。在整个系统中，有油泵、油缸、转阀、安全阀、节流阀、换向滑阀、操纵手柄等组成元件。

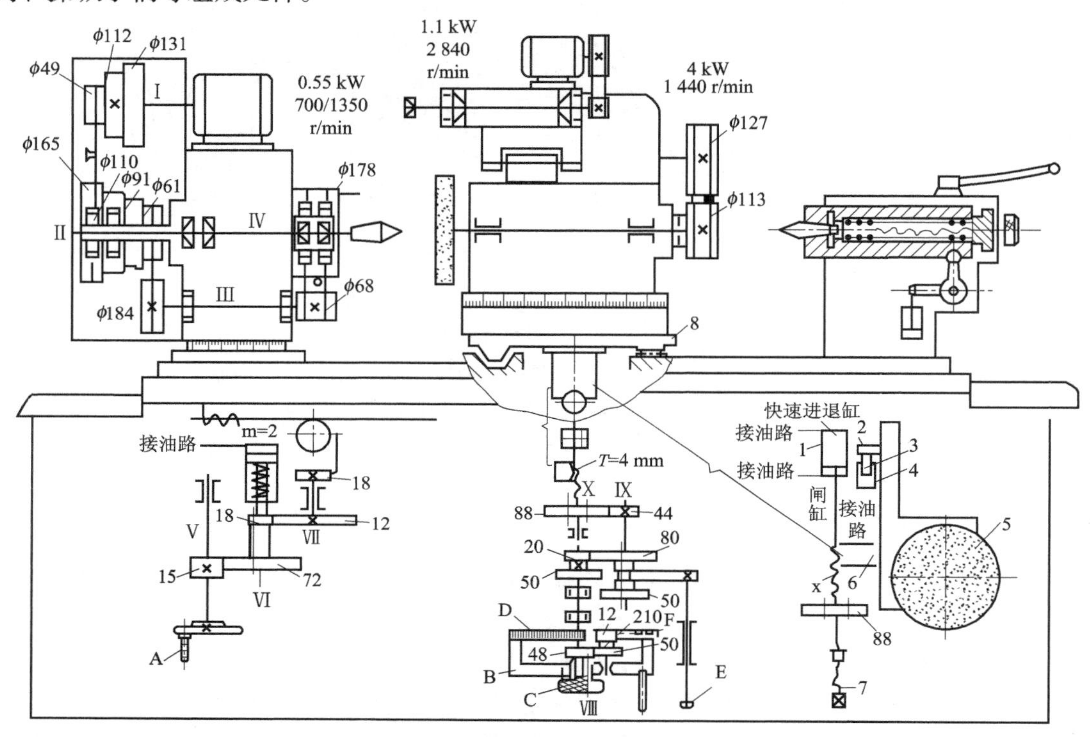

图 6-11　M1432A 型外圆磨床液压传动示意图

*六、M1432B 型万能外圆磨床液压系统

图 6-12 为 M1432B 型万能外圆磨床液压系统。该系统能完成工作台的往复运动、砂轮架的横向快速进退运动、周期进给运动、尾座顶尖的自动松开、工作台手动与液动的互锁、砂轮架丝杠螺母副间隙的消除及机床的润滑等。

1. 工作过程

M1432B 型万能外圆磨床工作台的往复运动用 HYY21/3P——25T 型快跳操纵箱进行控制。该操纵箱主要由开停阀 7、节流阀 8、先导阀 5、液动主换向阀 6 和抖动缸等元件组成，它以机动先导阀 5 和液动主换向阀 6 组成的行程控制制动式换向回路为主体，与开停阀 7、节流阀 8 相配合控制工作台往复运动、调速及开停。

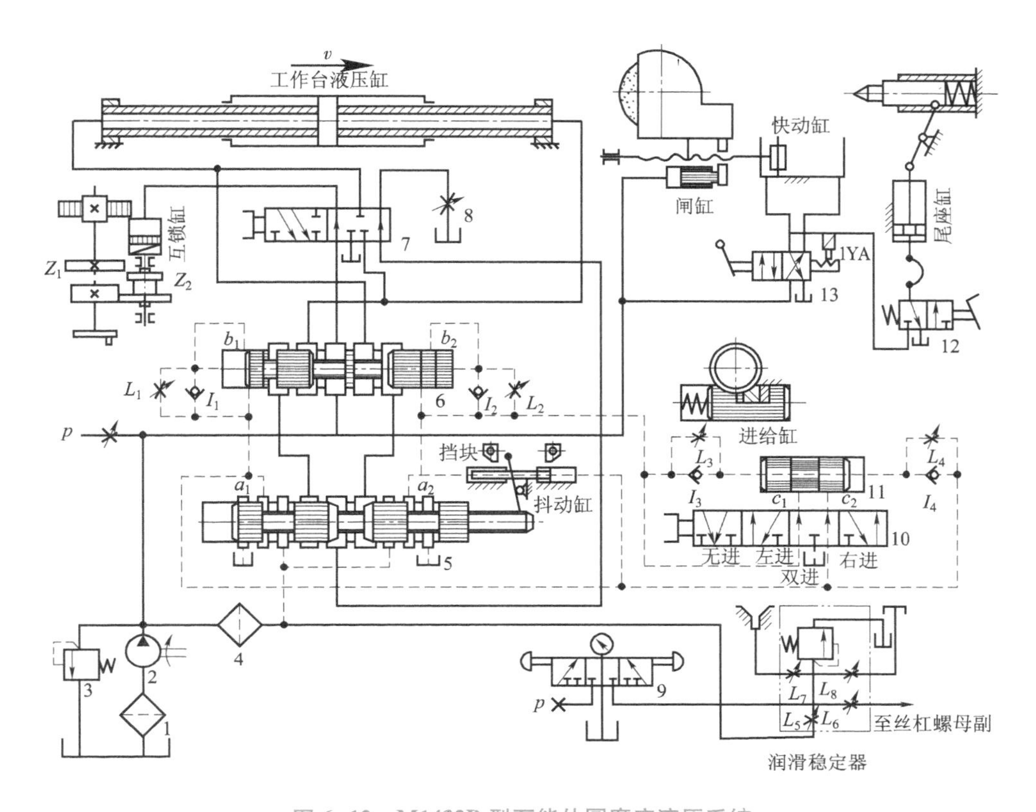

图 6-12　M1432B 型万能外圆磨床液压系统

(1) 工作台的往复运动。在图示工作台向右运动状态下，主油路为：

进油路：过滤器 1→液压泵 2→主换向阀 6→工作台液压缸右腔；

回油路：工作台液压缸左腔→主换向阀 6→先导阀 5→开停阀 7→节流阀 8→油箱。

当工作台向右运动到预定位置时，工作台的左挡块通过拨杆拨动先导阀 5 的阀芯左移，最终先导阀 5 的阀芯移至最左端位置，主换向阀 6 的阀芯在先导阀的控制作用下亦移至最左端位置，于是工作台向左运动，主油路变为：

进油路：过滤器 1→液压泵 2→主换向阀 6→工作台液压缸左腔；

回油路：工作台液压缸右腔→主换向阀 6→先导阀 5→开停阀 7→节流阀 8→油箱。

当工作台向左运动到预定位置时，工作台的右挡块碰到拨杆后，又使工作台改变运动方向而向右运动，如此不停地往复运动，直至开停阀 7 左位接入系统，工作台才停止运动。调节节流阀 8 可实现工作台往复运动的无级调速。

(2) 工作台换向过程。工作台换向过程分为三个阶段，即制动、端点停留和反向启动。

① 制动阶段。制动阶段又分为由先导阀 5 的阀芯制动锥实现的预制动和主换向阀 6 的阀芯快跳完成的终制动。当工作台向右运动到预定位置时，工作台的左挡块通过拨杆拨动先导阀 5 的阀芯左移，其右制动锥将通向节流阀 8 的通流面积逐渐关小，工作台逐渐减速，实现预制动。当先导阀 5 的阀芯稍稍越过中位，其右制动锥便将液压缸的回油通道关闭，同时先导阀 5 的右部已使 a_2 接通控制油液，而其左部使 a_1 接通油箱，控制油路切换，先导阀 5 的控制油路为：

进油路：过滤器1→液压泵2→精过滤器4→先导阀5→左抖动缸；

回油路：右抖动缸→先导阀5→油箱。

主换向阀6的控制油路为：

进油路：过滤器1→液压泵2→精过滤器4→先导阀5→单向阀I_2→主换向阀6右端；

回油路：主换向阀6左端→先导阀5→油箱。

在控制油液作用下先导阀5和主换向阀6的阀芯几乎同时向左快跳。先导阀5的阀芯快跳至最左端位置，为主换向阀6的阀芯快跳创造有利条件，主换向阀6的阀芯也因此而加速快跳（第一次快跳）至中位，即阀芯中间凸肩进入阀体中间环形槽，使液压缸左右两腔均通压力油，工作台因此迅速停止运动，实现终制动。可见预制动和终制动几乎同时完成，因此当工作台液压缸回油通道由先导阀5的阀芯制动锥关闭时，工作台制动也就立即完毕，于是可以认为先导阀5的阀芯快跳位置决定了工作台在两端的停留位置，相应工作台的换向精度较高。

② 端点停留阶段。主换向阀6的阀芯快跳结束后，由于其阀体左端直通先导阀5的通道被主换向阀芯切断，主换向阀6控制油路变为：

进油路：与第一次快跳相同；

回油路：主换向阀6左端→节流阀L_1→先导阀5→油箱。

在控制油液作用下，主换向阀6的阀芯按节流阀L_1（也称为停留阀）调定的速度慢速左移，由于主换向阀6的阀体中间环形槽宽度大于其阀芯中间凸肩宽度，液压缸左右两腔在阀芯慢速左移期间仍都继续通压力油，使工作台停止状态持续一段时间，这就是工作台反向启动前的端点停留。调节节流阀L_1（或L_2）便调整了端点停留时间。

③ 反向启动阶段。当主换向阀6的阀芯慢速移动到其左部环形槽将通道b_1和直通先导阀5的通道连通时，主换向阀6控制油路变为：

进油路：与第一次快跳相同；

回油路：主换向阀6左端→通道b_1→主换向阀6的阀芯左部环形槽→先导阀5→油箱。

在控制油液作用下，主换向阀6的阀芯快跳（第二次快跳）至最左端位置，主油路被迅速切换，相应工作台迅速反向启动，至此完成了工作台换向的全过程。

工作台向左运动到预定位置换向时，先导阀5和主换向阀6的阀芯自左向右移动的换向工作过程与上相同。

主换向阀6的阀芯第二次快跳的目的是缩短工作台反向启动时间，保证启动速度，以提高磨削质量。因工作台反向启动前液压缸左右两腔均通压力油，故工作台快速启动的平稳性较好。

（3）工作台液动与手动的互锁。当开停阀7处于图6-12所示右位接入系统位置时，互锁缸通入压力油，推动活塞使齿轮Z_1和Z_2脱开啮合，工作台运动不会带动手轮转动；当开停阀7左位接入系统时，工作台液压缸左右两腔连通，工作台停止液压驱动，同时互锁缸接通油箱，活塞在弹簧作用下向上移动而使齿轮Z_1和Z_2啮合，工作台可通过摇动手轮来移动，以调整工件的加工位置。这便实现了工作台液动与手动的互锁。

（4）砂轮架的快速进、退运动。快动阀13处于图示位置时，快动缸油路为：

进油路：过滤器1→液压泵2→快动阀13→快动缸右腔；

回油路：快动缸左腔→快动阀13→油箱。

在压力油作用下快动缸活塞通过丝杠螺母带动砂轮架快速前进到最前端位置，此位置靠砂轮架与定位螺钉接触（活塞与缸盖也几乎接触）来保证。为了防止砂轮架在快进运动终点出现冲击和提高快进终点的重复位置精度，快动缸的两端设有缓冲装置，同时还设置有抵住砂轮架消除丝杠螺母副间隙的闸缸。快动阀 13 左位接入系统时，砂轮架快退至最后端位置。

当快动阀 13 处于图示位置使砂轮架快进时，快动阀 13 的操纵手柄同时压下电气行程开关（图中未示出），使头架电机和冷却泵电机随即启动；快动阀 13 左位接入系统使砂轮架快退时，头架电机和冷却泵电机相应停止转动。

当将内圆磨头翻下磨削内孔时，电气微动开关（图中未示出）被压下，电磁铁 lYA 通电吸合而将快动阀 13 锁紧在右位，以免在内孔磨削时砂轮架因误操作而快退引起事故。

（5）砂轮架的周期进给运动。在图示状态下（选择阀 10 选定“双进”），当工作台向右运动至右端（砂轮磨削到工件左端）换向时，先导阀 5 切换控制油路使 a_2 点接通控制油液和 a_1 点接通油箱时，砂轮架进给缸进油路为：

过滤器 1→液压泵 2→精过滤器 4→先导阀 5→选择阀 10→进给阀 11→进给缸。

进给阀 11 的控制油路为：

进油路：过滤器 1→液压泵 2→精过滤器 4→先导阀 5→节流阀 L_3→进给阀 11 左端；

回油路：进给阀 11 右端→单向阀 I_4→先导阀 5→油箱。

在控制油液作用下，进给缸柱塞向左移动，柱塞的棘爪带动棘轮回轮，通过齿轮和丝杠螺母副使砂轮在工件左端进给一次。同时进给阀 11 的阀芯向右移动，当其移动至 c_1 通道关闭、c_2 通道打开时，进给缸在弹簧作用下回油，其回油路为：

进给缸→进给阀 11→选择阀 10→先导阀 5→油箱。

进给缸柱塞在弹簧作用下右移复位，进给阀 11 的阀芯在控制油液作用下也右移至右端位置，为砂轮在工件右端进给作好准备。

同理，当工作台反向运动至左端（砂轮磨削到工件右端）换向时，砂轮则在工件右端进给一次，其工作原理与上述相同。

砂轮每次进给量由棘爪棘轮机构调整，进给快慢及平稳性则通过调节节流阀 L_3 和 L_4 来保证。

当选择阀 10 选定“左进”时，c_2 通道始终通油箱，故工作台在左端（砂轮磨削到工件右端）换向时，进给阀 11 的阀芯同样会移至最左端位置，为工作台在右端换向时进给作准备，但因此时进给缸始终通油箱而不会进给；当工作台在右端（砂轮磨削到工件左端）换向时，进给阀 11 和进给缸的工作情况同“双进”的工件左端进给。当选择阀 10 选定“右进”时，c_1 通道始终通油箱，故无工件左端进给。当选择阀 10 选定“无进”时，c_1 和 c_2 通道始终通油箱，故既无左端进给也无右端进给。

（6）尾座顶尖的自动松开。为确保操作安全，砂轮架快速进、退与尾座顶尖的动作之间采取了互锁措施。图示状态下，砂轮架处于快进后的位置时，踏尾座阀 12 不可能使尾座顶尖退回；当砂轮架处于快退后的位置时，踏尾座阀 12 则会松开尾座顶尖。

（7）机床的润滑。液压泵 2 输出的压力油经精过滤器 4 后分成两路，一路进入先导阀

5作为控制油液，另一路则进入润滑稳定器作为润滑油，润滑油用固定节流器L_5降压，润滑油路中压力由压力阀14调节（一般为0.1~0.15 MPa）。压力油可经节流阀L_6、L_7和L_8分别流入导轨副及砂轮架丝杠螺母副等处进行润滑。各润滑点所需流量分别由各自的节流阀调节。

2. 液压系统的特点分析

（1）采用活塞杆固定式双活塞杆缸，减小了机床占地面积，同时也保证了两个方向的运动速度一致。

（2）采用结构简单、价格便宜且压力损失较小的节流阀回油节流调速，对于调速范围不需很大、负载小且基本恒定的磨床来说完全合适。

（3）采用回油节流调速回路，使液压缸回油腔具有一定背压，可防止空气侵入系统并提高了运动平稳性，至于停车后再启动的“前冲”现象，由于采用手动开停阀，它的转动范围较大（90°），开启速度相对较慢，系统压力又较低，故启动前冲现象得到改善。

（4）由于主换向阀阀芯能实现第一次快跳、慢速移动和第二次快跳，先导阀也能快跳（抖动），故工作台能获得理想的换向精度。

（5）由于设置了抖动缸，使工作台能作短距离的高频抖动，有利于保证切入式磨削及阶梯轴（孔）磨削的表面质量和提高生产率，同时也便于借助先导阀开始快跳的位置进行对刀。

（6）开停阀和节流阀单独设置，机床重复启动后，工作台运动速度能保持不变，有利于保证加工质量。

（7）快动阀和尾座阀串联连接，只有在砂轮架退离工件后，尾座阀才能起作用，尾座顶尖方能在液压力作用下松开。磨削内孔时，采用电磁铁将快动阀锁紧在快进后的位置上，可防止安全事故发生。

（8）四种进给方式用一个选择阀控制，操作方便。

（9）本系统采用了将先导阀、主换向阀、开停阀、节流阀和抖动缸集中于同一阀体内的HYY21/3P—25T型快跳操纵箱，使系统结构紧凑，管路缩短，管接头减少，安装调试和操纵都较方便。

3. 液压系统的调整

压力调整

① 将溢流阀3的调压手柄拧至最松，节流阀8关闭，使压力计开关9和开停阀7左位接入系统；

② 启动液压泵2，然后慢慢拧紧溢流阀3的调压手柄，同时观察压力计读数，当读数为0.9~1.1 MPa时锁紧调压手柄；

③ 将压力计开关9右位接入系统，调节压力阀14的调压螺钉，同时观察压力计读数，当读数为0.1~0.15 MPa时锁紧调压螺钉；

④ 使开停阀7右位接入系统，慢慢开大节流阀8，使工作台往复运动并观察p测压点和润滑油压力是否在规定范围内，同时应注意润滑油量是否正常。如发现导轨润滑油过多（会使工作台产生浮动而影响运动精度）或过少（会使工作台产生低速爬行现象），一般油

量过多，则首先检查润滑油压力是否过高，必要时可先降低压力再调节节流阀 L_7 和 L_8，油量过少则应考虑润滑油压力是否过低，可先升高压力再调节流量。

快动缸调整

① 将砂轮架底座前端的定位螺钉旋出，使砂轮架快速前进至最前端，千分表磁性表座固定在工作台上，表头触及砂轮架得出某一读数；

② 将定位螺钉旋出而迫使横进丝杠后退 0.05~0.10 mm（此值由千分表反映）；

③ 将砂轮架快速进、退 10 次，并观察千分表读数变化值，若变化值在 0.003 mm 以内，且无冲击现象，则调整完毕。

注：* 表示上述内容供选学。

七、万能外圆磨床保证加工精度及表面粗糙度所采取的主要措施

万能外圆磨床属于精加工机床。机床的加工精度和表面粗糙度比同尺寸规格的卧式车床要高一些，例如，把 M1432A 型万能外圆磨床和 CA6140 型卧式车床相比较：在 CA6140 卧式车床上（工件装在卡盘上），精车外圆的圆度允许为 0.01 mm；而在 M1432A 型磨床上（工件装在卡盘上），磨削外圆的圆度允许为 0.005 mm。

1. 砂轮架部分

（1）砂轮架主轴轴承采用旋转精度、刚度及抗振性高的多油契动压滑动轴承，并严格要求砂轮架主轴轴承及主轴本身的制造精度。例如，主轴轴径的圆度及圆锥度允许为 0.002~0.003 mm，前、后轴径和前端锥面（装砂轮处）之间的跳动公差为 0.003 mm；轴径和轴瓦之间的间隙经精确调整后应为 0.01~0.02 mm；此外，为了提高主轴部件的抗振性，砂轮主轴的直径也较大。

（2）采用 V 带直接传动砂轮主轴，使传动平稳。

（3）易引起振动的主要件，如砂轮、砂轮压紧盘和带轮等，都经精确的静平衡，电动机还经动平衡，并安装在隔振垫上。

2. 头架和尾座部分

（1）为了使传动平稳，头架的全部传动均采用带传动。

（2）头架的主轴轴承选择精密的 D 级滚动轴承，并通过精确地修磨各垫圈厚度，得到合适的预紧力。另外，用拨盘带动工件旋转时，头架主轴及顶尖固定不转（常称“固定顶尖”）。这些都有助于提高工件的旋转精度及主轴部件的刚度。

（3）头架主轴上的传动件带轮采用卸载结构，减少了主轴的弯曲变形。

（4）尾座顶尖用弹簧力顶紧工件，因此，当工件热膨胀时，可由弹簧伸缩来补偿，不会引起工件的弯曲变形。

3. 横进给部分

（1）采用滚动导轨及高刚度的进给机构（如很粗的丝杠），以提高砂轮架的横向进给精度。

（2）用液压闸缸来专门消除丝杠与螺母的间隙，以提高横向进给精度。

（3）快进终点由刚度定位件——刚度定位螺钉来准确定位。

4. 其他

（1）提高主要导向及支承件床身导轨的加工精度，如 M1432A 的床身导轨，在水平面

内的直度公差为 0.01/1 000 mm，而一般卧式车床，此项公差为 0.018/1 000 mm。导轨面由专门的低压油润滑，以减少磨损及控制工作台的浮起量，以保证工作精度。

（2）工作台用液压传动，运动平稳，并能无级调速，以便选用合适的纵向进给量。从上述结构特点看出，由于磨床各主要部件围绕提高精度及表面粗糙度采取了各种措施，使其磨削精度及表面粗糙度得到保证。

6-2-4 磨床附件

一、砂轮的检查、安装、平衡和修整工具

砂轮因在高速下工作，因此安装前必须经过外观检查，不应有裂纹。

安装砂轮时，要求将砂轮不松不紧地套在轴上。在砂轮和法兰盘之间垫上 1~2 mm 厚的弹性垫板（皮革或橡胶所制），见图 6-13。

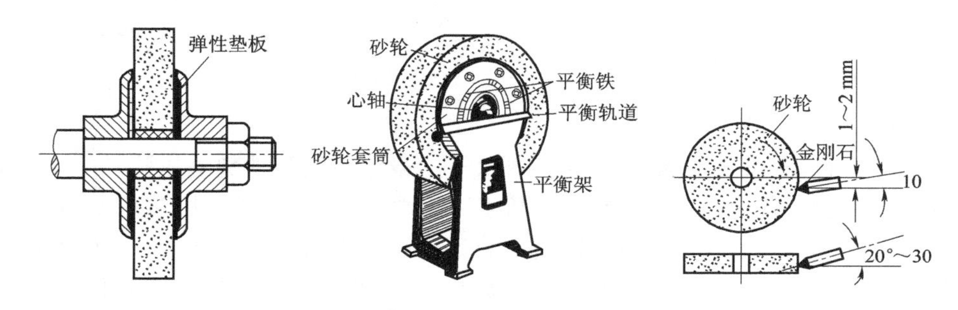

图 6-13 砂轮的安装、平衡、修整工具

为了使砂轮平稳地工作，砂轮须静平衡。砂轮平衡的过程是：将砂轮装在心轴上，放在平衡架轨道的刀口上。如果不平衡，较重的部分总是转到下面。这时可移动法兰盘端面环槽（平衡轨道）内的平衡铁进行平衡，然后再进行平衡。这样反复进行，直到砂轮可以在刀口上任意位置都能静止，这就说明砂轮各部质量均匀。这种方法叫做静平衡。一般直径大于 125 mm 的砂轮都应进行静平衡。

砂轮工作一定时间以后，磨粒逐渐变钝，砂轮工作表面空隙被堵塞，这时须进行修整。使已磨钝的磨粒脱落，以恢复砂轮的切削能力和外形精度。砂轮常用金刚石笔进行修整（见图 6-13）。修整时要用大量冷却液，以避免金刚石笔因温度剧升而破裂。

二、磁力吸盘

磁力吸盘按磁力来源分为电磁吸盘和永磁吸盘两类。

电磁吸盘：体内装有多组线圈，通入直流电产生磁场，吸紧工件；切断电源，磁场消失，松开工件，见图 6-14。

永磁吸盘：体内装有整齐排列并被绝缘板隔开的强力永久磁铁磨削中小型工件的平面，常采用电磁吸盘工作台吸住工件，见图 6-15。

电磁吸盘的工作原理如图 6-14 所示。1 为钢制吸盘体，在它的中部凸起的芯体 A 上绕有线圈 2，钢制盖板 3 被绝磁层 4 隔成一些小块。当线圈 2 中通过直流电时，芯体 A 被磁

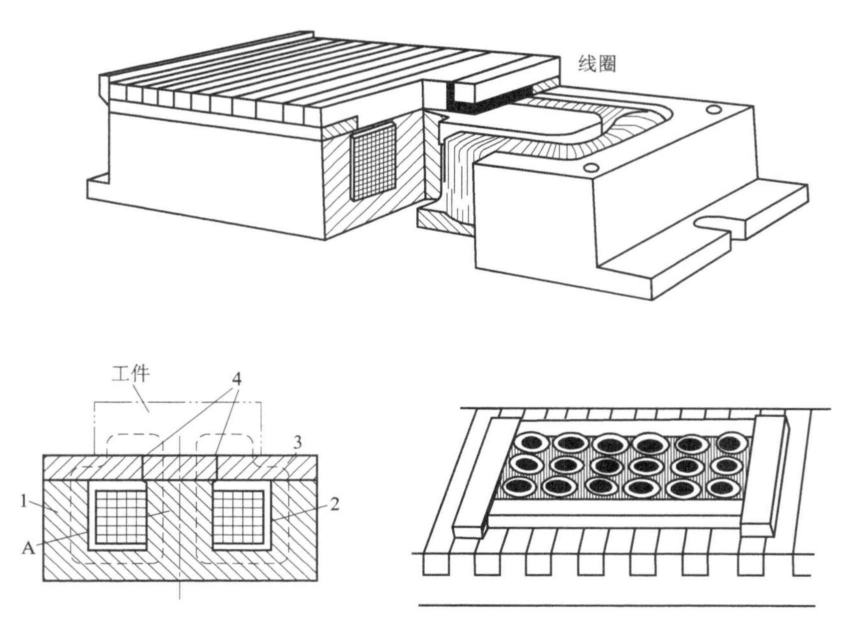

图 6-14　电磁吸盘工作原理及应用

1—吸盘体；2—线圈；3—盖板；4—绝磁层；A—芯体

化，磁力线由芯体 A 经过盖板 3-工件-盖板 3-吸盘体 1-芯体 A 而闭合（图中用虚线表示），工件被吸住。绝磁层由铅、铜或巴氏合金等非磁性材料制成。它的作用是使绝大部分磁力线都能通过工件再回到吸盘体，而不能通过盖板直接回去，这样才能保证工件被牢固地吸在工作台上。

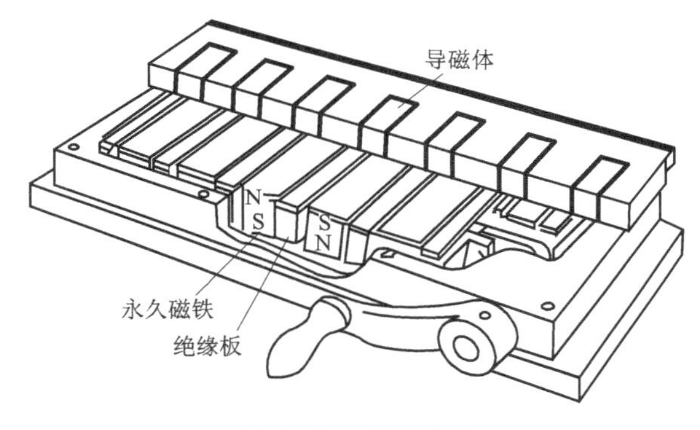

图 6-15　永磁吸盘

当磨削键、垫圈、薄壁套等尺寸小而壁较薄的零件时，因零件与工作台接触面积小，吸力弱，容易被磨削力弹出去而造成事故。因此安装这类零件时，须在工件四周或左右两端用挡铁围住，以免工件走动。

三、磨床用卡盘

磨削内圆时，工件大多数是以外圆和端面作为定位基准的。通常采用三爪卡盘、四爪卡盘、花盘及弯板等夹具安装工件。其中最常用的是用四爪卡盘通过找正安装工件，如图 6-16 所示。

四、顶尖

横磨法磨削工件时，可以用顶尖与鸡心夹头组合装夹工件，如图 6-17、图 6-18 所示。

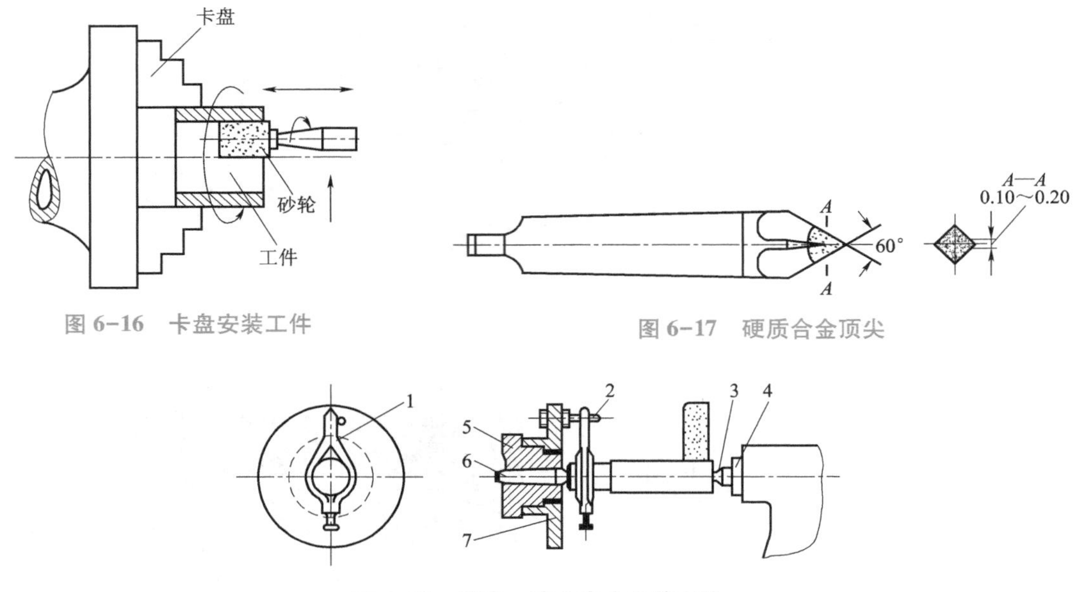

图6-16 卡盘安装工件

图6-17 硬质合金顶尖

图6-18 顶尖、鸡心夹头安装工件

1—鸡心夹头；2—拨杆；3—顶尖；4—尾座套筒；
5—连接盘；6—前顶尖；7—拨盘

五、锥面检验量规

1. 圆锥面的磨削方法

磨削圆锥面通常用下列两种方法：

（1）转动工作台法。这种方法大多用于锥度较小，锥面较长的工件。

（2）转动头架法。这种方法常用于锥度较大的工件。

2. 圆锥面的检验

（1）锥度的检验。圆锥量规是检验锥度最常用的量具。圆锥量规分圆锥塞规［图6-20（a）、图6-20（b）］和圆锥套规［图6-19（c）］两种。圆锥塞规用于检验内锥孔、圆锥套规用于检验外锥体。

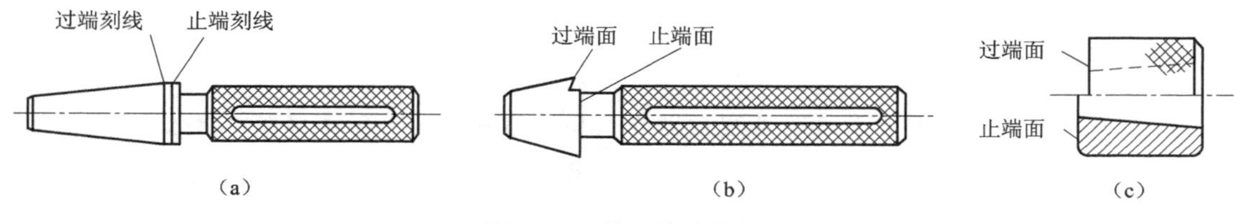

图6-19 锥面检验量规

用圆锥塞规检验内锥孔的锥度时，可以先在塞规的整个圆锥表面上或顺着锥体的三条母线上均匀地涂上极薄的显示剂（红丹粉调机油或兰油），接着把塞规放在锥孔中使锥面相互贴合，并在30°~60°范围轻轻来回转动几次，然后取出塞规察看。如果整个圆锥表面

上摩擦痕迹均匀，则说明工件锥度准确，否则不准确，需继续调整机床使锥度准确为止。

用圆锥套规检验外锥体的锥度的方法与上述相同，只不过显示剂应涂在工件上。

（2）尺寸的检验。圆锥面的尺寸一般也用圆锥量规进行检验。通常外锥体是通过检验小端直径以控制锥体的尺寸，内锥孔是通过检验大端直径以控制锥孔的尺寸。根据圆锥的尺寸公差，在圆锥量规的大端或小端处，刻有两条圆周线或作有小台阶，表示量规的止端和过端，分别控制圆锥的最大极限尺寸和最小极限尺寸。

用圆锥塞规检验内锥孔的尺寸时，如果是图 6-20（a）的情形，说明锥度尺寸符合要求；如果是6-20（b）的情形，说明锥孔尺寸太小，需再磨去一些；如果是6-20（c）的情形，说明锥孔尺寸太大，已超过公差范围。用圆锥套规检验外锥体的尺寸的方法与上述类似。

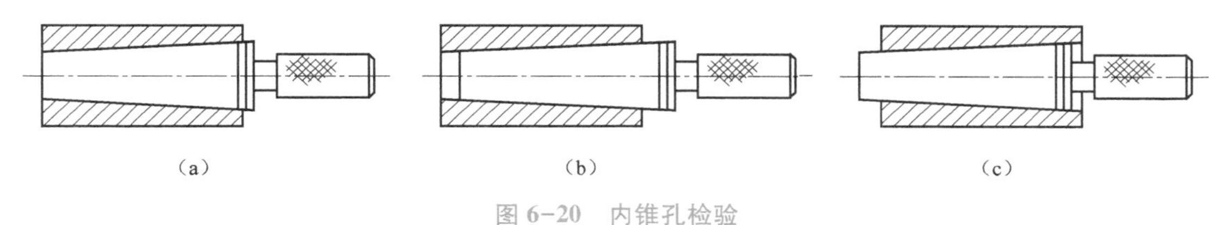

图 6-20　内锥孔检验

6-2-5　其他类型磨床简介

一、内圆磨床

内圆磨床（图 6-21）主要用于磨削内圆柱面、内圆锥面及端面等。

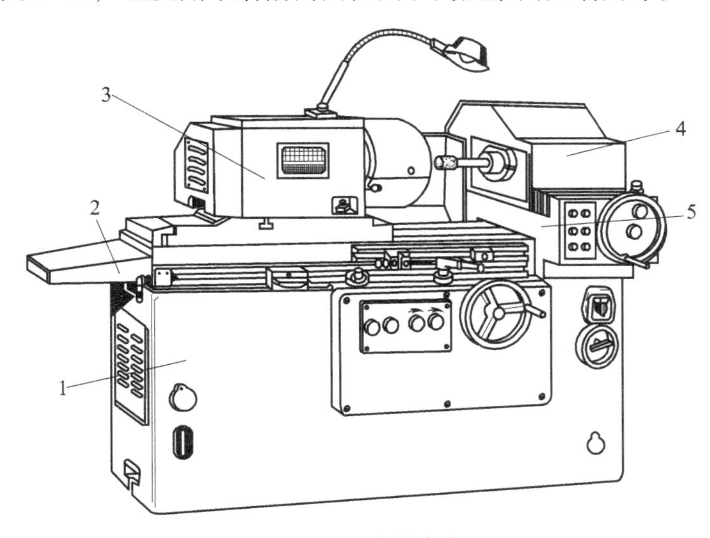

图 6-21　内圆磨床

1—床身；2—工作台；3—头架；4—磨具架；5—滑鞍

内圆磨床由床身 1、工作台 2、头架 3、磨具架 4、滑鞍 5 以及砂轮修整器、操纵装置等部件组成。内圆磨床的液压传动系统与外圆磨床相似。

内圆磨削与外圆磨削相比，由于砂轮直径受工件孔径的限制，一般较小，而悬伸长度又较大，刚性差，磨削用量不能高，所以生产率较低；又由于砂轮直径较小，砂轮的圆周速度较低，加上冷却排屑条件不好，所以表面粗糙度值不易降低。因此，磨削内圆时，为了提高生产率和加工精度，砂轮和砂轮轴应尽可能选用较大直径，砂轮轴伸出长度应尽可能缩短。

磨削内圆时，工件大多数是以外圆和端面作为定位基准的。通常采用三爪卡盘、四爪卡盘、花盘及弯板等夹具安装工件。其中最常用的是用四爪卡盘通过找正安装工件。

二、平面磨床

平面磨床主要用于磨削工件上的平面。

磨平面时，一般是以一个平面为基准磨削另一个平面。若两个平面都要磨削且要求平行时，则可互为基准，反复磨削。

平面磨削常用的方法有两种：一种是用砂轮的周边在卧轴矩形工作台平面磨床上进行磨削，如图 6-22（a）、图 6-22（b）所示；另一种是用砂轮的端面在立轴圆形工作台平面磨床上进行磨削，即端磨法，如图 6-22（c）、图 6-22（d）所示。

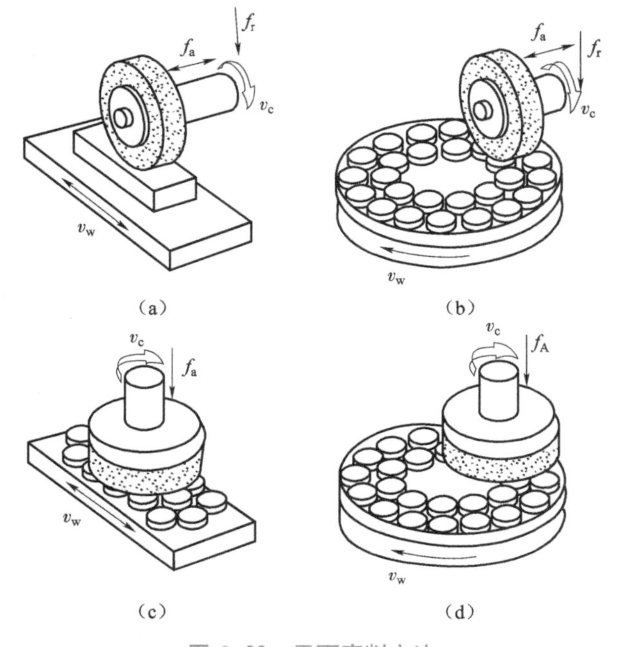

图 6-22　平面磨削方法

当台面为矩形工作台时，磨削工作由砂轮的旋转运动（主运动）和砂轮的垂直进给、工件的纵向进给、砂轮的横向进给等运动来完成。当台面为圆形工作台时，磨削工作由砂轮的旋转运动（主运动）和砂轮的垂直进给、工作台的旋转来完成。

用周磨法磨削平面时，砂轮与工件接触面积小，排屑和冷却条件好，工件发热变形小，而且砂轮圆周表面磨损均匀，所以能获得较好的加工质量，但磨削效率较低，适用于精磨。

用端磨法磨削平面时，刚好和周磨法相反，它的磨削效率较高，但磨削精度较低，适用于粗磨。

1. 卧轴矩台平面磨床

卧轴矩台平面磨床由床身 1、工作台 2、磨头 3、滑座 4、立柱 5 及砂轮修整器等部件组成。长方形工作台 2 装在床身 1 的导轨上，由液压驱动作往复运动，由挡块推动换向阀使工作台换向，也可用驱动工作台手轮操纵，以进行必要的调整。工作台上装有电磁吸盘或其他夹具，用来装夹工件。

磨头 3 沿拖板的水平导轨可作横向进给运动，这可由液压驱动或由横向进给手轮操纵。拖板可沿立柱 5 的导轨垂直移动，以调整磨头的高低位置及完成垂直进给运动，这一运动也可通过转动垂直进给手轮来实现。砂轮由装在磨头壳体内的电动机直接驱动旋转，见图 6-23。

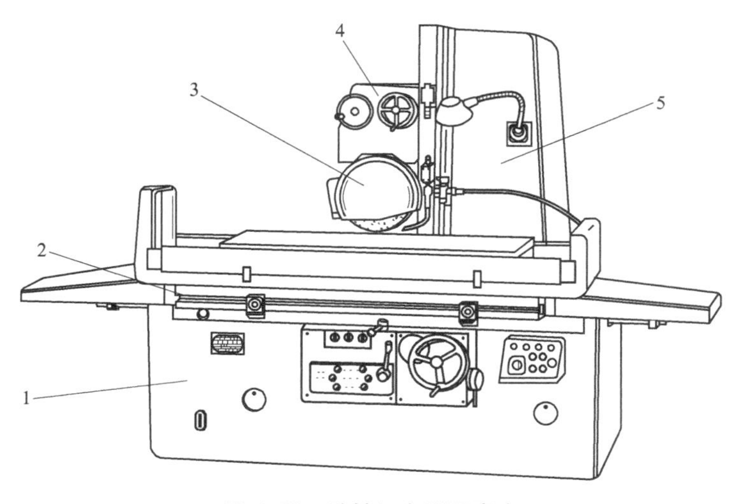

图 6-23　卧轴矩台平面磨床

1—床身；2—工作台；3—磨头；4—滑座；5—立柱

2. 立轴圆台平面磨床

立轴圆台平面磨床由床身 1、圆形工作台 2、磨头 3、立柱 4 等部件组成。圆形工作台 2 装在床身 1 的导轨上作回转运动。工作台上装有电磁吸盘或其他夹具，用来装夹工件。

磨头 3 沿立柱 4 的垂直导轨可作垂直方向进给运动以调整磨头的高低位置及完成垂直进给运动，这一运动也可通过转动垂直进给手轮来实现。砂轮由装在磨头壳体内的电动机驱动旋转，如图 6-24 所示。

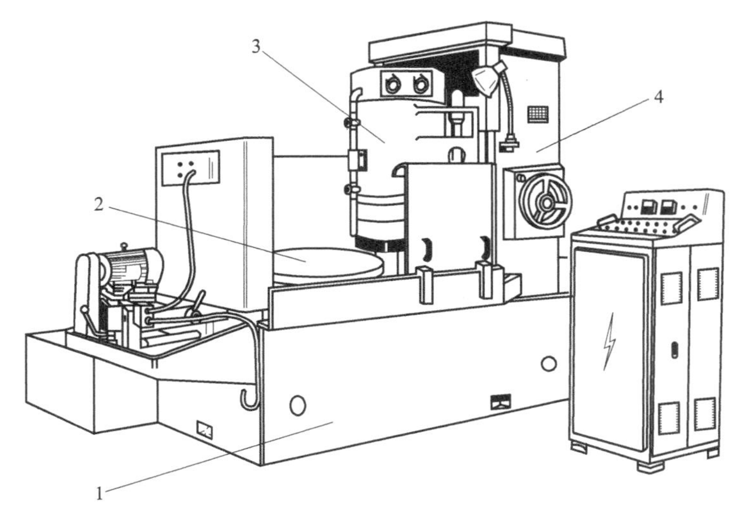

图 6-24　立轴圆台平面磨床

1—床身；2—工作台；3—磨头；4—立柱

三、无心外圆磨床

无心外圆磨削的工作原理如图 6-25 所示。工件置于砂轮和导轮之间的托板上，以工件自身外圆为定位基准。当砂轮以转速 n_o旋转，工件就有以与砂轮相同的线速度回转的趋势，但由于受到导轮摩擦力对工件的制约作用，结果使工件以接近于导轮线速度（转速 n_w）回转，从而在砂轮和工件之间形成很大的速度差，由此产生磨削作用。改变导轮的转速，便可以调整工件的圆周进给速度。无心外圆磨削有两种磨削方式：贯穿磨法（图 6-25（a）、（b））和切入磨法（图 6-25（c））。

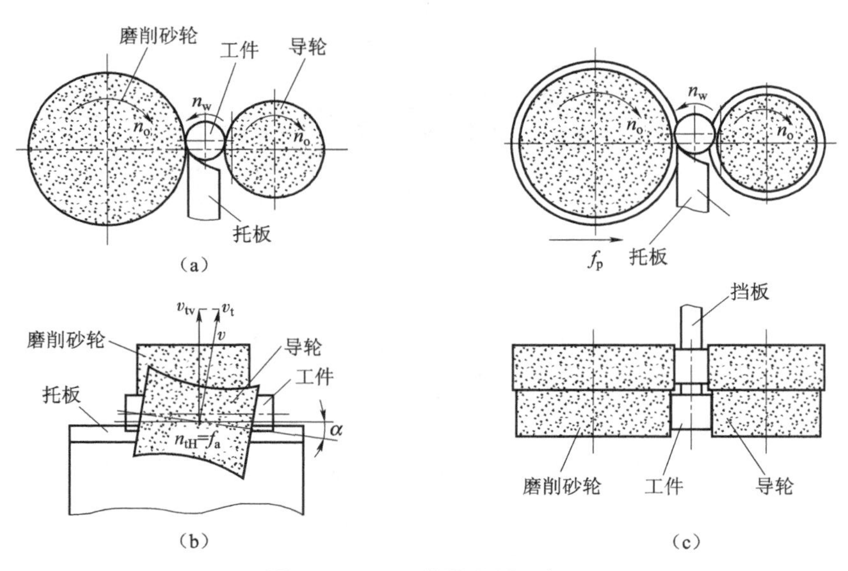

图 6-25　无心外圆磨削示意图

贯穿磨削时，将导轮在与砂轮轴平行的平面内倾斜一个角度α（通常$\alpha=2°\sim6°$），这时需将导轮的外圆表面修磨成双曲回转面以与工件呈线接触状态，这样就在工件轴线方向上产生一个轴向进给力。设导轮的线速度为 v_t，它可分解为两个分量 v_{tV} 和 v_{tH}。v_{tV} 带动工件回转，并等于 v_w；v_{tH}使工件作轴向进给运动，其速度就是f_a，工件一面回转一面沿轴向进给，就可以连续地进行纵向进给磨削。

切入磨削时，砂轮作横向切入进给运动f_p 来磨削工件表面。在无心外圆磨削过程中，由于工件是靠自身轴线定位，因而磨削出来的工件尺寸精度与几何精度都比较高，表面粗糙度小。如果配备适当的自动装卸料机构，就易于实现自动化。但是，无心外圆磨床调整费时，只适于大批量生产。无心外圆磨床见图 6-26。

四、珩磨机（honing machine）

利用珩磨头珩磨工件精加工表面的磨床。主要用在汽车、拖拉机、液压件、轴承、航空等制造业中珩磨工件的高精度孔。

珩磨机有立式和卧式两种。立式珩磨机（见图 6-27）的主轴工作行程较短，适用于珩磨缸体和箱体孔等。镶嵌有油石的珩磨头由竖直安置的主轴带动旋转，同时在液压装置的驱动下作垂直往复进给运动。

卧式珩磨机的工作行程较长，适用于珩磨深孔，深度可达 3 000 mm。水平安置的珩磨头不旋转，只作轴向往复运动，工件由主轴带动旋转，床身中部设有支承工件的中心架和支

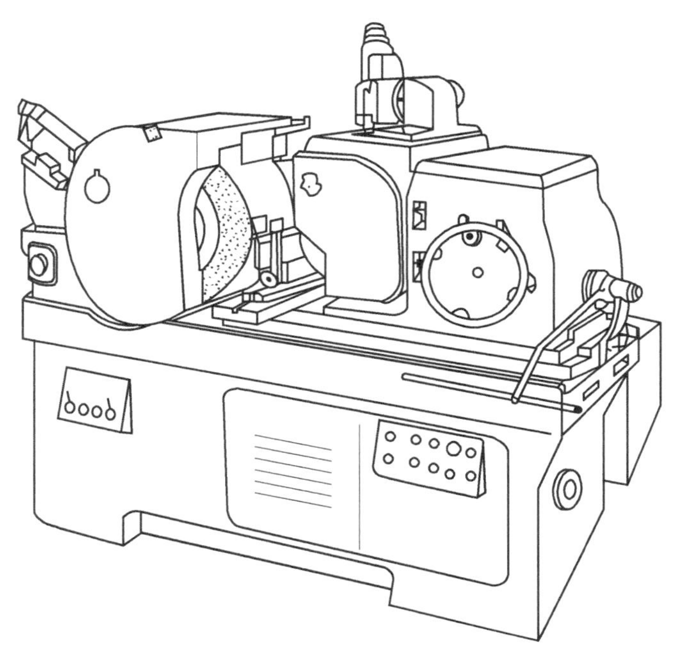

图 6-26 无心外圆磨床

承珩磨杆的导向架。

在加工过程中，珩磨头的油石在胀缩机构作用下作径向进给，把工件逐步加工到所需尺寸，见图 6-28。新型的珩磨机多采用液压胀缩的珩磨头。

珩磨机大多是半自动的，常带有自动测量装置，还可纳入自动生产线工作。除加工孔的珩磨机外，还有加工其他表面的外圆珩磨机、轴承滚道珩磨机、平面珩磨机和曲面珩磨机等。

五、研磨机

用涂上或嵌入磨料的研具对工件表面进行研磨的磨床。主要用于研磨工件中的高精度平面、内外圆柱面、圆锥面、球面、螺纹面和其他型面。研磨机的主要类型有圆盘式研磨机、转轴式研磨机和各种专用研磨机。

1. 圆盘式研磨机

圆盘式研磨机分单盘和双盘两种，以双盘研磨机应用最为普通，如图 6－29。在双盘研磨机（见图 6-29）上，多个工件同时放入位于上、下研磨盘之间的保持架内，保持架和工件由偏心或行星机构带动

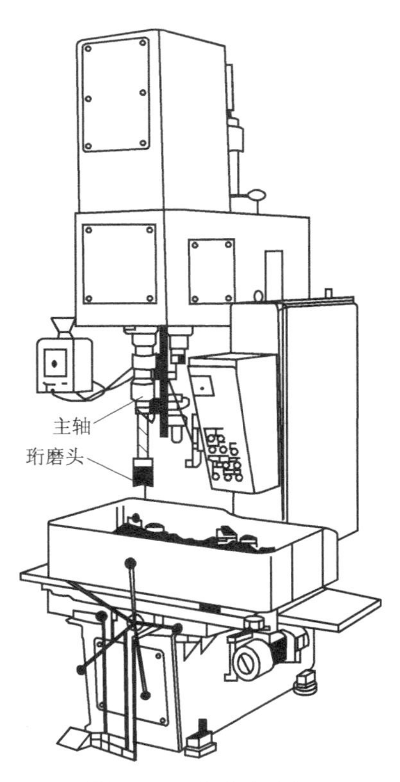

图 6-27 立式珩磨机

作平面平行运动。下研磨盘旋转，与之平行的上研磨盘可以不转，或与下研磨盘反向旋转，并可上下移动以压紧工件（压力可调）。此外，上研磨盘还可随摇臂绕立柱转动一角度，以便装卸工件。双盘研磨机主要用于加工两平行面、一个平面（需增加压紧工件的附件）、外圆柱面和球面（采用带V形槽的研磨盘）等。加工外圆柱面时，因工件既要滑动又要滚动，须合理选择保持架孔槽型式和排列角度。单盘研磨机只有一个下研磨盘，用于研磨工件的下平面，可使形状和尺寸各异的工件同盘加工，研磨精度较高。有些研磨机还带有能在研磨过程中自动校正研磨盘的机构。

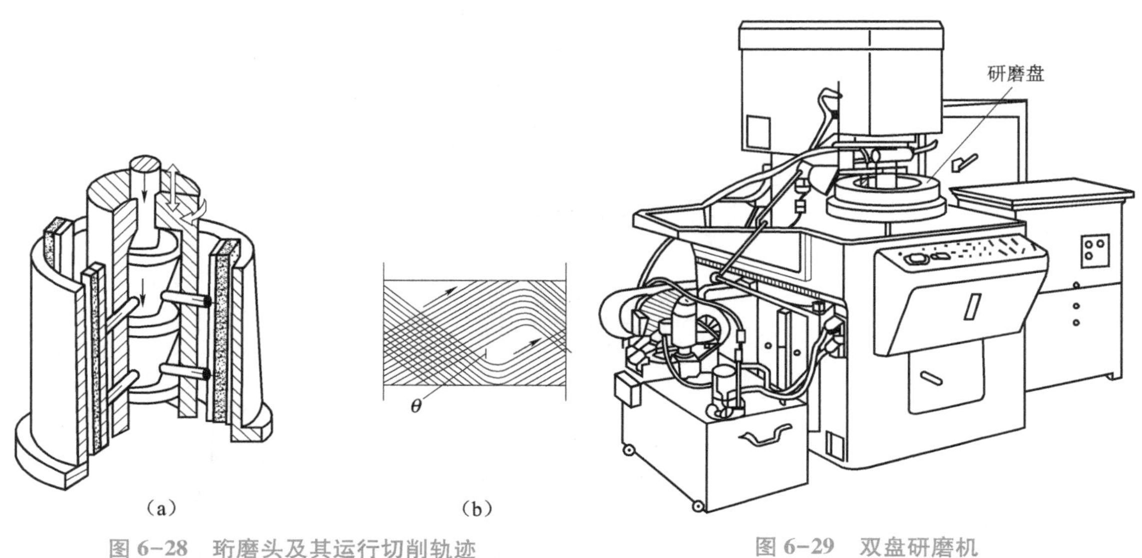

图6-28　珩磨头及其运行切削轨迹

（a）成形运动；（b）一根油石在双行程中的切削轨迹

图6-29　双盘研磨机

2. 转轴式研磨机

由正、反向旋转的主轴带动工件或研具（可调式研磨环或研磨棒）旋转，结构比较简单，用于研磨内、外圆柱面。

3. 专用研磨机

依被研磨工件的不同，有中心孔研磨机、钢球研磨机和齿轮研磨机等。此外，还有一种采用类似无心磨削原理的无心研磨机，用于研磨圆柱形工件。

6-3　任务的实施

外圆表面的磨削加工是外圆表面精加工的主要方法之一。它既可加工淬硬后的表面，又可加工未经淬火的表面。

根据磨削时工件定位方式的不同，外圆磨削可分为：中心磨削和无心磨削两大类。

任务　阶梯轴的磨削（见任务图-1 和表 6-1）

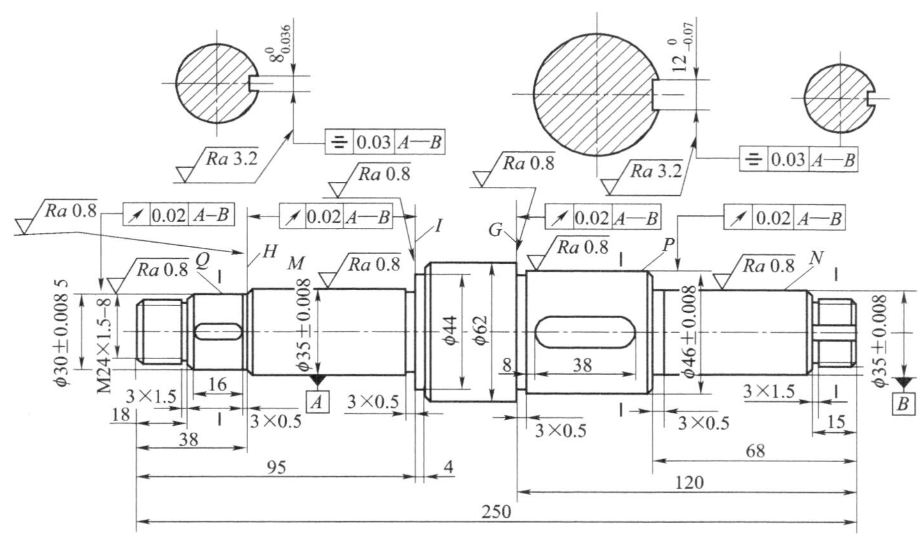

任务图-1　阶梯轴

表 6-1　阶梯轴加工工艺

工序号	工种	工　序　内　容	设备
1	下料	ϕ 65×265	
2	车	三爪卡盘夹持工件，车端面见平，钻中心孔，用尾架顶尖顶住，粗车 *P*、*N* 及螺纹段三个台阶，直径、长度均留余量 2 mm	CA6140
		调头，三爪卡盘夹持工件另一端，车端面保证总长 259 mm，钻中心孔，用尾架顶尖顶住，粗车另外四个台阶，直径、长度均留余量 2 mm	CA6140
3	热	调质处理 24～38 HRC	
4	钳	修研两端中心孔	CA6140
5	车	双顶尖装夹。半精车三个台阶，螺纹大径车到 $\phi\ 24^{-0.1}_{-0.2}$，*P*、*N* 两个台阶直径上留余量 0.5 mm，车槽三个，倒角三个	CA6140
		调头，双顶尖装夹，半精车余下的五个台阶，ϕ 44 及 ϕ 62 台阶车到图纸规定的尺寸。螺纹大径车到 $\phi\ 24^{-0.1}_{-0.2}$，其余两个台阶直径上留余量 0.5 mm，车槽三个，倒角四个	CA6140
6	车	双顶尖装夹，车一端螺纹 M24×1.5-6 g，调头，双顶尖装夹，车另一端螺纹 M24×1.5-6 g	CA6140
7	钳	划键槽及一个止动垫圈槽加工线	
8	铣	铣两个键槽及一个止动垫圈槽，键槽深度比图纸规定尺寸多铣 0.25 mm，作为磨削的余量	X52
9	钳	修研两端中心孔	CA6140
10	磨	磨外圆 *Q* 和 *M*，并用砂轮端面靠磨台 *H* 和 *I*。调头，磨外圆 *N* 和 *P*，靠磨台肩 *G*	M1432A
11	检	检验	

6-3-1 磨床选用

1. 零件图分析

（1）本任务需要磨外圆Q、M、N、P，并用砂轮端面靠磨台H、I、G。根据零件结构，需要掉头磨削。即先磨外圆Q和M，用砂轮端面靠磨端面H和I。调头，磨外圆N和P，靠磨端面G。

（2）各轴颈表面粗糙度 Ra 值为0.8。

（3）工件磨削前调质处理HRC24~38。

（4）零件材料为45钢。

2. 刀具选用（参见《机械加工工艺人员手册》）

（1）选用白刚玉陶瓷砂轮，硬度K，粒度80。

（2）砂轮直径 ϕ 420 mm，宽度60 mm。

3. 切削参数选用（参见《机械加工工艺人员手册》）

（1）外圆磨削时，v = 30~35 m/s，本任务取 v = 35 m/s。

（2）圆周进给运动即工件绕本身轴线的旋转运动。工件圆周速度 v_w 一般为13~26 m/min。本任务取 v_w = 13 m/min。

（3）本任务采用横磨法磨削，横向进给量 f_c 也就是通常所谓的磨削深度，指工作台每单行程或每双行程工件相对砂轮横向移动的距离。一般 f_c =（0.005~0.05）mm。本任务取 f_c = 0.005 mm。

（4）使用砂轮外侧面靠磨各端面。

4. 装夹方式选择

采用双顶尖中心孔定位夹紧，鸡心夹头拨动工件旋转。

5. 磨床的选用及技术参数的确定

（1）任务零件属于中、小型零件，适用的外圆磨床种类很多，如M1420、M1432A等型号，其中M1432A型万能外圆磨床应用广泛，具有典型性，所以本任务选用中M1432A型万能外圆磨床。

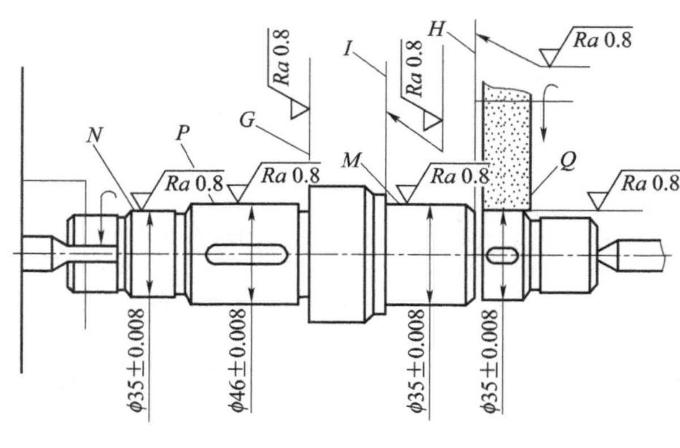

任务图-2

（2）M1432A型万能外圆磨床主参数（最大磨削直径）320 mm，最大工件长度1 000 mm，满足工件加工要求。

（3）根据公式 $v=\dfrac{\pi dn}{1\,000}$（m/min）计算M1432A型万能外圆磨床主轴转速：

① 主轴转速：本任务取 v = 35 m/s，n = 1 620 r/min。

② 工件头架转速：本任务取 n_w = 28 r/min。磨削过程见任务图-2。

6-3-2　附件应用

一、附件应用

（1）鸡心夹头夹持部分应与工件被夹持部位尺寸吻合；
（2）砂轮安装前应在静平衡架上做好平衡；
（3）砂轮修整器应处于随时可用状态。

二、机床操作注意事项

（1）磨削开始前，应调整好砂轮与工件间的距离，以免砂轮架快速引进时砂轮与工件相碰。

（2）工件的加工余量一般不准超过 0.3 mm。不准磨削未经过机械加工的工件。

（3）磨削表面有花键、键槽和扁圆的工件时，进刀量要小，磨削速度不能太快，防止发生撞击。

（4）修整砂轮时，应将砂轮座快速引进后，再进行砂轮的修正工作。启动砂轮前，应将液压开停阀放在停止位置，调整手柄放在最低速位置，砂轮座快速进给手柄放在后退位置，以免发生意外。

（5）每次启动砂轮前，应先启动润滑泵或静压供油系统油泵，待砂轮主轴润滑正常，水银开关顶起或静压压力达到设计规定值，砂轮主轴浮起后，才能启动砂轮回转。

（6）刚开始磨削时，时给量要小，切削速度要慢些，防止砂轮因冷脆破裂，特别是冬天气温低时更注意。

（7）砂轮快速引进工件时，不准机动进给，进给速度不准过大，注意工件突出棱角部位、防止碰撞。

（8）砂轮主轴温度超过 60 ℃时必须停车，待温度恢复正常后再工作。

（9）不准用磨床的砂轮当作普通的砂轮机一样磨削。

企 业 点 评

磨床属于高速加工机床，学生不仅要掌握其结构特征，工作原理，还必须掌握磨床操作要领及注意事项，避免发生设备及人身伤害事故。

习题与思考题

6-1　在 M1432A 型万能外圆磨床上磨削工件，当磨削了若干工件后，发现砂轮磨钝，经修整后砂轮直径减少了 0.05 mm，需调整磨床的横向进给机构，试列出调整运动平衡式。

6-2　M1432A 型万能外圆磨床应具备哪些主要运动与辅助运动？具有哪些连锁装置？

6-3　万能外圆磨床能磨削哪些表面？磨削圆锥面有哪几种方法？各适用于什么场合？

6-4　磨削外圆柱面时，机床有哪些运动？它们各起什么作用？

6-5　试说明 M1432A 型外圆磨床砂轮主轴轴承的工作原理及其调整方法。

6-6　在 M1432A 型外圆磨床上磨削外圆时，问：

（1）如用两顶尖支承工件进行磨削，为什么工件头架的主轴不转动？另外，工件是怎样获得圆周进给运动的？

（2）如工件头架和尾架的锥孔中心在垂直平面内不等高，磨削的工件将产生什么误差，如何解决？如果在水平面内不同轴，磨削的工件又将会产生什么误差，如何解决？

6-7　说明 M1432A 型外圆磨床上台面倾斜 10°的作用。

教学单元 7

其他机床简介

7-1 钻　　床

钻床（drilling machine）是一种用途广泛的孔加工机床。钻床主要是用钻头钻削加工精度要求不高、尺寸较小的孔。在钻床上加工时，工件不动，刀具作旋转主运动，同时沿轴向移动，完成进给运动。

钻床主参数是最大钻孔直径。

钻床可分为立式钻床、台式钻床、摇臂钻床和专门化钻床等。通常以钻头的回转为主运动，钻头的轴向移动为进给运动。它们中的大部分是以最大钻孔直径为其主参数值。

钻床的主要功用为钻孔和扩孔，也可以用来铰孔、攻螺纹、锪沉头孔及凸台端面。在上述钻床中，应用最广泛的是摇臂钻床和立式钻床。图 7-1 为钻床的加工方法。

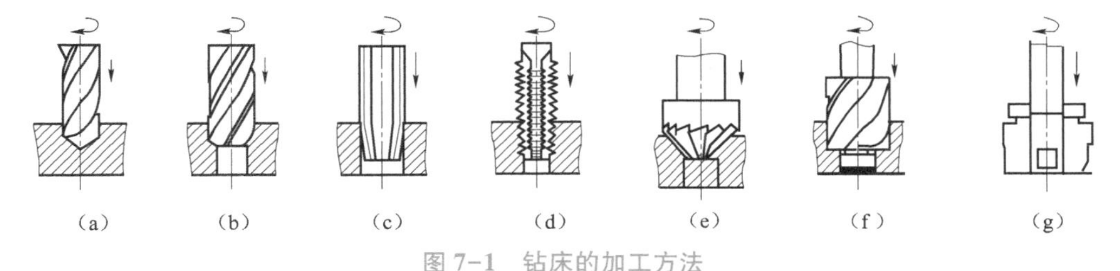

图 7-1　钻床的加工方法

（a）钻孔；（b）扩孔；（c）铰孔；（d）攻螺纹；（e），（f）锪沉头孔；（g）锪端面

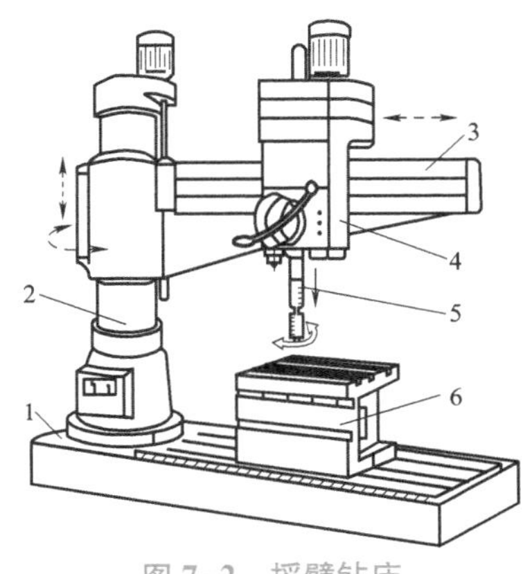

图 7-2　摇臂钻床

1—底座；2—立柱；3—摇臂；4—主轴箱；5—主轴；6—工作台

一、Z3040 型摇臂钻床组成及传动系统分析

在大中型工件上钻孔，希望工件不动，而主轴可以很方便地任意调整位置，这就要采用摇臂钻床。

1. Z3040 型摇臂钻床组成及基本运动

如图 7-2 所示，Z3040 型摇臂钻床主轴箱 4 装在摇臂 3 上，并可沿摇臂 3 上的导轨作水平移动。摇臂 3 可沿立柱 2 作垂直升降运动，该运动的目的是为了适应高度不同的工件需要。此外，摇臂还可以绕立柱轴线回转。为使钻削时机床有足够的刚性，并使主轴箱的位置不变，当主轴箱在空间的位置完全调整好后，应对产生上述相对移动和相对转动的立柱、摇臂和主轴箱用机床内相应的夹紧机构快速夹紧。摇臂钻床的主轴能任意调整位置，可适应工件上不同位置的孔的加工。

摇臂钻床具有下列运动：主轴的旋转主运动、主轴的轴向进给运动、主轴箱沿摇臂的水平移动、摇臂的升降运动及回转运动等。其中，前两个运动为表面成形运动，后三个运动为辅助运动。

2. Z3040 型摇臂钻床传动系统

摇臂钻床的传动系统，如图 7-3 所示。

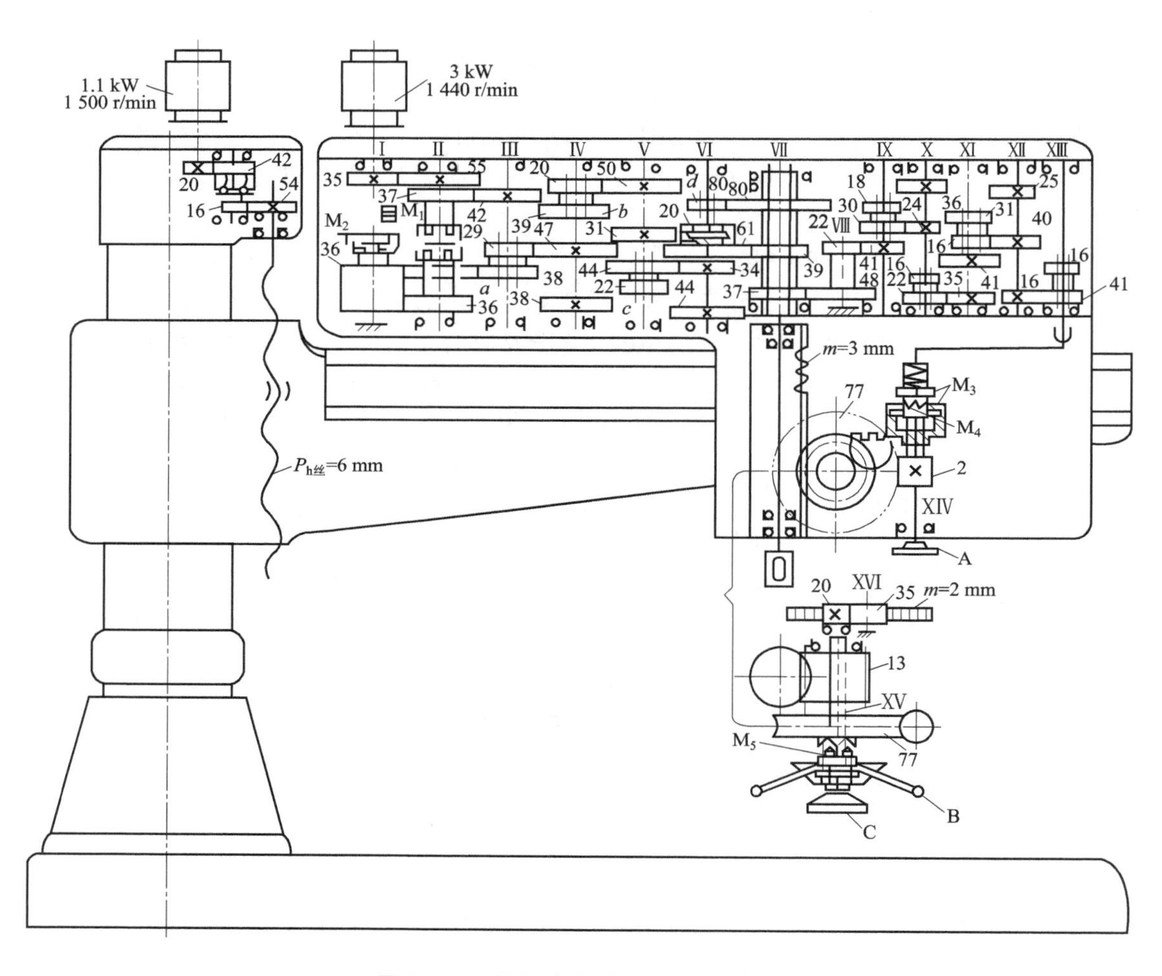

图 7-3　Z3040 型摇臂钻床传动系统图

M_1—多片离合器；M_2—液压制动器；M_3—内齿式离合器；M_4—安全离合器；M_5—离合器；$P_{h丝}$—丝杠导程；A—主轴低速升降操作手轮；B—主轴快速升降操作手轮；C—主轴箱水平移动操作手轮；*a*，*b*，*c*，*d*—主轴换置机构中的滑移齿轮

主运动传动链：其传动路线表达式为：

$$\underset{\left(\begin{array}{c}3\ \mathrm{kW}\\ 1\ 440\ \mathrm{r/min}\end{array}\right)}{\text{电动机}}—\mathrm{I}—\frac{35}{55}—\mathrm{II}—\left[\begin{array}{c}\vec{M}_1—\frac{37}{42}\\ (\text{换向})\\ \vec{M}_1—\frac{36}{36}\times\frac{36}{38}\end{array}\right]—\mathrm{III}—\left[\begin{array}{c}\frac{29}{47}\\ \frac{38}{38}\end{array}\right]—$$

$$—\mathrm{IV}—\left[\begin{array}{c}\frac{20}{50}\\ \frac{39}{31}\end{array}\right]—\mathrm{V}—\left[\begin{array}{c}\frac{22}{44}\\ \frac{44}{34}\end{array}\right]—\mathrm{VI}—\left[\begin{array}{c}\frac{22}{80}\\ M_3—\frac{61}{39}\end{array}\right]—\mathrm{VII}(\text{主轴})$$

经轴Ⅱ上的双向多片离合器 M_1 使运动同齿轮副 37/42 或 36/36×36/38 传至轴Ⅲ，从而控制主轴作正转或反转。

进给运动传动链的传动路线表达式为：

$$\mathrm{VII}\ (\text{主轴})—\frac{37}{48}\times\frac{22}{41}—\mathrm{IX}—\left[\begin{array}{c}\frac{18}{36}\\ \frac{30}{24}\end{array}\right]—\mathrm{X}—\left[\begin{array}{c}\frac{16}{41}\\ \frac{22}{35}\end{array}\right]—\mathrm{XI}—\left[\begin{array}{c}\frac{16}{40}\\ \frac{31}{25}\end{array}\right]—\mathrm{XII}—\left[\begin{array}{c}\frac{16}{41}\\ \frac{40}{16}\end{array}\right]—\mathrm{XIII}—M_4—$$

$$—M_3\ (\text{合})—\mathrm{XIV}—\frac{2}{77}—M_5\ (\text{合})—\mathrm{XV}—z_{13}—\text{齿条}\ (m=3)\ —\text{主轴轴向进给}$$

推动手柄 B 可使 M_5 脱开机动进给链，从而转动手柄 B 可使主轴快速升降。脱开离合器 M_3，可用手轮 A 经蜗杆副（2/77）使主轴作低速升降，用于手动微量进给。转动手轮 C，用于水平移动主轴箱。摇臂的升降，是由立柱顶上的电动机通过升降丝杠来实现。

二、Z3040 型摇臂钻床主要部件结构

1. 主轴部件

图 7-4 为 Z3040 型摇臂钻床的主轴部件。摇臂钻床的主轴在加工时既作旋转主运动又作轴向进给运动，所以主轴 1 用轴承支承在主轴套筒 2 内，主轴套筒则装在主轴箱体的镶套 11 中，由齿轮 4 和主轴套筒 2 上的齿条，驱动主轴套筒连同主轴作轴向进给运动。主轴的旋转由主轴箱内的齿轮经主轴尾部的花键传入，而齿轮通过轴承支承在主轴箱体上，使主轴卸荷。主轴的径向支承采用两个深沟球轴承，因钻床主轴的旋转精度要求不高，故深沟球轴承的间隙不需要调整。主轴的轴向支承采用两个推力球轴承，前端的推力球轴承承受钻削时产生的向上轴向力，后端的推力球轴承主要承受在空转时主轴的质量。轴承的间隙由锁紧螺母 3 调整。

由于钻床的主轴是垂直安装的，为了防止主轴因自重下落，同时使操纵主轴升降轻便，在摇臂钻床上设有平衡机构。由弹簧 7 产生的弹力，经链条 5、链轮 6、凸轮 8、齿轮 4 和 9 作用在主轴套筒 2 上，与主轴部件的质量相平衡。这一套机构称为弹簧-凸轮平衡机构。如图 7-4 所示。

主轴 1 的前端有一个 4 号莫氏锥孔，用于安装和紧固刀具。

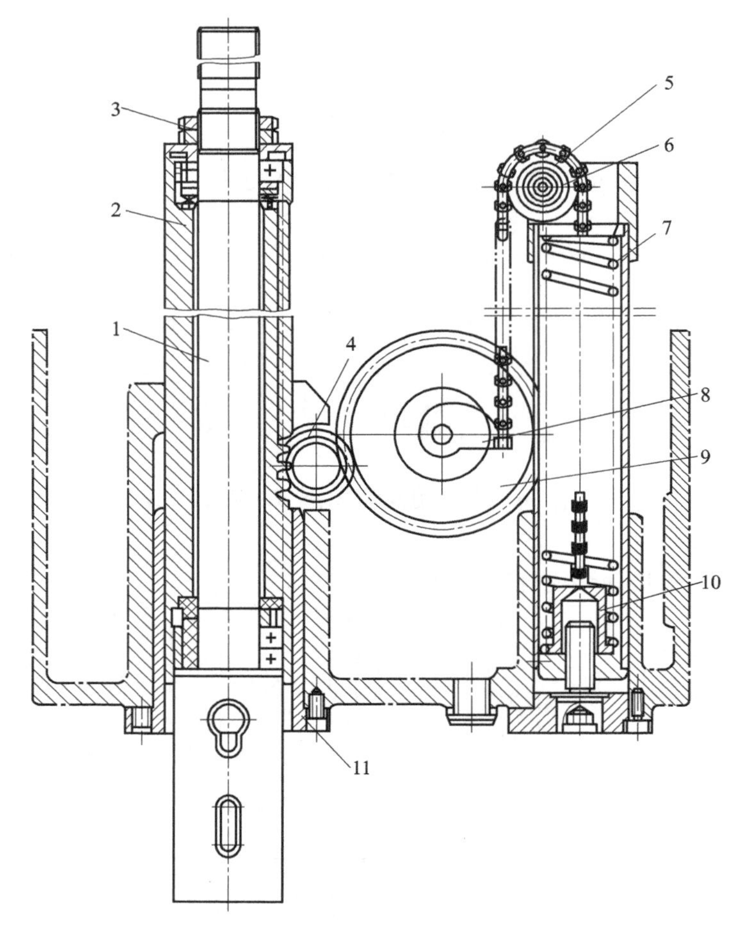

图 7-4　Z3040 型摇臂钻床的主轴部件

1—主轴；2—主轴套筒；3—锁紧螺母；4—齿轮；5—链条；6—链轮；7—弹簧；
8—凸轮；9—齿轮；10—弹簧座；11—镶套

主轴前端还有两个腰形孔，上面一个与刀柄相配，以传递转矩，并可做卸刀用。下面一个用于特殊加工方式下固定刀具。如图 7-5 所示。

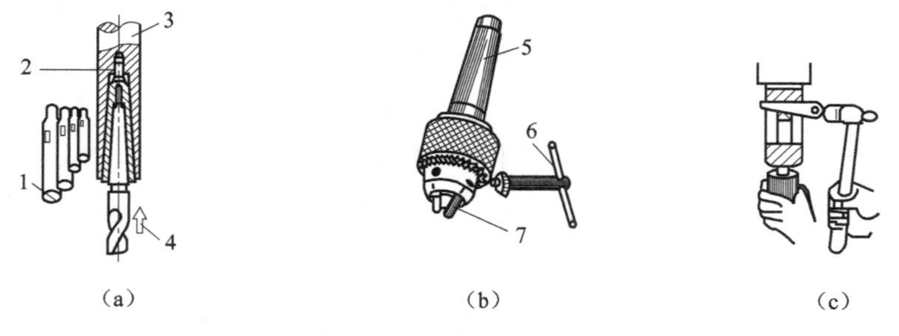

图 7-5　安装拆卸钻头

（a）安装锥柄钻头；（b）钻夹头；（c）拆卸钻夹头

1—过渡锥度套筒；2—锥孔；3—钻床主轴；4—安装时将钻头向上推压；
5—锥柄；6—紧固扳手；7—自动定心夹爪

2. 立柱

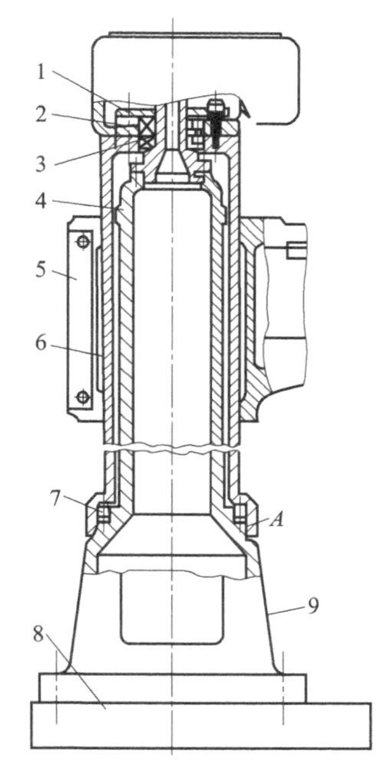

图 7-6　Z3040 型摇臂钻床立柱

1—平板弹簧；2—推力球轴承；3—深沟球轴承；4—内立柱；5—摇臂；6—外立柱；7—滚柱；8—底座；9—立柱

Z3040 型摇臂钻床的立柱采用圆形双柱式结构，如图 7-6 所示，这种结构由内外立柱组成。内立柱 4 用螺钉固定在底座 8 上，外立柱 6 通过上部的推力球轴承 2 和深沟球轴承 3 及下部滚柱 7 支承在内立柱上。摇臂 5 以其一端的套筒部分套在外立柱上，并用滑键连接（图 7-6 中未标出）。当内外立柱未夹紧时，外立柱在平板弹簧 1 的作用下相对于内立柱向上抬起 0. 2~0. 3 mm，使内外立柱间的圆锥配合面 A 脱离接触，摇臂可以轻便地转动，调整位置。当摇臂位置调整好以后，利用夹紧机构产生向下的夹紧力使平板弹簧 1 变形，外立柱压紧在圆锥面 A 上，依靠摩擦力将外立柱锁紧在内立柱上。

3. 夹紧机构

为了保证钻床在切削时，有足够的刚度和定位精度，当主轴箱、摇臂、立柱调整好位置后，必须用各自的夹紧机构夹紧。夹紧机构必须保证夹紧可靠，夹紧力足够，夹紧前后主轴位移小，在松开时对其他运动部件的移动不产生影响，操纵灵活方便。图 7-7 为摇臂的夹紧机构。摇臂 22 与外立柱 12 配合的套筒上有纵向切口，可产生弹性变形而夹紧在立柱上。该夹紧机构由液压缸 8、菱形块 15、垫块 17、夹紧杠杆 3、9，连接块 21、2、10、13 等组成。夹紧摇臂时，液压缸 8 的下腔通压力油，活塞杆 7 向上移动，两块垫块推动两块菱形块成水平位置（图 7-7 所示位置），左菱形块通过顶块 16 夹紧在摇臂的筒壁上，而右菱形块通过顶块 6、杠杆 3 和杠杆 9，使杠杆绕销钉转动。而杠杆 3 和 9 的一端分别与连接块 21、2、10、13 用销钉连接，这四块连接块又通过螺钉 1、20、14 和 11 与摇臂套筒切口两侧的筒壁相连接。从而，使摇臂紧抱住立柱而夹紧。活塞杆上移至终点位置时，菱形块略向上倾斜超过水平线约 0. 5 mm，使夹紧机构自锁。停止供油，摇臂也不会松开。当液压缸 8 的上腔通油，活塞杆 7 下移，菱形块向下移动呈向下倾斜位置，杠杆 3 和 9 随即也松开。摇臂夹紧力的大小可通过螺钉 1、20、14 和 11 调整。活塞杆 7 的上端有弹簧片 19，当其上下至终点、摇臂夹紧或松开时，弹簧片触动行程开关 4 和 18，发出相应电讯号，通过电气—液压控制系统与摇臂的升降保持连锁。

三、其他种类钻床简介

1. 立式钻床

（1）立式钻床的结构。图 7-8 为方柱立式钻床的外形图。立式钻床又分为圆柱立式钻床、方柱立式钻床和可调多轴立式钻床三个系列。因为其主要部件之一立柱呈方形横截面而得其名。之所以称为立式钻床（简称立钻），是由于机床的主轴是垂直布置，并且其位置固定不动，被加工孔位置的找正必须通过工件的移动。立柱 4 的作用类似于车床的床身，是机床的基础件，必须有很好的强度、刚度和精度保持性。其他各主要部件与立柱保持正确的相对位置。立柱上有垂直导轨。主轴箱和工作台上有垂直的导轨槽，可沿立柱上下移动来调整

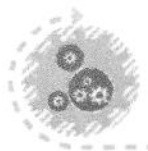

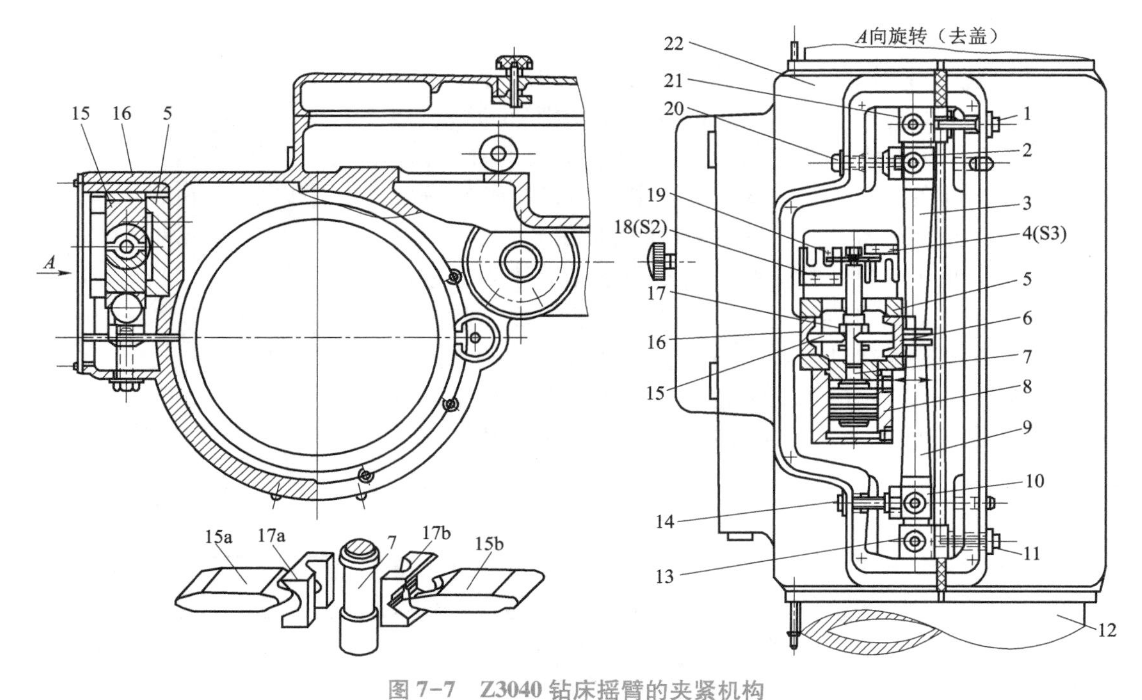

图 7-7　Z3040 钻床摇臂的夹紧机构

1，11，14，20—夹紧螺钉；2，10，13，21—连接块；3，9—杠杆；4，18—行程开关；5—座；6，16—顶块；7—活塞杆；8—液压缸；12—外立柱；15a，15b—左、右菱形块；17a，17b—左、右垫块；19—弹簧片；22—摇臂

它们的位置，以适应不同高度工件加工的需要。调整结束并开始加工后，主轴箱和工作台的上下位置就不能再变动了。

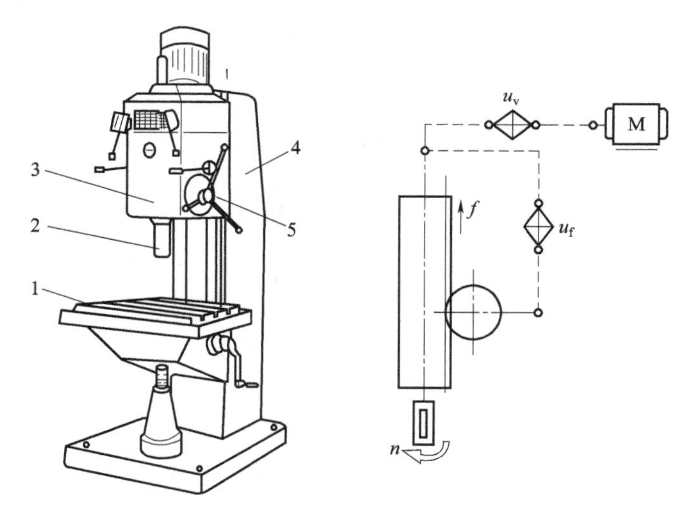

图 7-8　立式钻床及传动原理图

1—工作台；2—主轴；3—主轴箱；4—立柱；5—进给操纵机构

由于立式钻床主轴转速和进给量的级数比起卧式车床等类型的机床要少得多，而且功能比较简单，因此把主运动和进给运动的变速传动机构、主轴部件以及操纵机构等都装

在主轴箱 3 中。钻削时，主轴随同主轴套筒在主轴箱中作直线移动以实现进给运动。利用装在主轴箱上的进给操纵机构 5，可实现主轴的快速升降、手动进给以及接通和断开机动进给。主轴回转方向的变换，靠电动机的正反转来实现。钻床的进给量是用主轴每转 1 转时，主轴的轴向位移来表示，符号也是 f，单位 mm/r。工件（或通过夹具）置于工作台 1 上。工作台在水平面内既不能移动，也不能转动。因此，当钻头在工件上钻好一个孔而需要钻第二个孔时，就必须移动工件的位置，使被加工孔的中心线与刀具回转轴线重合。由于这种钻床固有的弱点，致使其生产率不高，大多用于单件、小批量生产的中小型零件加工。

（2）立式钻床的传动原理，如图 7-8 所示。

主运动：是主轴的旋转运动，电动机—定比传动机构—u_v—定比传动机构—主轴。

进给运动：是主轴的轴向移动，主轴—定比传动机构—u_f—齿轮—主轴套筒。进给量是指主轴每转 1 转，主轴的轴向移动量。

攻螺纹时，进给运动和主运动之间需要保持一定的传动比。

2. 多轴立式钻床

（1）排式多轴立式钻床：它有多个主轴，用于顺序加工同一工件上的不同孔径的孔，或分别进行各种孔工序（钻、扩、铰和攻螺纹等）。主要适用于中小批生产中加工中小型工件。

（2）可调式多轴立式钻床：如图 7-9 所示。钻床有多个主轴，且可根据加工需要调整主轴位置。可多孔同时加工，生产效率较高，适用于成批生产。

3. 台式钻床

台钻适合加工小型工件上的孔，通常采用手动进给，如图 7-10 所示。

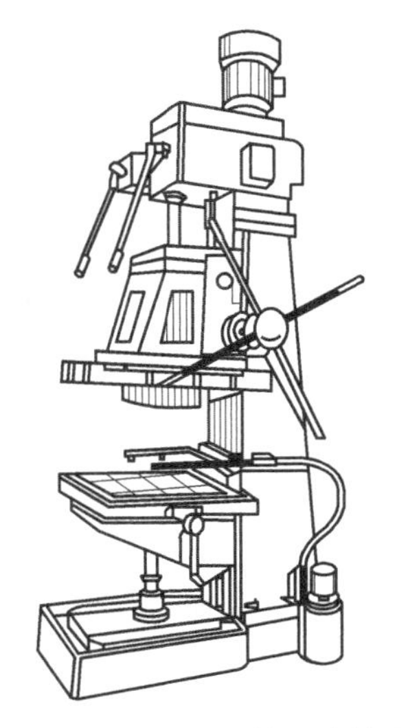

图 7-9 可调式多轴立式钻床

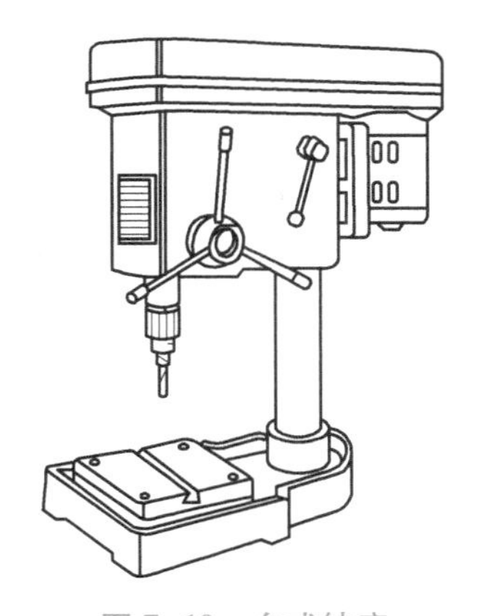

图 7-10 台式钻床

4. 深孔钻床

图 7-11 所示深孔钻床是专门用于加工深孔的专门化钻床。通常为卧式布局。加工时，

工件转动实现主运动；钻头不转动，只作直线进给运动，其主参数是最大钻孔深度。

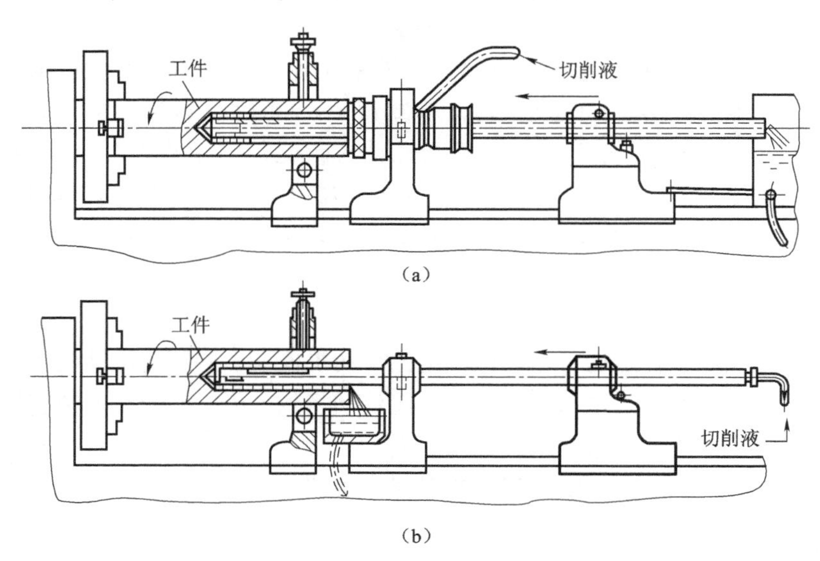

图 7-11　深孔钻床加工示意图

（a）内排屑式；（b）外排屑式

7-2　镗　　床

镗床（boring machine）一般用于尺寸和质量都比较大的工件上大直径孔的加工，而且这些孔分布在工件的不同表面上。它们不仅有较高的尺寸和形状精度，而且相互之间有着要求比较严格的相互位置精度，如同轴度、平行度、垂直度等。相互有一定联系的若干孔称为孔系。如同一轴线上的若干孔称为同轴孔系；轴线互相平行的孔称平行孔系。例如卧式车床主轴箱上的许多孔系就是在镗床上加工出来的。镗孔以前的预制孔可以是铸孔，也可以是粗钻出的孔。镗床除用于镗孔外，还可用来钻孔、扩孔、铰孔、攻螺纹、铣平面等加工。

卧式铣镗床是以镗轴直径为其主参数的。常用的卧式铣镗床型号有 T68、T611 等，其镗轴直径分别为 85 mm 和 110 mm。

一、镗床的分类

镗床主要是用镗刀在工件上镗孔的机床，通常，镗刀旋转为主运动，镗刀或工件的移动为进给运动。它的加工精度和表面质量要高于钻床。镗床是大型箱体零件加工的主要设备。镗床的主要类型有卧式铣镗床、精镗床和坐标镗床等，以卧式铣镗床应用最广泛。

1. 卧式镗床

卧式镗床是镗床中应用最广泛的一种。它主要是孔加工，镗孔精度可达 IT7，表面粗糙度 Ra 值为 1.6~0.8 μm 卧式镗床的主参数为主轴直径。

2. 坐标镗床

坐标镗床是高精度机床的一种。它的结构特点是有坐标位置的精密测量装置。坐标镗床

可分为单柱式坐标镗床、双柱式坐标镗床和卧式坐标镗床。

（1）单柱式坐标镗床：主轴带动刀具作旋转主运动，主轴套筒沿轴向作进给运动。特点：结构简单，操作方便，特别适宜加工板状零件的精密孔，但它的刚性较差，所以这种结构只适用于中小型坐标镗床。

（2）双柱式坐标镗床：主轴上安装刀具作主运动，工件安装在工作台上随工作台沿床身导轨作纵向直线移动。它的刚性较好，目前大型坐标镗床都采用这种结构。双柱式坐标镗床的主参数为工作台面宽度。

（3）卧式坐标镗床：工作台能在水平面内做旋转运动，进给运动可以由工作台纵向移动或主轴轴向移动来实现。它的加工精度较高。

二、卧式镗床工艺范围

除镗孔外，还可车端面、铣平面、车外圆、车内外螺纹以及钻、扩、铰孔等。主要加工方法，如图 7-12 所示。

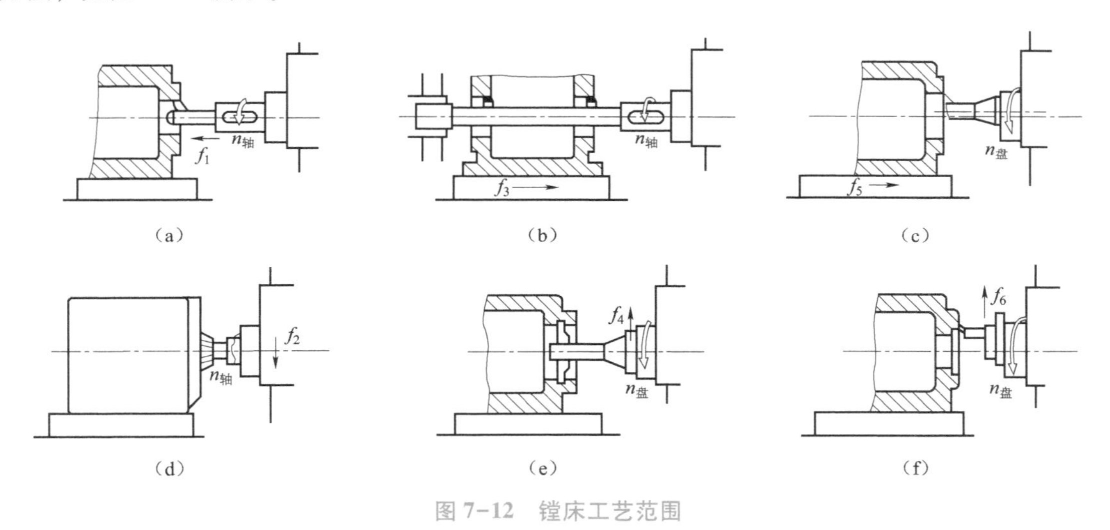

图 7-12 镗床工艺范围

（a）镗孔；（b）镗同轴孔系；（c）车端面；（d）铣端面；（e）镗环形槽；（f）镗阶梯孔

三、TP619 型卧式铣镗床的组成及运动分析

1. TP619 型卧式铣镗床组成

卧式铣镗床的主要组成部件，如图 7-13 所示。

床身 10 为机床的基础件，前立柱 7 与其固定连接在一起，承受来自其他部件的重力和加工时的切削力，因此要求有足够的强度、刚度和吸振性能，而且后立柱 2 和工作台部件 3 要沿床身作纵向（y 轴方向）移动；主轴箱 8 要沿前立柱上的导轨作垂直（z 轴方向）移动，两种移动的运动精度直接影响着孔的加工精度，所以要求床身和前立柱有很高的加工精度和表面质量，且精度能够长期保持。

工作台部件的纵向移动是通过其最下层的下滑座 11 相对于床身导轨的平移实现的；工作台部件的横向（x 方向）移动，是通过其中层的上滑座 12 相对于下滑座的平移实现的。

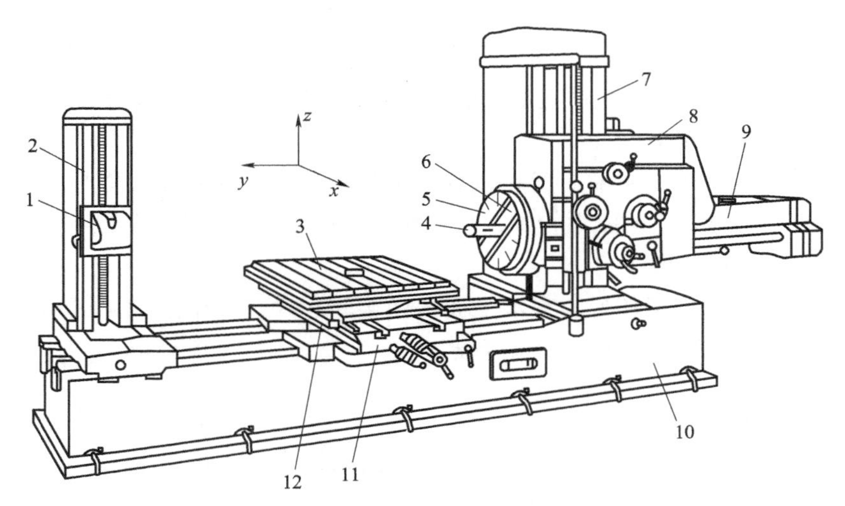

图 7-13　TP619 型卧式铣镗床

1—后支承架；2—后立柱；3—工作台；4—镗轴；5—平旋盘；
6—径向刀具溜板；7—前立柱；8—主轴箱；9—后尾筒；
10—床身；11—下滑座；12—上滑座

上滑座上有圆环形导轨，工作台部件最上层的工作台面可以在该导轨内绕铅垂轴线相对于上滑座回转 360°。以便在一次安装中对件上相互平行或成一定角度的孔和平面进行加工。

主轴箱 8 沿前立柱导轨的垂直（z 轴方向）移动，一方面可以实现垂直进给；另一方面可以适应工件上被加工孔位置的高低不同的需要。主轴箱内装有主运动和进给运动的变速机构和操纵机构。根据不同的加工情况，刀具可以直接装在镗轴 4 前端的莫氏 5 号或 6 号锥孔内，也可以装在平旋盘 5 的径向刀具溜板 6 上。在加工长度较短的孔时，刀具与工件间的相对运动类似于钻床上钻孔，镗轴 4 和刀具一起作主运动，并且又沿其轴线作进给运动。该进给运动是由主轴箱 8 右端的后尾筒 9 内的轴向进给机构提供的。

平旋盘 5 只能作回转主运动，装在平旋盘导轨上的径向刀具溜板 6，除了随平旋盘一起回转外，还可以沿导轨移动，作径向进给运动。

后立柱 2 沿床身导轨作纵向移动，其目的是当用双面支承的镗模镗削通孔时，便于针对不同长度的镗杆来调整它的纵向位置。后支承架 1 沿后立柱 z 的上下移动，是为了与镗轴 4 保持等高，并用以支承长镗杆的悬伸端。

2. TP619 型卧式铣镗床运动

卧式铣镗床的主运动有：镗轴和平旋盘的回转运动；进给运动有：镗轴的轴向进给运动，平旋盘溜板的径向进给运动，主轴箱的垂直进给运动，工作台的纵向和横向进给运动；辅助运动有：工作台的转位，后立柱纵向调位，后支承架的垂直方向调位，主轴箱沿垂直方向和工作台沿纵、横方向的快速调位运动。图 7-14 是 TP619 型卧式铣镗床的传动系统图，其运动归纳划分如下：

a. 镗杆的旋转主运动；

b. 平旋盘的旋转主运动；

c. 镗杆的轴向进给运动；

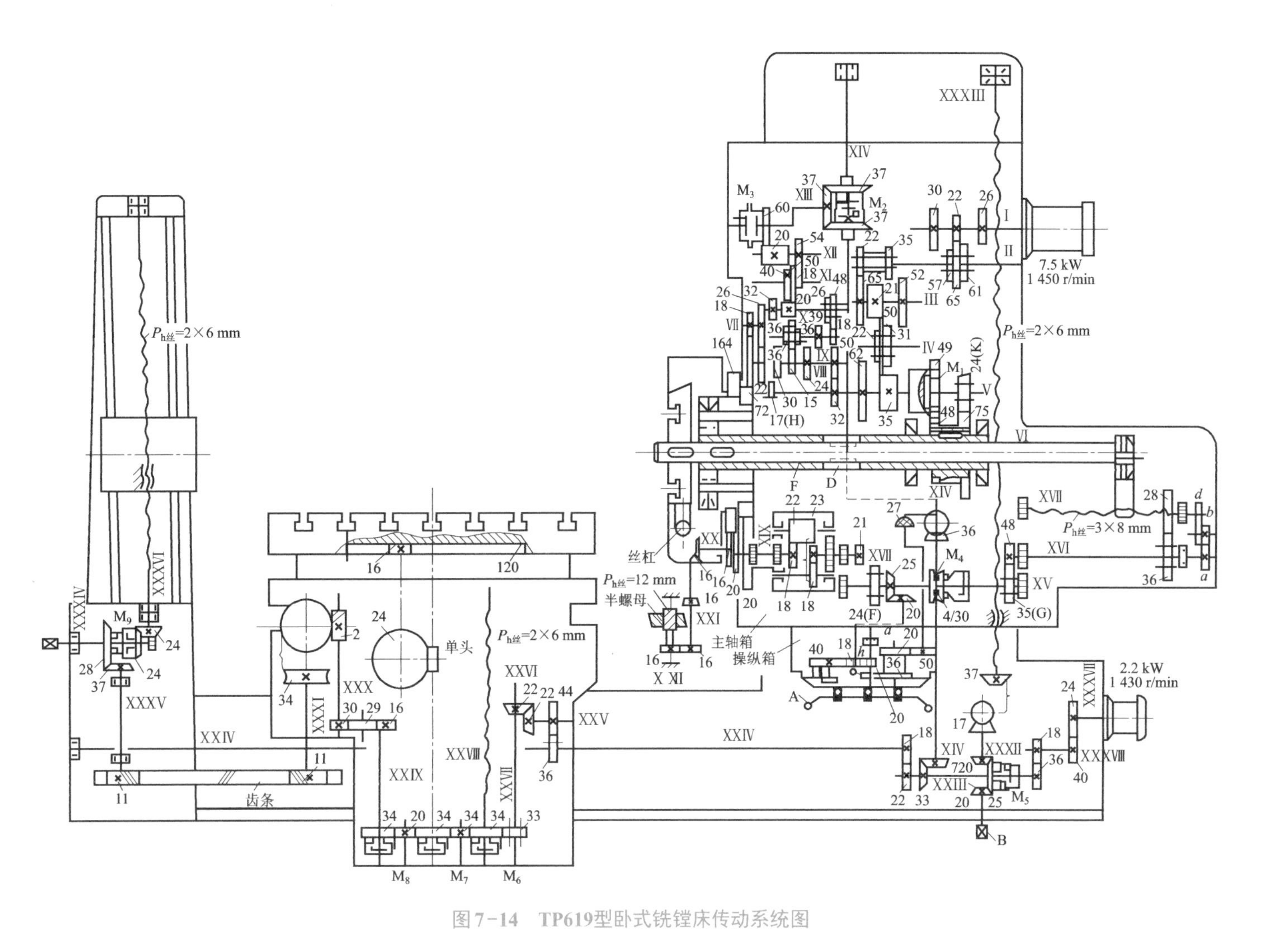

图 7-14　TP619型卧式铣镗床传动系统图

A—操纵轮；B，C—手柄；$P_{h丝}$—丝杠的导程

F—径向刀具溜板进给滑移齿轮（z=24）　G—镗轴轴向进给滑移齿轮（z=35）　H—接通平旋盘旋转滑移齿轮（z=17）　M_2–M_1—离合器

d. 主轴箱的垂直进给运动；

e. 工作台的纵向进给运动；

f. 工作台的横向进给运动；

g. 平旋盘上径向刀架进给运动；

h. 辅助运动。

（1）主运动传动链。其传动路线表达式为：

$$
\underset{\left[\begin{array}{c}7.5\ \text{kW}\\ 1\,450\ \text{r/min}\end{array}\right]}{\text{主电动机}} - \text{I} - \left[\begin{array}{c}\frac{26}{61}\\ \frac{22}{65}\\ \frac{30}{57}\end{array}\right] - \text{II} - \left[\begin{array}{c}\frac{22}{65}\\ \frac{35}{52}\end{array}\right] - \text{III} - \left[\begin{array}{c}\frac{52}{31} - \text{IV} - \frac{50}{35}\\ \frac{21}{50} - \text{IV} - \frac{50}{35}\\ \frac{21}{50} - \text{IV} - \frac{22}{62}\end{array}\right] -
$$

$$
- \text{V} - \left[\begin{array}{l}\left[\begin{array}{l}\frac{24}{75}\text{(齿轮K处于右位)}\\ M_1\text{合(齿轮K处于左位)} - \frac{49}{48}\end{array}\right] - \text{VI(镗轴)}\\ - \text{齿轮H左移} - \frac{17}{22}\times\frac{22}{26} - \text{VII} - \frac{18}{72} - \text{平旋盘}\end{array}\right.
$$

TP619 型卧式铣镗床主轴箱Ⅲ-Ⅴ轴间采用公共齿轮变速组，如图 7-15 所示。

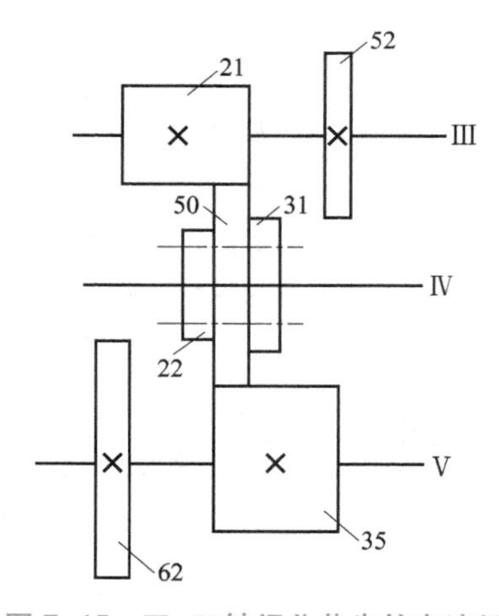

图 7-15　Ⅲ-Ⅴ轴间公共齿轮变速组

主轴可获得 36 级转速。转速范围为 8～1 250 r/min。平旋盘可获得 18 级转速，转速范围为 4～200 r/min。

（2）进给运动传动链：进给运动由主电动机驱动，各进给运动传动链的一端为镗轴或

平旋盘，另一端为各进给运动执行件。各传动链采用公用换置机构，即自轴Ⅷ至轴Ⅻ间的各变速组是公用的，运动传至垂直光杠 XIV 后，再经由不同的传动路线表达式，实现各种进给运动。进给运动传动路线表达式为：

$$\left.\begin{matrix}\text{VI(镗轴)}-\begin{bmatrix}\dfrac{75}{24}\\ \dfrac{48}{49}-M_1\end{bmatrix}- \\ \text{平旋盘}-\dfrac{72}{18}-\text{VII}-\dfrac{26}{22}\times\dfrac{22}{17}\end{matrix}\right]-\text{V}-\dfrac{32}{50}-\text{VIII}-\begin{bmatrix}\dfrac{15}{36}\\ \dfrac{24}{36}\\ \dfrac{30}{30}\end{bmatrix}-\text{IX}-\begin{bmatrix}\dfrac{18}{48}\\ \dfrac{39}{26}\end{bmatrix}-\text{X}-\begin{bmatrix}\dfrac{20}{50}-\text{XI}-\dfrac{18}{54}\\ \dfrac{20}{50}-\text{XI}-\dfrac{50}{20}\\ \dfrac{32}{40}-\text{XI}-\dfrac{50}{20}\end{bmatrix}-\text{XII}-\dfrac{20}{60}-M_3-\text{XIII}-$$

$$-\begin{bmatrix}\dfrac{37}{37}-M_2\uparrow\\ \text{(换向)}\\ \dfrac{37}{37}-M_2\downarrow\end{bmatrix}-\text{XIV(垂直光杠)}-\begin{bmatrix}\dfrac{4}{30}-M_4\text{合}-\text{XV}-\begin{bmatrix}\dfrac{35}{48}-\text{XVI}-\begin{bmatrix}\dfrac{ac}{bd}\\ \dfrac{36}{28}\end{bmatrix}-\text{XVII(丝杠)}-\text{镗杆轴向进给}\\ \dfrac{24}{21}-u_{\text{合}}-\text{XIX}-\dfrac{20}{164}\times\dfrac{164}{16}-\text{XX}-\dfrac{16}{16}-\text{XXI}-\dfrac{16}{16}-\text{XXII(丝杠)}-\text{半螺母}-\text{平旋盘的径向刀架进给运动}\end{bmatrix}\\ \dfrac{17}{33}-\text{XXIII}-\begin{bmatrix}M_5-\dfrac{25}{20}-\text{XXXII}-\dfrac{17}{37}-\text{XXXIII(丝杠)}-\text{主轴箱垂直进给}\\ \dfrac{22}{18}-\text{XXIV}-\dfrac{36}{44}-\text{XXV}-\dfrac{22}{22}-\text{XXVI}-\dfrac{33}{34}-\begin{bmatrix}M_6\text{合}-\text{XXVII(丝杠)}-\text{工作台横向进给}\\ \dfrac{34}{34}-\dfrac{34}{34}-\end{bmatrix}\end{bmatrix}\end{bmatrix}$$

$$-\begin{bmatrix}M_7\text{合}-\text{XXVIII}-\dfrac{1}{24}\times\dfrac{16}{120}-\text{工作台转位运动}\\ \dfrac{34}{20}-\dfrac{20}{34}-M_8\text{合}-\text{XXIX}-\dfrac{16}{29}-\dfrac{29}{30}-\text{XXX}-\dfrac{2}{34}-\text{XXXI}-\dfrac{11}{\text{齿条}}-\text{工作台纵向进给}\end{bmatrix}$$

TP619 型卧式铣镗床设有一个带手柄的操纵轮 A（见图 7-14）。该手轮有前、中、后 3 个位置，依次实现机动进给，手动粗进给或快速调整移动，手动微量进给。

四、TP619 型卧式铣镗床典型

1. 主轴部件结构

图 7-16 为 TP619 型卧式铣镗床的主轴部件。镗轴 2 由压入镗轴套筒 3 的三个精密衬套 8、9 及 12 作支承，保证镗轴有较高的旋转精度和平稳的轴向进给运动。其前端还有一个1∶20 的锥孔，可以安装镗刀或其他刀具。镗轴的前部有两个形孔 a、b，其中 a 孔用于拉镗孔或倒刮端面时，插入楔块，b 孔用于拆卸刀具。镗轴套筒采用三支承结构，前支承采用双列圆柱滚子轴承，中间和后支承采用圆锥滚子轴承。镗轴的旋转由齿轮通过平键 11 传给镗轴套筒，然后由镗轴套筒上的导键 10 传给镗轴，使镗轴旋转。镗轴上加工有两条长键槽，一方面可以接受由导键传来的扭矩，一方面可以在镗轴轴向进给时起导向作用。

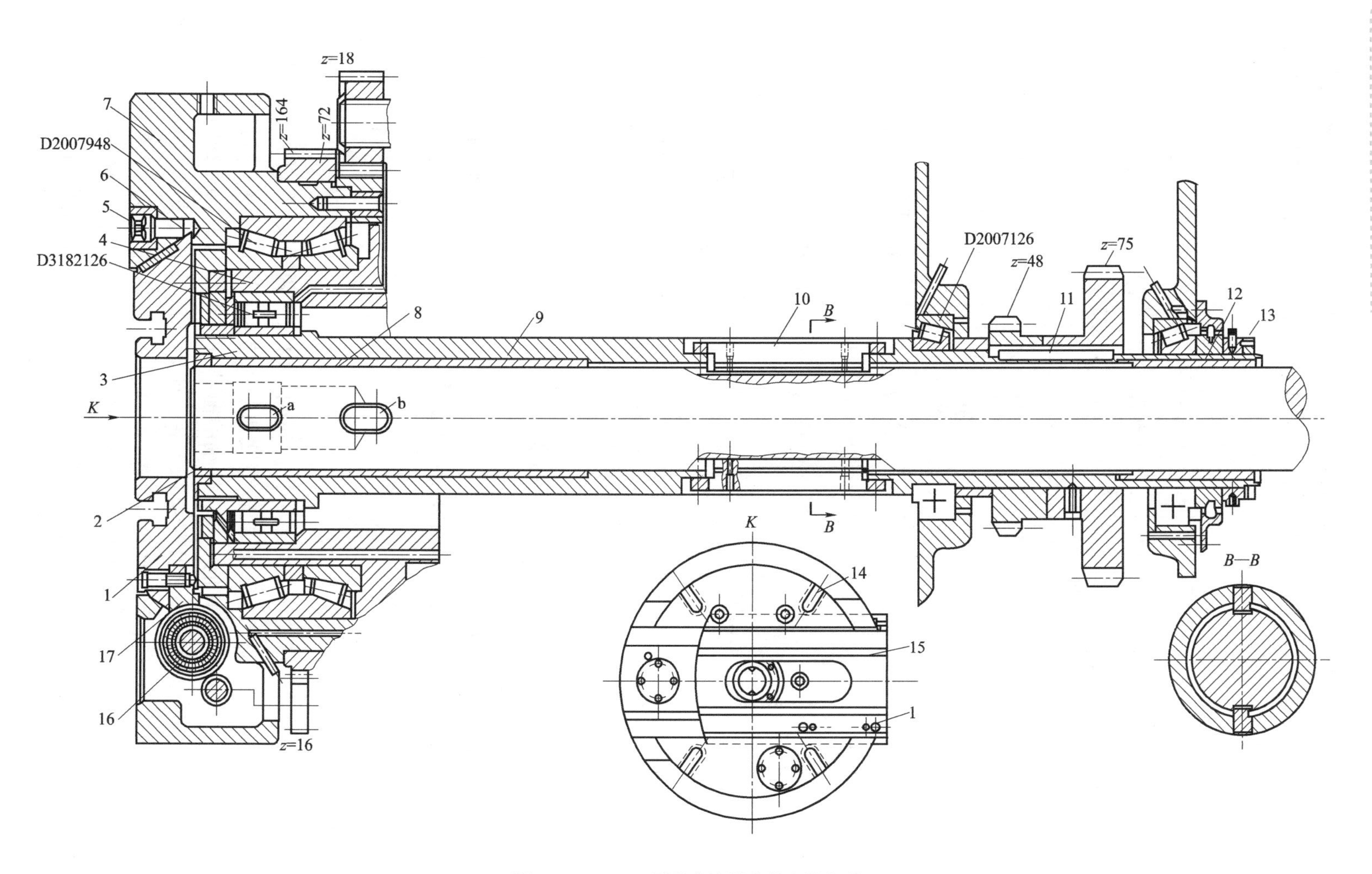

图7-16　TP619型卧式铣镗床的主轴部件

1—平旋盘刀具溜板；2—镗轴；3—镗轴套筒；4—法兰盘；5—螺塞；6—销钉；7—平旋盘；8，9，12—支承衬套；10—导键；11—平键；13—调整螺母；14—径向T形槽；15—T形槽；16—丝杠；17—半螺母

2. 平旋盘结构及工作原理

（1）平旋盘结构。如图 7–17 所示，平旋盘 7 通过双列圆锥滚子轴承支承在法兰盘 4 上，法兰盘则固定于箱体上。平旋盘端面上加工有四条径向 T 形槽 14，刀具溜板 1 上加工有两条 T 形槽 15，供安装刀具和刀盘之用。刀具溜板可沿平旋盘的燕尾导轨作径向进给，导轨的间隙由镶条调整。如不需作径向进给时，可由螺塞 5 拧紧销钉 6，将刀具溜板锁紧在平旋盘上，以增加其刚性。

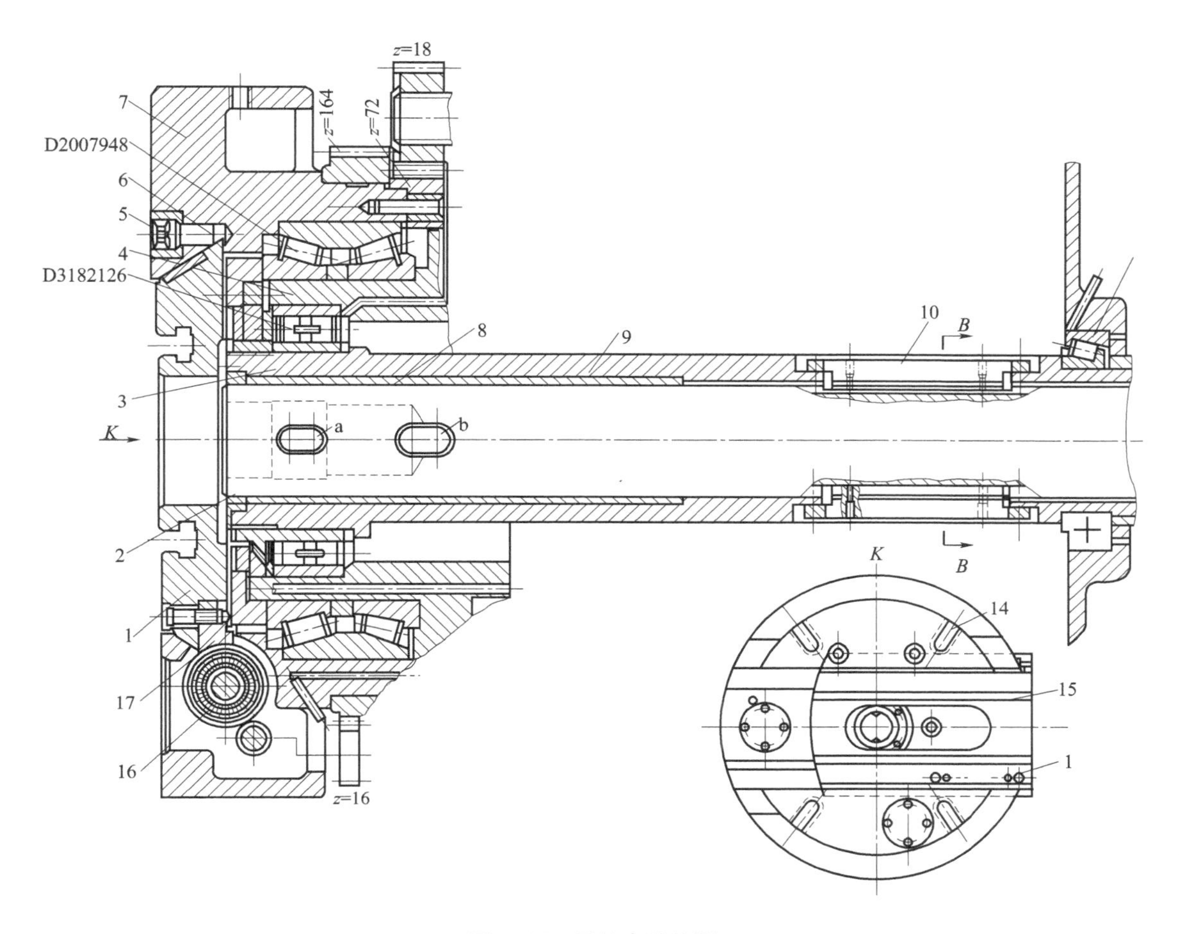

图 7–17　平旋盘结构图

1—平旋盘刀具溜板；2—镗轴；3—镗轴套筒；4—法兰盘；5—螺塞；
6—销钉；7—平旋盘；8—衬套；9—支承套；10—导键；
14—径向 T 形槽；15—T 形槽；16—丝杠；17—半螺母

（2）平旋盘溜板工作原理。利用平旋盘加工大端面（镗车）及环形槽时，需要刀具一边随平旋盘绕主轴轴线旋转，一边随溜板作径向进给。图 7–18 所示为平旋盘溜板径向进给传动原理图。

平旋盘由齿轮 Z_{72} 带动旋转，运动经齿轮 Z_{72} 经进给传动链，由齿轮 Z_{21} 传至合成机构输入轴及右中心轮 Z_{23}；另一条传动路线表达式为由齿轮 Z_{72} 经合成机构壳体上的齿轮 Z_{20}，传

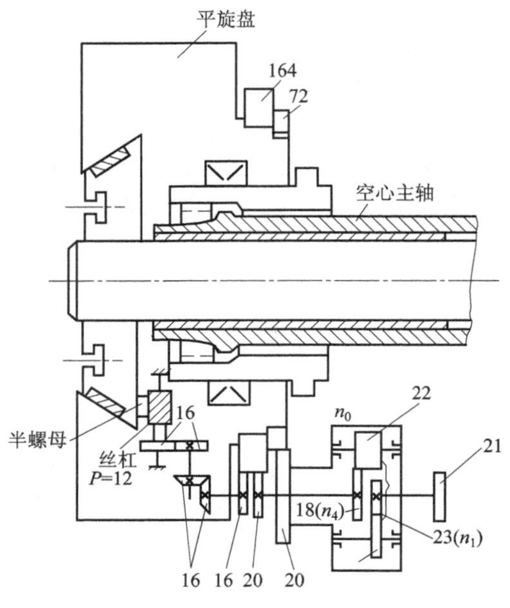

图 7-18 平旋盘溜板径向进给传动原理图

至合成机构。大齿轮 Z_{164} 通过平旋盘上的齿轮 Z_{16}、圆锥齿轮副 $\frac{16}{16}$、齿轮副 $\frac{16}{16}$、丝杠及安装在溜板上的半螺母与溜板保持传动联系。

如果大齿轮 Z_{164} 的转速及转向与齿轮 Z_{72} 相同，即大齿轮 Z_{164} 相对于平旋盘不转动，Z_{16} 齿轮不自转，此时溜板不作径向进给运动。如果大齿轮 Z_{164} 相对于平旋盘转动，Z_{16} 齿轮自转，通过平旋盘上的齿轮 Z_{16}、圆锥齿轮副 $\frac{16}{16}$、齿轮副 $\frac{16}{16}$、丝杠螺母副驱动溜板，作径向进给运动。

图 7-18 中的合成机构是行星传动机构。系杆转速 $n_0 = n_H$，右中心轮 Z_{23} 转速为 n_R，左中心轮 Z_{18} 转速为 n_L，根据行星轮系传动关系，

$$u_{R-L}^{H}=\frac{n_L-n_H}{n_R-n_H}=(-1)^3\frac{23}{18}\times\frac{18}{22}\times\frac{22}{18}=-\frac{23}{18}$$

$$n_L-n_H=\frac{23}{18}n_H-\frac{23}{18}n_R$$

$$n_L=\frac{41}{18}n_H-\frac{23}{18}n_R$$

若 $n_R=0$，$u_{合1}=\frac{n_L}{n_H}=\frac{41}{18}$

此时系杆旋转，溜板不作进给运动；

若 $n_H=0$，$u_{合2}=\frac{n_L}{n_R}=-\frac{23}{18}$

此时系杆不旋转，溜板径向进给。

五、其他镗床简介

1. 坐标镗床

坐标镗床是一种高精度机床，其特征是具有测量坐标位置的精密测量装置。它主要用来镗削精密孔（IT5 级或更高精度等级）和位置精度要求很高的孔系（定位精度可达 0.002～0.01 mm），如镗削钻模和镗模上的精密孔。

坐标镗床的工艺范围很广，除镗孔、钻孔、扩孔、铰孔、锪端面以及精铣平面和沟槽外，还可进行精密刻线和划线，以及进行孔距和直线尺寸的精密测量工作。

坐标镗床主要用于工具车间加工工具、模具和量具等，也可用于生产车间成批地加工精密孔系，如在飞机、汽车、拖拉机、内燃机和机床等行业中加工某些箱体零件的

轴承孔。

坐标镗床有立式的和卧式的。立式坐标镗床适宜于加工轴线与安装基面垂直的孔系和铣削顶面；卧式坐标镗床适宜于加工与安装基面平行的孔系和铣削侧面。立式坐标镗床还有单柱和双柱之分。

（1）立式单柱坐标镗床。立式单柱坐标镗床见图 7-19。主轴 2 由精密轴承支承在主轴套筒中，由立柱 4 内的电动机，经主传动机构传动主轴旋转完成主运动，主轴可随套筒作轴向进给。主轴箱 3 可沿立柱的导轨上下调整位置以适应加工不同高度的工件。主轴在水平面上的位置是固定的，镗孔坐标位置由工作台 1 沿床鞍 5 导轨的纵向移动和床鞍沿床身 6 的横向移动来确定。这类机床一般为中、小型机床。

（2）立式双柱坐标镗床。图 7-20 为立式双柱坐标镗床的外形图。由两个立柱 3、6 和顶梁 4、床身 8 构成龙门框架。两个坐标方向的移动，分别由主轴箱 5 沿横梁的导轨作横向移动和工作台 1 沿床身导轨作纵向移动实现。横梁 2 可沿立柱导轨上下调整位置，以适应不同高度的工件加工。这种机床属于中、大型机床。

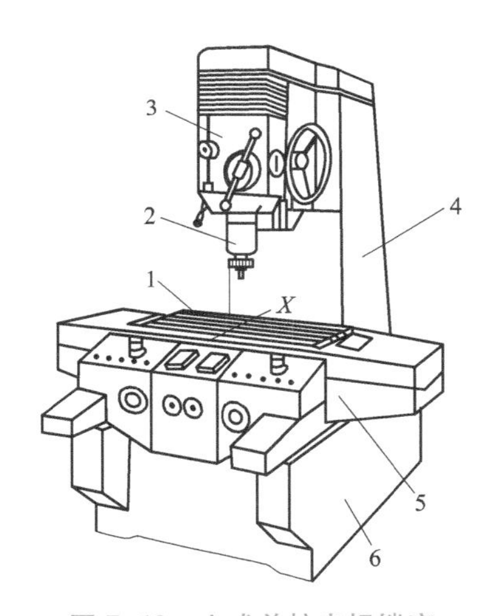

图 7-19　立式单柱坐标镗床

1—工作台；2—主轴；3—主轴箱；
4—立柱；5—床鞍；6—床身

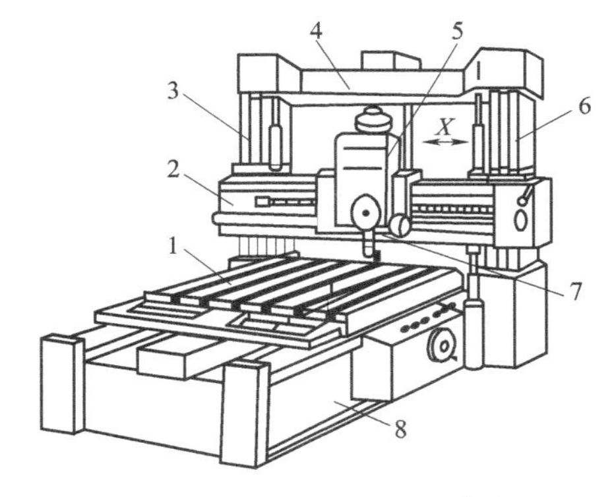

图 7-20　立式双柱坐标镗床

1—工作台；2—横梁；3，6—主柱；
4—顶梁；5—主轴箱；7—主轴；8—床身

（3）卧式坐标镗床。卧式坐标镗床(图 7-21)的特点是其主轴 3 水平安装，与工作台台面平行。安装工件的工作台由下滑座 7、上滑座 1 和可精密分度的回转工作台 2 三层组成。镗孔坐标位置由下滑座沿床身 6 导轨的横向移动和主轴箱 5 沿立柱 4 导轨上下移动来确定。机床进行加工的进给运动，可由主轴轴向移动完成，也可由上滑座的纵向移动完成。

卧式坐标镗床具有较好的工艺性能，工件高度不受限制，安装方便，利用回转工作台的分度运动，可在工件一次安装中完成工件几个平面上孔的加工，适于在生产车间中成批加工箱体等零件。

（4）坐标镗床的测量系统。坐标测量系统主要是确定工作台、主轴等的位移距离，以实现工件和刀具的精确定位。坐标测量系统有机械的、光学的、光栅的等，现简单介绍两种。

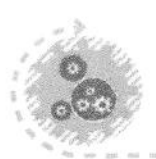

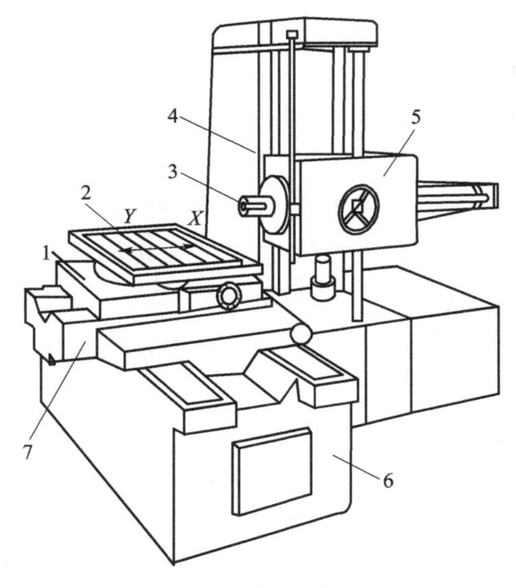

图 7-21　卧式坐标镗床

1—上滑座；2—工作台；3—主轴；4—立柱；5—主轴箱；6—床身；7—下滑座

① 精密刻线尺——光屏读数头坐标测量装置。

这种测量装置目前应用最为普遍，它主要由精密刻线尺、光学放大器和读数器三部分组成。图 7-22 为 T4145 型立式单柱坐标镗床工作台纵向位移光学测量装置的工作原理。刻线尺 3 是测量位移的基准元件，由线膨胀系数小、不易氧化生锈的合金金属制成，装在工作台底面上的矩形槽中，刻线面向下，其一端与工作台保持连接，并可随工作台作纵向移动。光学放大器以及光屏读数头装在床鞍上。测量工作台的纵向位移量时，由光源 8 射出的光，经聚光镜 7、滤色镜 6、反光镜 5 和前组物镜 4 投射到刻线尺 3 的刻线面上。刻线尺上被照亮的线纹，通过前组物镜 4、反光镜 9、后组物镜 10、反光镜 13、12 和 11，成像于光屏读数头的光屏 1 上，通过目镜 2 可以清晰地观察到放大的线纹像。物镜总的放大倍率为 40 倍，因此，间距为 1 mm 的刻线尺线纹，其在光屏上的距离为 40 mm。光屏读数头（图 7-23）的光屏上，刻有 0~10 共 11 组等距离的双刻线，相邻两刻线之间的距离为 4 mm，相当于刻线尺 3 上的距离为 $\left(4\times\frac{1}{40}\right)$ mm = 0. 1 mm。

光屏 1 镶嵌在可沿滚动导轨 17 移动的框架 16 中。由于弹簧 18 的作用，框架 16 通过装在其一端孔中的钢球 19，始终顶紧在阿基米德螺旋线内凸轮 14 的工作表面上。用刻度盘 15 带动内凸轮 14 转动时，可推动框架 16 连同光屏 1 一起沿着垂直于双刻线的方向作微量移动。刻度盘 15 的端面上，刻有 100 格圆周等分线。当其每转过 1 格时，内凸轮 14 推动光屏移动 0. 04 mm，这相当于刻线尺，亦即工作台的位移量为 $\left(0.04\times\frac{1}{40}\right)$ mm = 0. 001 mm。

进行坐标测量时，工作台移动量的毫米整数值由装在工作台上的粗读数标尺读取，毫米以下的小数部分则由光屏读数头读取。每次测量时，首先转动光屏读数头的刻度盘 15，使其刻线对准零位，然后通过专门的手把移动前组物镜 4，将刻线尺的线纹像调整到光屏上双刻线“0”的正中，调零后可进行测量。

例： 要求工作台移动 193. 925 mm，调整过程如下：

a. 移动前调零。转动内凸轮 14，使“0”对准基准线。转动一个专门的手柄移动物镜，将线纹像调整到光屏“0”的双刻线中央。

b. 移动工作台，在外面的粗刻线尺上看到移动了 193 mm。这时边移动工作台边观察读数光屏 1，使线纹像到达光屏上“9”的双刻线中央，即工作台又移动了 0. 9 mm。

c. 将读数头刻度盘转动 25 格，使线纹像偏离双刻线正中，接着微量移动工作台，使线纹像又回到“9”双刻线组正中。在这一步中，工作台又移动 0. 025 mm。

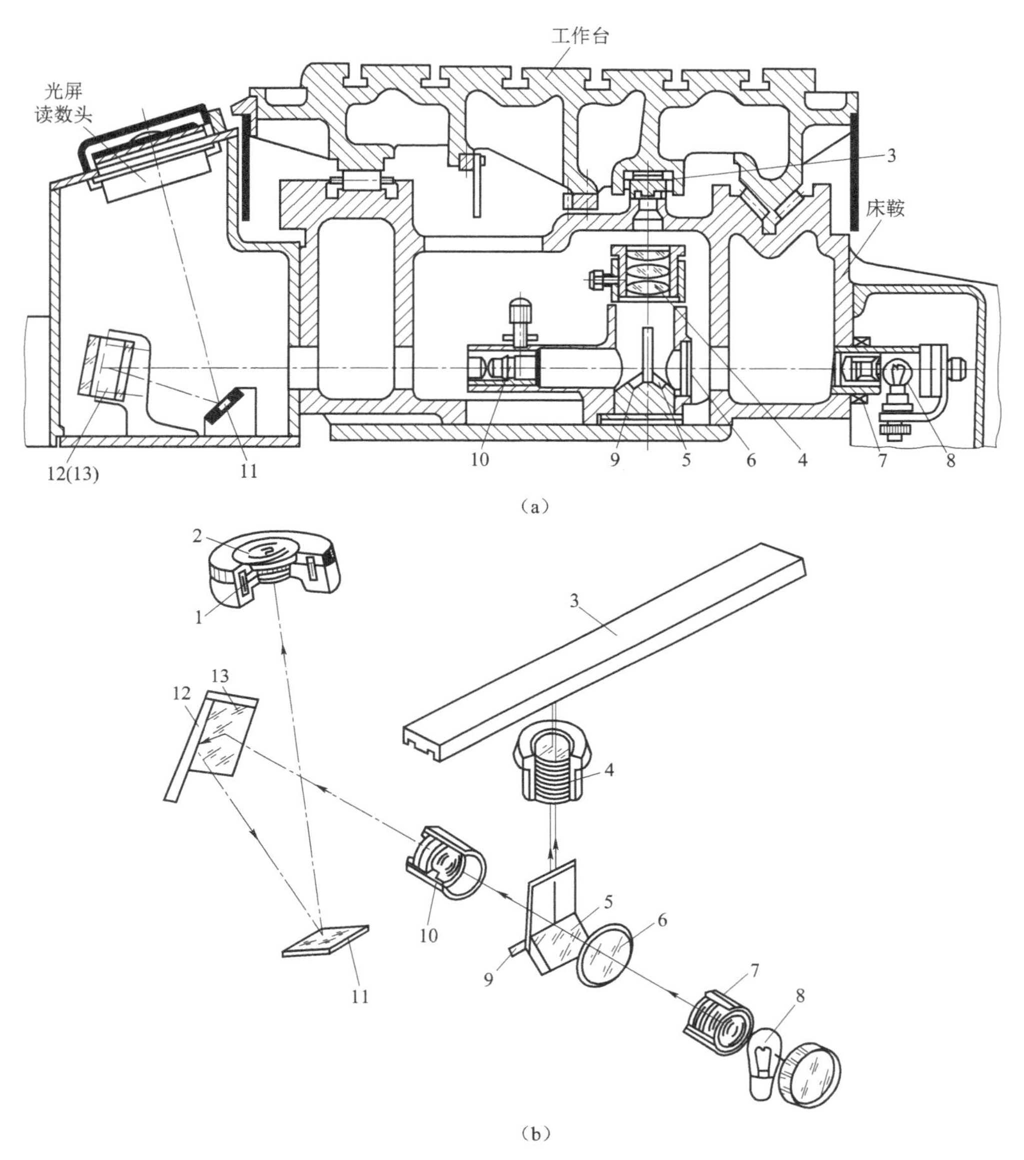

图 7-22　坐标镗床工作台纵向位移光学测量装置

1—光屏；2—目镜；3—刻线尺；4—前组物镜；5—反光镜；6—滤色镜；7—聚光镜；8—光源；9—反光镜；10—后组物镜；11—反光镜；12—反光镜；13—反光镜

至此，工作台一共移动了 193.925 mm。实际操作时，可把后两个调整过程对调。

② 光栅——数字显示器坐标测量装置。

这种坐标测量装置以光栅作基准元件。光栅是在长条形（或圆形）的光学玻璃或反光金属尺上刻上密集的间距相等的线纹所构成。光栅上两相邻刻线之间的距离 W，称为光栅节距，如图 7-24（a）。光栅节距越小，测量精度越高。常用的光栅节距在 0.01~0.05 mm 之间，即线纹密度为 20~100 条/mm。

光栅测量的工作原理是利用两个平行放置的光栅所形成的莫尔条纹来确定机床部件的位

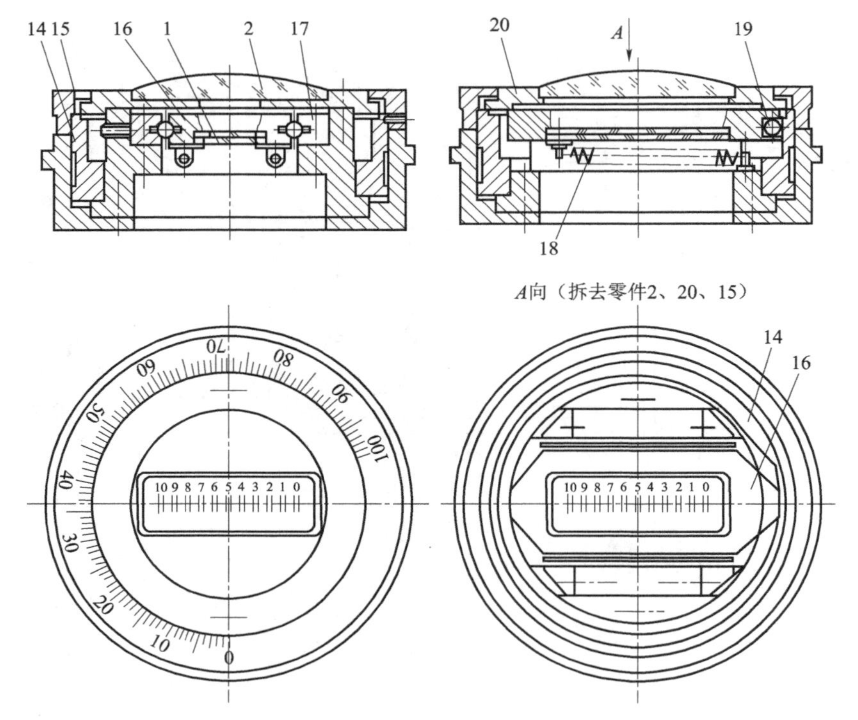

图 7-23　坐标镗床工作台纵向位移光屏读数头

1—光屏；2—目镜；14—阿基米德螺旋线内凸轮；15—刻度盘；

16—框架；17—滚动导轨；18—弹簧；19—钢球；20—目镜座

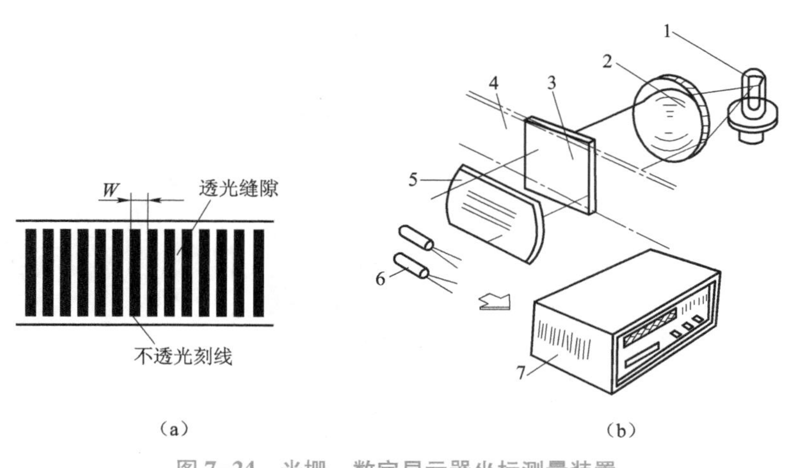

图 7-24　光栅—数字显示器坐标测量装置

1—光源；2—聚光镜；3—指示光栅；4—标尺光栅；

5—缝隙板；6—光电元件；7—数码显示器

移量。如图 7-24 所示，短光栅 3 安装在机床的固定部件上，称为指示光栅；长光栅 4 安装在机床的移动部件上，称为标尺光栅。两光栅互相平行，并保持 0.1~0.5 mm 的间隙。指示光栅 3 可在自身平面内偏转，使其线纹相对标尺光栅线纹成一很小倾斜角 θ（图 7-24（b））。当光源 1 经聚光镜 2 射出的平行光束照射到光栅上时，由于光栅上不透光线纹的遮

光作用，产生几条明暗条纹相间的粗条纹，称之为莫尔条纹，如图 7-25。莫尔条纹的节距 B 比光栅节距 W 大得多，倾斜角 θ 越小，节距 B 越大。当莫尔条纹移动时，通过缝隙板 5 使光电元件 6 接受明暗条纹发生变化的光讯号，并转变为电讯号。光电元件 6 接受的光强度发生一次周期变化，于是输出一个正弦波电讯号，经电子系统放大，计数后，便在数码显示器 7 中以数字形式显示出机床部件的正确位移量。光栅具有位移测量精度高、数码显示、读数直观方便等优点。

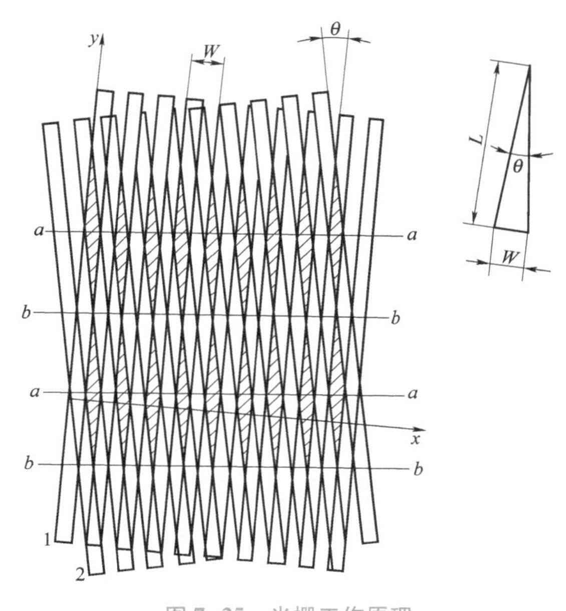

图 7-25　光栅工作原理

光栅坐标测量装置的结构如图 7-26 所示。

2. 精镗床

精镗床，又称为金刚镗床。其特点是：切削速度很高，切深和进给量极小，加工精度和表面质量高。

金刚镗床是一种高速镗床，通常采用硬质合金刀具（以前采用是金刚石刀具，机床由此得名），以极高的速度，很小的切削深度和进给量主要对有色金属和铸铁工件上的内孔进行精细加工，加工的尺寸精度可达 0.003~0.005 mm，表面粗糙度可达 Ra0.16~1.25 μm。

根据主轴的位置不同，金刚镗床可分为卧式和立式两类。图 7-27 为单面卧式精镗床。为了保证主轴 2 准确平稳运转，通常直接由电动机经带传动带动主轴高速旋转，并且主轴采用精密轴承支承。工件通过夹具安装在工作台 3 上，并随工作台一起沿床身 4 导轨作低速平稳的进给。

精镗床种类很多，图 7-27 为单面卧式精镗床外形图。

3. 落地镗床及落地铣镗床

落地镗床及落地铣镗床主要用于加工大而重的工件，没有工作台，工件直接固定在地面平板（或平台）上，运动由机床实现。其外形如图 7-28 所示。

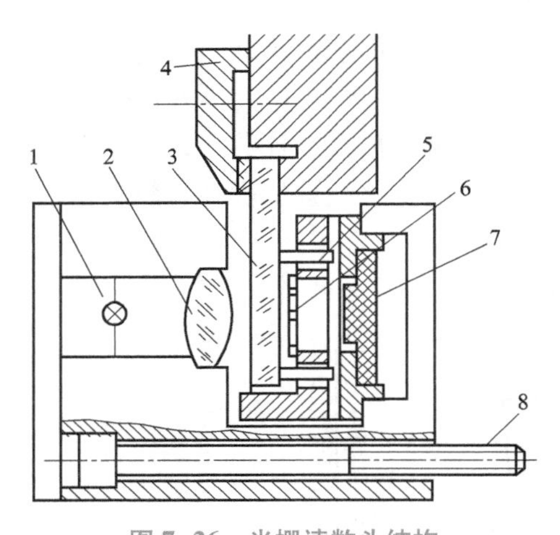

图 7-26 光栅读数头结构

1—光源；2—透镜；3—标尺光栅；4—压板；
5—滚动轴承；6—指示光栅；7—光电池；8—螺钉

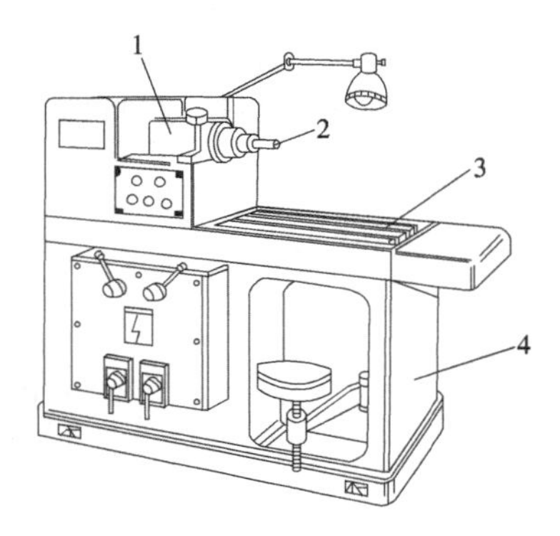

图 7-27 单面卧式精镗床外形图

1—主轴箱；2—主轴；
3—工作台；4—床身

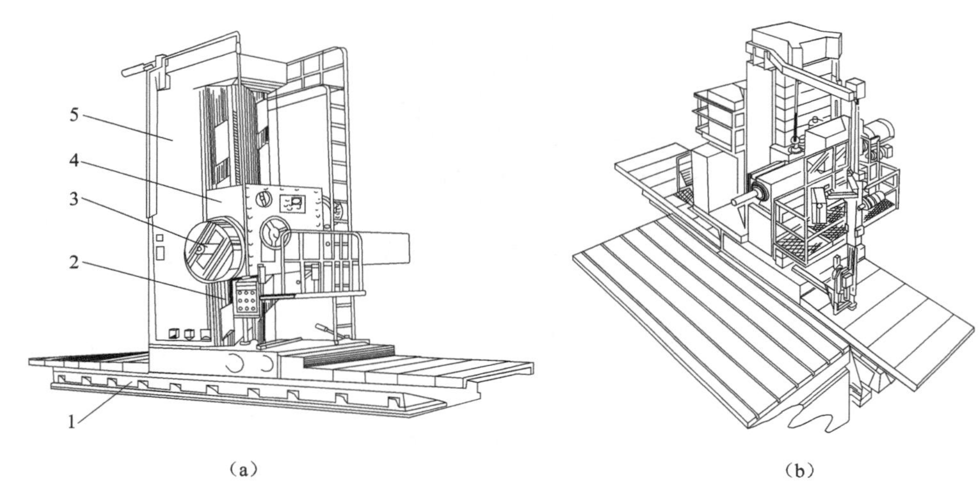

（a）　　　　（b）

图 7-28 落地镗床和落地铣镗床

（a）落地镗床；（b）落地铣镗床

1—床身；2—防护装置；3—主轴；4—主轴箱；5—立柱

7-3 直线运动机床

刨床、插床和拉床的共同特点是主运动都是直线运动，因此又把这三类机床称为“直线运动机床”。

一、刨床

刨床主要用于加工各种平面和沟槽。刨床类机床的主运动是刀具或工件所作的直线往复

运动。进给运动由刀具或工件完成，其方向与主运动方向相垂直，它是在空行程结束后的短时间内进行的，因而是一种间歇运动。

刨床类机床由于所用刀具结构简单，在单件小批量生产条件下，加工形状复杂的表面比较经济，且生产准备工作时间短。此外，用宽刃刨刀以大进给量加工狭长平面时的生产率较高，因而在单件小批量生产中，特别在机修和工具车间，是常用的设备。但这类机床由于其主运动反向时需克服较大的惯性力，限制了切削速度和空行程速度的提高，同时还存在空行程所造成的时间损失，因此在多数情况下生产率较低，在大批大量生产中常被铣床和拉床所代替。

刨床类机床主要有牛头刨床、龙门刨床等，插床可以看做立式刨床，分别介绍如下：

牛头刨床因其滑枕刀架形似“牛头”而得名，牛头刨床的主运动由刀具完成，进给运动由工件或刀具沿垂直于主运动方向的移动来实现。它主要用于加工中小型零件。

牛头刨床工作台的横向进给运动是间歇进行的。它可由机械或液压传动实现。机械传动一般采用棘轮机构。

牛头刨床的主参数是最大刨削长度。牛头刨床是刨削类机床中应用较广的一种。它适于刨削长度不超过 1 000 mm 的中、小型工件。下面以 B6065（旧编号 B665）牛头刨床为例进行介绍，例如 B6050 型牛头刨床的最大刨削长度为 650 mm，型号中各字母数字含义如下：

B 为机床类别代号，表示刨床，读作“刨”；

6 和 0 分别为机床组别和系别代号，表示牛头刨床；

65 为主参数最大刨削长度的 1/10，即最大刨削长度为 650 mm。

1. 牛头刨床

（1）牛头刨床的组成。如图 7-29 所示为 B6065 型牛头刨床，主要由床身、滑枕、刀架、工作台、横梁、底座等部分组成。

B6065 型牛头刨床各主要组成部分及作用为：

工作台 1 是用来安装工件的，它可随横梁作上下调整，并可沿横梁作水平方向移动或作间歇进给运动。

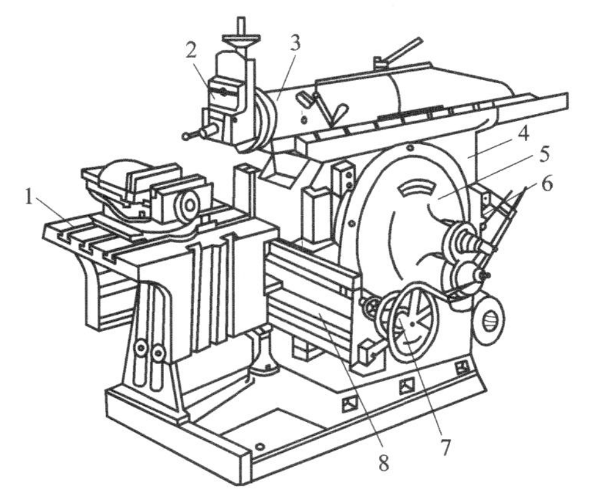

图 7-29　B6065 型牛头刨床外形图

1—工作台；2—刀架；3—滑枕；4—床身；5—摆杆机构；6—变速机构；7—进给机构；8—横梁

刀架 2 用以夹持刨刀，其结构如图 7-30 所示。当转动刀架手柄 5 时，滑板 4 带着刨刀沿刻度转盘 7 上的导轨上下移动，以调整背吃刀量或加工垂直面时作进给运动。松开转盘 7 上的螺母，将转盘扳转一定角度，可使刀架斜向进给，以加工斜面。刀座 3 装在滑板 4 上。抬刀板 2 可绕刀座上的销轴向上抬起，以使刨刀在返回行程时离开零件已加工表面，以减少刀具与零件的摩擦。刀架用以夹持刨刀。摇动刀架手柄时，滑板便可沿转盘上的导轨带动刨刀作上下移动。松开转盘上的螺母，将转盘扳转一定的角度后，就可使刀架斜向进给。滑板上还装有可偏转的刀座（又称刀盒、刀箱）。抬刀板可以绕刀座的 A 轴向上转动。刨刀安装在刀夹上，在返回行程时，可绕 A 轴自由上抬，减少了与工件的摩擦。

滑枕 3 用以带动刀架沿床身水平导轨作往复直线运动。滑枕往复直线运动的快慢、行程的长度和位置，均可根据加工需要调整。滑枕主要用来带动刨刀作直线往复运动（即主运动），其前端有刀架。

床身 4 用来支承和连接刨床的各部件。其顶面水平导轨供滑枕带动刀架进行往复直线运动，侧面的垂直导轨供横梁带动工作台升降。床身内部有主运动变速机构和摆杆机构。

牛头刨床主运动为刀架的直线；进给运动是工件的横向运动。

（2）牛头刨床的传动系统。B6065 型牛头刨床的传动系统主要包括摆杆机构和棘轮机构。

① 摆杆机构。其作用是将电动机传来的旋转运动变为滑枕的往复直线运动，结构如图 7-31 所示。

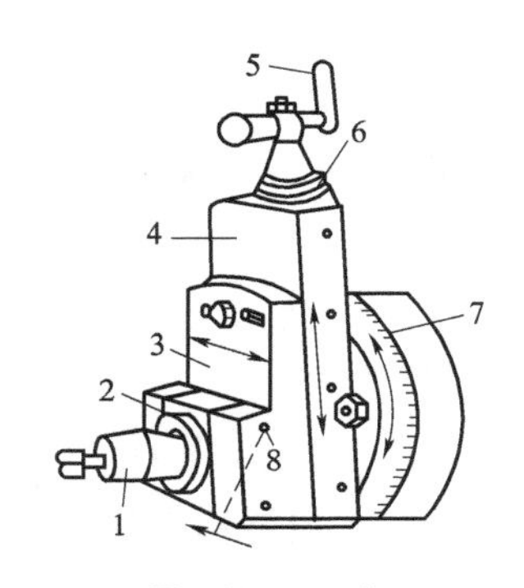

图 7-30　刀架

1—刀夹；2—抬刀板；3—刀座；
4—滑板；5—手柄；6—刻度环；
7—刻度转盘；8—销轴

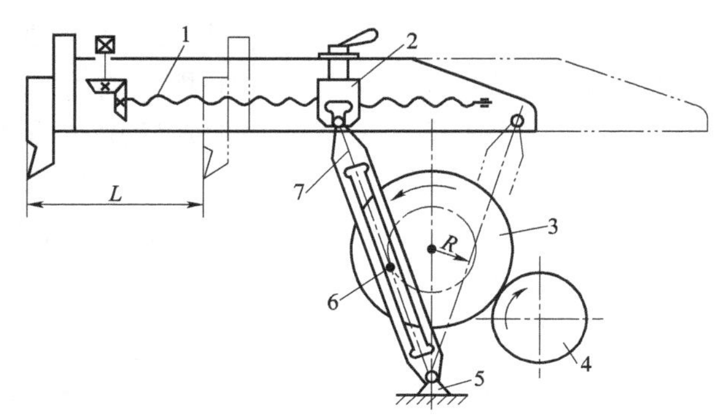

图 7-31　摆杆机构

1—丝杠；2—螺母；3—摆杆齿轮；
4—小齿轮；5—支架；
6—偏心滑块；7—摆杆

摆杆 7 上端与滑枕内的螺母 2 相连，下端与支架 5 相连。摆杆齿轮 3 上的偏心滑块 6 与摆杆 7 上的导槽相连。当摆杆齿轮 3 由小齿轮 4 带动旋转时，偏心滑块就在摆杆 7 的导槽内上下滑动，从而带动摆杆 7 绕支架 5 中心左右摆动，于是滑枕便作往复直线运动。摆杆齿轮转动一周，滑枕带动刨刀往复运动一次。

② 棘轮机构。其作用是使工作台在滑枕完成回程与刨刀再次切入零件之前的瞬间，作间歇横向进给，横向进给机构如图 7-32（a）所示，棘轮机构的结构如图 7-32（b）所示。齿轮 5 与摆杆齿轮为一体，摆杆齿轮逆时针旋转时，齿轮 5 带动齿轮 6 转动，使连杆 4 带动棘爪 3 逆时针摆动。棘爪 3 逆时针摆动时，其上的垂直面拨动棘轮 2 转过若干齿，使丝杠 8 转过相应的角度，从而实现工作台的横向进给。而当棘轮顺时针摆动时，由于棘爪后面为一斜面，只能从棘轮齿顶滑过，不能拨动棘轮，所以工作台静止不动，这样就实现了工作台的横向间歇进给。

③ 变速机构。由 1、2 两组滑移齿轮组成，改变 1、2 两组滑移齿轮位置，可以使轴Ⅲ获得 3×2＝6 种转速，使滑枕变速，见图 7-33。

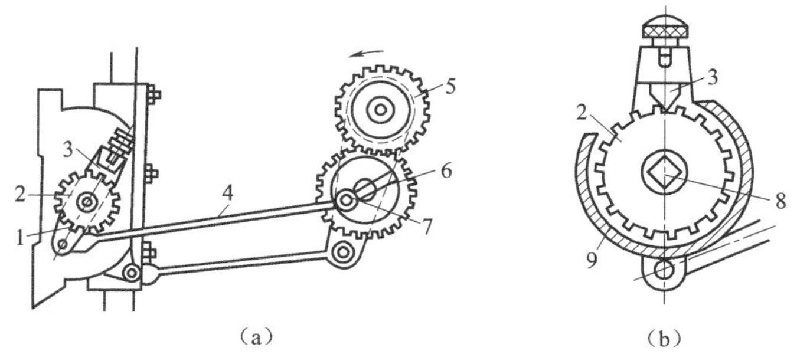

图 7-32　牛头刨床横向进给机构

(a) 横向进给机构；(b) 棘轮机构

1—棘爪架；2—棘轮；3—棘爪；4—连杆；5，6—齿轮；

7—偏心销；8—横向丝杠；9—棘轮罩

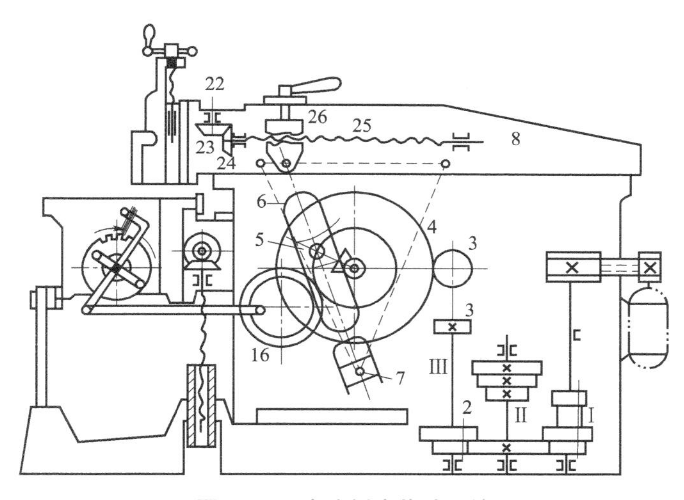

图 7-33　牛头刨床传动系统

3. 牛头刨床的调整

牛头刨床的传动系统、各机构的运动及调整包括以下内容：

① 变速机构；

② 摆杆机构；

③ 行程长度的调整；

④ 行程位置的调整；

⑤ 横向进给机构及进给量的调整；

⑥ 滑枕往复直线运动速度的变化。

（1）滑枕行程长度、起始位置、速度的调整。刨削时，滑枕行程的长度一般应比零件刨削表面的长度长 30~40 mm，如图 7-34 所示，滑枕的行程长度调整方法是通过改变摆杆齿轮上偏心滑块的偏心距离，其偏心距越大，摆杆摆动的角度就越大，滑枕的行程长度也就越长；反之，则越短。松开滑枕内的锁紧手柄，转动丝杠，即可改变滑枕行程的起始点，使滑枕移到所需要的位置。

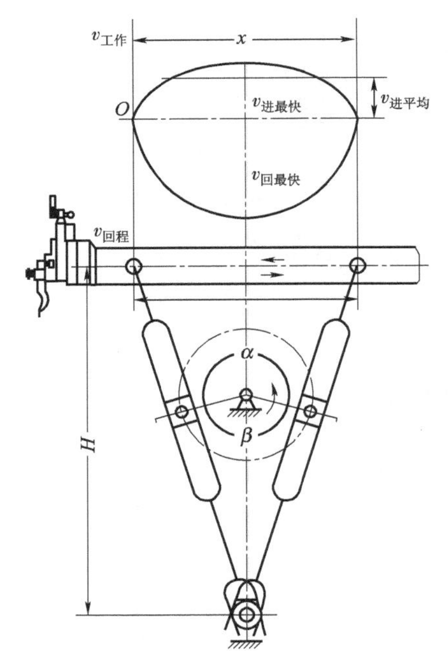

图 7-34　滑枕往复速度变化

调整过程为：松开手柄 21，转动轴 22，通过 23、24 锥齿轮转动丝杠 25，由于固定在摆杆 6 上的螺母 26 不动，丝杠 25 带动滑枕 8 改变起始位置，如图 7-33 所示。

转动轴 9，锥齿轮 10 和 11 带动丝杠 12 使偏心滑块上的螺母移动，带动偏心滑块 13 移动，曲柄销 14 带动滑块 5（图 7-33 中编号 5）改变偏心位置，从而改变滑枕的行程长度，如图 7-35 所示。

改变 1、2 两组滑移齿轮位置，可以使轴Ⅲ获得 3×2=6 种转速，使滑枕变速，如图 7-33 所示。调整滑枕速度时，必须在停车之后进行，否则将打坏齿轮。

（2）工作台横向进给量的大小、方向的调整。工作台的进给运动既要满足间歇运动的要求，又要与滑枕的工作行程协调一致，即在刨刀返回行程将结束时，工作台连同零件一起横向移动一个进给量。牛头刨床的进给运动是由棘轮机构实现的。如图 7-32 所示，棘爪架空套在横梁丝杠轴上，棘轮用键与丝杠轴相连。工作台横向进给量的大小，可通过改变棘轮罩的位置，从而改变棘爪每次拨过棘轮的有效齿数来调整。棘爪拨过棘轮的齿数较多时，进给量大；反之则小。此外，还可通过改变偏心销 7 的偏心距来调整，偏心距小，棘爪架摆动的角度小，棘爪拨过的棘轮齿数少，进给量小；反之，进给量则大。若将棘爪提起后转动 180°，可使工作台反向进给。当把棘爪提起后转动 90°时，棘轮便与棘爪脱离接触，此时可手动进给。

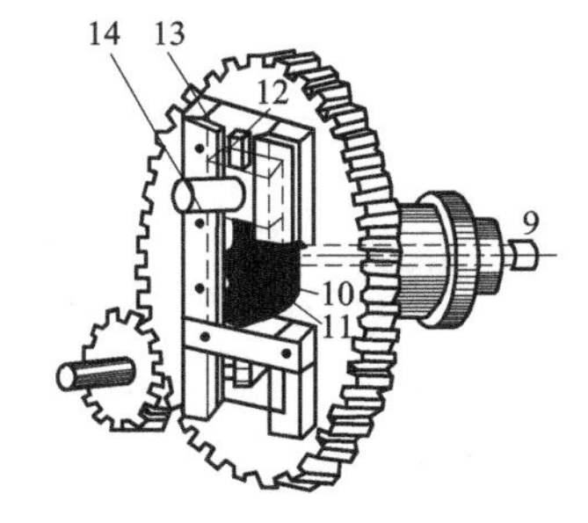

图 7-35　滑枕行程长度调整机构

9—转动轴；10，11—锥齿轮；12—丝杠；13—滑块；14—曲柄销

（3）摆杆机构。齿 3 带动齿 4 转，滑块 5 在摆杆 6 槽内滑动并带动 6 绕下支点 7 摆动，于是带动滑枕 8 作往复直线运动，如图 7-33 所示。

（4）滑枕往复速度的变化。滑枕往复运动速度在各点上都不一样（见图 7-34 速度曲线）。其工作行程转角为 α，空程为 β，$\alpha>\beta$，因此回程时间比工作行程短（即慢进快回），如图 7-34 所示。

（5）横向进给机构。齿轮 5 带动齿轮 6 转动，连杆 4 拨动棘轮机构的棘爪 3，拨动棘轮 2 使丝杠 8 转过一个角度，实现横向进给；反向时，由于棘爪 3 后面是斜面，爪内弹簧被压缩，棘爪 3 从棘轮齿顶滑过而棘轮不转，因此工作台进给运动是间歇的，如图 7-32 所示。

2. 龙门刨床（planing machine）

龙门刨床主要用于加工大型或重型零件上的各种平面、沟槽和各种导轨面，也可在工作台上一次装夹多个中小型零件进行多件同时加工。其外形如图 7-36 所示。

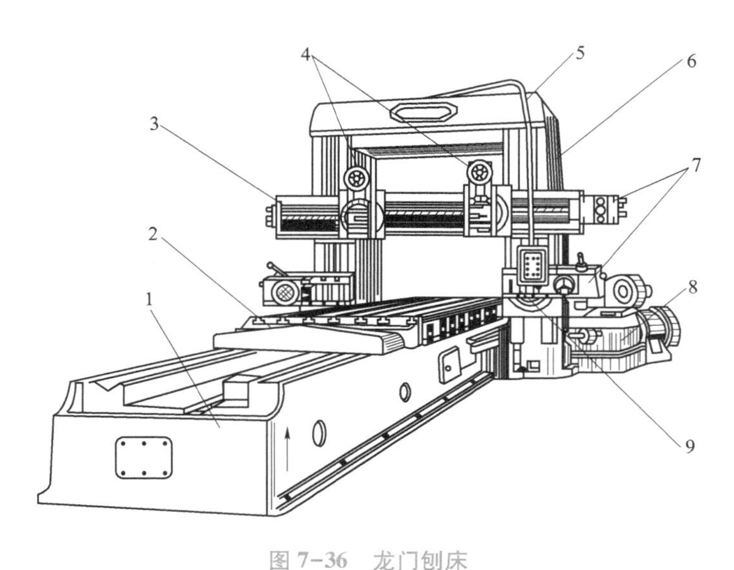

图 7-36 龙门刨床

1—床身；2—工作台；3—横梁；4—垂直刀架；5—顶梁；6—立柱；
7—进给驱动装置；8—主驱动装置；9—侧刀架

（1）龙门刨床组成及工作特点。龙门刨床由床身 1、工作台 2、横梁 3、垂直刀架 4、顶梁 5、立柱 6、进给驱动装置 7、主驱动装置 8、侧刀架 9 组成。

龙门刨床的工作台沿床身水平导轨作往复运动，它由直流电机带动，并可进行无级调速，运动平稳。工作台带动工件慢速接近刨刀，刨刀切入工件后，工作台增速到规定的切削速度；在工件离开刨刀前，工作台又降低速度，切出工件后，工作台快速返回。两个垂直刀架由一台电动机带动，它既可在横梁上作横向进给，也可沿垂直刀架本身向导轨作垂直进给，并能旋转一定角度作斜向进给。

龙门刨床的主运动是工作台的直线往复运动，进给运动是刀架带着刨刀作横向或垂直的间歇运动。

龙门刨床主要用来加工大平面，尤其是长而窄的平面，一般龙门刨床可刨削的工件宽度达 1 m，长度在 3 m 以上，还可用来加工沟槽，也可以成批加工小型零件。应用龙门刨床进行精刨，可得到较高的尺寸精度和良好的表面粗糙度。主要加工大型工件或同时加工多个工件。

龙门刨床的主参数是工作台宽度。本节以 B2012A 型龙门刨床为例，如图 7-36 所示。

（2）B2012A 型龙门刨床的传动系统。图 7-37 为 B2012A 型龙门刨床传动系统示意图。

① 主运动传动系统，如图 7-38 所示。

主运动传动路线表达式：

$$\text{主电动机 5—}\begin{pmatrix}\text{离合器上接合—}\dfrac{23}{120}\\ \text{离合器下接合—}\dfrac{32}{118}\end{pmatrix}\text{—蜗杆 2—齿条 1—工作台 3}$$

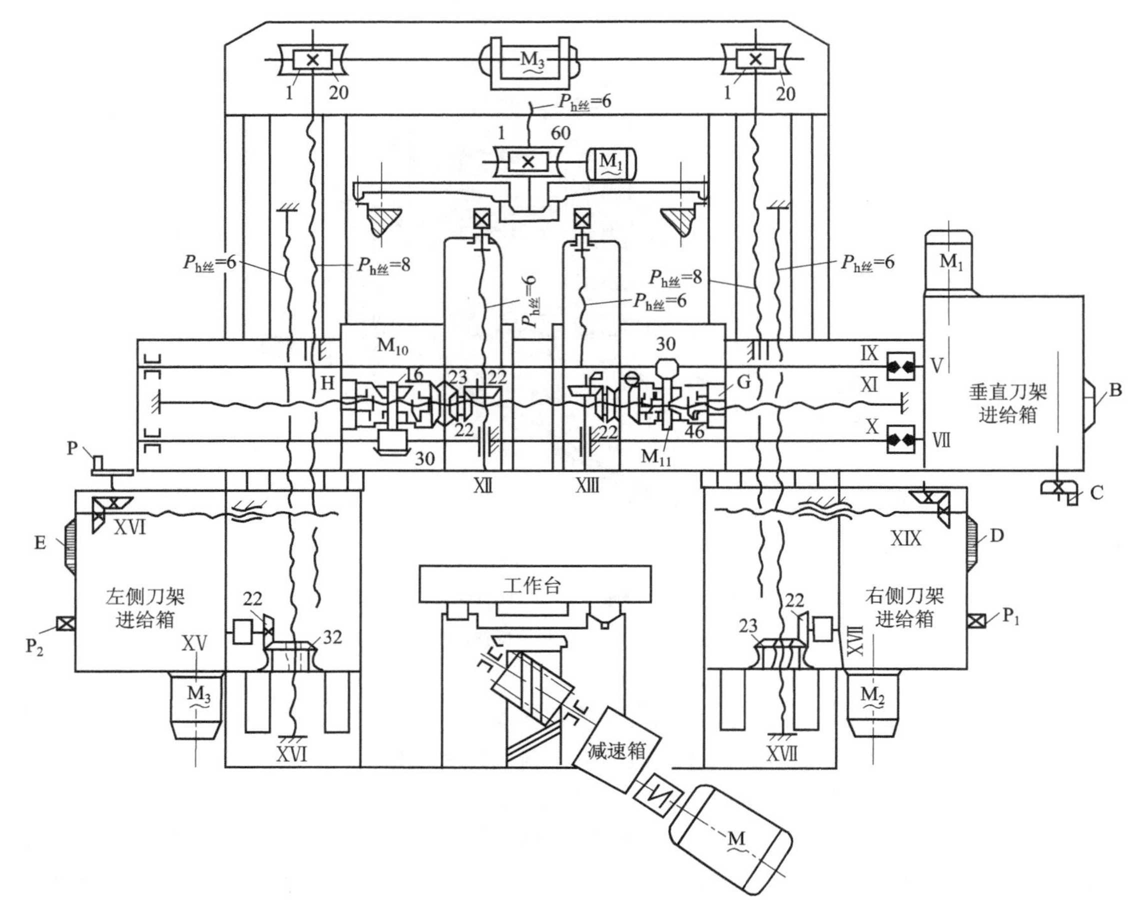

图 7-37　B2012A 型龙门刨床传动系统图

工作台的速度是按一定规律变化并循环的，如图 7-39 所示。工作行程运动速度较慢，回程（空行程）运动速度加快，减少辅助时间。

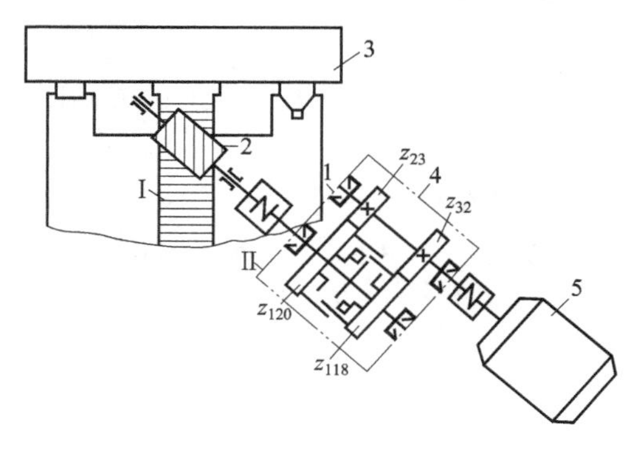

图 7-38　龙门刨床主运动传动系统简图

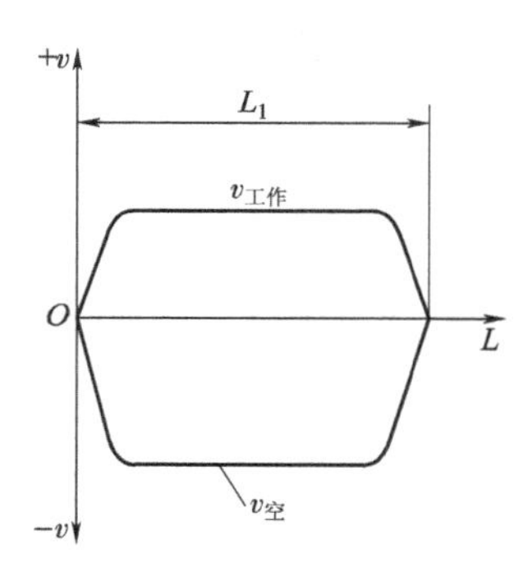

图 7-39　工作台速度变化

② 进给运动传动系统。

由于两垂直刀架和侧刀架结构、传动原理基本相同，现以垂直刀架为例加以说明。

图 7-40 为垂直刀架进给箱传动系统图。

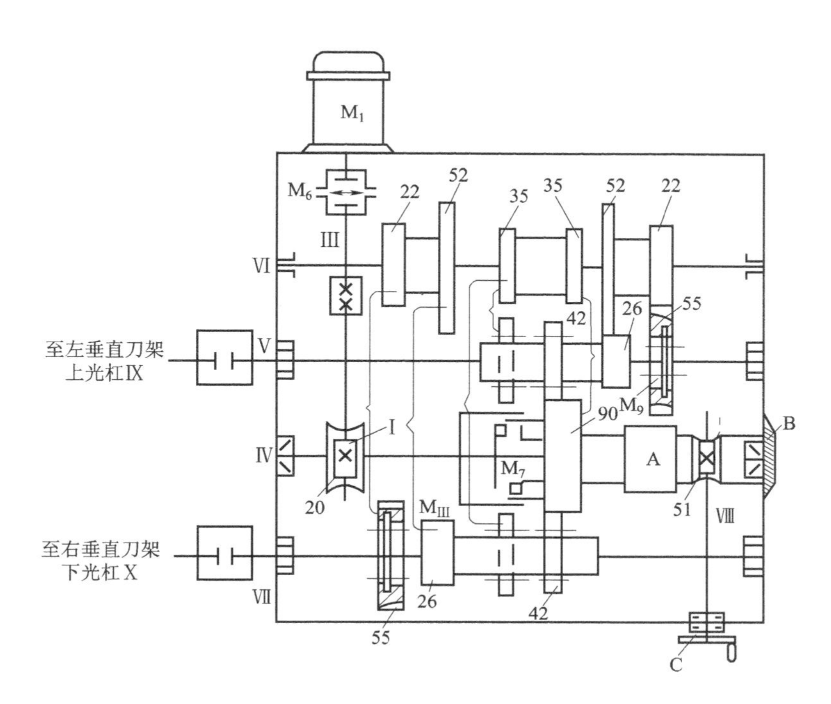

图 7-40　垂直刀架进给箱传动系统图

③ 垂直刀架的自动进给和快速调整移动的传动路线表达式为：

$$\text{电动机}—M_6—\text{III}—\frac{1}{20}—\text{IV}—\begin{bmatrix}\text{间歇机构A}\\ \text{(自动进给)}\\ M_7\text{(快速)}\end{bmatrix}—\begin{bmatrix}\frac{90}{42}\\ (z=42\rightarrow)\\ \frac{90}{35}\times\frac{35}{42}\\ (z=42\leftarrow)\end{bmatrix}—$$

$$—\left[\begin{array}{l}—\begin{bmatrix}\overleftarrow{M}_9\\ \frac{26}{52}\times\frac{22}{55}\end{bmatrix}—\text{V}—\text{IX}—\frac{30}{46}—\begin{bmatrix}\overrightarrow{M}_{11}—\text{G}—\text{右垂直刀架水平进给}\\ \overrightarrow{M}_{11}—\frac{23}{23}\times\frac{22}{22}—\text{XIII}—\text{右垂直刀架垂直进给}\end{bmatrix}\\ —\begin{bmatrix}\overleftarrow{M}_8\\ \frac{26}{52}\times\frac{22}{55}\end{bmatrix}—\text{VIII}—\text{X}—\frac{30}{46}—\begin{bmatrix}\overrightarrow{M}_{10}—\text{H}—\text{左垂直刀架水平进给}\\ \overrightarrow{M}_{10}—\frac{23}{23}\times\frac{22}{22}—\text{XIII}—\text{左垂直刀架垂直进给}\end{bmatrix}\end{array}\right.$$

（3）间歇进给机构的结构及工作原理（图 7-41、图 7-42）

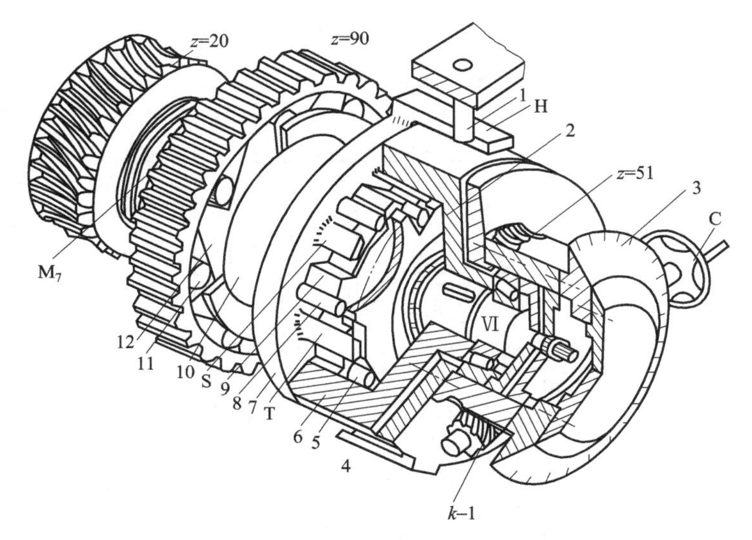

图 7-41　间歇进给机构 1

1—固定挡销；2—复位星轮；3—刻度盘；4—可调撞块；5—复位滚柱；6—外环；7—拨爪盘；8—进给滚柱；9—进给星轮；10—轴套；11—滚柱；12—星轮；C—调节进给量星轮；H—撞块；S—短爪；T—长爪；M_7—端面齿离合器；k—蜗杆头数

蜗杆经电动机传动从而带动蜗轮转动，M_7 处在左位时，进刀机构处在进给工位，结合子 1 和结合子 2 结合，进刀机构处在快速工位。当齿轮处在右位时，结合子 3 和结合子 4 结合，超越离合器带动齿轮旋转。通过改变超越离合器可转动的角度，使齿轮转动不同的角度，从而获得刀架不同的进给量。传统的龙门刨床多采用该类型的刀架进给机构，是典型的间歇进给运动。

在轴Ⅳ上空套齿轮 $z=90$，其内部装有星轮 12 和滚柱 11 等零件组成的单向超越离合器。右面的双向超越离合器由进给星轮 9、进给滚柱 8、复位星轮 2、复位滚柱 5、外环 6 及拨爪盘 7 等零件组成。外环 6 用键与轴Ⅳ连接，进给星轮 9、复位星轮 2 和星轮 12 均用键与轴套 10 相连接，而轴套 10 通过两个深沟球轴承空套在轴Ⅳ上。拨爪盘 7 空套在轴套 10 上，它的外边有一悬伸的撞块 H，内边有相间的 3 个短爪 S 和 3 个长爪 T，短爪 S 只插入进给星轮 9 的缺口中，而长爪 T 则同时插入进给星轮 9 和复位星轮 2 的缺口中。

当工作台空行程结束时，工作台侧面的挡铁压下行程开关，使进给电动机短时间正转，经蜗杆和蜗轮 $z=20$ 带动轴Ⅳ逆时针转动。因为自动进给时离合器 M_7 是脱开的，故轴Ⅳ不能直接带动齿轮 z_{90}，而是先带动外环 6 随轴一起逆时针转动。外环 6 逆时针转动通过进给滚柱 8 的卡紧作用带动进给星轮 9。进给星轮 9 的旋转又带动轴套 10 和星轮 12，再通过滚柱 11 的楔紧作用而使齿轮 $z=90$ 作逆时针转动，实现自动进给。此时，拨爪盘 7 被进给滚柱 8 经短爪 S 及长爪 T 带动，也按逆时针转动，直至其上的撞块 H 与装在进给箱上的固定挡销 1 相碰时，拨爪盘 7 即停止转动，它的短爪 S 和长爪 T 挡住进给滚柱 8，使进给滚柱 8 退至进给星轮 9 和外环 6 的宽敞楔缝中，从而断开进给运动。这时，外环 6 仍空转，直至工作台工作行程开始，挡铁放开行程开关，进给电动机停止正转为止。

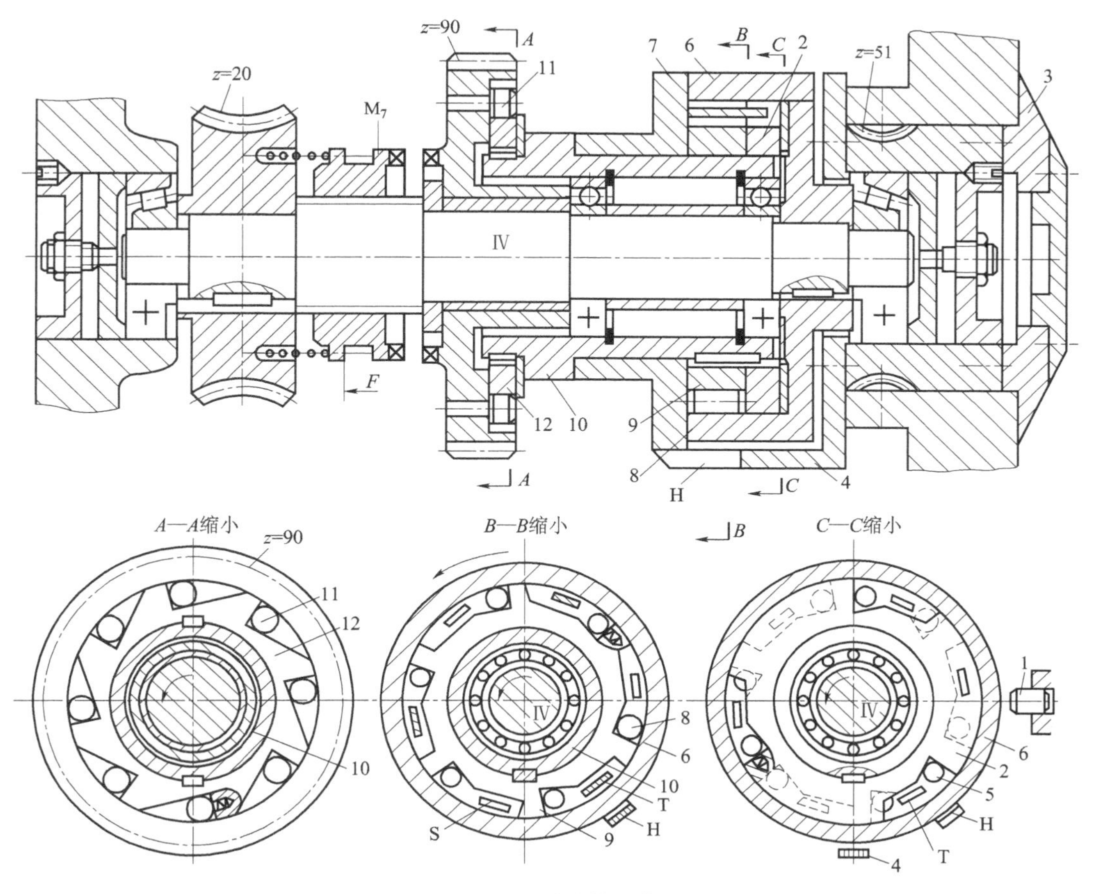

图 7-42　间歇进给机构 2

1—固定挡销；2—复位星轮；3—刻度盘；4—可调撞块；5—复位滚柱；6—外环；7—拨爪盘；
8—进给滚柱；9—进给星轮；10—轴套；11—滚柱；12—星轮；
H—撞块；S—短爪；T—长爪；M_7—端面齿离合器；C—手轮；F—作用力

当工作台工作行程结束时，挡铁压下行程开关，进给电动机短时间反转，使轴Ⅳ和外环 6 顺时针方向旋转。外环 6 通过 3 个复位滚柱 5 带动复位星轮 2（此时，外环 6 与进给星轮 9 之间不起传动作用），使轴套 10 及星轮 12 也作顺时针方向旋转，但由于此时滚柱 11 不可能被楔紧在楔缝中，因此，齿轮 $z=90$ 不转动，进给运动没有产生。此时，拨爪盘 7 也带动作顺时针转动，直至其上的撞块 H 与可调撞块 4 相撞，拨爪盘 7 停止转动，完成了拨爪盘 7 的复位要求，为下一次进给做好准备。

刀架每次进给时的进给量可在一定范围内进行无级调整。调整时，转动手轮 C（图 7-41），通过蜗杆使蜗轮 $z=51$ 转动，并带动可调撞块 4 转动，改变它与固定挡销 1 之间的夹角大小，即可调节进给量的大小。进给量读数可由刻度盘 3 的刻度读出。

可见，该机构既能在工作台空行程结束时使刀架作自动间隙进给，且进给量可调，又能在工作台工作行程结束时机构本身复位，为下次进给作准备。

3. 插床

（1）插床的组成及工艺范围。插床（slotting machine；vertical shaping machine）实际上是

一种立式的刨床，它的结构原理与牛头刨床属于同一类型，只是在结构形式上略有区别。插床的滑枕2在垂直方向上下往复移动——主运动。工作台由床鞍6、溜板7及圆工作台1等部分组成。床鞍6可作横向进给，溜板7可作纵向进给，圆工作台1可带动工件回转，如图7-43所示。

插床的主运动是刀具的直线往复运动。进给运动是工作台的圆周运动或分度运动。

插床的主要用途是加工工件的内部表面，如内孔中的键槽、平面、多边形孔等，有时也用于加工成形内外表面。插削孔内键槽见7-44。插床与刨床一样，生产效率低。而且要有较熟练的技术工人，才能加工出要求较高的零件，所以，插床一般多用于工具车间、修理车间及单件和小批生产的车间。

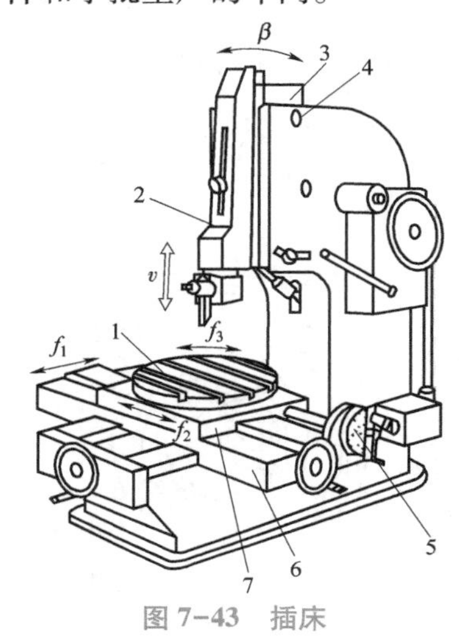

图 7-43　插床

1—圆工作台；2—滑枕；3—滑枕驱动架；4—轴；
5—工作台分度机构；6—床鞍；7—溜板

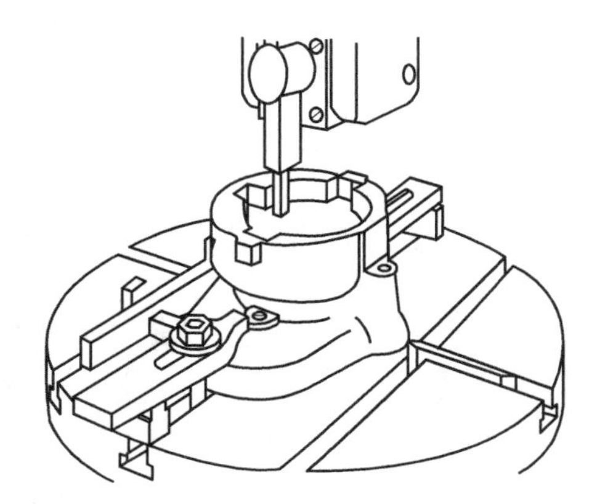

图 7-44　插床插制键槽

（2）插床附件。插床上使用的装夹工具，除牛头刨床上所用的一般常用的平口钳、压板、螺钉等装夹工具外，还有三爪卡盘、四爪卡盘和插床分度头等。

在插床上加工孔内表面时，刀具要穿入工件的孔内进行插削，因此工件的加工部分必须先有一个孔，如果工件原来没有孔，就需要先加工一个足够大的孔，才能进行插削加工。

插床精度，加工面的平面度、直线度，侧面对基面的垂直度及加工面间的垂直度均为0.025/300 mm，表面粗糙度一般为 Ra6.3～1.6 μm。

4. 拉床

（1）拉床（broaching）的用途、特点及类型。拉床是用拉刀进行加工的机床。可完成各种形状的通孔、通槽、平面及成形表面的加工。图7-45是适合于拉削的一些典型表面形状。

由于拉刀的工作部分有粗切齿、精切齿和校准齿，加工时工件表面经过粗切、又经过精切和校准，因此可获得较高的加工精度和较低的表面粗糙度值，一般拉削精度可IT8～IT7级，平面的位置准确度可控制0.02～0.06 mm，表面粗糙度 Ra<0.63 μm。由于被加工表面在一次走刀中成形，故拉削的生产率很高，是铣削的3～8倍。但因拉削的每一种表面都需要用专用的拉刀，且拉刀的结构较复杂，制造和刃磨难度高。

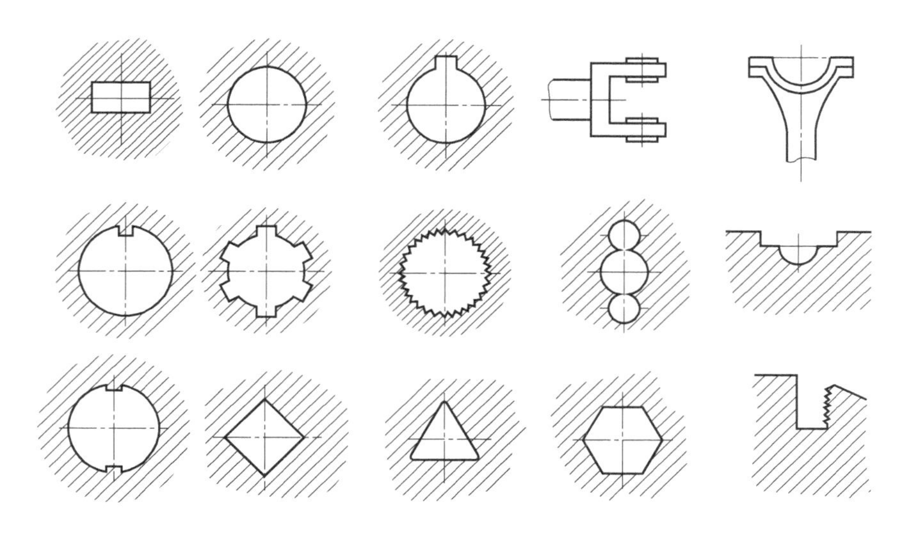

图 7-45 拉削加工表面

拉床的主参数是额定拉力，常用额定拉力为 50~400 kN。如 L6120 型卧式内拉床的额定拉力为 200 kN。

在拉床上可以加工各种孔、平面、半圆弧面以及一些不规则表面。拉削加工的孔必须预先加工过（钻、镗等）。被拉孔的长度一般不超过孔径的 3 倍。

工件的外形应具有易于准确地安装在拉床上的形状，否则加工时易产生误差。若工件在拉削前，孔的端面未经加工，则应将其端面垫以球面垫圈，如图 7-47 所示。拉削时可以使工件上的孔自动调整到和拉刀轴线一致的方向。

常用的拉床，按加工的表面可分为内表面拉床和外表面拉床两类；按机床的布局形式可分为卧式拉床和立式拉床两类。此外，还有连续式拉床和专用拉床。

（2）拉床的基本运动。拉床只有主运动：是拉刀的低速直线运动。没有进给运动。

（3）典型拉床。

① 卧式内拉床：主要用于加工内花键、键槽等内表面，图 7-46 为其外形图。

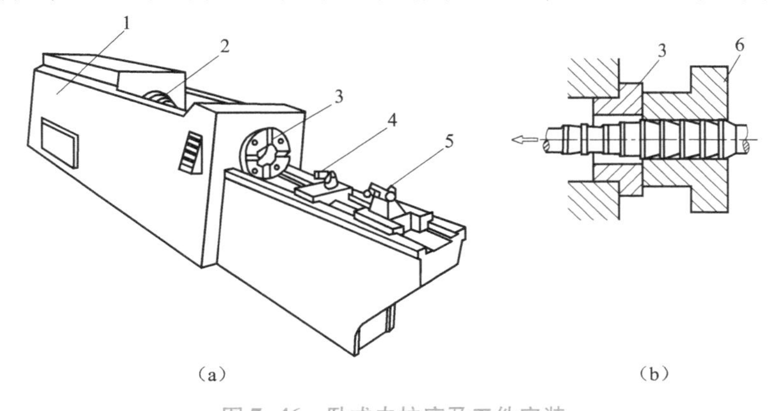

图 7-46 卧式内拉床及工件安装

1—床身；2—液压缸；3—支承座；4—滚柱；5—随动夹头；6—工件

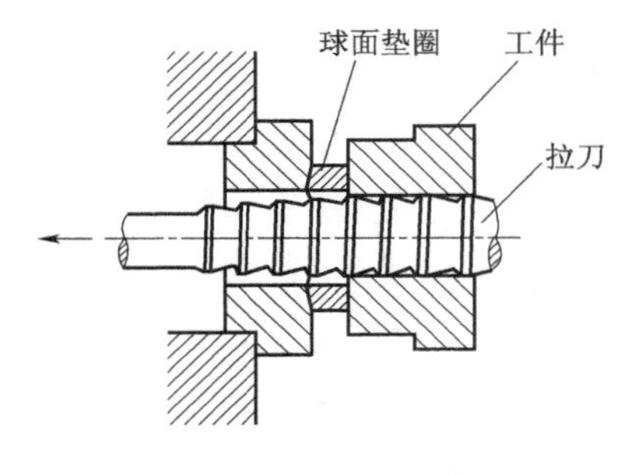

图 7-47　工件安装

② 立式拉床。

立式拉床有：立式内拉床、立式外拉床两类。

立式内拉床可完成各种形状的通孔加工。图 7-48 为立式内拉床。

立式外拉床可完成通槽、平面及成形表面的加工。图 7-49 为立式外拉床。

③ 连续式拉床。

连续式拉床用于大批量生产中加工小型零件的外表面。图 7-50 是连续式拉床的工作原理图。

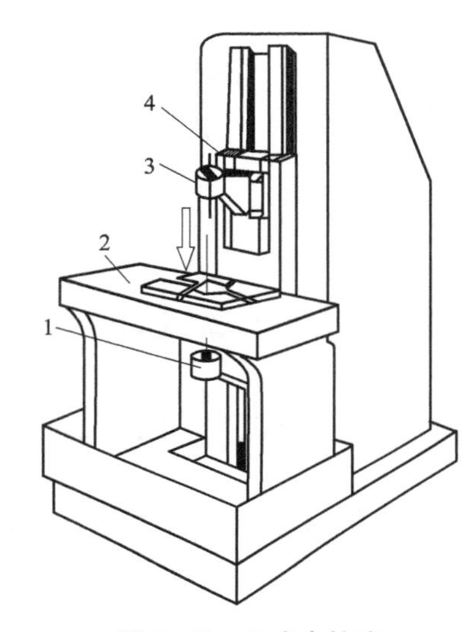

图 7-48　立式内拉床

1—下支架；2—工作台；3—上支架；4—滑座

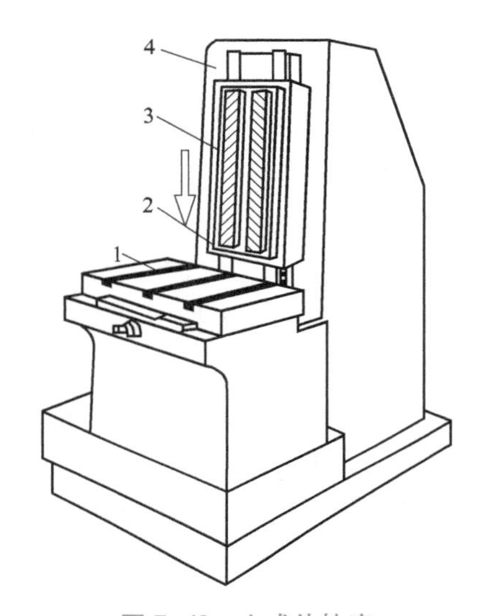

图 7-49　立式外拉床

1—工作台；2—滑块；3—外拉刀；4—床身

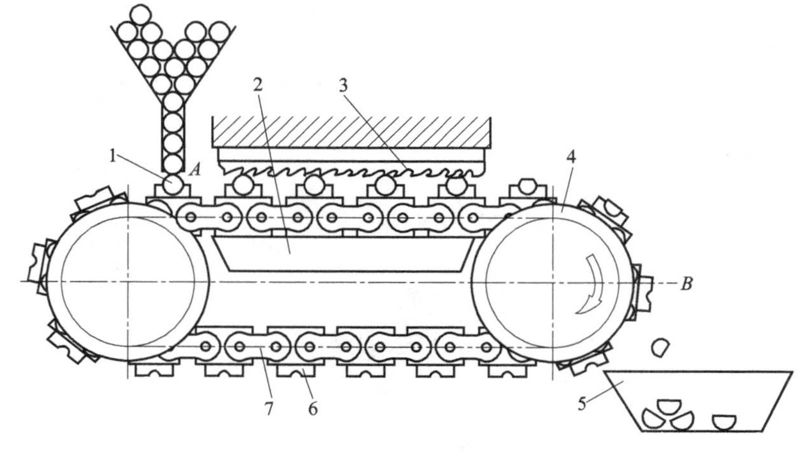

图 7-50　连续式拉床工作原理

1—工件；2—导轨；3—固定拉刀；4—链轮；

5—成品收集箱；6—夹具；7—链条

＊（4）L7220 型双柱立式拉床插装阀液压系统。

该拉床液压系统具有左、右滑板一上一下的双柱拉削功能和左、右滑板分别进行单柱拉削的功能，适用性强，调整方便（见图 7–51）。

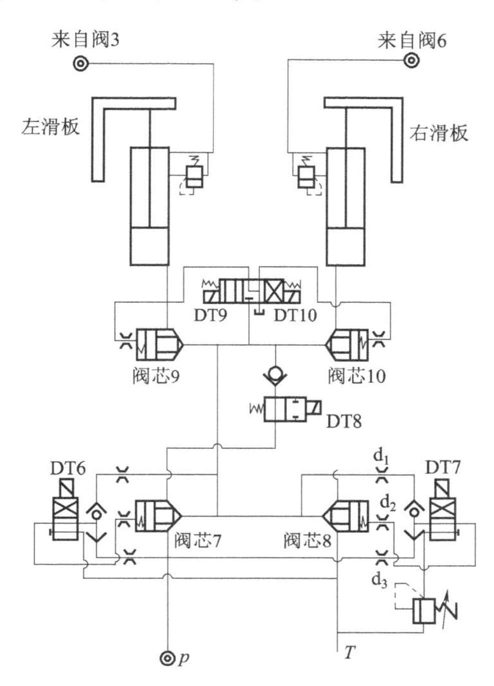

图 7–51 L7220 型立式拉床部分液压回路图

部分液压回路及工作状况：

双动：

左、右滑板一上一下同时运行。此时插装阀阀芯 7 和阀芯 8 处于关闭状态，与此同时插装阀阀芯 9 和阀芯 10 处于打开状态，且主油路压力油对左、右缸下腔进行自动补偿油液。这时只要左缸上腔进油，左滑板下行，而从左缸下腔排油进入右缸下腔推动右滑板上行。反之，右滑板下行，左滑板上行。

单动：

左或右滑板分别进行单独上下运行。此时，首先将电磁铁 DT8 得电，切断流入左右缸下腔的补油路，给左、右滑板单独工作创造条件。

左滑板单独运行（右滑板停止），此时通电使主油路阀 3 打开。与此同时电磁铁 DT10 得电，控制油进入插装阀控制口将阀芯 10 关闭，切断与右缸下腔的连通，此时阀芯 9 被打开。

当电磁铁 DT7 得电后，可以使左缸下行，从左缸下腔排出的油流经过阀 9 与阀 7、阀 8 相连通。因为阀 7 处于关闭状态，阀 8 处于调压状态，建立排油背压力，使左缸下腔排出的油经过调定的背压力带压溢入油箱，使滑板下行平稳。

当电磁铁 DT7 断电时阀 8 关闭，与此同时电磁铁 DT6 得电，阀 7 打开，此时，主油经过油道和阀 7、阀 9 进入左缸下腔推动滑板上升。

如果右滑板工作（左滑板停止），首先将电磁铁 DT9 得电和电磁铁 DT10 断电才能进行右滑板工作。

注：* 表示上述内容供选学。

7-4 组合机床简介

一、组合机床工艺范围及组成

组合机床（modular machine tool）是根据特定的加工要求，以系列化、标准化的通用部件为基础，配以少量的专用部件所组成的专用机床。它适宜于在大批量生产中对一种或几种类似零件的一道或几道工序进行加工。

组合机床的工艺范围有：铣平面、车平面、锪平面、钻孔、扩孔、铰孔、镗孔、倒角、切槽、攻螺纹等。

组合机床最适于加工箱体零件，例如气缸体、气缸盖、变速箱体、阀门与仪表的壳体等。另外，轴类、盘类、套类及叉架类零件，例如曲轴、气缸套、连杆、飞轮、法兰盘、拨叉等也能在组合机床上完成部分或全部加工工序。

如图 7-52 所示为单工位三面复合组合机床。被加工工件安置在夹具 8 中，加工时工件固定不动，分别由电动机通过动力箱 5、多轴箱 4 和传动装置驱动刀具作旋转主运动，并由各自的滑台 6 带动作直线进给运动，完成一定形式的运动循环。整台机床的组成部件中，除多轴箱和夹具外，其余均为通用部件。通常一台组合机床的通用部件占机床零、部件总数 70% ~90% 。图 7-53 为立式多工位组合机床。

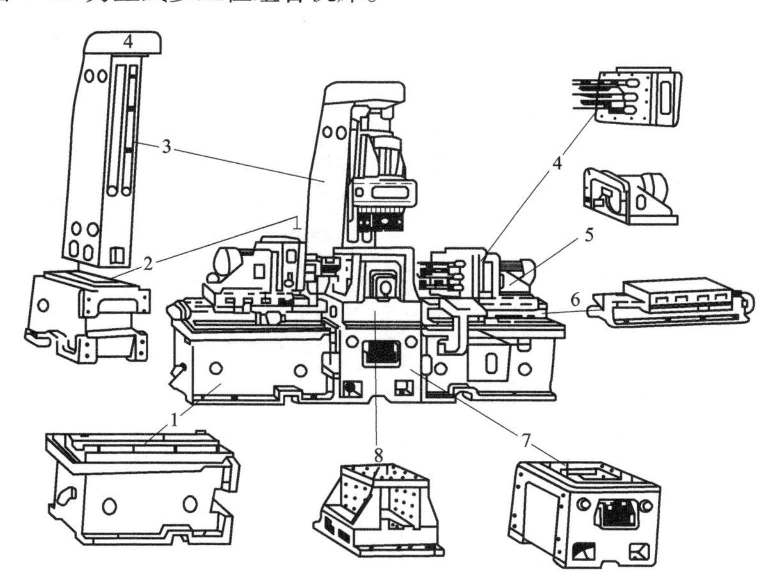

图 7-52　组合机床的组成

1—床身；2—底座；3—立柱；4—多轴箱；5—动力箱；6—滑台；7—工作台；8—夹具

（1）通用部件：目前已制订了国家标准，如机械滑台、侧底座等。

① 动力部件：动力箱、动力滑台（分为机械、液压驱动）；

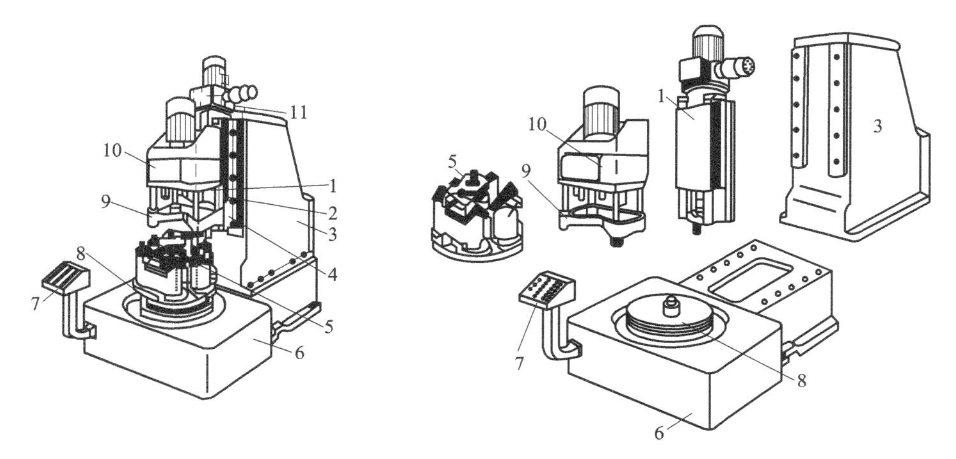

图 7-53　立式多工位组合机床的组成

1—滑台；2—电气控制挡铁；3—立柱；4—滑座；5—夹具；6—底座；7—按钮台；8—回转工作台；9—钻模板；10—主轴箱；11—滑台传动装置

② 支承部件：床身、立柱、底座；

③ 输送部件：移动工作台、回转工作台和回转鼓轮；

④ 控制部件：液压操纵板、按钮台等；

⑤ 辅助部件；冷却、润滑等。

（2）专用部件：主轴箱、夹具、倾斜床身。

二、组合机床特点：

（1）设计、制造周期短，而且也便于使用和维修。

（2）加工效率高。组合机床可采用多刀、多轴、多面、多工位和多件加工，因此，特别适用于汽车、拖拉机、电机等行业定型产品的大量生产。

（3）当加工对象改变后，通用零、部件可重复使用，组成新的组合机床、不致因产品的更新而造成设备的大量浪费。

（4）自动化程度高。

（5）通用化程度高。

（6）能稳定地保证加工精度。

（7）易于联成自动线。

组合机床通常采用多刀、多面、多工位同时对工件进行加工的方法。加工时，装在机床主轴上的刀具作旋转主运动，工件作进给运动，或者刀具作旋转主运动又作进给运动，以完成工作循环。

三、组合机床自动线

由若干台组合机床及辅助设备组成的自动化生产线称为组合机床自动线。

组合机床自动线是用工件自动传送系统及自动控制系统，把按加工工序合理排列的若干台组合机床或自动机床和其他辅助设备联系起来的自动生产线。

1. 组合机床自动线组成

组合机床自动线由组合机床或自动机床组成；此外，还需要配置一定数量的辅助传送机构，包括移动工件、排除切屑和自动线的操纵机构，如图 7-54 所示。

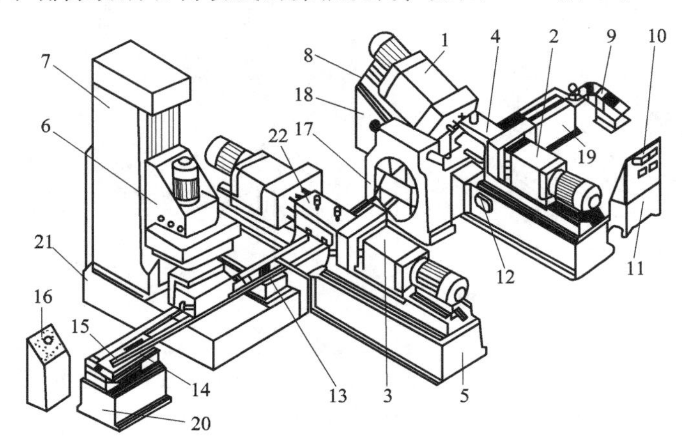

图 7-54　组合机床自动线组成

1，2，3，6—动力部件；5—侧底座；7—立柱；8—滑座；9—切屑输送带传动装置；10—液压装置；11—液压站；12—润滑泵；13—转位台；14—工件输送带传动装置；15—工件输送带；16—操纵台；17—翻转台；18—倾斜式侧底座；19，20，21—底座；4，22—夹具

2. 组合机床自动线特点

提高生产率；稳定保证产品质量；缩短生产周期，节约辅助运输工具；降低生产成本；减轻工人劳动强度，改善劳动条件。

习题与思考题

7-1　Z3040 型摇臂钻床钻孔时的主运动和进给运动有什么特征？

7-2　Z3040 型摇臂钻床的切削运动是通过什么机构来实现的？

7-3　简述 Z3040 型摇臂钻床立柱夹紧机构工作原理。

7-4　TP619 型卧式铣镗床有哪些切削运动和辅助运动？说明它的工艺范围和应用场合。

7-5　解释 TP619 型镗床型号。

7-6　组合机床由哪些部件组成？它的工艺范围如何？适于什么生产类型的产品？

7-8　组合机床自动线由哪些部件组成？

教学单元 8

数控机床

8-1 数控机床概述

一、数控机床简介

数控机床是用计算机通过数字化信息实现对机床自动控制的机电一体化产品。综合应用了微电子技术、计算机自动控制、精密检测、伺服驱动、机械设计与制造技术等多方面的最新成果，是一种先进的机械加工设备。数控机床不仅能够提高产品的质量，提高生产效率，降低生产成本，还能够大大改善工人的劳动条件。

1. 数控机床的发展概况

随着科学技术的不断发展，机械产品日趋精密、复杂，而且改型频繁，这就要求制造机械产品的机床具有高性能、高精度、高自动化和强适应性。在机械产品中，单件和小批量产品占到 70%~80%，采用普通机床加工这些零件效率低、劳动强度大，有些复杂型面甚至无法加工。采用组合机床或自动化机床加工这类零件也极其不合理，因为需要经常改装与调整设备。数控机床就是为了解决单件、小批量、精度高、复杂型面零件加工的自动化要求而产生的。

世界上第一台数控机床产生于 1952 年，由美国麻省理工学院和帕森斯公司合作研制成功。之后，随着微电子技术、特别是计算机技术的不断发展，数控机床不断更新换代，数控系统先后经历了电子管（1952 年）、晶体管（1959 年）、集成电路（1965 年）、小型计算机（1970 年）、微处理器或微型计算机（1974 年）和基于工控 PC 机的通用型 CNC 系统（1990 年）等六代数控系统。我国从 1958 年开始研制数控机床，1975 年研制出第一台加工中心，1986 年开始进入国际市场。目前，欧、美、日等工业化国家已先后完成了数控机床产业化进程，而中国从 20 世纪 80 年代开始起步，仍处于发展阶段。

“十五”期间，中国数控机床行业实现了超高速发展。2007 年，中国数控金切机床产量达 123 257 台，数控金属成形机床产量达 3 011 台；国产数控机床拥有量约 50 万台，进口约 20 万台。2008 年 10 月，中国数控机床产量达 105 780 台，比 2007 年同比增长 2. 96%。“十一五”期间，中国数控机床产业步入快速发展期，中国数控机床行业面临千载难逢的大好发展机遇。

在数控机床全面发展的同时，数控技术在机械行业其他领域得以迅速发展，数控绘图机、数控坐标测量机、数控线切割机、数控编织机、机器人等数控设备得到广泛的应用。

2. 数控机床的特点和用途

与传统机床相比，数控机床具有以下一些特点。

（1）适应性广。适应性即所谓的柔性，是指数控机床随生产对象变化而变化的适应能力。采用数字程序控制，当生产品种改变时，只要重新编制零件加工程序，就能实现对新零件的自动化生产。这对当前市场竞争中产品不断更新换代的生产模式是十分重要的，它为解决多品种、中小批量零件的自动化加工提供了极好的生产方式。广泛的适应性是数控设备最突出的优点，也是数控设备得以产生和迅速发展的主要原因。

（2）加工精度高、质量稳定。数控机床是按照预定程序自动工作的，一般情况下工作过程不需要人工干预，这就消除了操作者人为产生的误差。数控机床的加工精度一般可达 0.005～0.1 mm。数控装置的脉冲当量（或分辨率）目前可达 0.01～0.000 1 mm，并且可以通过实时检测反馈修正误差或补偿来获得更高的精度。因此，数控机床可以获得比机床本身精度更高的加工精度。尤其提高了同批零件生产的一致性，使产品质量稳定。

（3）生产率高。数控机床能够有效地减少零件的加工时间和辅助时间。数控机床上可以采用较大的切削用量，进行强力切削，同时还可以自动换速、自动换刀和自动装夹工件。一机多用的数控加工中心可以进行车、铣、镗、钻、磨等各种粗精加工，实现了在一台机床上进行多道工序的连续加工，减少了半成品的工序间周转时间，提高了生产率。

（4）减轻劳动强度，改善劳动条件。由于数控机床是按所编程序自动完成零件加工的，操作者主要是进行程序的输入、装卸零件、加工状态的观测、零件的检验等工作，劳动强度极大降低。机床一般是封闭式加工，既清洁，又安全。

（5）能实现复杂零件的加工。数控机床可以完成普通机床难以完成或根本不能加工的复杂曲面的零件加工，可以实现几乎是任意轨迹的运动和加工任何形状的空间曲面，适用于各种复杂形面的零件加工。

（6）有利于现代化生产管理。数控机床采用数字信息与标准代码处理、传递信息，特别是在数控机床上使用计算机控制，为计算机辅助设计、制造以及管理一体化奠定了基础。

二、数控机床的工作原理及组成

1. 数控机床的工作原理

数控机床加工零件时，首先应编制零件的数控加工程序，这是数控机床的工作指令。将数控程序输入到数控装置，再由数控装置控制机床主运动的变速、启停，进给运动的方向、速度和位移大小，以及其他诸如刀具选择交换、工件夹紧松开和冷却润滑等动作，使刀具与工件及其他辅助装置严格地按照数控程序规定的顺序、路程和参数进行工作，从而加工出形状、尺寸与精度符合要求的零件。

2. 数控机床的组成

数控机床的基本结构如图 8-1 所示，主要由控制介质、计算机数控装置、伺服驱动系统和机床组成。

（1）控制介质。它是用于记载各种加工信息的载体，以控制机床的运动，实现零件

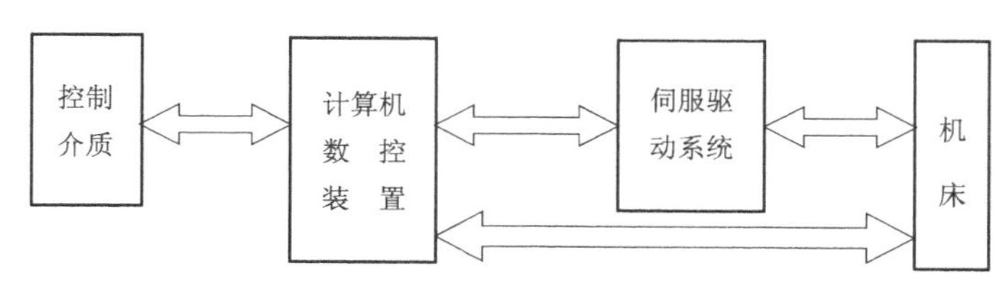

图 8-1 数控设备基本结构框图

的加工。控制介质常用的是穿孔纸带、磁带或磁盘等，目前最常用的是八单位标准穿孔纸带。

（2）计算机数控装置。它是数控机床的中枢，它接受输入装置送来的脉冲信号，经过数控装置的系统软件或逻辑电路进行编译、运算和逻辑处理后，输出各种信号和指令控制机床的各个部分，进行规定的、有序的动作。这些控制信号中最基本的信号是：经插补运算决定的各坐标轴（即作进给运动的各执行部件）的进给速度、进给方向和位移量指令，送伺服驱动系统驱动执行部件作进给运动。其他还有主运动部件的变速、换向和启停信号；选择和交换刀具的刀具指令信号；控制冷却、润滑的启停，工件和机床部件松开、夹紧，分度工作台转位等辅助指令信号等。

（3）伺服驱动系统。伺服驱动系统包括伺服驱动电动机、各种伺服驱动元件和执行部件等，它是数控系统的执行部分。它的作用是根据来自数控装置的速度和位移指令控制执行部件的进给速度、方向和位移，使执行部件按规定轨迹移动或精确定位，加工出符合图样要求的工件。每个作进给运动的执行部件，都配有一套伺服驱动系统。伺服驱动系统有开环、半闭环和闭环之分。在半闭环和闭环伺服驱动系统中，还得使用位置检测装置，间接或直接测量执行部件的实际进给位移，与指令位移进行比较，按闭环原理，将其误差转换放大后控制执行部件的进给运动。每个脉冲信号使机床执行部件的位移量叫做脉冲当量，用 δ 表示。常用脉冲当量有 0.01、0.005、0.001 mm/脉冲。伺服系统的性能是决定数控加工精度和生产效率的主要因素之一。

（4）机床的机械部件。主要包括：主运动部件、进给运动部件（如工作台、刀架）和支承部件（如床身、立柱等），还有冷却、润滑、转位部件，如夹紧、换刀机械手等辅助装置。对于加工中心类的数控机床，还有存放刀具的刀库，交换刀具的机械手等部件。数控机床的机械部件的组成与普通机床相似，但传动机构要求更为简单，在精度、刚度、抗振性等方面要求更高，而且其传动和变速系统要便于实现自动化控制。

四、数控机床的分类

目前，数控机床已发展成为品种齐全、规格繁多的系列。除上述基本分类之外，数控机床的类别，既与加工工艺有关，又与数控系统的控制功能、伺服控制方式等有关。按工艺分类时，有车床、钻床、镗床、铣床、磨床、齿轮加工机床等；按系统功能分类时，有点位、直线和轮廓控制之分；按伺服控制方式分类时，有开环、闭环和半闭环之分。

1. 按工艺用途分类

（1）普通数控机床。与传统的通用机床一样，普通数控机床有数控钻床、数控车床、数控铣床、数控镗床、数控磨床和数控齿轮加工机床等。每一类又有很多品种，例如数控铣床就有数控立铣、数控卧铣、数控工具铣及数控龙门铣等。普通数控机床的工艺性能与通用机床相似，所不同的是它能自动地加工精度更高、形状更复杂的零件。

（2）数控加工中心。数控加工中心又称多工序数控机床，它带有刀库和自动换刀装置，它将数控铣床、数控镗床、数控钻床的功能组合在一起，零件在一次装夹后，可以对其大部分加工面进行铣、镗、钻、扩、铰及攻螺纹等多工序加工。加工中心能有效地避免由于多次安装造成的定位误差，又可以减少装卸工件、更换和调整刀具的辅助时间，近年来加工中心得以迅速发展。

按工艺用途，可将数控机床分为如表8-1所示的几大类。

表8-1　数控机床的分类

序号	机床分类	主要用途	序号	机床分类	主要用途
1	数控车床	车削成形面，带圆弧、锥度的复杂轴类零件	8	数控齿轮加工机床	加工各类圆柱、螺旋齿轮
2	车削中心	车削成形面，带圆弧、锥度的复杂盘类、轴类零件，还能进行铣平面、横钻孔	9	数控电加工机床	加工曲线、成形板、模具
3	数控铣床	成形铣削复杂工件（也可钻、攻螺纹）	10	数控激光加工机床	特殊材料钻孔、成形、切割、淬火
4	数控钻床	加工各种孔和螺纹孔	11	数控冲机床	冲裁各类面板
5	数控镗床	钻、镗、铣一般精度的复杂工件	12	数控弯管机	弯曲各种管材
6	加工中心	成形面加工、非成形面复杂箱体加工	13	数控切割机	① 用喷射水切割板材 ② 用气体火焰切割板材
7	数控磨床	磨削成形外圆、内孔、端面、盘面凸轮	14	数控坐标测量机	对工件形状和精度进行检测

2. 按系统控制功能分类

（1）点位控制数控机床。该类机床只对点的位置进行控制，即机床的数控装置只控制机床移动部件从一个位置点精确地移动到另一个位置点，见图8-2所示，在移动过程中不进行加工。至于两点间的移动速度和移动路线，则由系统设计者决定。为了减少移动时间和提高终点位置的定位精度，一般先快速移动，当接近终点时，再降速，使之慢速趋近终点，以保证定位精度。

采用点位控制的机床有数控坐标镗床、数控钻床以及数控冲床等。使用数控钻镗床加工零

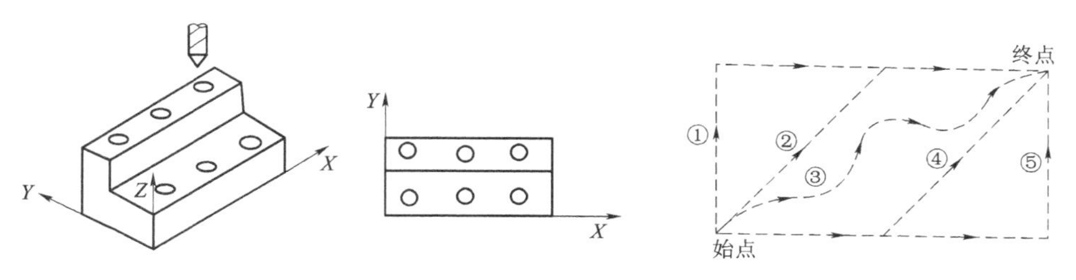

图 8-2 点位控制数控机床

件可以节省大量的钻模、镗模等工装，而且能保证加工精度。

（2）点位直线控制数控机床。这种机床不仅要控制点的准确定位，而且要控制刀具（或工作台）以一定的速度沿与坐标轴平行的方向进行切削加工（如图 8-3 所示）。机床应具有主轴转速的选择与控制，切削速度与刀具选择以及循环进给加工等辅助功能。这种控制常用于简易数控车床、镗铣床和某些加工中心。

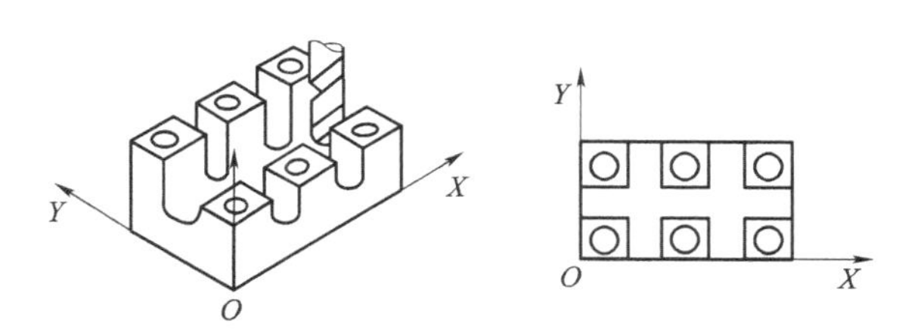

图 8-3 点位直线控制数控机床

（3）轮廓控制数控机床。这种机床能实现同时对两个以上的坐标轴连续控制。它不仅能够控制移动部件的起点和终点，而且能控制整个加工过程中每一点的速度与位置，见图 8-4 所示。也就是说能连续控制加工轨迹，使之满足零件轮廓的形状要求，这种机床应具有刀具补偿功能、主轴转速控制及自动换刀等较齐全的辅助功能。轮廓控制主要用于加工曲面、凸轮及叶片等复杂形状的数控铣床、车床、磨床和加工中心等，按伺服系统控制方式分类。

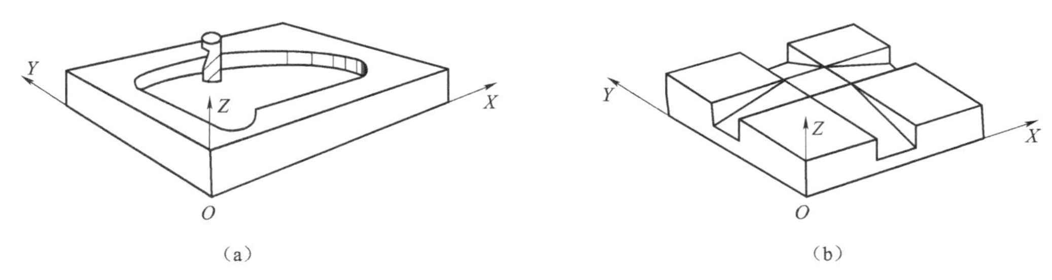

图 8-4 轮廓控制数控机床

（a）控制 X、Y 坐标；（b）控制 Y、Z 和 Z、X 坐标

3. 按有无检测反馈元件及其安放位置分类

根据有无检测反馈元件及其检测元件的安放位置，机床的伺服系统可分为开环伺服系统、闭环伺服系统和半闭环伺服系统。

（1）开环（Open loop）伺服系统。在开环伺服系统中，机床没有检测装置，见图 8-5，数控装置发出的信号流程是单向的。数控装置按程序经过计算，分配输出指令脉冲，该脉冲变换为步进电动机的角位移，再通过齿轮和丝杠，转换为工作台的直线位移，工作台的移动速度和移动量是由输入脉冲的频率和脉冲数决定的。

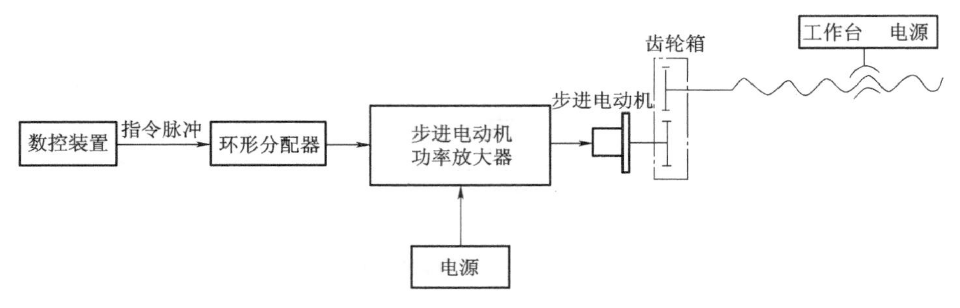

图 8-5　开环伺服系统

由于开环伺服系统对移动部件的实际位移无检测反馈，故不能补偿系统误差，因此，步进电动机的步距以及齿轮与丝杠的传动误差，都将影响被加工零件的精度。但开环伺服系统的结构简单、成本低、调整维修方便及工作可靠，它适用于精度、速度要求不高的场合，如简易机床、小型 *X—Y* 工作台、线切割机和绘图仪等。

（2）闭环（Closed loop）伺服系统。闭环伺服系统是在机床移动部件上安装直线位置检测装置，见图 8-6，将检测到的实际位置反馈到数控装置中与指令要求的位置进行比较，用差值进行控制，直至差值消除为止，最终实现移动部件的高位置精度，这种位置补偿回路也称位置环。

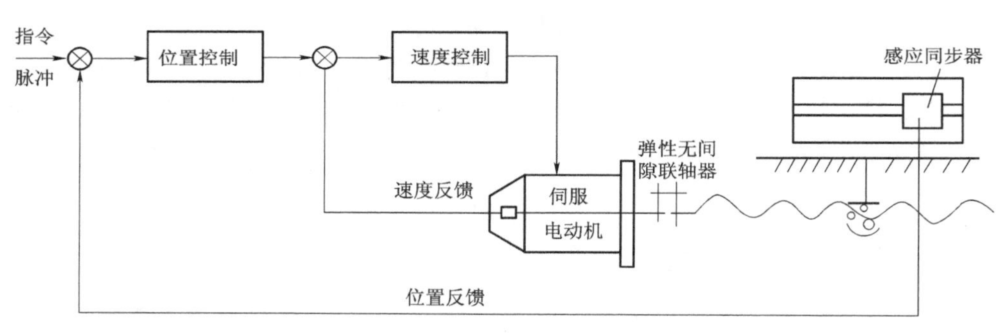

图 8-6　闭环伺服系统

为了改善位置环的控制品质，减少因负载等因素变化而引起的进给速度的波动，可再引入速度反馈回路，利用测速发电机测量执行电动机的实际转速，并与速度指令比较，以其偏差值对伺服电动机进行校正。这种速度反馈回路的实质是增加了系统的阻尼值，改善了系统的动态特性。因此，闭环伺服系统可获得比开环伺服系统更高的精度和速度。

在闭环系统中，机械系统也包括在位置环之内，诸如机械固有频率、阻尼比和间隙等因素，将会影响系统的稳定性，从而增加了系统设计和调试的难度。闭环伺服系统主要用于精度要求高和速度高的精密和大型的数控机床。

（3）半闭环（Semi closed loop）伺服系统数控机床。这种控制方式（见图 8-7）对移动部件的实际位置不进行检测，而是通过检测伺服电动机的转角（用感应同步器或脉冲编码器等）间接地测知移动部件位移量，用此值与指令值相比较，通过差值进行控制。由于移

动部件没有完全包括在闭环控制中，故称为半闭环伺服。

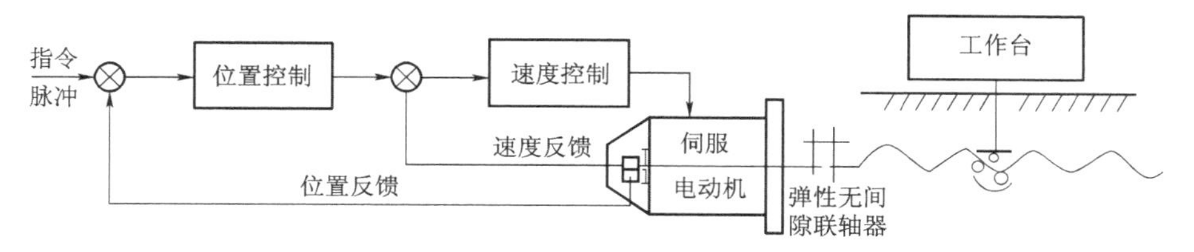

图 8-7　半闭环伺服系统

对于半闭环系统，由于其角位移测量装置结构简单、安装方便，而且惯性大的移动部件不包括在闭环内，所以系统调试方便，并有很好的稳定性。半闭环系统的控制精度介于开环和闭环之间，应用广泛。

五、数控机床的坐标系

为了正确确定工件在机床中的位置、机床运动部件的特殊位置以及运动范围，简化程序编制的工作和保证记录数据的互换性，ISO841 制订了关于《机床数字控制坐标—坐标轴和运动方向命名》的国际标准，我国也相应制订了等效于 ISO841 的标准 JB 3051—1982。

1. 坐标系及运动方向

（1）坐标系的确定原则。标准的机床坐标系是一个右手笛卡尔直角坐标系，如图 8-8 所示。图中大拇指的指向为 X 轴的正方向，食指指向为 Y 轴的正方向，中指的指向为 Z 轴的正方向。

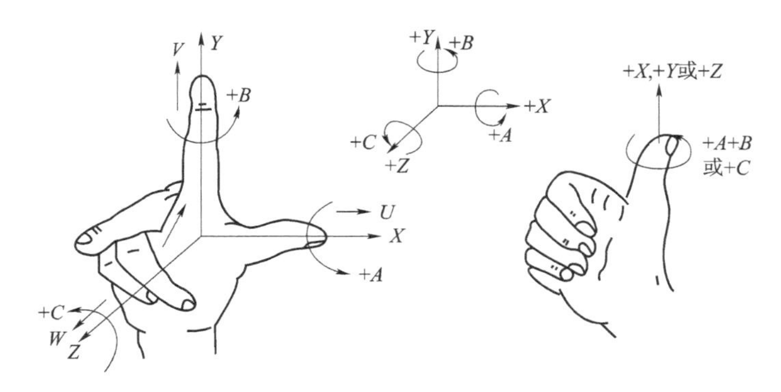

图 8-8　右手笛卡尔直角坐标系

（2）数控机床各坐标轴的确定方法如下：

① Z 坐标。在标准中，规定平行于主轴轴线的坐标为 Z 坐标。对于有几个主轴的机床，则选一垂直于工件装夹平面的主轴作为主要的主轴，平行于主要主轴轴线的坐标即为 Z 坐标。Z 轴的正方向是使刀具远离工件的方向。

② X 坐标。X 坐标一般是水平的，它与工件装夹面平行，且垂直于 Z 坐标。对于工件旋转的机床，例如数控车床，取平行于刀具移动面的工件径向作为 X 坐标，同样以刀具远离工件的方向为 X 轴的正方向。

对于刀具旋转的数控机床，如 Z 轴是水平的（卧式主轴），沿主轴后端向工件方向看时，X 坐标正方向指向右边。如 Z 轴是垂直的，对于单立柱机床，面对主轴向立柱看时，X 坐标正方向指向右边。

③ Y 坐标。在确定了 X、Z 坐标的正方向后，可根据右手笛卡尔直角坐标系确定 Y 坐标的正方向。

一般称 X、Y、Z 为主坐标或第一坐标系，如有平行于第一坐标的第二组和第三组坐标，则分别指定为 U、V、W 和 P、Q、R。第一坐标系是指靠近主轴的直线运动，稍远的为第二坐标系，更远的为第三坐标系。

图 8-9、图 8-10、图 8-11 是几种典型数控机床的坐标系简图。

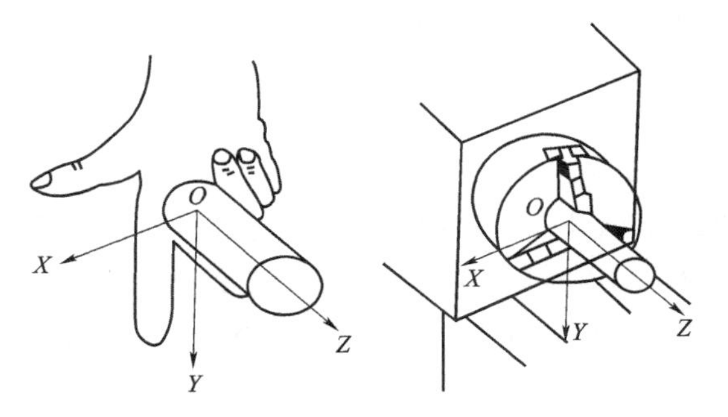

图 8-9　卧式数控车床坐标系

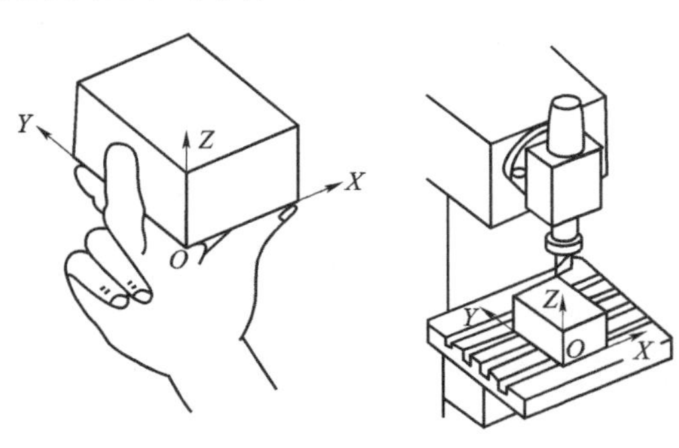

图 8-10　立式数控铣床坐标系

2. 机床坐标系与工件坐标系

（1）机床坐标系与机床原点。机床坐标系是机床上固有的坐标系，此坐标系的原点即是机床原点。它在机床装配、调试时就已确定下来了，是数控机床进行加工运动的基准参考点。此点在数控机床的使用说明书上均有说明。在数控车床上，一般取卡盘端面与主轴中心线的交点处。

（2）工件坐标系和工件原点。工件坐标系是编程人员以工件图样上的某一固定点为原点所建立的坐标系。此固定点即为工件原点。编程时，尺寸都按工件坐标系中的尺寸确定。加工时，工件随夹具在机床上安装后，测量工件原点与机床原点之间的距离（可通过测量某些基准面、线之间的距离来确定），这个距离称为工件原点偏置，如图 8-12 所示。把此偏置值预存到系统中，在加工时，工件原点偏置值便能自动加到工件坐标系上，数控系统便可按机床坐标系确定加工时的坐标值。这样，利用数控系统的原点偏置功能，可通过工件原点偏置值来补偿工件在工作台上的装夹位置误差。编程人员可以不必考虑工件在机床上的安装位置和安装精度，使用十分方便。现在大多数数控机床都有这种功能。

3. 绝对坐标系与增量坐标系

刀具（或机床）运动位置的坐标值是相对于固定的坐标原点给出的，称为绝对坐标系。刀具（或机床）运动位置的坐标值是相对于前一位置，而不是相对于固定的坐标原点给出的，称为增量坐标系（或相对坐标系），如图 8-13 所示。图 8-13（a）中，A、B 点的坐标是以固定的坐标原点计算的，则 $XA=15$、$YA=12$、$XB=45$、$YB=37$。图 8-13（b）中，B 点的坐标是在以 A 点为原点建立起来的坐标系内计量的，使用代码中的第二坐标 U、V、W

表示，其相对坐标为 $UB=30$、$VB=25$。在编程时，可根据具体机床的坐标系，以编程方便及加工精度要求选用坐标系的类型。

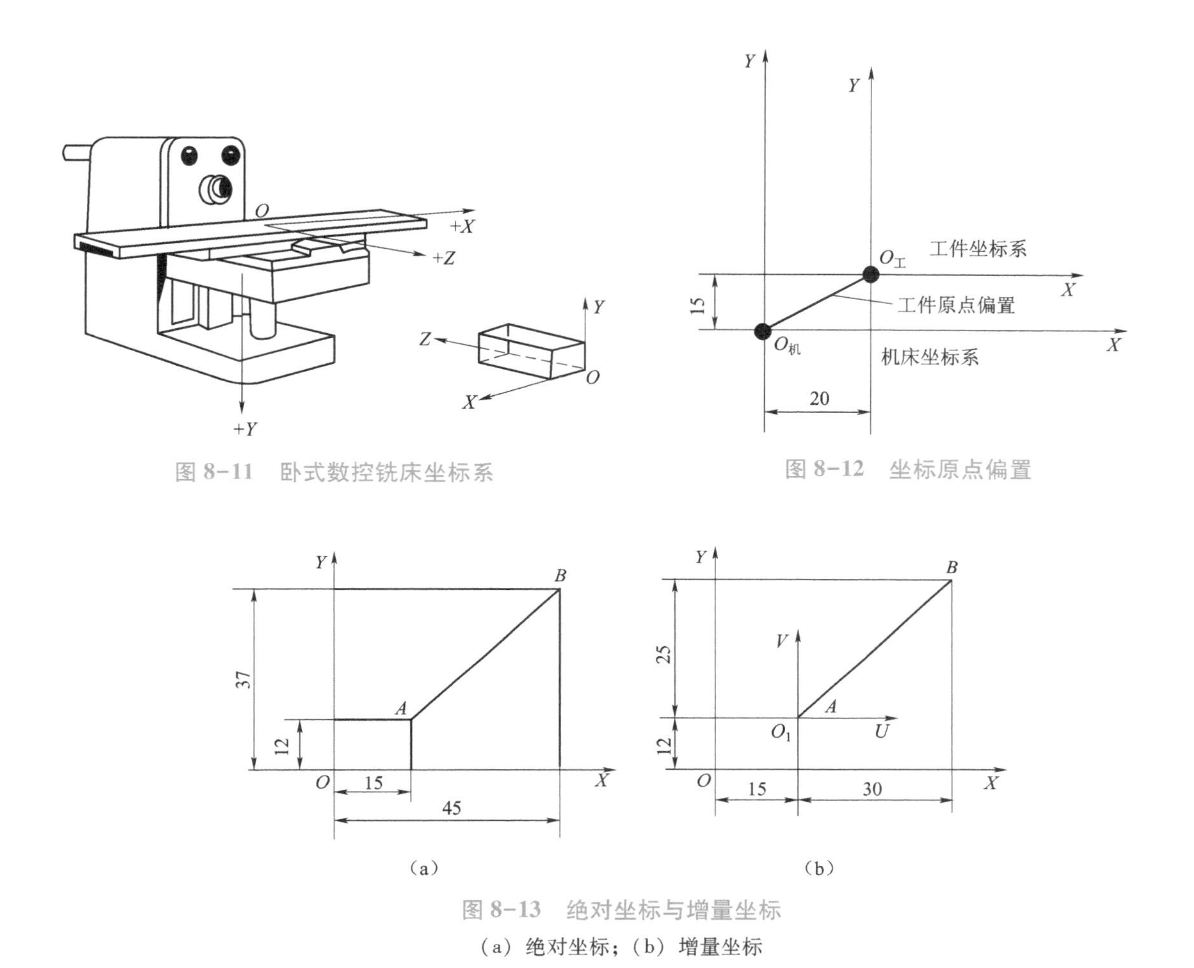

图 8-11　卧式数控铣床坐标系

图 8-12　坐标原点偏置

图 8-13　绝对坐标与增量坐标

（a）绝对坐标；（b）增量坐标

8-2　数控车床

一、数控车床的用途、特点

在金属切削加工中，车削加工占有很大比重，因此，在数控机床中数控车床所占的比重也很大。与传统车床一样，数控车床也是用来加工轴类或盘类的回转体零件。

但是由于数控车床是自动完成内、外圆柱面、圆弧面、圆锥面、端面、螺纹等工序的切削加工，所以数控车床特别适合加工形状复杂的轴类或盘类零件。

数控车床具有加工灵活、通用性强、操作方便、效率高、能适应产品的品种和规格频繁变化的特点，能够满足新产品的开发和多品种、小批量、生产自动化的要求，因此，被广泛地应用于机械制造业。

二、数控车床的布局及机械构成

数控车床的床身结构和导轨有多种形式，主要有平床身、斜床身、平床身斜滑板、立床身等。如图 8-14 所示。一般中小型数控车床多采用斜床身或平床身斜滑板结构。这种布局结构具有机床外形美观，占地面积小，易于排屑和冷却液的排流，便于操作者操作与观察，易于装上、下料机械手，实现全面自动化等特点。斜床身还可以采用封闭截面整体结构，以提高床身的刚度。现以济南第一机床厂生产的 MJ-50 型数控车床为例，说明数控车床的布局及机械结构。图 8-15 所示为 MJ-50 型数控车床的外观图。

该数控车床采用的即为平床身斜滑板的布局形式。床身 14 的导轨上支承着倾斜 30°的滑板 13，导轨横截面为矩形，支承刚性好。导轨上配置有防护罩 8。

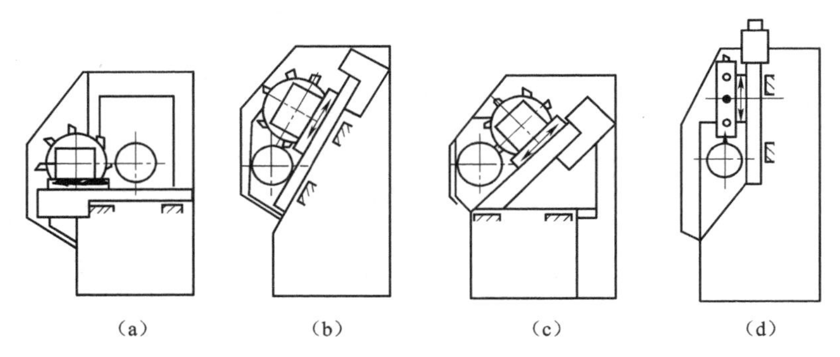

图 8-14 数控车床的布局形式

（a）平床身；（b）斜床身；（c）平床身斜滑板；（d）立床身

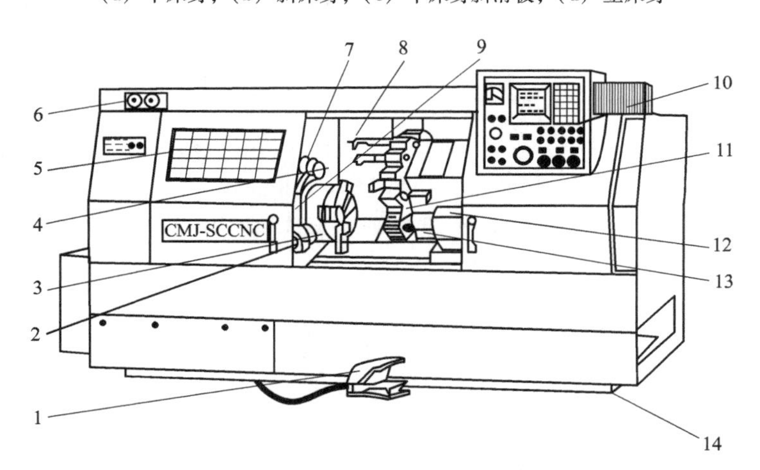

图 8-15 MJ-50 型数控车床的外观图

1—脚踏开关；2—对刀仪；3—主轴卡盘；4—主轴箱；5—机床防护门；6—压力表；7—对刀仪防护罩；8—导轨防护罩；9—对刀仪转臂；10—操作面板；11—回转刀架；12—尾座；13—滑板；14—床身

主轴箱位于床身上方，主轴由交流伺服电动机驱动，免去变速传动装置，主轴箱结构简单。主轴卡盘 3 的夹紧与松开由主轴尾部的液压缸控制。回转刀架 11 安装于滑板的倾斜导轨上，刀架上有十个工位，可以安装 10 把刀具。在加工过程中，可按照零件加工程序自动转位，将所需的刀具转到加工位置。滑板上配有 X 轴和 Z 轴的进给传动装置。

主轴箱前端面可以安装对刀仪，用于机床机内对刀。测刀时，对刀仪转臂 9 摆出，其上端的接触式传感器测头对所用刀具进行检测。测完后，转臂再摆回图中所示位置，测头进入对刀仪防护罩 7 中被锁住。12 是尾座，10 是操作面板，6 是液压系统的压力表，1 是主轴卡盘夹紧与松开的脚踏开关。5 是机床防护门，加工时关上此门，可以防止切屑飞溅伤人。

三、数控车床的传动系统

MJ-50 型数控车床的传动系统如图 8-16 所示。

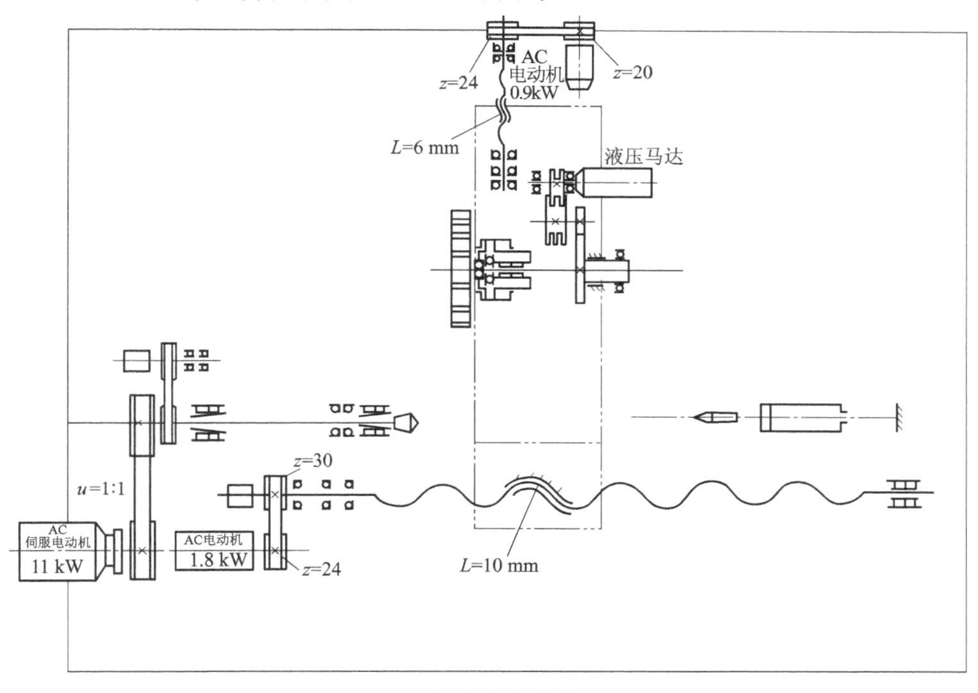

图 8-16　数控车床传动系统图

主电动机是功率为 11/15 kW 的交流伺服电动机，经一级 1∶1 的带传动带动主轴旋转，使主轴在 35~3 500 r/min 的转速范围内实现无级调速。在机床连续运转状态下，主轴的转速在 437~3 500 r/min 范围内，能传递电动机的全部功率 11 kW，为主轴的恒功率区。从最高转速起，最大输出转矩随转速的下降而提高，主轴转速在 35~437 r/min 范围内，主轴的输出转矩不变，为主轴的恒转矩区。在这个区域内，主轴所传递的功率随主轴转速的降低而降低。MJ-50 型数控车床的进给传动系统分为 X 轴进给传动和 Z 轴进给传动。X 进给由功率为 0.9 kW 的交流伺服电动机驱动，经 20/24 的同步带轮传到滚珠丝杠上，螺母带动回转刀架移动，滚珠丝杠导程（螺距）为 6 mm。Z 轴进给由功率为 1.8 kW 的交流伺服电动机驱动，经 24/30 的同步带轮传动到滚珠丝杠，其上螺母带动滑板移动，滚珠丝杠导程（螺距）为 10 mm。

*1. MJ—50 型数控车床液压系统

在数控车床上进行车削加工时，其自动化程度高，能获得较高的加工质量。目前，在数控车床上，大多都应用了液压传动技术。图 8-17 所示为该 MJ—50 型数控车床的液压系统原理图。机床中由液压系统实现的动作有：卡盘的夹紧与松开、刀架的夹紧与松开、刀架的正转与反转、尾座套筒的伸出与缩回。液压系统中各电磁阀的电磁铁动作是由数控系统的PC控制实现。

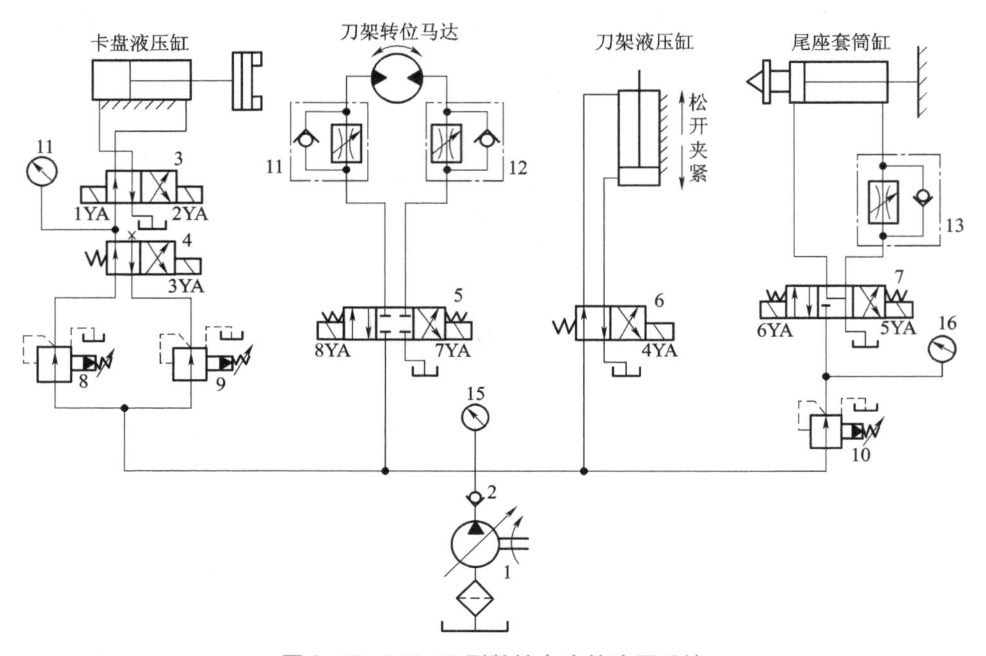

图 8-17　MJ-50 型数控车床的液压系统

MJ-50 型数控机床的液压系统采用单向变量泵供油，系统压力调至 4 MPa，压力由压力计 15 显示。泵输出的压力油经过单向阀进入系统，其工作原理如下：

（1）卡盘的夹紧与松开。当卡盘处于正卡（或称外卡）且在高压夹紧状态时，夹紧力的大小由减压阀 8 来调整，夹紧压力的大小由压力计 14 来显示。当 1YA 通电时，阀 3 左位工作，系统压力油经阀 8、阀 4、阀 3 到液压缸右腔，液压缸左腔的油液经阀 3 直接回油箱。这时，活塞杆左移，卡盘夹紧。反之，当 2YA 通电时，阀 3 右位工作，系统压力油经阀 8、阀 4、阀 3 到液压缸左腔，液压缸右腔的油液经阀 3 直接回油箱，活塞杆右移，卡盘松开。当卡盘处于正卡且在低压夹紧状态时，夹紧力的大小由减压阀 9 来调整。这时，3YA 通电，阀 4 右位工作。阀 3 的工作情况与高压夹紧时相同。卡盘反卡（或称内卡）时的工作情况与正卡相似，不再赘述。

（2）回转刀架的回转。回转刀架换刀时，首先是刀架松开，然后刀架转位到指定的位置，最后刀架复位夹紧，当 4YA 通电时，阀 6 右位工作，刀架松开。当 8YA 通电时，液压马达带动刀架正转，转速由单向调速阀 11 控制。若 7YA 通电，则液压马达带动刀架反转，转速由单向调速阀 12 控制。当 4YA 断电时，阀 6 左位工作，液压缸使刀架夹紧。

（3）尾座套筒的伸缩运动。当 6YA 通电时，阀 7 左位工作，系统压力油经减压阀 10、换向阀 7 到尾座套筒液压缸的左腔，液压缸右腔油液经单向调速阀 13、阀 7 回油箱，缸筒带动尾座套筒伸出，伸出时的预紧力大小通过压力计 16 显示。反之，当 5YA 通电时，阀 7 右位工作，系统压力油经减压阀 10、换向阀 7、单向调速阀 13 到液压缸右腔，液压缸左腔

的油液经阀 7 流回油箱，套筒缩回。

*2. 液压系统的特点

（1）采用单向变量液压泵向系统供油，能量损失小。

（2）用换向阀控制卡盘，实现高压和低压夹紧的转换，并且可分别调节高压夹紧或低压夹紧压力的大小。这样可根据工件情况调节夹紧力，操作方便简单。

（3）用液压马达实现刀架的转位，可实现无级调速，并能控制刀架正、反转。

（4）用换向阀控制尾座套筒液压缸的换向，以实现套筒的伸出或缩回，并能调节尾座套筒伸出工作时的预紧力大小，以适应不同工件的需要。

（5）压力计 14、15、16 可分别显示系统对应点的压力，便于故障诊断和调试。

注：*表示选学内容。

8-3　数控铣床

一、数控铣床工艺范围

一般的数控铣床是指规格较小的升降台式数控铣床，数控铣床多为三坐标、两轴联动的机床。

一般情况下，在数控铣床上只能用来加工平面曲线的轮廓。

与普通铣床相比，数控铣床的加工精度高，精度稳定性好，适应性强，操作劳动强度低，特别适应于板类、盘类、壳具类、模具类等复杂形状的零件或对精度保持性要求较高的中、小批量零件的加工。

二、数控铣床的分类

1. 按数控铣床主轴位置分类

（1）数控立式铣床。其主轴垂直于水平面。小型数控铣床一般都采用工作台移动、升降及主轴不动方式，与普通立式升降台铣床结构相似；中型数控铣床一般采用纵向和横向工作台移动方式，且主轴沿垂直溜板上下运动；大型数控铣床因要考虑到扩大行程，缩小占地面积及刚性等技术问题，往往采用龙门架移动方式，其主轴可以在龙门架的纵向与垂直溜板上运动，而龙门架则沿床身作纵向移动，这类结构又称之为龙门数控铣床。

（2）卧式数控铣床。其主轴平行于水平面。为了扩大加工范围和扩充功能，卧式数控铣床通常采用增加数控转盘或万能数控转盘来实现 4 至 5 坐标，进行“四面加工”。

（3）立、卧两用数控铣床。它的主轴方向可以更换（有手动与自动两种），既可以进行立式加工，又可以进行卧式加工，其使用范围更广，功能更全。当采用数控万能主轴头时，其主轴头可以任意转换方向，可以加工出与水平面呈各种不同角度的工件表面。当增加数控转盘后，就可以实现对工件的“五面加工”。

2. 按机床数控系统控制的坐标轴数量分类

有 2.5 坐标联动数控铣床（只能进行 X、Y、Z 三个坐标中的任意两个坐标轴联动加工）、3 坐标联动数控铣床、4 坐标联动数控铣床、5 坐标联动数控铣床。

三、XK5040A 型数控铣床

1. XK5040A 型数控铣床基本组成

XK5040A 型数控铣床由底座 1、强电柜 2、变压器箱 3、垂直进给伺服电动机 4、主轴变速手柄和按钮板 5、床身 6、数控柜 7、保护开关 8、挡铁 9、操纵台 10、保护开关 11、横向溜板 12、纵向进给伺服电动机 13、横向进给伺服电动机 14、升降台 15、工作台 16 组成，如图 8-18 所示。

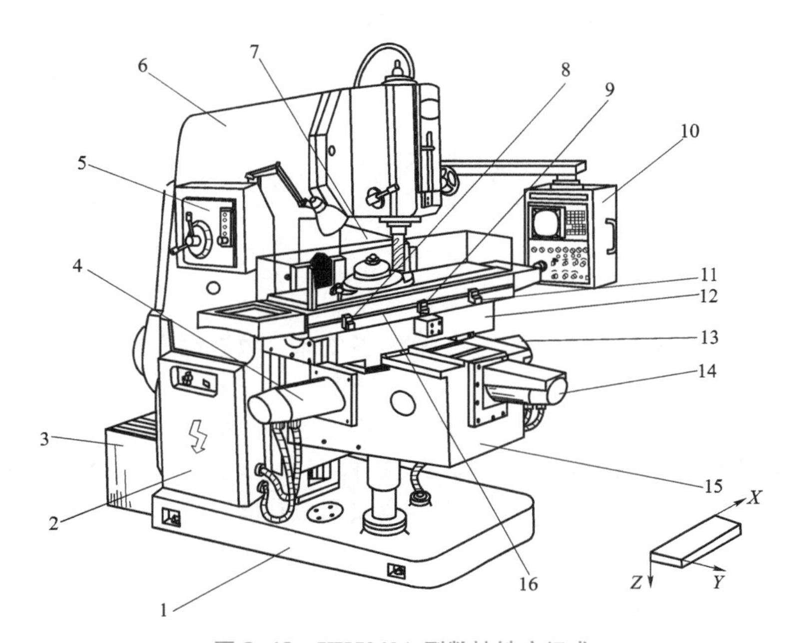

图 8-18　XK5040A 型数控铣床组成

1—底座；2—强电柜；3—变压器箱；4—垂直进给伺服电动机；
5—主轴变速手柄和按钮板；6—床身；7—数控柜；8，11—保护开关；
9—挡铁；10—操纵台；12—横向溜板；
13—纵向进给伺服电动机；14—横向进给伺服电动机；
15—升降台；16—工作台

2. XK5040A 型数控铣床传动系统

XK5040A 型数控铣床传动系统包括主运动和进给运动两部分。如图 8-19 所示。

（1）主运动传动系统。XK5040A 型数控铣床的主运动是主轴的旋转运动。由 7.5 kW、1 450 r/min 的主电动机驱动（如图 8-19 所示），使之获得 18 级转速，转速范围为 60～1 500 r/min。

（2）进给运动。进给运动有工作台纵向、横向和垂直三个方向的运动。进给系统传动齿轮间隙的消除，采用双片斜齿轮消除间隙机构（如图 8-20 所示）。调整螺母 1，即可靠弹簧 2 自动消除间隙。

3. 升降台自动平衡装置

XK5040A 型数控铣床升降台自动平衡装置如图 8-21 所示。伺服电动机 1 经过锥环连接带动十字联轴节以及圆锥齿轮 2、3，使升降丝杠转动，工作台上升或下降。同时圆锥齿轮 3 带动圆锥齿轮 4，经超越离合器和摩擦离合器相连，这一部分称作升降台自动平衡装置。

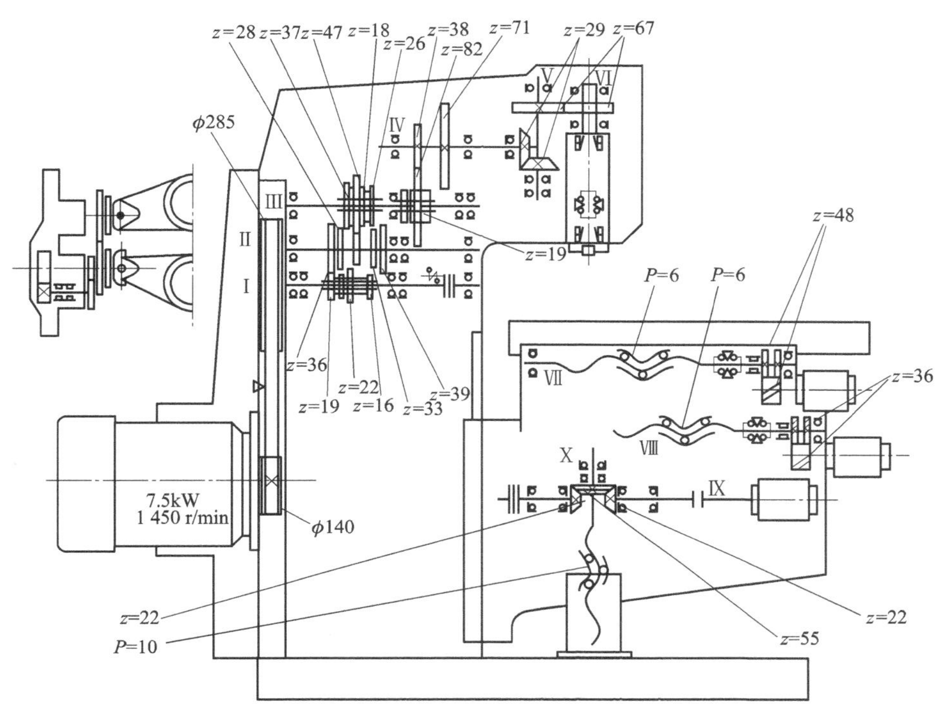

图 8-19　XK5040A 型数控铣床传动系统

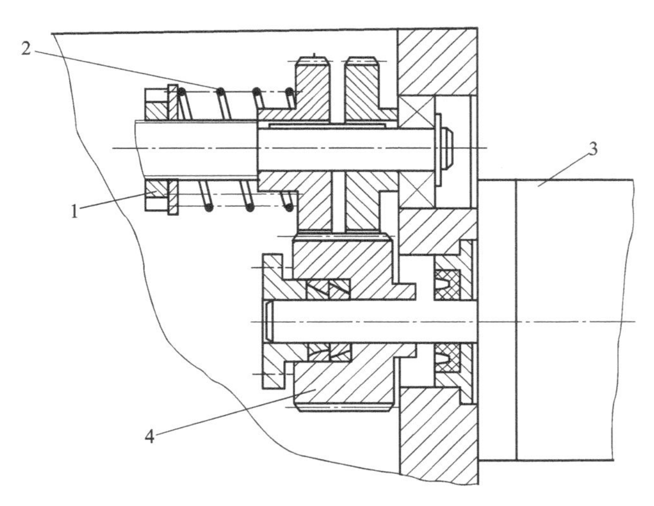

图 8-20　XK5040A 型数控铣床齿轮间隙消除机构

1—螺母；2—弹簧；3—电动机；4—齿轮

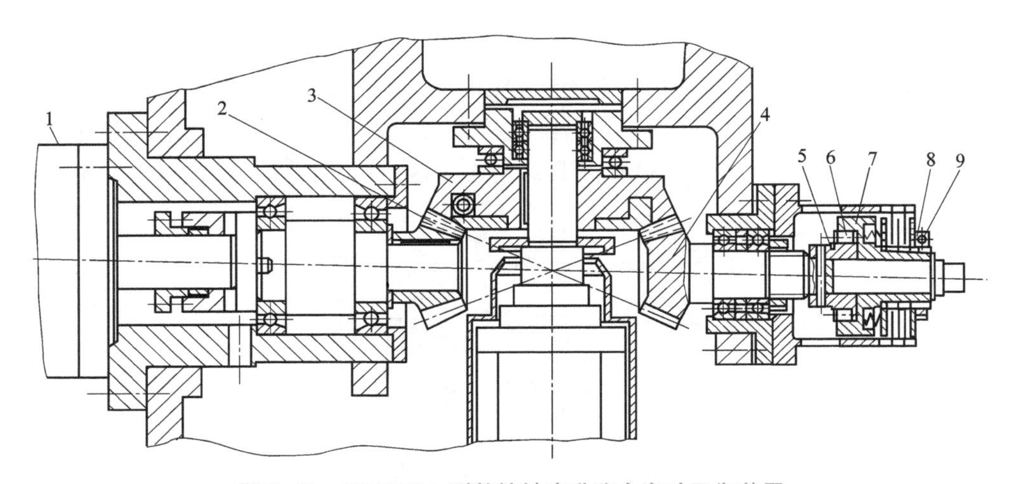

图 8-21　XK5040A 型数控铣床升降台自动平衡装置

1—伺服电动机；2，3，4—圆锥齿轮；5—星轮；6—滚子；7—超越离合器外壳；8—螺母；9—锁紧螺钉

8-4　加工中心简介

加工中心是一种具有自动换刀装置的小型数控立式镗铣床。工件一次装夹后，可以自动连续地完成铣、钻、镗、铰、锪、攻螺纹等多工种工序的加工。适用于小型板件、盘件、壳体件、模具等复杂零件的多品种小批量加工。

一、机床的布局及特点

1. 机床的布局

加工中心外观图如图 8-22 所示。

床身 1 顶面的横向导轨支承着滑座 2，滑座沿床身导轨作横向运动，此运动方向为 Y 轴。工作台 3 沿滑座导轨作纵向运动，此运动方向为 X 轴。主轴箱 9 沿立柱导轨 5 的升降运动为 Z 轴。立柱的左侧前部装有刀库 7 和自动换刀机械手 8。刀库可以储存 16 把刀具。6 是数控柜，装有数控系统。10 是操作面板，悬伸在机床的右前方，以便于操作。

2. 机床的特点

（1）强力切削动力从交流主轴电动机，经一对皮带轮传到主轴。主轴转速的恒功率范围宽，低转速的转矩大，机床的主要构件刚度高，可以进行强力切削。机床主轴箱内无齿轮传动，使主轴运转时噪声低、振动小、热变形小。

（2）高速定位进给直流伺服电动机的运动经联轴节和滚珠丝杠副，使 X 轴和 Y 轴获得快速移动。由于机床基础件刚度高，导轨通常采用氟化乙烯树脂贴面，摩擦系数很小，加之润滑充分，使机床高速进给时振动小，低速进给时无爬行，且有高的精度稳定性。

（3）随机换刀驱动刀库的直流伺服电动机经蜗轮副使刀库回转。机械手的回转、取刀、装刀机构均采用气压驱动和气液转换器，换刀运动平稳可靠，整个装置安装在立柱上，不影响主轴箱移动精度。随机换刀由控制系统管理，刀具不需设编码和开关。

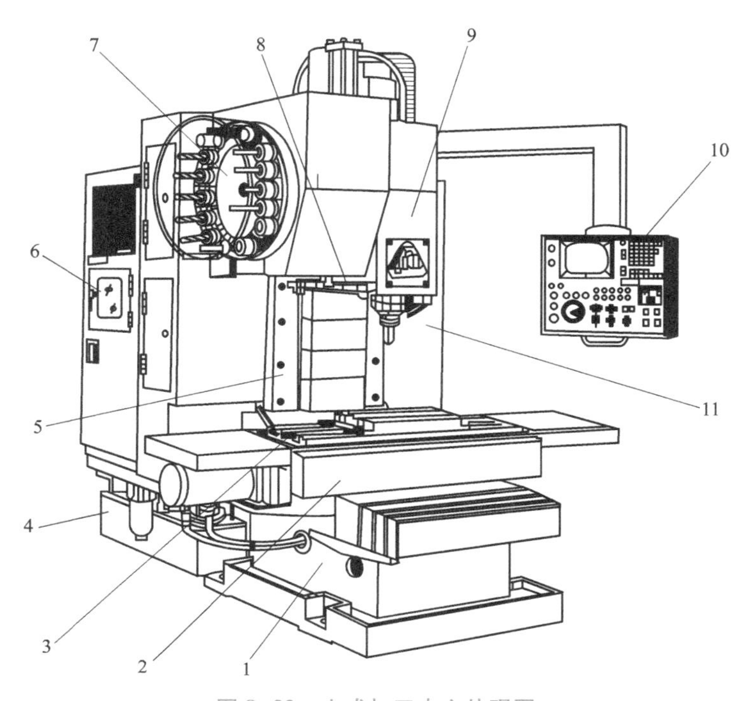

图 8-22 立式加工中心外观图

1—床身；2—滑座；3—工作台；4—液箱；5—立柱导轨；6—数控柜；
7—刀库；8—机械手；9—主轴箱；10—操作面板

(4) 机床采用了机电一体化结构，将控制柜、数控柜、润滑装置都安装在立柱和床身上，减少了占地面积，简化了搬运和安装，机床操作面板集中安置在机床的右前方，操作方便。

二、机床的传动系统

1. 主运动传动系统

主轴电动机通过一对同步带轮将运动传给主轴，主轴电动机采用全封闭结构，具有很好的防尘性能和高速驱动性能。加工中心在主轴电动机的伺服系统中加了功率限制，图 8-23 为某型号加工中心的功率、转矩特性曲线。图 8-23 中实线为电动机的特性，虚线为主轴的特性。

电动机转速范围为 45~4 500 r/min，在 750~4 500 r/min 转速范围内为恒功率区域，电动机的运动经 1/2 齿形带轮传给主轴，主轴的转速范 22.5~2 250 r/min，其中在 375~2 250 r/min 的转速范围内，主轴可以传递电动机的全部功率 5.5 kW 或 7.5 kW，如图 8-23 (a) 所示。

电动机转速范围为 45~750 r/min 时，为恒转矩区域，电动机连续运转的最大输出转矩为 70 N·m，30 min 超载时的最大输出转矩为 95.5 N·m。转速范围为 22.5~375 r/min 时，为主轴恒转矩区域，最大输出转矩分别为 140 N·m 和 191 N·m。如图 8-23 (b) 所示。

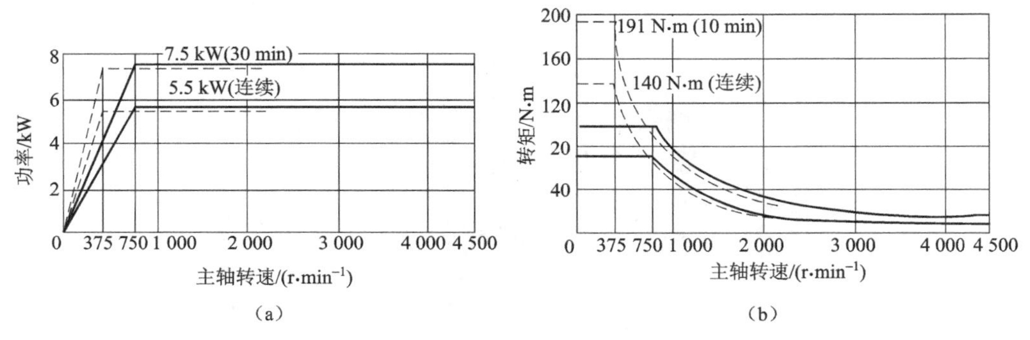

图 8-23 功率转矩特性曲线

2. 进给运动传动系统

机床的 X、Y、Z 轴各有一套基本相同的伺服进给系统。分别由三台伺服电动机直接带动滚珠丝杠旋转。

3. 刀库运动传动系统

刀库圆盘运动由一台直流伺服电动机经蜗杆蜗轮驱动。刀具装在标准刀杆上，置于圆盘的周边。

三、主轴部件

1. 主轴结构

加工中心主轴如图 8-24 所示。

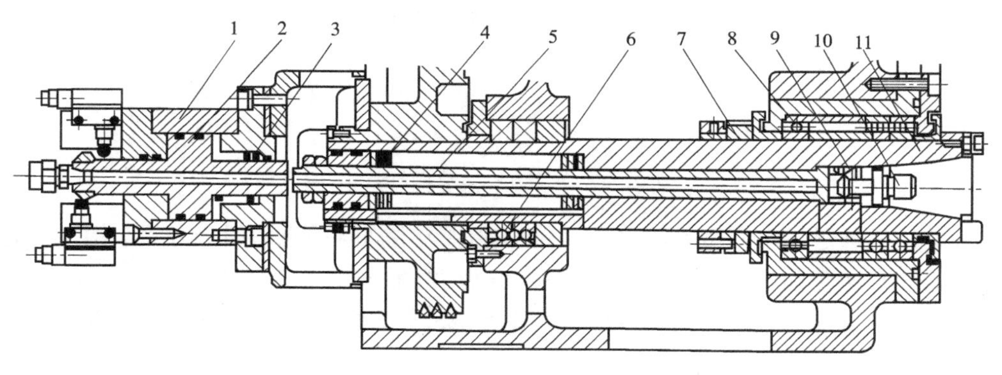

图 8-24 加工中心主轴结构图

1—液压缸；2—活塞；3—弹簧；4—碟形弹簧；5—拉杆；6—后支承；
7—螺母；8—前支承；9—钢球；10—拉钉；11—主轴

主轴前支承 8 配置了三列组合式高精度的角接触球轴承，承受径向负荷和轴向负荷。前支承按预加负荷计算的预紧量由螺母 7 调整。后支承 6 采用两列角接触球轴承，承受径向负荷。这种轴承配置方式使主轴受热变形后向后伸长，不影响加工精度。另外，对轴承进行预加负荷调整，从而提高了轴承的接触刚度。主轴前端锥孔采用专门淬火工艺，硬度可达 HRC60 以上。主轴中部装有运动传入的带轮。

2. 刀具自动夹紧机构

如图 8-24 所示，刀具自动夹紧机构主要由拉杆 5、拉杆端部的四个钢球 9、碟形弹簧 4、活塞 2、液压缸 1 组成。当换刀时，主轴要松开刀具，这时压力油通入液压缸上腔，活塞在压力油的作用下推动拉杆下移，压缩碟形弹簧，使钢球进入主轴前锥孔上端的槽内，刀柄尾部拉紧刀具的拉钉 10 被松开，机械手即可拔刀。然后，压缩空气进入拉杆中部孔中，并从主轴孔中吹出，吹净主轴锥孔，为装入新刀具作好准备。下一把刀具插入主轴后，液压缸上腔无油压，受碟形弹簧 4 及弹簧 3 的恢复力作用，碟形弹簧通过拉杆和钢球拉紧刀柄尾部的拉钉，使刀具被夹紧。

3. 主轴定向机构

刀具与主轴的联结是靠一端面键来实现，在换刀时，必须保证刀柄上的键槽对准主轴的端面键，为满足主轴这一定位要求而设计的装置称为主轴定向装置（或主轴准停装置）。JCS-018A 机床采用的是电气式主轴准停装置，如图 8-25 所示，在带轮端部装有主轴定向用的发磁体 3 和磁性传感器 2 等电子定向元件。主轴定向指令发出后，主轴立即处于定向状态，当发磁体的判别孔旋至对准磁性传感器上的基准槽时，主轴立即停止。该机构结构简单、定向迅速。

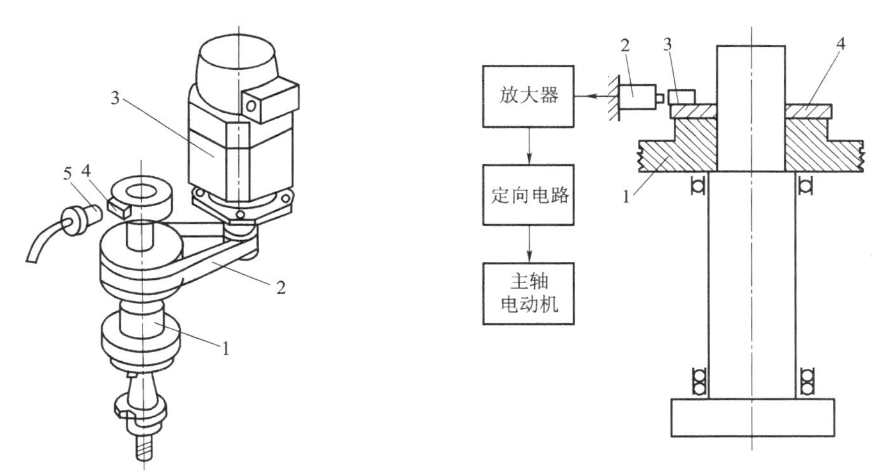

图 8-25　JCS-018A 主轴准停装置

左图：1—主轴；2—同步带；3—伺服电机；4—发磁体；5—传感器

右图：1—带轮；2—传感器；3—发磁体；4—连接盘

四、进给机构

机床有三套（X、Y、Z 轴）相同的伺服进给系统，各由三台直流伺服电动机带动滚珠丝杠旋转。为了使各轴的进给传动系统有较高的传动精度，电动机轴和滚珠丝杠之间均采用了锥环无键连接和高精度十字联轴器的连接结构。图 8-26 为 Z 轴进给装置中电动机轴与滚珠丝杠连接的局部剖视图。

电动机轴 2 与轴套 3 之间采用轴环 4 无键连接结构，这种连接结构可以进行无间隙传动，同心性好，传递动力平稳，加工工艺性好，安装与维修方便。与电动机轴连接的轴套 3 的端面有与中心对称的凸键，与滚珠丝杠连接的轴套 6 上开有与中心对称的端面键槽，联轴节 5 的两端面上分别有相应的凸键和键槽与轴套 3 及轴套 6 相配合，以传递运动和转矩。在装配时，凸键与凹键的径向配合须经过配研，以消除反向间隙，保证传动精度，使传递动力平稳。

五、刀库和换刀机械手

刀库和换刀机械手组成了自动换刀装置，刀库有 16 个刀位。

1. 自动换刀过程

如图 8-27 所示，换刀指令发出后，主轴立即停止旋转并开始自动定向，主轴箱同时回零；刀库 5 中处在换刀位置的刀套 2 及刀具 1 向下回转 90°，使刀具轴线与主轴轴线平行；机械手 4 顺时针旋转 75°，两手爪分别抓住刀库上和主轴 3 上的刀具；刀具的自动夹紧机构松开刀具；机械手下降，同时拔出两把刀之后，机械手带着两把刀具顺时针转 180°，交换主轴刀具与刀库刀具的位置；机械手再上升，把刀具分别装入主轴锥孔和刀套中；刀具的自动夹紧机构夹紧刀具，机械手逆时针转 180°使液压缸复位，再反转 75°回到原始位置；刀套也向上翻转 90°复位。完成刀具的自动交换。

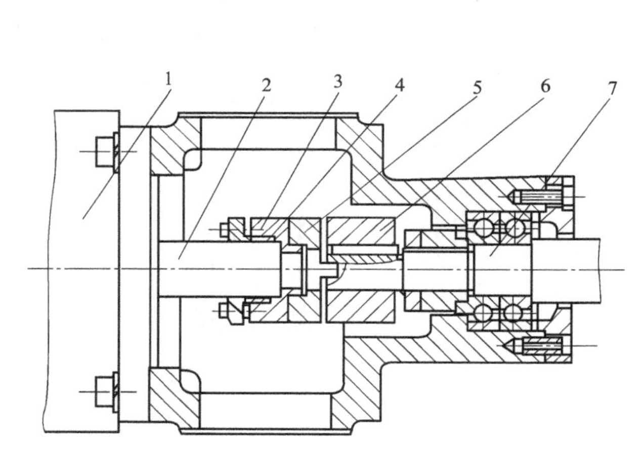

图 8-26　电动机轴与滚珠丝杠的连接结构

1—电动机；2—电动机轴；3—轴套（连接电动机）；4—轴环；5—联轴节；6—轴套（连接丝杠）；7—滚珠丝杠

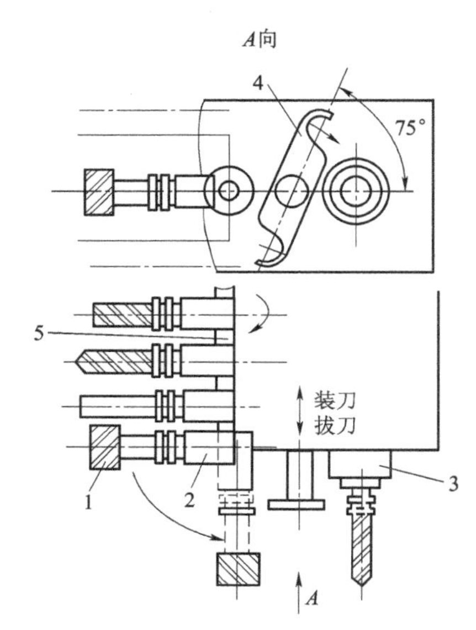

图 8-27　自动换刀过程示意图

1—刀具；2—刀套；3—主轴；4—机械手；5—刀库

2. 刀库结构

加工中心机床刀库结构简图如图 8-28 所示。

接到数控系统发出的换刀指令后，直流伺服电动机 1 经过十字联轴节 2、蜗杆 4、蜗轮 3 带动刀盘 14 和安装在刀盘上的 16 个刀套 13 旋转，完成选刀的工作。刀套的尾部有一个滚子 11，进入拨叉 7 的槽内。这时，气缸 5 的下腔通压缩空气，活塞杆 6 带动拨叉 7 上升，放开位置开关 9，断开有关电路防止误动作。同时使得刀套绕销轴 12 逆时针向下翻转 90°，刀头朝下，刀具轴线与主轴轴线平行。

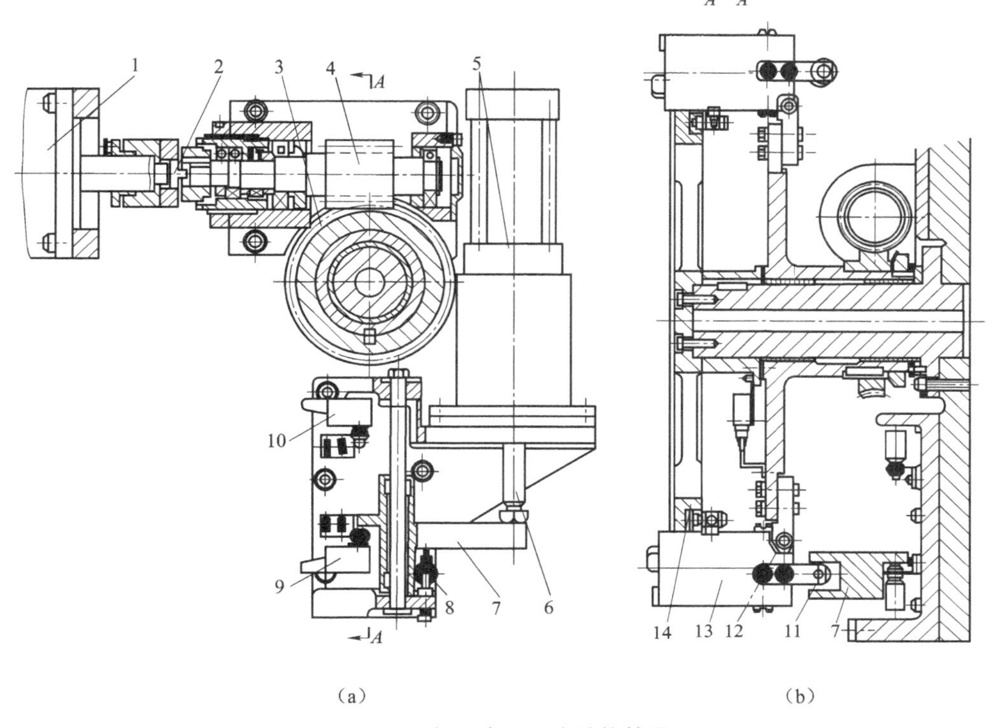

图 8-28　加工中心刀库结构简图

1—电动机；2—十字联轴节；3—蜗轮；4—蜗杆；5—气缸；6—活塞杆；7—拨叉；8—螺杆；9—位置开关；10—定位开关；11—滚子；12—销轴；13—刀套；14—刀盘

刀套的结构如图 8-29 所示。刀套 4 内锥孔尾部有两个球头销钉 3，销钉后面有弹簧 1，刀具插入刀套后，在弹簧力的作用下，刀柄被夹住。拧动螺纹套 2，通过弹簧的压缩量可以调整夹紧力的大小。刀套顶部的滚子 5 是用来在水平位置时支承刀套的。

3. 机械手结构

（1）机械手的传动机构。机械手的传动结构如图 8-30 所示。当刀盘下转 90°压下位置开关，发出抓刀信号时，机械手在上面位置（即图 8-30 中所示位置）。液压缸 18 右腔通压力油，通过齿条 17 带动齿轮 11、传动盘 10 转动，使机械手 21 回转 75°，进行抓刀。抓刀动作结束时，挡环 12 压下位置开关 14，发出拔刀信号，这时液压缸 15 上腔通压力油，推动轴 16 下降拔刀。轴 16 下降时，带动传动盘 10 下降，并把其上的销子 8 插入到连接盘 5 的销孔中，拔刀动作完成后，位置开关 1 被压下，发出换刀信号，液压缸 20 右腔通压力油，带动齿条 19 移动，使齿轮 4、连接盘 5、传动盘 10 通过销子 8 转动，带动机械手 21 转动 180°，交换刀具。换刀动作完成后，位置开关 9 被压下，发出插刀信号，液压缸 15 下腔通压力油，轴 16 带动机械手上升插刀，销子 8 又从连接盘销孔中移出。插刀动作完成后，位置开关 3 被压下，使液压缸 20 左腔通压力油，使齿条 19 右移复位，复位后压下位置开关 7，使液压缸 18 左腔通压力油，齿条 17 右移，使机械手 21 反转 75°复位。复位后，挡环 12 压下位置开关 13，发出换刀完成信号，刀具向上翻转 90°回到原位。

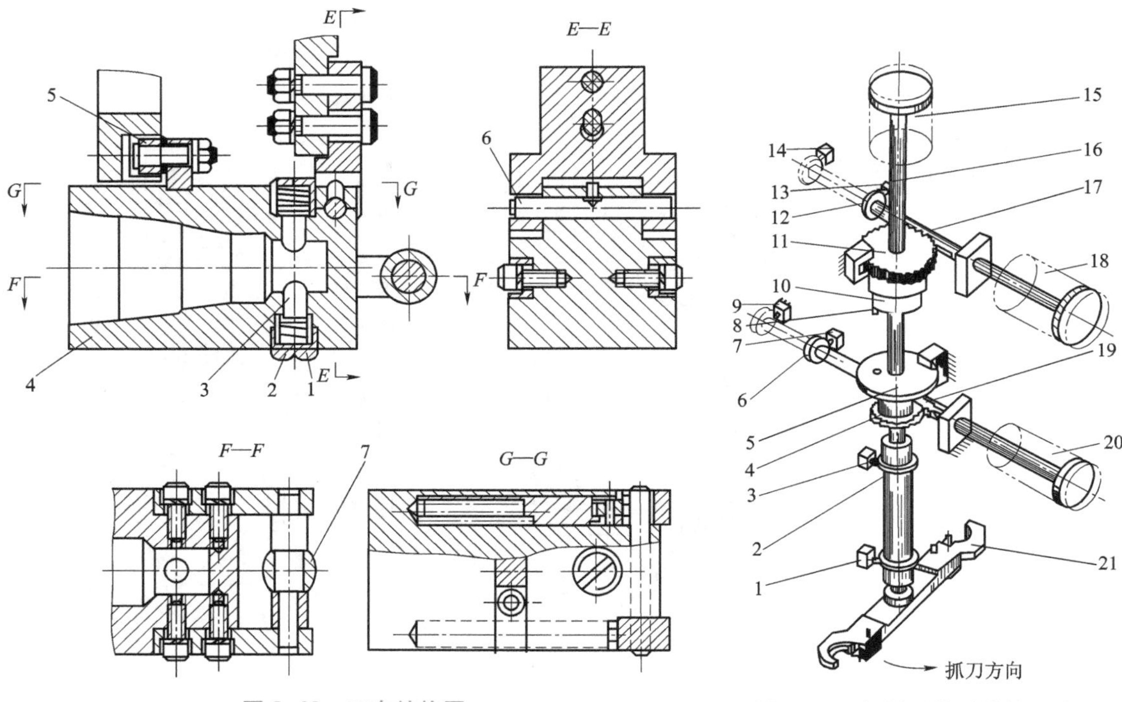

图 8-29　刀套结构图

1—弹簧；2—螺纹套；3—球头销钉；
4—刀套；5，7—滚子；6—销轴

图 8-30　机械手传动结构示意图

1，3，7，9，13，14—位置开关；
2，6，12—挡环；4，11—齿轮；
5—连接盘；8—销子；10—传动盘；
15，18，20—液压缸；16—轴；
17，19—齿条；21—机械手

（2）机械手抓刀部分的结构。机械手抓刀部分的结构如图 8-31 所示。手臂 1 两端各有一个固定手爪 7，手爪上有一个锥销 6，在抓刀时，锥销插入刀柄的键槽中，主轴前端面和刀库上均设有挡块，可以压下长销 8，活动销 5 在弹簧 2 的作用下顶住刀具。在拔刀时，挡块与长销 8 脱离接触，弹簧 4 弹起锁紧销 3，活动销 5 被锁住不能后退，保证在机械手运动

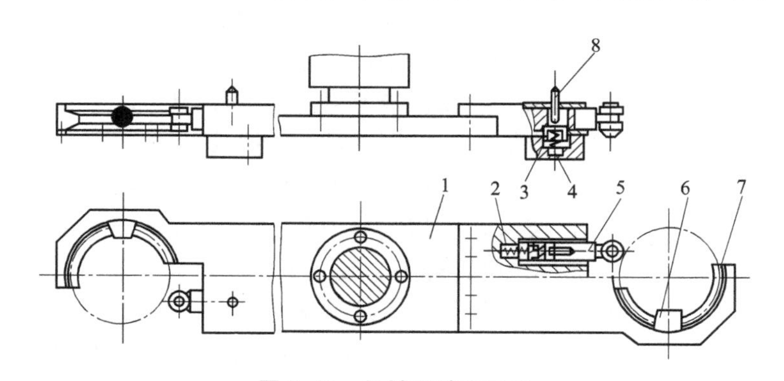

图 8-31　机械手臂和手爪

1—手臂；2，4—弹簧；3—锁紧销；5—活动销；6—锥销；7—手爪；8—长销

时，刀具不会被甩出。当机械手上升插刀时，长销 8 又被挡块压下，锁紧销退出活动销孔，可以自由地抓放刀具，见图 8-31。

8-5　数控机床典型结构

数控机床与同类的普通机床在结构上虽然十分相似，但是仔细研究会发现两者之间存在差异。

图 8-32 所示为普通机床和数控机床，从控制零件尺寸的角度来分析，两者是有差异的。在普通机床上加工零件时操作者直接检测零件的实际加工尺寸，和图纸的要求相比较后，调整操纵手柄以修正加工偏差。操作者实际上起到了测量、调节和控制装置的作用，由它完成了测量、运算比较和调节控制的功能。可以说操作者实际上处于控制回路之内，是控制系统中的某些环节。而在数控机床上加工零件时，一切都按预先编制的加工程序自动进行，操作者只发出启动命令，监视机床的工作情况，在加工过程中并不直接测量零件尺寸，而是由数控装置根据程序指令和机床位置检测装置的测量结果，控制刀具和零件的相对位置，从而达到控制零件尺寸的目的。

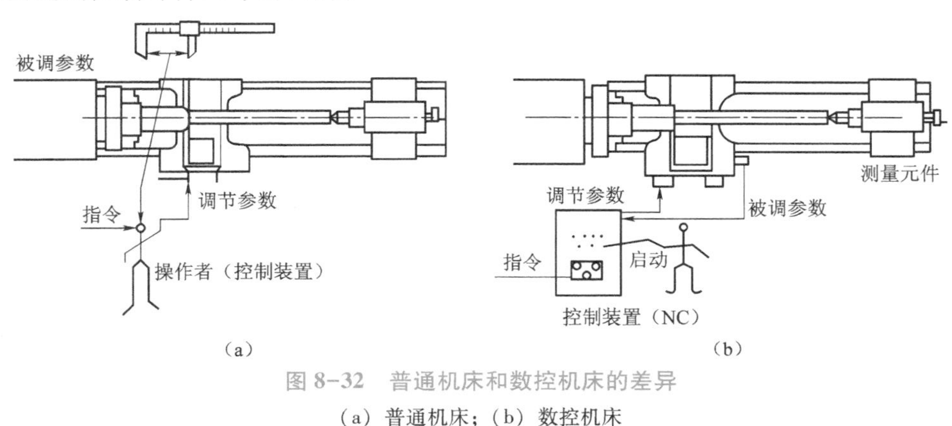

图 8-32　普通机床和数控机床的差异

(a) 普通机床；(b) 数控机床

一、数控机床的主传动系统

1. 主传动及变速

与普通机床相比，数控机床的工艺范围更宽，工艺能力更强，因此要求其主传动具有较宽的调速范围，以保证在加工时能选用合理的切削用量，从而获得最佳的加工质量和生产率。现代数控机床的主运动广泛采用无级变速传动，用交流调速电机或直流调速电机驱动，能方便地实现无级变速，且传动链短、传动件少。根据数控机床的类型与大小，其主传动主要有以下三种形式。

(1) 带有变速齿轮的主传动。如图 8-33 (a) 所示，它通过少数几对齿轮传动，使主传动成为分段无级变速，以便在低速时获得较大的扭矩，满足主轴对输出扭矩特性的要求。这种方式在大中型数控机床采用较多，但也有部分小型数控机床为获得强力切削所需扭矩而采用这种传动方式。

（2）通过带传动的主传动。如图 8-33（b）所示，电机轴的转动经带传动传递给主轴，因不用齿轮变速，故可避免因齿轮传动而引起的振动和噪声。这种方式主要用在转速较高、变速范围不大的机床上，常用的带有三角带和同步齿形带。

（3）由主轴电机直接驱动的主传动。如图 8-33（c）所示，主轴与电机转子合二为一，从而使主轴部件结构更加紧凑，质量轻，惯量小，提高了主轴启动、停止的响应特性，目前高速加工机床主轴多采用这种方式，这种类型的主轴也称为电主轴。

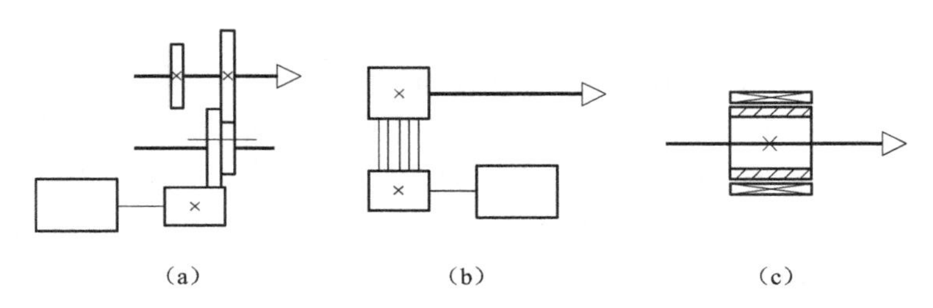

图 8-33　数控机床主传动的配置方式

（a）带有变速齿轮的主传动；（b）通过带传动的主传动；
（c）由主轴电机直接驱动的主传动

2. 主轴部件

主轴部件是机床的一个关键部件，它包括主轴的支承、安装在主轴上的传动零件等。主轴部件质量的好坏直接影响加工质量。无论哪种机床的主轴部件都应能满足下述几个方面的要求：主轴的回转精度、部件的结构刚度和抗振性、运转温度和热稳定性以及部件的耐磨性和精度保持能力等。对于数控机床尤其是自动换刀数控机床，为了实现刀具在主轴上的自动装卸与夹持，还必须有刀具的自动夹紧装置、主轴准停装置和主轴孔的清理装置等结构。

（1）主轴端部的结构形状。主轴端部用于安装刀具或夹持零件的夹具，要求能保证定位准确、安装可靠、连接牢固、装卸方便，并能传递足够的扭矩。主轴端部的结构形状都已标准化，图 8-34 所示为普通机床和数控机床所通用的几种结构形式。图 8-34（a）所示为车床主轴端部，卡盘靠前端的短圆锥面和凸缘端面定位，用拨销传递扭矩，卡盘装有固定螺栓，卡盘装于主轴端部时，螺栓从凸缘上的孔中穿过，转动快卸卡板将数个螺栓同时拴住，再拧紧螺母将卡盘固牢在主轴端部，主轴为空心前端有莫氏锥度孔，用以安装顶尖或心轴。图 8-34（b）所示为铣、镗类机床的主轴端部，铣刀或刀杆在前端 7∶24 的锥孔内定位，并用拉杆从主轴后端拉紧，而且由前端的端面键传递扭矩。图 8-34（c）所示为外圆磨床砂轮主轴的端部；图 8-34（d）所示为内圆磨床砂轮主轴端部；图 8-34（e）所示为钻床与普通镗床镇杆端部，刀杆或刀具由莫氏锥孔定位，用锥孔后端第一扁孔传递扭矩，第二个扁孔用以拆卸刀具。但在数控铣床上要使用 8-34（b）所示的形式，因为，7∶24 的锥孔没有自锁作用，便于自动换刀时拔出刀具。

（2）主轴部件的支承。机床主轴带着刀具或夹具在支承中作回转运动，应能传递切削扭矩承受切削抗力，并保证必要的旋转精度。机床主轴多采用滚动轴承作为支承，对于精度要求高的主轴则采用动压或静压滑动轴承作为支承。主轴部件常用滚动轴承的类型如图 8-35 所示。

① 滚动轴承的精度。主轴部件所用滚动轴承的精度有高级 E、精密级 D、特精级 C 和

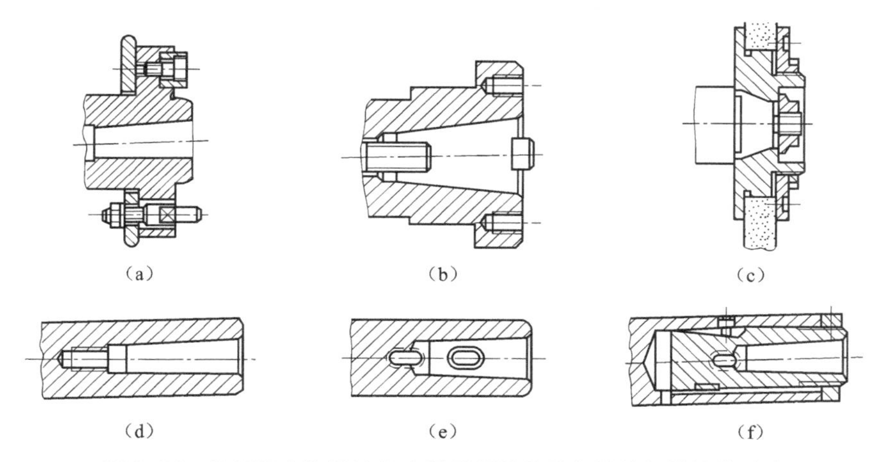

图 8-34　普通机床和数控机床所通用的几种主轴端部的结构形式

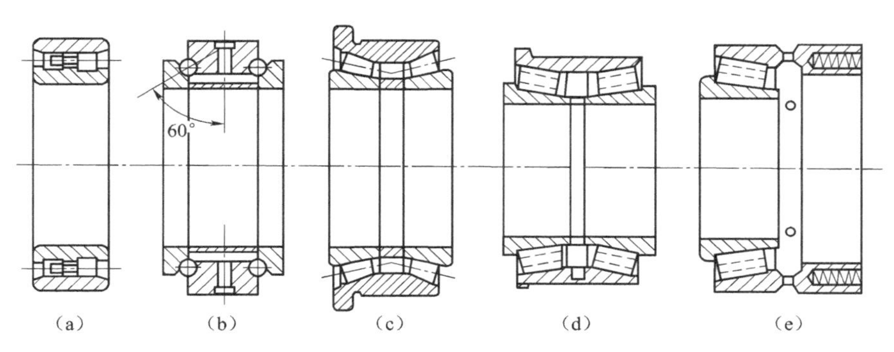

图 8-35　主轴常用的几种滚动轴承

（a）锥孔双列圆柱滚子轴承；（b）双列推力向心球轴承；（c）双列圆锥滚子轴承；
（d）带凸肩的双列圆柱滚子轴承；（e）带预紧弹簧的单列圆锥滚子轴承

超精级 B。前轴承的精度一般比后支承的精度高一级，也可以用相同的精度等级。普通精度的机床通常前支承取 C、D 级，后支承用 D、E 级。特高精度的机床前后支承均用 B 级精度。

② 主轴滚动轴承的配置。合理配置轴承，对提高主轴部件的精度和刚度，降低支承温升，简化支承结构有很大的作用。主轴的前后支承均应有承受径向载荷的轴承，承受轴向力的轴承的配置侧主要根据主轴部件的工作精度、刚度、温升和支承结构的复杂程度等因素。图 8-36 是常见的轴承配置形式的示意图。

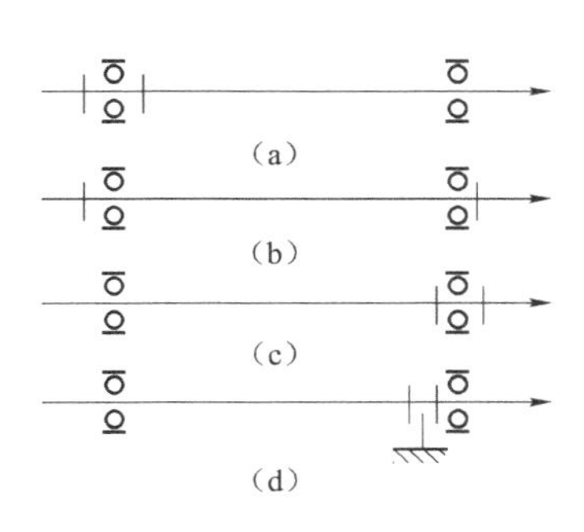

图 8-36　常见的轴承配置形式

图 8-36（a）所示为后端定位。推力轴承装在后支承的两侧，轴向载荷由后支承承受，这种形式的配置对于细长主轴承受轴向力后可能引起横向弯曲，同时主轴热变形向前伸长，影响加工精度。但这种配置能简化前支承的结构，多用于普通精度的机床的主轴部件。图 8-36（b）所示为两端定位。推力轴承分别装在前、后支承的外侧，轴

承的轴向间隙可以在后端进行调整。但是主轴热伸长后，会改变支承的轴向或径向间隙影响加工精度。这种配置方案一般用于较短或能自动预紧的主轴部件。图 8-36（c）、图 8-36（d）所示为前端定位。推力轴承装在前支承，刚度较高，主轴部件热伸长向后，不致影响加工精度。图 8-36（c）的推力轴承装在前支承的两侧，会使主轴的悬伸长度增加，影响主轴的刚度；图 8-36（d）为两个推力轴承都装在前支承的内侧，这种配置，主轴的悬伸长度小，但是前支承较复杂，一般高速精密机床的主轴部件都采用这种配置方案。

③ 主轴滚动轴承的预紧。轴承预紧，就是使轴承滚道预先承受一定的载荷，不仅能消除间隙而且还使滚动体与滚道之间发生一定的变形，从而使接触面积增大，轴承受力时变形减小，抵抗变形的能力增大。因此，对主轴滚动轴承进行预紧和合理选择预紧量，可以提高主轴部件的旋转精度、刚度和抗振性，机床主轴部件在装配时要对轴承进行预紧，使用一段时间以后，间隙或过盈有了变化，还得重新调整，所以要求预紧结构便于进行调整。

滚动轴承间隙的调整或预紧，通常是使轴承内、外圈相对轴向移动来实现的，常用的方法有以下几种：

a. 轴承内圈移动。如图 8-37 所示，轴承内圈移动适用于锥孔双列圆柱滚子轴承。用螺母通过套筒推动内圈在锥形轴颈上作轴向移动，使内圈变形胀大，在滚道上产生过盈，从而达到预紧的目的。图 8-37（a）的结构简单，但预紧量不易控制，常用于轻载机床主轴部件；图 8-37（b）用右端螺母限制内圈的移动量，易于控制预紧量；图 8-37（c）在主轴凸缘上均布数个螺钉以调整内圈的移动量，调整方便，但是用几个螺钉调整，易使垫圈歪斜；图 8-37（d）将紧靠轴承右端的垫圈做成两个半环，可以径向取出，修磨其厚度可控制预紧量的大小，调整精度较高。调整螺母一般采用细牙螺纹，便于微量调整。而且在调好后要能锁紧防松。

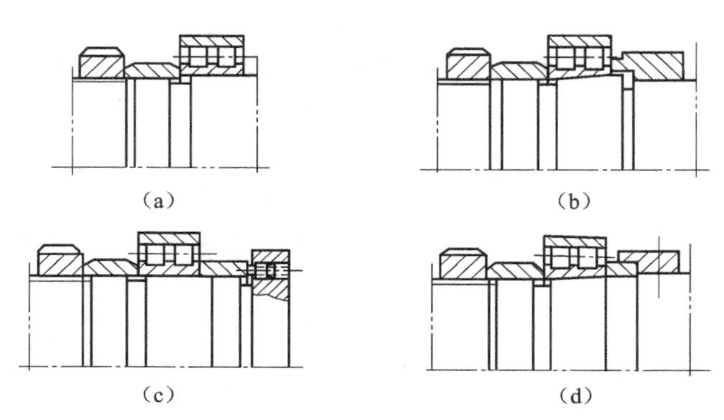

图 8-37　轴承内圈移动形式

b. 修磨座圈或隔套。图 8-38（a）为轴承外圈宽边相对（背对背）安装，这时修磨轴承内圈的内侧；图 8-38（b）为外圈窄边相对（面对面）安装，这时修磨轴承外圈的窄边。在安装时按图示的相对关系装配，并用螺母或法兰盖将两个轴承轴向压拢，使两个修磨过的端面贴紧，这样使两个轴承的滚道之间产生预紧。另一种方法是将两个厚度不同的隔套放在两轴承内、外圈之间，同样将两个轴承轴向相对压紧，使滚道之间产生预紧，如图 8-39（a）、图 8-39（b）所示。

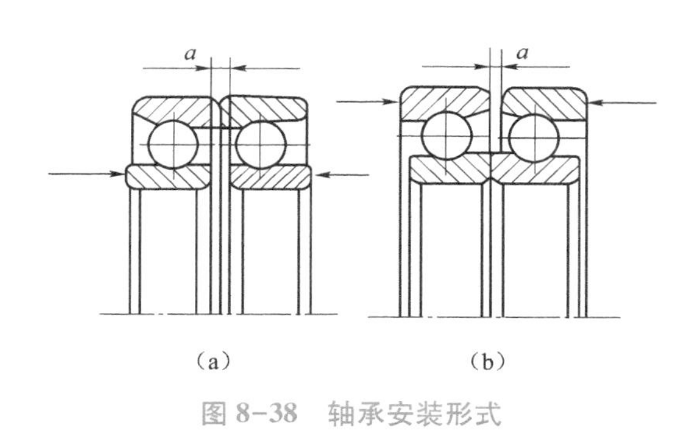

图 8-38　轴承安装形式

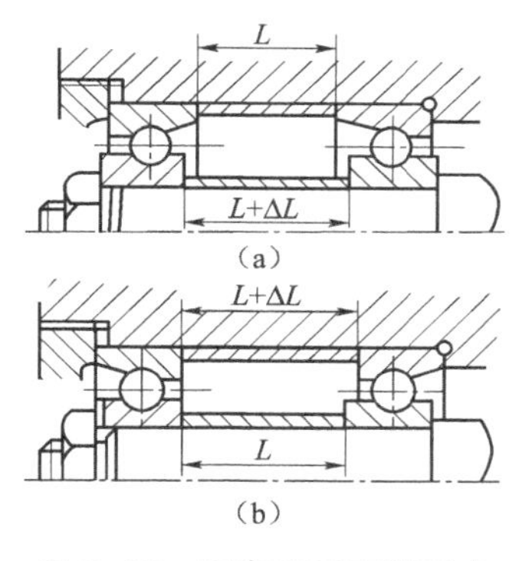

图 8-39　隔套调整安装形式

（3）主轴的材料和热处理。主轴材料可根据强度、刚度、耐磨性、载荷特点和热处理变形大小等因素来选择。主轴刚度与材质的弹性模量 E 有关。无论是普通钢还是合金钢其 E 值基本相同。因此，对于一般要求的机床其主轴可用价格便宜的中碳钢，45 钢，进行调质处理 HRC22～28；当载荷较大或存在较大的冲击时，或者精密机床的主轴为了减少热处理后的变形，或者需要作轴向移动的主轴为了减少它的磨损时可选用合金钢。常用的合金钢有 40Cr 进行淬硬达到 HRC40～50，或者 20Cr 进行渗碳淬硬达到 HRC56～62。某些高精度机床的主轴材料则选用 38CrMoAl 进行氮化处理，达到 HV850～1 000。

（4）自动换刀数控铣镗床的主轴部件。图 8-40 是该类机床主轴部件的一种结构方案，主轴前端有 7：24 的锥孔，用于装夹锥柄刀具或刀杆。主轴端面有一键，既可通过它传递刀具的扭矩，又可用于刀具的周向定位。主轴的前支承由 B 级精度的 3182120 型锥孔双列圆柱滚子轴承 2 和 2268120 型双向推力球轴承 3 组成。为了提高前支承的旋可以修磨前端的调整半环 1 和轴承 3 的中间调整环 4，待锁紧螺母锁紧后，可以消除两个轴承滚道之间的间隙并且进行预紧。后支承采用两个 D 级精度的 46115 型向心推力球轴承 10，修磨中间调整环 11 以进行预紧。

在自动交换刀具时要求能自动松开和夹紧刀具。图 8-40 所示为刀具的夹紧状态，碟形弹簧 13 通过拉杆 7，双瓣卡爪 5，在套筒 21 的作用下，将刀柄的尾端拉紧。当换刀时，要求松开刀柄，此时，在主轴上端油缸的上腔 A 通入压力油，活塞 14 的端部即推动拉杆 7 向下移动，同时压缩碟形弹簧 13，当拉杆 7 下移到使卡爪 5 的下端移出套筒时，在弹簧 6 的作用下，卡爪张开，喷气头 20 将刀柄顶松，刀具即可由机械手拔出。待机械手将新刀装入后，油缸 12 的下腔通入压力油，活塞 14 向上移，碟形弹簧伸长将拉杆 7 和卡爪 5 拉着向上，卡爪 5 重新进入套筒 21，将刀柄拉紧。活塞 14 移动的两个极限位置都有相应的行程开关作用，作为刀具松开和夹紧的回答信号。活塞 14 对碟形弹簧的压力如果作用在主轴上，并传至主轴的支承，使它承受附加的载荷，这样不利于主轴支承的工作。因此采用了卸荷措施，使对碟形弹簧的压力转化为内力，不致传递到主轴的支承上去。

图 8-41 为其卸荷结构，油缸 6 与连接座 3 固定在一起，但是连接座 3 由螺钉 5 通过弹簧 4 压紧在箱体 2 的端面上，连接座 3 与箱孔为滑动配合。当油缸的右端通入高压油使活塞杆 7 向左推压拉杆 8 并压缩碟形弹簧的同时，油缸的右端面也同时承受相同的液压力，故此，整个油缸连同连接座 3 压缩弹簧 4 而向右移动，使连接座 3 上的垫圈 10 的右端面与主轴上的螺母 1 的左端面压紧，因此，松开刀柄时对碟形弹簧的液压力就成了在活塞杆 7、油

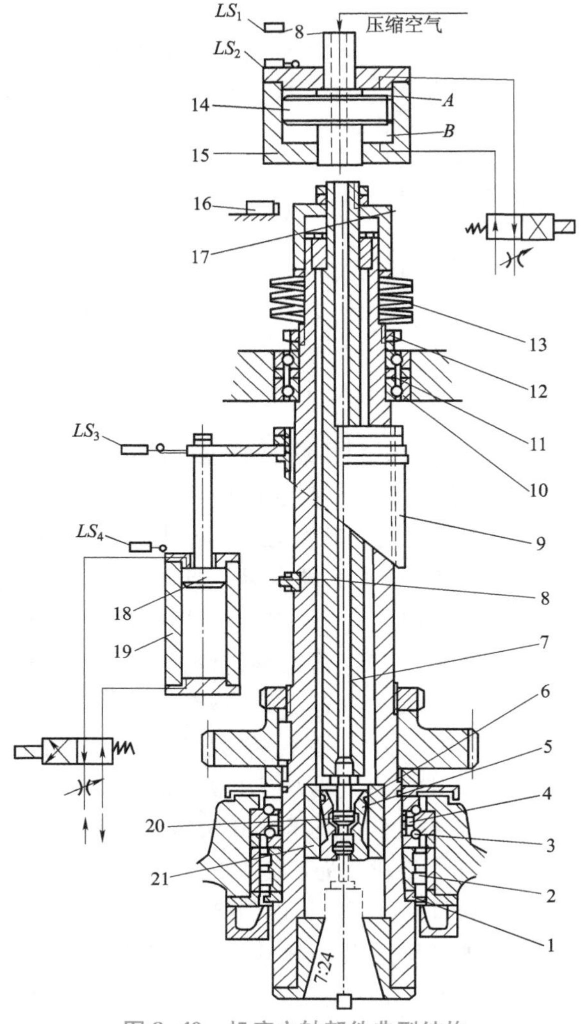

图 8-40　机床主轴部件典型结构

1—调整半环；2—轴承；3—轴承；4—调整环；5—卡爪；6—弹簧；7—拉杆；8—挡块；9—滑套；10—轴承；11—调整环；12—油缸；13—碟形弹簧；14—活塞；15—液压缸；16—传感器；17—发讯器；18—活塞；19—液压缸；20—喷气头；21—套筒

缸 6、连接座 3、垫圈 10、螺母碟形弹簧、套环 9、拉杆 8 之间的内力，因而使主轴支承不致承受液压推力。刀杆尾部的拉紧结构，除上述的卡爪式以外，还有图 8-42（a）所示的弹簧夹头结构，它有拉力放大作用，可用较小的液压推力产生较大的拉紧力，图 8-42（b）为钢球拉紧结构。

（5）主轴的准停装置。准停就是当主轴停转进行刀具交换时，主轴需停在一个固定不变的方位上，因而保证主轴端面的键也在一个固定的方位，使刀柄上的键槽能恰好对正端面键。此外，在通过前壁小孔镗内壁的同轴大孔，或进行反倒角等加工时，要求主轴实现准停，使刀尖停在一个固定的方位上（或在 x 轴方向上，或在 y 轴方向上），以便主轴偏移一定尺寸后使大刀刃能通过前壁小孔进入箱体内对大孔进行镜削。目前准停装置很多，下面介绍 3 种：

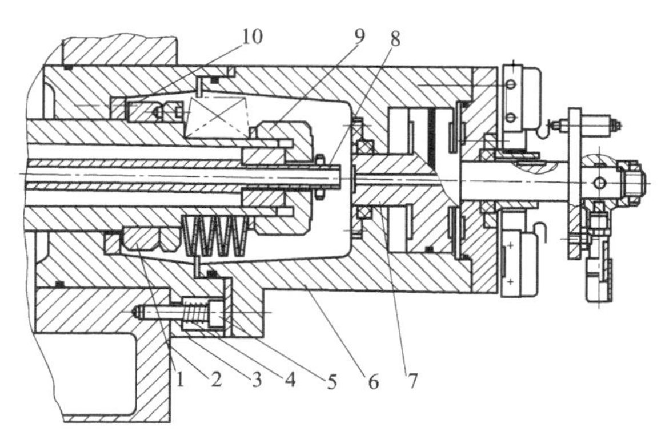

图 8-41　卸荷结构

1—螺母；2—箱体；3—连接座；4—弹簧；5—螺钉；6—油缸；
7—活塞杆；8—拉杆；9—套环；10—垫圈

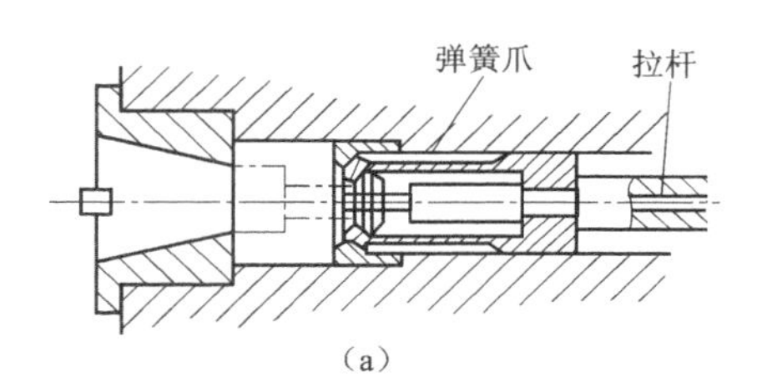

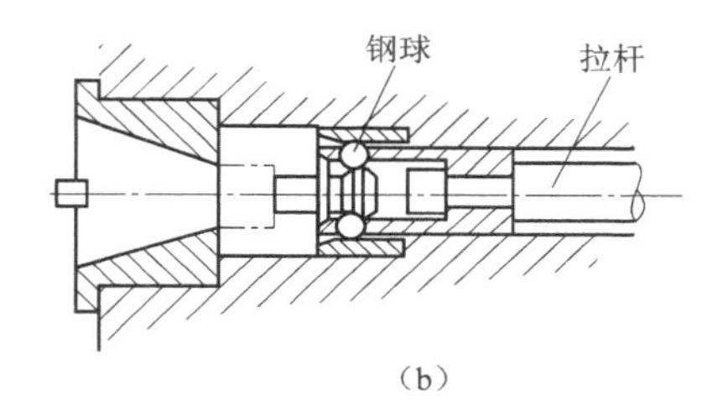

图 8-42　弹簧夹头结构

① 在主轴上或与主轴有传动联系的传动轴上安装位置编码器或磁性传感器，配合直流或交流调速电机实现纯电器定向准停。这种方法结构简单，准停可靠，动作迅速平稳。

② V 形槽轮定位盘准停装置。在主轴上固定一个 V 形槽定位盘，使 V 形槽与主轴上的端面键保持所需要的相对位置关系，如图 8-43 所示。其准停过程是：发出准停指令后，选定主轴的某一固定低转速并启动使主轴回转，无触点行程开关发出信号使主电动机停转并断开主传动链，主轴以及与之相连的传动件由于惯性继续空转，无触点行程开关的信号同时使定位销伸出并接触定位盘，当主轴上定位盘的 V 形槽与定位销对正，定位销插入 V 形槽中使主轴准停。无触点行程开关的接近体应能在圆周方向上进行调整，使 V 形槽与接近体之间的夹角 α 的大小，能保证定位销伸出并接触定位盘后，在主轴停转之前，恰好落入定位盘的 V 形槽内。

③ 端面螺旋凸轮准停装置。工作原理如图 8-44 所示。这种双向端面凸轮准停机构，动作迅速可靠，但是凸轮制造较困难。

（6）电主轴。电主轴是“高频主轴”（High Frequency Spindle）的简称，有时也称作“直接传动主轴”（Direct Drive Spindle），是内装式电机主轴单元。它把机床主传动链的长度缩短为零，实现了机床的“零传动”，具有结构紧凑、机械效率高、可获得极高的回转速度、回转精度高、噪声低、振动小等优点，因而在现代数控机床中获得了越来越广泛的应用。在国外，电主轴已成为一种机电一体化的高科技产品，由一些技术水平很高的专业工厂生产，如瑞士的 FISCHER 公司、德国的 GMN 公司、美国的 PRECISE 公司、意大利的 GAMFIOR 公司、日本的 NSK 公司等。

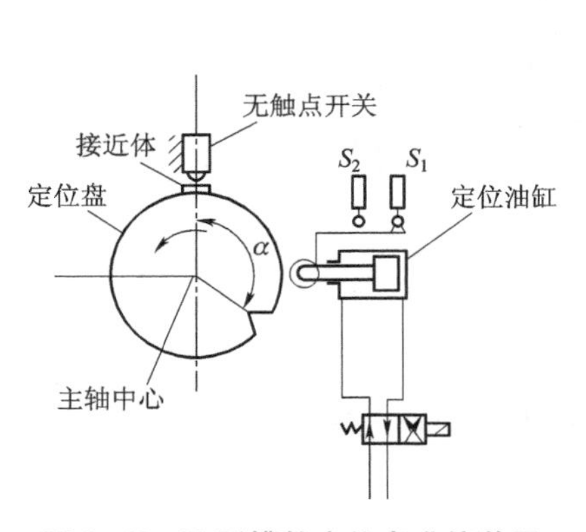

图 8-43　V 形槽轮定位盘准停装置

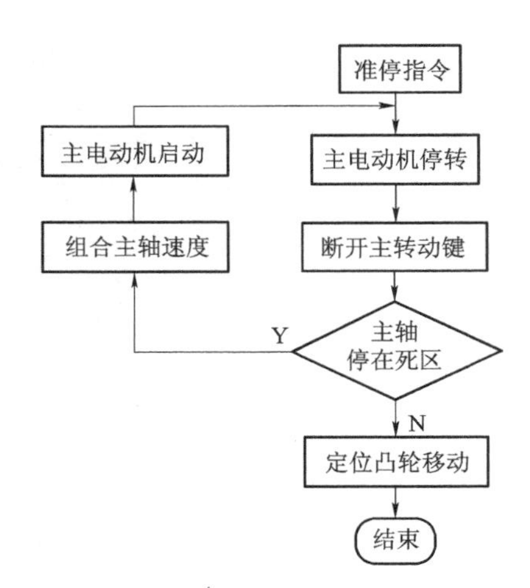

图 8-44　准停过程框图

① 电主轴的结构。如图 8-45 所示，电主轴由无外壳电机、主轴、轴承、主轴单元壳体、驱动模块和冷却装置等组成。电机的转子采用压配方法与主轴做成一体，主轴则由前后轴承支承。电机的定子通过冷却套安装于主轴单元的壳体中。主轴的变速由主轴驱动模块控制，而主轴单元内的温升由冷却装置限制。在主轴的后端装有测速、测角位移传感器，前端的内锥孔和端面用于安装刀具。

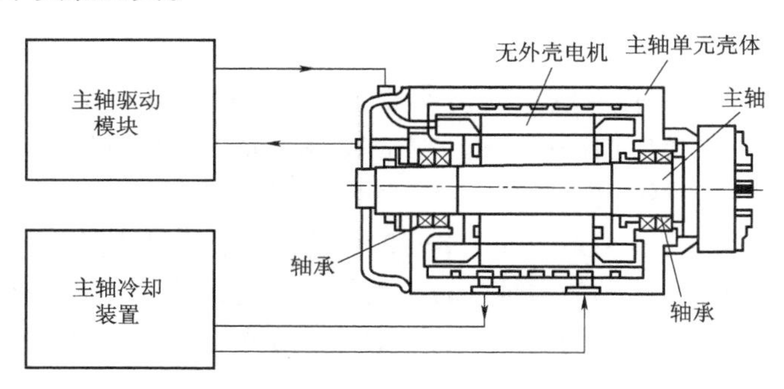

图 8-45　电主轴的结构

② 电主轴的轴承。轴承是决定主轴寿命和承载能力的关键部件，其性能对电主轴的使用功能极为重要。目前电主轴采用的轴承主要有陶瓷球轴承、流体静压轴承和磁悬浮轴承。

陶瓷球轴承是应用广泛且经济的轴承，它的陶瓷滚珠质量轻、硬度高，可大幅度减小轴承离心力和内部载荷，减少磨损，从而提高轴承寿命。德国 GMN 公司和瑞士 STEP-TEC 公司用于加工中心和铣床的电主轴全部采用了陶瓷球轴承。

流体静压轴承为非直接接触式轴承，具有磨损小、寿命长、回转精度高、振动小等优点，用于电主轴上，可延长刀具寿命、提高加工质量和加工效率。美国 Ingersoll 公司在其生产的电主轴单元中主要采用其拥有专利技术的流体静压轴承。

磁悬浮轴承依靠多对在圆周上互为 180°的磁极产生径向吸力（或斥力）而将主轴悬浮

在空气中，使轴颈与轴承不接触，径向间隙为 1 mm 左右。当承受载荷后，主轴空间位置会产生微小变化，控制装置根据位置传感器检测出的主轴位置变化值改变相应磁极的吸力（或斥力）值，使主轴迅速恢复到原来的位置，从而保证主轴始终绕其惯性轴作高速回转，因此它的高速性能好、精度高，但由于价格昂贵，至今没有得到广泛应用。

③ 电主轴的冷却。由于电主轴将电机集成于主轴单元中，且其转速很高，运转时会产生大量热量，引起电主轴温升，使电主轴的热态特性和动态特性变差，从而影响电主轴的正常工作。因此必须采取一定措施控制电主轴的温度，使其恒定在一定值内。目前一般采取强制循环油冷却的方式对电主轴的定子及主轴轴承进行冷却，即将经过油冷却装置的冷却油强制性地在主轴定子外和主轴轴承外循环，带走主轴高速旋转产生的热量。另外，为了减少主轴轴承的发热，还必须对主轴轴承进行合理的润滑。如对于陶瓷球轴承，可采用油雾润滑或油气润滑方式。

④ 电主轴的驱动。当前，电主轴的电动机均采用交流异步感应电动机，由于是用在高速加工机床上，启动时要从静止迅速升速至每分钟数万转乃至数十万转，启动转矩大，因而启动电流要超出普通电机额定电流 5~7 倍。其驱动方式有变频器驱动和矢量控制驱动器驱动两种。变频器的驱动控制特性为恒转矩驱动，输出功率与转矩成正比。最新的变频器采用先进的晶体管技术（如瑞士 ABB 公司生产的 SAMIGS 系列变频器），可实现主轴的无级变速。矢量控制驱动器的驱动控制为：在低速端为恒转矩驱动，在中、高速端为恒功率驱动。

二、进给传动系统元件

进给运动是数字控制的直接对象，被加工工件的最终位置精度和轮廓精度都与进给运动的传动精度、灵敏度和稳定性有关。因此，在设计传动结构，选用传动零件时应充分注意减小摩擦阻力，提高传动精度和刚度，消除传动间隙和减小运动惯量。

数控机床的进给运动采用无级调速的伺服驱动方式，伺服电机的动力和运动只需经过由最多一两级齿轮或带轮传动副和滚珠丝杠螺母副或齿轮齿条副或蜗杆蜗条副组成的传动系统传动给工作台等运动执行部件。传动系统的齿轮副或带轮副的作用主要是通过降速来匹配进给系统的惯量和获得要求的输出机械特性，对开环系统，还起匹配所需的脉冲当量的作用。近年来，由于伺服电机及其控制单元性能的提高，许多数控机床的进给传动系统去掉了降速齿轮副，直接将伺服电机与滚珠丝杠连接。滚珠丝杠螺母副或齿轮齿条副或蜗杆蜗条副的作用是实现旋转到直线的运动形式的转换。

1. 数控机床导轨

（1）对导轨的基本要求。机床导轨的功用是起导向及支承作用，它的精度、刚度及结构形式等对机床的加工精度和承载能力有直接影响。为了保证数控机床具有较高的加工精度和较大的承载能力，要求其导轨具有较高的导向精度、足够的刚度、良好的耐磨性、良好的低速运动平稳性，同时应尽量使导轨结构简单，便于制造、调整和维护。数控机床常用的导轨按其接触面间摩擦性质的不同可分为滑动导轨和滚动导轨。

（2）滑动导轨。在数控机床上常用的滑动导轨有液体静压导轨、气体静压导轨和贴塑导轨。

① 液体静压导轨：在两导轨工作面间通入具有一定压力的润滑油，形成静压油膜，使导轨工作面间处于纯液态摩擦状态，摩擦系数极低，多用于进给运动导轨。

② 气体静压导轨：在两导轨工作面间通入具有恒定压力的气体，使两导轨面形成均匀分离，以得到高精度的运动。这种导轨摩擦系数小，不易引起发热变形，但会随空气压力波动而使空气膜发生变化，且承载能力小，故常用于负荷不大的场合。

③ 贴塑导轨：在动导轨的摩擦表面上贴上一层由塑料等其他化学材料组成的塑料薄膜软带，其优点是导轨面的摩擦系数低，且动静摩擦系数接近，不易产生爬行现象；塑料的阻尼性能好，具有吸收振动能力，可减小振动和噪声；耐磨性、化学稳定性、可加工性能好；工艺简单、成本低。

（3）滚动导轨。滚动导轨的最大优点是摩擦系数很小，一般为0.002 5~0.005，比贴塑料导轨还小很多，且动、静摩擦系数很接近，因而运动轻便灵活，在很低的运动速度下都不出现爬行，低速运动平稳性好，位移精度和定位精度高。滚动导轨的缺点是抗振性差，结构比较复杂，制造成本较高。近年来数控机床越来越多地采用由专业厂家生产的直线滚动导轨副或滚动导轨块。这种导轨组件本身制造精度很高，对机床的安装基面要求不高，安装、调整都非常方便。直线滚动导轨副结构在第六章已介绍过，这里简要介绍一下滚动导轨块结构。

① 滚动导轨块。滚动导轨块是一种滚动体作循环运动的滚动导轨，其结构如图8-46所示。1为防护板，端盖2与导向片4引导滚动体（滚柱3）返回，5为保持器，6为本体。使用时，滚动导轨块安装在运动部件的导轨面上，每一导轨至少用两块，导轨块的数目取决于导轨的长度和负载的大小，与之相配的导轨多用镶钢淬火导轨。当运动部件移动时，滚柱3在支承部件的导轨面与本体6之间滚动，同时又绕本体6循环滚动，滚柱3与运动部件的导轨面不接触，因而该导轨面不需淬硬磨光。滚动导轨块的特点是刚度高，承载能力大，便于拆装。

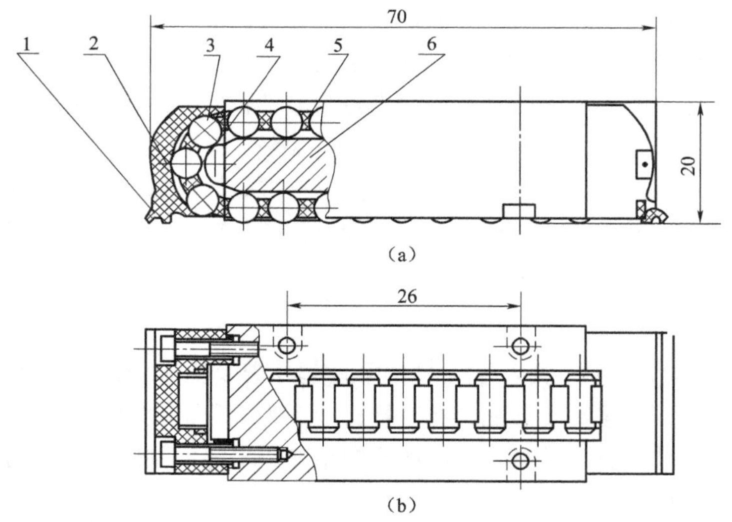

图8-46　滚动导轨块的结构

1—防护板；2—端盖；3—滚柱；4—导向片；5—保持器；6—本体

② 直线滚动导轨。直线滚动导轨是近年来新出现的一种滚动导轨，其结构如图 8-47 所示，主要由导轨体 1、滑块 7、滚珠 4、保持器 3、端盖 6 等组成。由于它将支承导轨和运动导轨组合在一起，作为独立的标准导轨副部件（单元）由专门生产厂制造，故又称单元式直线滚动导轨。使用时，导轨体固定在不运动部件上，滑块固定在运动部件上。当滑块沿导轨体运动时，滚珠在导轨体和滑块之间的圆弧直槽内滚动，并通过端盖内的滚道从工作负载区到非工作负载区，然后再滚动回工作负载区，不断循环，从而把导轨体和滑块之间的移动，变成了滚珠的滚动。

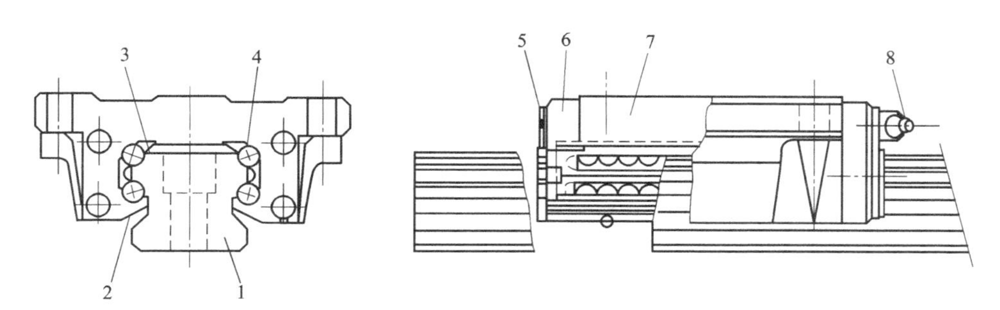

图 8-47　直线滚动导轨的结构

1—导轨体；2—侧面密封垫；3—保持器；4—滚珠；
5—端部密封垫；6—端盖；7—滑块；8—润滑油杯

单元式直线滚动导轨除有一般滚动导轨的共性优点外，还有以下特点：

（a）具有自调整能力，安装基面许用误差大。

（b）制造精度高。

（c）可高速运行，运行速度可大于 60 m/min。

（d）能长时间保持高精度。

（e）可预加负载，提高刚度。

（4）静压导轨。静压导轨是在两个相对运动的导轨面间通以压力油，将运动件浮起，使导轨面间处于纯液体摩擦状态。由于承载的要求不同，静压导轨分为开式和闭式两种。

开式静压导轨的工作原理如图 8-48（a）所示。油泵 2 启动后，油经滤油器 1 吸入，用溢流阀 3 调节供油压力 P_s，再经滤油器 4，通过节流器 5 降压至 P_r（油腔压力）进入导轨的油腔，并通过导轨间隙向外流出，回到油箱 8。油腔压力形成浮力将运动部件 6 浮起，形成一定的导轨间隙 h_0。当载荷增大时，运动部件下沉，导轨间隙减小，液阻增加，流量减小，从而使油经过节流器时的压力损失减小，油腔压力 P_r 增大，直至与载荷 W 平衡。开式静压导轨只能承受垂直方向的负载，承受颠覆力矩的能力差。而闭式静压导轨能承受较大的颠覆力矩，导轨刚度也较高，其工作原理如图 8-48（b）所示。当运动部件 6 受到颠覆力矩 M 后，油腔 P_{r3}、P_{r4}的间隙增大，油腔 P_{r1}、P_{r6}的间隙减小。由于各相应节流器的作用，使油腔 P_{r3}、数控技术 P_{r4}的压力减小，油腔 P_{r1}、P_{r6}的压力增高，从而产生一个与颠覆力矩相反的力矩，使运动部件保持平衡。在承受载荷 W 时，油腔 P_{r1}、P_{r4}间隙减小，压力增大；油腔 P_{r3}、P_{r6}间隙增大，压力减小，从而产生一个向上的力，以平衡载荷 W。

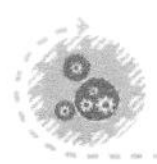

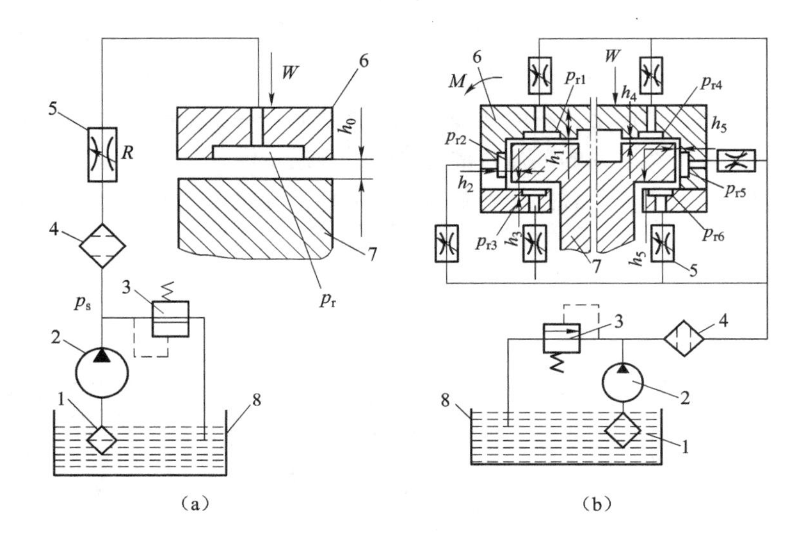

图 8-48　静压导轨的工作原理图

1，4—滤油器；2—油泵；3—溢流阀；5—节流器；6—运动部件；7—固定部件；8—油箱

由于导轨面间处于纯液体摩擦状态，故导轨不会磨损，精度保持性好，寿命长，而且导轨摩擦系数极小（约为 0.000 5），功率消耗少。压力油膜厚度几乎不受速度影响，油膜承载能力大，刚度高，吸振性好，导轨运行平稳，既无爬行，也不会产生振动。但静压导轨结构复杂，并需要有一个具有良好过滤效果的液压装置，制造成本较高。

静压导轨节流器分为固定节流器和可变节流器两种，图 8-49-1 所示为固定节流器，其阻尼不随外界负载的变化而变化，图 8-49-1（a）为螺旋槽毛细管节流器，图 8-49-1（b）为针阀节流器，图 8-49-1（c）为三角槽节流器。这 3 种都是可调节的，油从 A 孔进入，由 B 孔流出。压力从 P_s 降为 P_r 而进入油腔。旋转节流杆时，改变螺旋槽长度或间隙大小，以改变节流阻力。由于螺旋槽毛细管节流的槽断面较大，相应长度也可较长，油流不易堵塞，故使用较广泛。图 8-49-2 所示为可变节流器。

2. 滚珠丝杠螺母副

滚珠丝杠螺母副是回转运动与直线运动相互转换的新型传动装置。图 8-50 是滚珠丝杠螺母副的原理图。在丝杠和螺母上加工有弧形螺旋槽，当它们套装在一起时形成了螺旋滚道，并在滚道内装满滚珠。当丝杠相对于螺母旋转时，两者发生轴向位移，而滚珠则沿着滚道滚动，螺母螺旋槽的两端用回珠管连接起来，使滚珠能作周而复始的循环运动，管道的两端还起着挡珠的作用，以防滚珠沿滚道脱出，根据循环方式可分为外循环和内循环两种。

由于滚珠丝杠具有传动效率高、运动平稳、寿命高以及可以预紧（以消除间隙，并提高系统刚度）等特点，除了大型数控机床因移动距离大而采用齿条或蜗条外，各类中、小型数控机床的直线运动进给系统普遍采用滚珠丝杠。

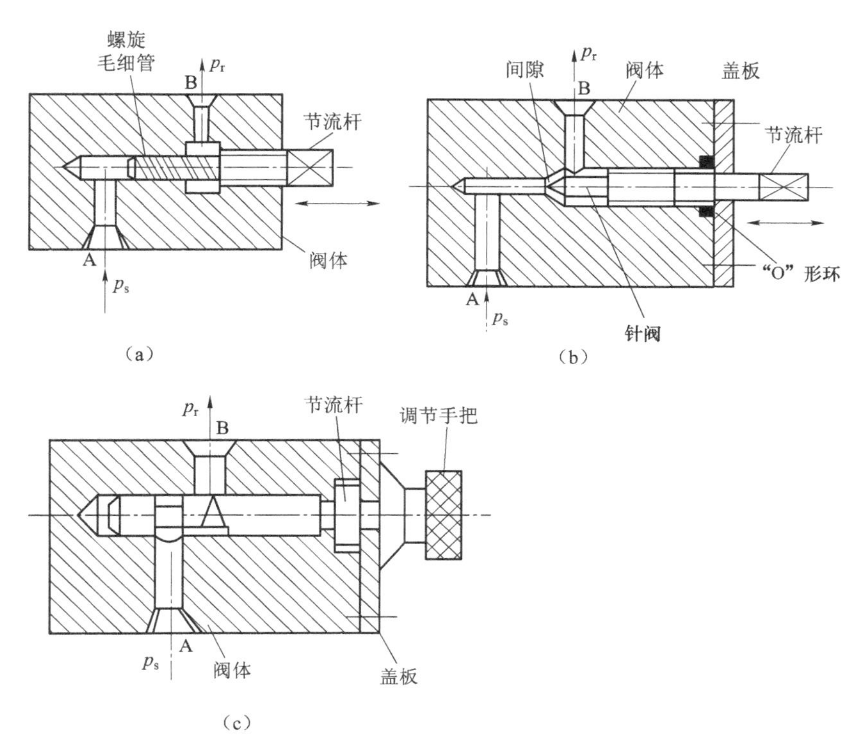

图 8-49-1 固定节流器

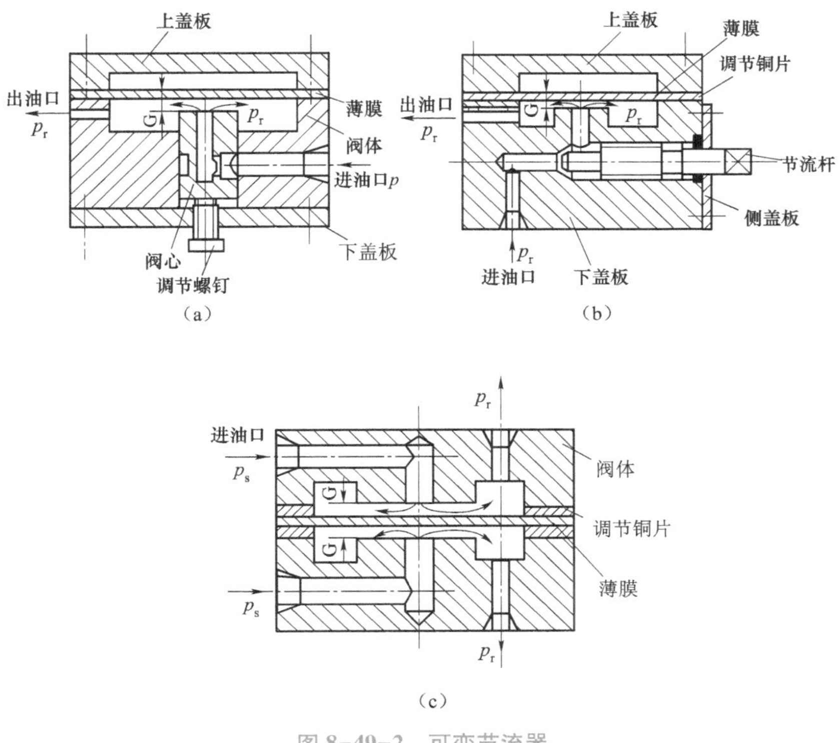

图 8-49-2 可变节流器

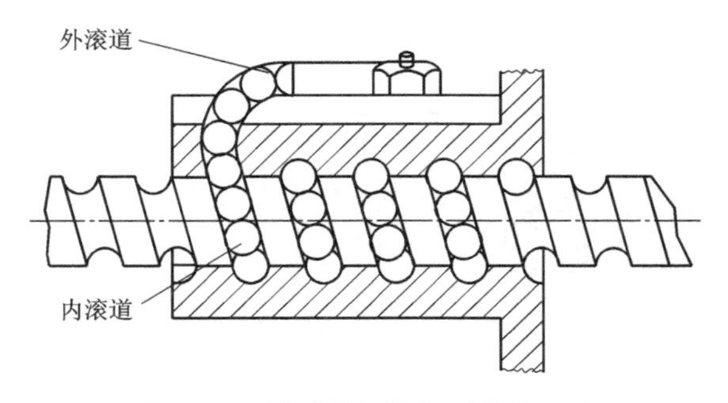

图 8-50　滚珠丝杠螺母副的原理图

数控机床进给系统所用的滚珠丝杠必须具有可靠的轴向间隙消除结构、合理的安装结构和有效的防护装置。

（1）轴向间隙的消除。轴向间隙通常是指丝杠和螺母无相对转动时，丝杠和螺母之间的最大轴向窜动。除了结构本身的游隙之外，在施加轴向载荷之后，轴向间隙还包括弹性变形所造成的窜动。

通过预紧方法消除滚珠丝杠副间隙时应考虑以下情况：预加载荷能够有效地减小弹性变形所带来的轴向位移，但过大的预加载荷将增加摩擦阻力，降低传动效率，并使寿命大为缩短。所以，一般要经过几次调整才能保证机床在最大轴向载荷下，既消除了间隙，又能灵活运转。

除少数用微量过盈滚珠的单螺母结构消除间隙外，常用双螺母结构消除间隙。

图 8-51 是双螺母齿差调隙式结构，在两个螺母的凸缘上各有圆柱外齿轮，而且齿数差为 1，两个内齿圈的齿数与外齿轮的齿数相同，并用螺钉和销钉固定在螺母座的两端，调整时先将内齿圈取出，根据间隙的大小使两个螺母分别在相同方向转过一个齿或几个齿，使螺母在轴向彼此移近（或移开）相应的距离。间隙消除量 Δ 可以用以下简单公式计算：

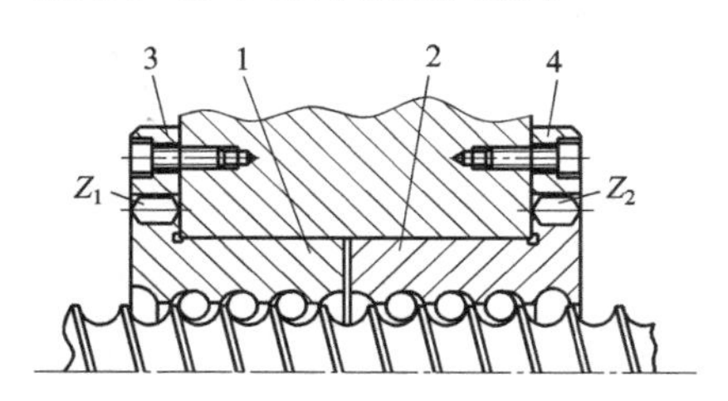

图 8-51　双螺母齿差调隙式结构

1，2—单螺母；3，4—内齿圈

$$\Delta=\frac{nt}{Z_1Z_2}\text{或 } n=\frac{\Delta Z_1Z_2}{t}$$

式中　n——两螺母在同一方向转过的齿数；

t——滚珠丝杆的导程；

Z_1、Z_2——齿轮的齿数。

虽然齿差调隙式的结构较为复杂，但调整方便，并可以通过简单的计算获得精确的调整量，它是目前应用较广的一种结构。

图 8-52 是双螺母垫片调隙式结构，其螺母本身的结构和单螺母相同，它通过修磨垫片的厚度来调整轴向间隙。这种调整方法具有结构简单、刚性好和装拆方便等优点，但它很难在一次修磨中调整完毕，调整的精度也不如齿差调隙式好。

图 8-53 是双螺母螺纹调隙式结构，它用平键限制了螺母在螺母座内的转动。调整时，只要拧动圆螺母就能将滚珠螺母沿轴向移动一定距离，在消除间隙之后将其锁紧。这种调整方法具有结构简单、调整方便等优点，但调整精度较差。

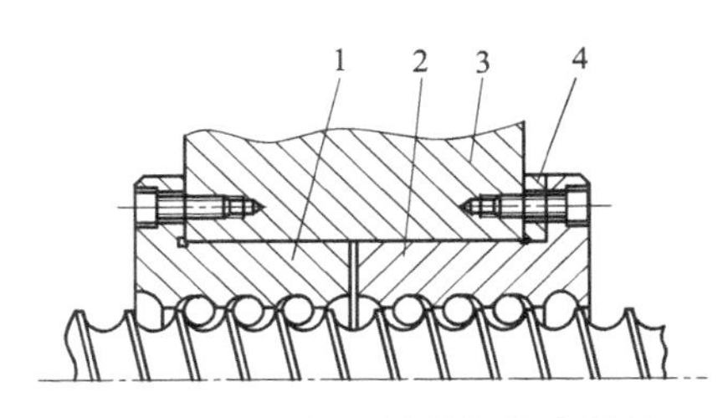

图 8-52　双螺母垫片调隙式结构

1，2—单螺母；3—螺母座；4—调整垫片

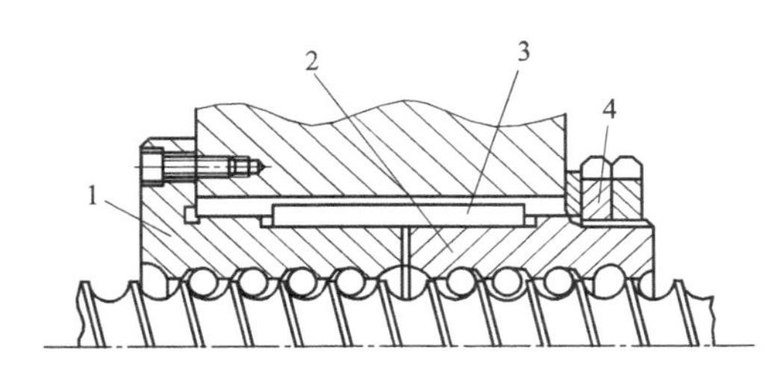

图 8-53　双螺母螺纹调隙式结构

1，2—单螺母；3—平键；4—调整螺母

（2）滚珠丝杠的安装。数控机床的进给系统要获得较高的传动刚度，除了加强滚珠丝杠螺母本身的刚度之外，滚珠丝杠正确的安装及其支承的结构刚度也是不可忽视的因素。螺母座、丝杠端部的轴承及其支承加工的不精确性和它们在受力之后的过量变形，都会对进给系统的传动刚度带来影响。因此，螺母座的孔与螺母之间必须保持良好的配合，并应保证孔对端面的垂直度，在螺母座上应当增加适当的筋板，并加大螺母座和机床结合部件的接触面积，以提高螺母座的局部刚度和接触刚度。滚珠丝杠的不正确安装以及支承结构的刚度不足，还会使滚珠丝杠的使用寿命大为下降。

为了提高支承的轴向刚度，选择适当的滚动轴承也是十分重要的。国内目前主要采用两种组合方式。一种是把向心轴承和圆锥轴承组合使用，其结构虽简单，但轴向刚度不足。另一种是把推力轴承或角接触球轴承和向心轴承组合使用，其轴向刚度有了提高，但增大了轴承的摩擦阻力和发热，而且增加了轴承支架的结构尺寸。国外有一种滚珠丝杠专用轴承，其结构如图 8-54 所示。这是一种能够承受很大轴向力的特殊角接触滚珠轴承，与一般角接触滚珠轴承相比，接触角增大到 60°，增加了滚珠的数目并相应减小了滚珠的直径。这种新结构的轴承比一般轴承的轴向刚度提高两倍以上，而且使用极为方便。产品成对出售，而且在出厂时已经选配好内、外环的厚度，装配时只要用螺母和端盖将内环和外环压紧，就能获得出厂时已经调整好的预紧力。

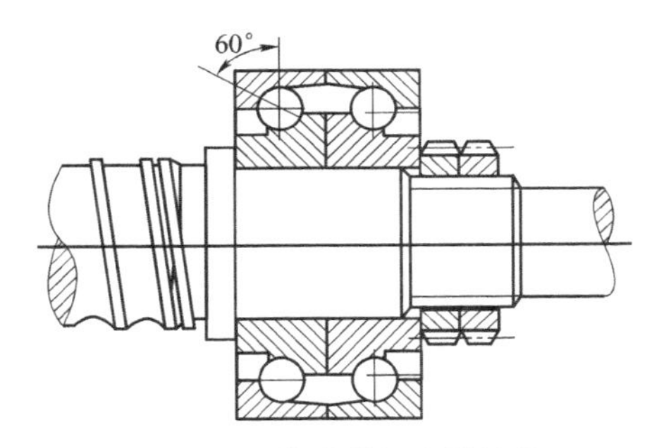

图 8-54　滚珠丝杠专用轴承

在支承的配置方面，对于行程小的短丝杠可以采用悬臂的单支承结构。当滚珠丝杠较长，为了防止热变形所造成丝杠伸长的影响，希望一端的轴承同时承受轴向力和径向力，而另一端的轴承只承受径向力，并能够作微量的轴向浮动。由于数控机床经常要连续工作很长时间，因而应特别重视摩擦热的影响。目前也有一种两端都用止推轴承固定的结构，在它的一端装有碟形弹簧和调整螺母，这样既能对滚珠丝杠施加预紧力，又能在补偿丝杠的热变形后保持近乎不变的预紧力。

用在垂直升降传动或水平放置的高速大惯量传动中，由于滚珠丝杠不具有自锁性，当外界动力消失后，执行部件可在重力和惯性力作用下继续运动，因此通常在无动力状态下需要锁紧，其锁紧装置可以由超越离合器和电磁摩擦离合器等零件组成。

（3）滚珠丝杠的防护。滚珠丝杠副和其他滚动摩擦的传动零件一样，只要避免磨料微粒及化学活性物质进入，就可以认为这些元件几乎是在不产生磨损的情况下工作的。但如在滚道上落入了脏物，或使用肮脏的润滑油，不仅会妨碍滚珠的正常运动，而且使磨损急剧增加。对于制造误差和预紧变形量以微米计的滚珠丝杠传动副来说，这种磨损就特别敏感。因此有效地防护、密封和保持润滑油的清洁就显得十分必要。

通常采用毛毡圈对螺母进行密封，毛毡圈厚度为螺距的2~3倍，而且内孔做成螺纹的形状，使之紧密地包住丝杠，并装入螺母或套筒两端的槽孔内。密封圈除了采用柔软的毛毡之外，还可以采用耐油橡皮或尼龙材料。由于密封圈和丝杠直接接触，因此防尘效果较好，但也增加了滚珠丝杠副的摩擦阻力矩。为了避免这种摩擦阻力矩，可以采用由较硬质塑料制成的非接触式迷宫密封圈，内孔做成与丝杠螺纹滚道相反的形状，并留有一定间隙。

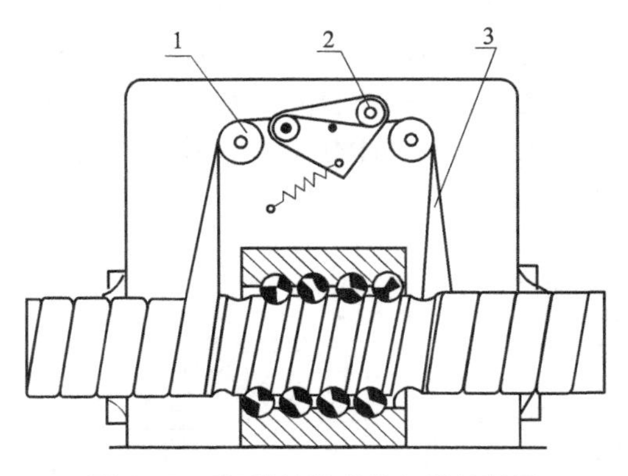

图8-55　钢带缠卷式丝杠防护装置

1—支承滚子；2—张紧轮；3—钢带

对于暴露在外面的丝杠，一般采用螺旋钢带、伸缩套筒、锥形套管以及折叠式塑料或人造革等形式的防护罩，以防止尘埃和磨粒黏附到丝杠表面。这几种防护罩与导轨的防护罩有相似之处，一端连接在滚珠螺母的端面，另一端固定在滚珠丝杠的支承座上。

钢带缠绕式丝杠防护装置，其原理如图8-55所示。防护装置和螺母一起固定在拖板上，整个装置由支承滚子1、张紧轮2和钢带3等零件组成。钢带的两端分别固定在丝杠的外圆表面。防护装置中的钢带绕过支承滚子，并靠弹簧和张紧轮将钢带张紧。当丝杠旋转时，拖板（或工作台）相对丝杠作轴向移动，丝杠一端的钢带按丝杠的螺距被放开，而另一端则以同样的螺距将钢带缠卷在丝杠上。由于钢带的宽度正好等于丝杠的螺距，因此螺纹槽被严密地封住。还因为钢带的正、反两面始终不接触，钢带外表面黏附的脏物就不会被带到内表面上，使内表面保持清洁。

3. 静压蜗杆、蜗条副和齿轮、齿条副

大型数控机床不宜采用丝杠传动，因长丝杠制造困难，且容易弯曲下垂，影响传动精度；同时轴向刚度与扭转刚度也难提高。如加大丝杠直径，因转动惯量增大，伺服系统的动态特性不易保证，故常用静压蜗杆蜗条副和齿轮齿条副传动。

（1）静压蜗杆、蜗条副。静压蜗杆、蜗条副的工作原理与静压丝杠螺母副相同，蜗条实质上相当于长螺母的一部分，蜗杆相当于一根短丝杠。这种传动机构，压力油必须从蜗杆进入静压油腔，而蜗杆是旋转的且与蜗条的接触区只有120°左右，但压力油只能进入接触区，所以必须解决蜗杆的配油问题。

静压蜗杆、蜗条配油原理如图8-56所示。油腔g设置在蜗条齿的两侧，其张角为γ，压力油经配油盘4的油孔a、b、c进入油槽d，然后经蜗杆3的轴向长孔e、节流孔f入压力油腔g，再经蜗条与蜗杆牙侧的缝隙流回油箱。配油盘4由卡紧件5锁住，以防转动。在蜗

杆周向均匀钻有四个轴向长孔 e，压力油顺序通过连续地向油腔供油，不在啮合区内不供油。为了保证油腔的供油不中断，两个轴向长孔内缘之间的张角 α，应小于配油槽 d 外端的张角 β。而配油槽的张角 β，又应小于蜗条油腔外端的张角 γ，这样才得以保证将脱离的孔先切断油源，再离开油腔。我国目前用得最多的为该图所示的双蜗杆单面作用式结构，分别在蜗杆 1 的右侧和蜗杆 3 的左侧通油，调节两蜗杆的轴向相对位置，就可以调节其间隙。

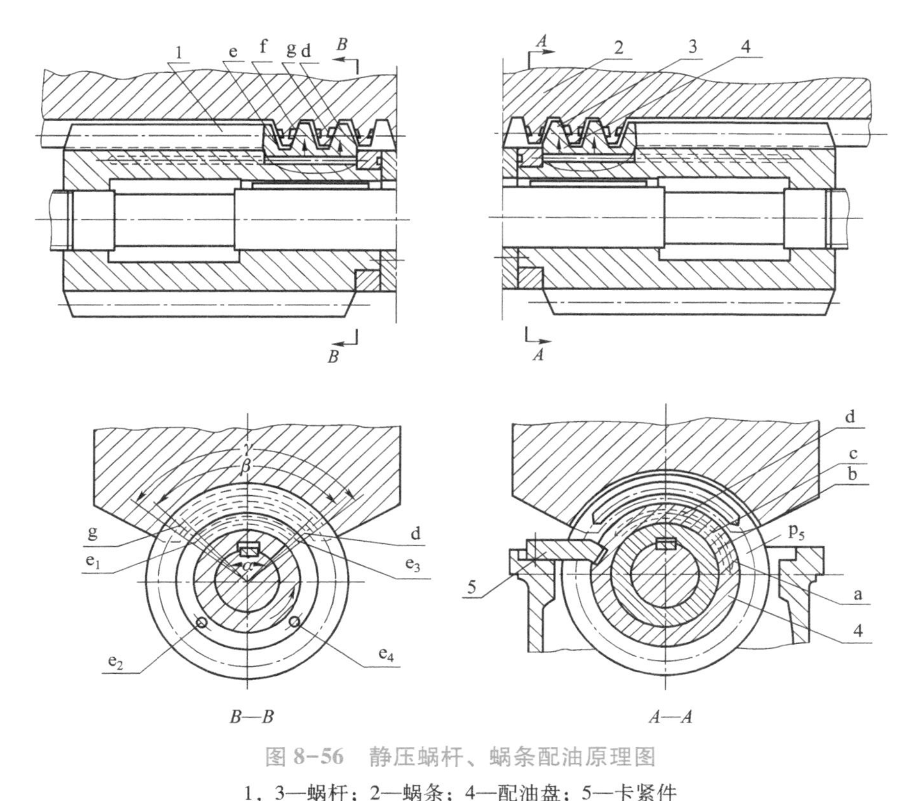

图 8-56　静压蜗杆、蜗条配油原理图

1，3—蜗杆；2—蜗条；4—配油盘；5—卡紧件

（2）齿轮齿条副。齿轮齿条传动常用于行程较长的大型机床上，可以得到较大的传动比，还易得到高速直线运动，刚度及机械效率也高；但传动不够平稳，传动精度不够高，而且还不能自锁。

采用齿轮、齿条副传动时，必须采取措施消除齿侧间隙。当传动负载小时，也可采用双片薄齿轮调整法，将两齿轮分别与齿条齿槽的左、右两侧贴紧，从而消除齿侧间隙。当传动负载大时，可采用双片厚齿轮传动的结构，图 8-57 是这种消除间隙方法的原理图。进给运动由轴 2 输入，该轴上装有两个螺旋线方向相反的斜齿轮，当在轴 2 上施加轴向力 F 时，能使斜齿轮产生微量的轴向移动。此时，轴 1 和轴 3 便以相反的方向转过微小的角度，使齿轮 4 和 5 分别与齿条齿槽的左、右侧面贴紧，从而消除齿侧间隙。

（3）进给系统传动齿轮间隙的消除。对于数控机床进给系统中的减速齿轮，除了要求其本身具有很高的运动精度和工作平稳性以外，还必须尽可能消除配对齿轮之间的传动间隙；否则，在进给系统每次反向之后就会使运动滞后于指令信号，这将对加工精度产生很大影响。所以，对于数控机床的进给系统，必须采用各种方法去减少或消除齿轮

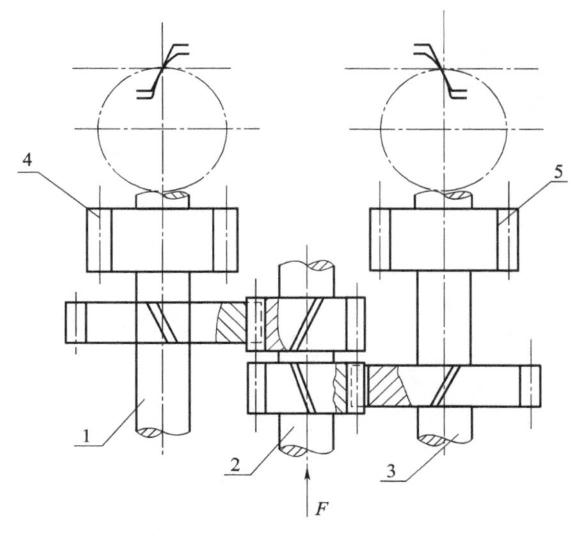

图 8-57 消除间隙的原理图

1，2，3—轴；4，5—齿轮

传动间隙。

① 刚性调整法。刚性调整法是指调整之后齿侧间隙不能自动补偿的调整方法。它要求严格控制齿轮的齿厚及周节公差，否则传动的灵活性将受到影响。但用这种方法调整的齿轮传动有较好的传动刚度，而且结构比较简单。图 8-58 是最简单的偏心轴套式消除间隙结构。电动机 1 是通过偏心轴套 2 装到壳体上，通过转动偏心轴套就能够方便地调整两齿轮的中心距，从而消除了齿侧间隙。

图 8-59 是用一个带有锥度的齿轮来消除间隙的结构。在加工齿轮 1 和 2 时，将假想的分度圆柱面改变成带有小锥度的圆锥面，使其齿厚在齿轮的轴向稍有变化（其外形类似于插齿刀）。装配时，只要改变垫片的厚度就能调整两个齿轮的轴向相对位置，从而消除了齿侧间隙。但如增大圆锥面的角度，将会使啮合条件恶化。

图 8-60 是斜齿轮消除间隙的结构，厚齿轮 4 同时与两个相同齿数的薄齿轮 1 和 2 啮合，薄齿轮由平键与轴连接，互相不能相对回转。薄齿轮 1 和 2 的齿形拼装在一起加工，并与键槽保持确定的相对位置。加工时，在两薄齿轮之间装入已知厚度为 t 的垫片 3。装配时，将垫片厚度增加或减少 Δt，然后再用螺母拧紧。这时两齿轮的螺旋线就产生了错位，其左、右两齿面分别与厚齿轮的齿面贴紧，消除了间隙。垫片厚度的增减量 Δt 可以用以下公式计算：

$$\Delta t=\Delta\cot\beta$$

式中 Δ——齿侧间隙；

β——斜齿轮的螺旋角。

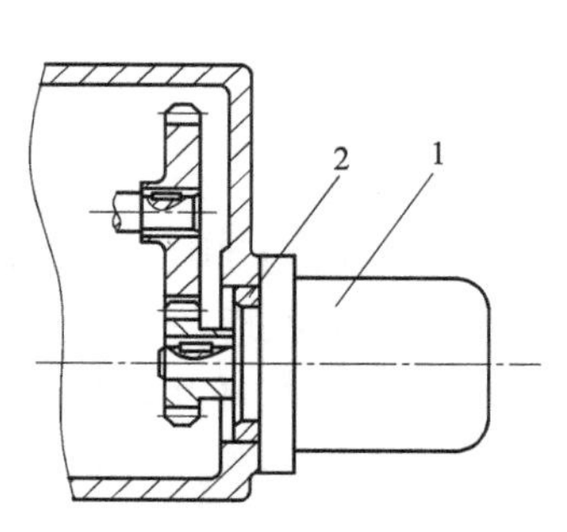

图 8-58 偏心轴套式消除间隙结构

1—电动机；2—偏心轴套

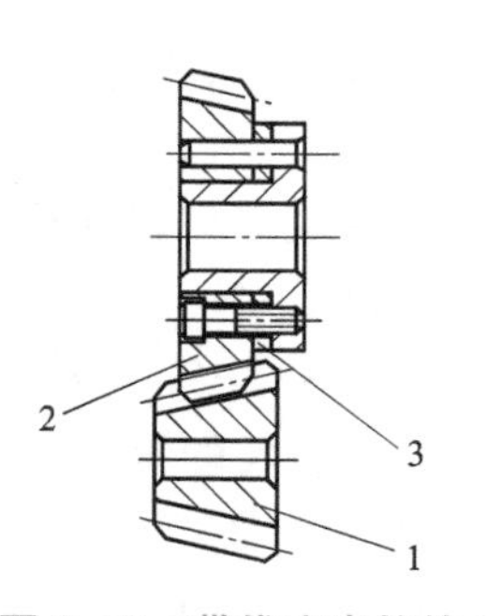

图 8-59 带锥度齿轮的消除间隙结构

1，2—齿轮；3—垫片

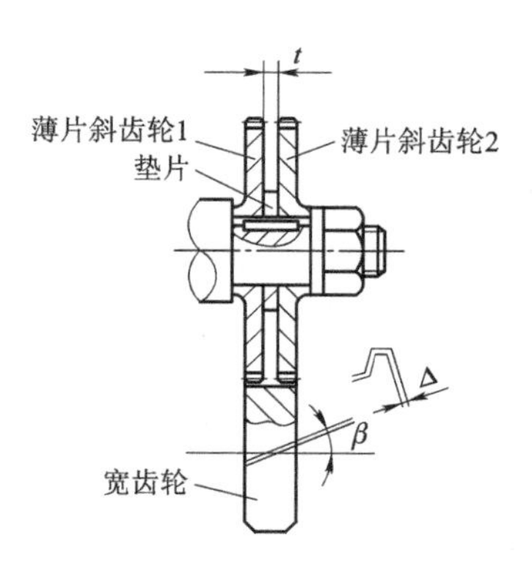

图 8-60 斜齿轮消除间隙结构

1，2—薄齿轮；3—垫片；4—厚齿轮

垫片的厚度通常是由试测法确定，一般要经过几次修磨才能调整好。这种结构的齿轮承载能力较小，因为在正向或反向旋转时，分别只有一个薄齿轮承受载荷。图 8-61 是轴向压簧错齿调整法，其特点是齿侧隙可以自动补偿，但轴向尺寸较大，结构不紧凑。

② 柔性调整法。柔性调整法是指调整之后齿侧间隙可以自动补偿的调整方法。这种调整法在齿轮的齿厚和周节有差异的情况下，仍可始终保持无间隙啮合。但将影响其传动平稳性，而且这种调整法的结构比较复杂，传动刚度低。

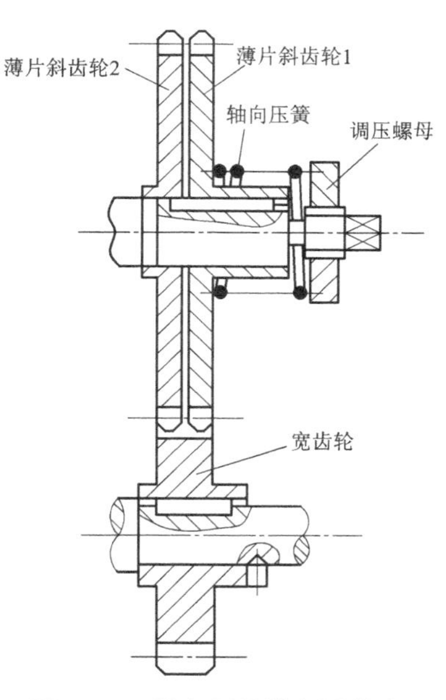

图 8-61 轴向压簧错齿调整法

图 8-62 是双齿轮错齿式消除间隙结构。两个相同齿数的薄齿轮 1 和 2 与另一个厚齿轮啮合。两个薄齿轮套装在一起，并可作相对回转。每个齿轮的端面均匀分布着四个螺孔，分别装上凸耳 4 和 8。齿轮 1 的端面还有另外四个通孔，凸耳 8 可以在其中穿过。弹簧 3 的两端分别钩在凸耳 4 和调节螺钉 5 上，通过螺母 6 调节弹簧的拉力，调节完毕用螺母 7 锁紧。弹簧的拉力使薄齿轮错位，即两个薄齿轮的左、右齿面分别紧贴在厚齿轮齿槽的左、右齿面上，消除了齿侧间隙。由于正向和反向旋转，分别只有一片齿轮承受扭矩，因此承载能力受到了限制。在设计时必须计算弹簧的拉力，使它能够克服最大扭矩，否则将失去消除间隙的作用。

对圆锥齿轮传动，也可以采用类似于圆柱齿轮的消除间隙方法。图 8-63 是压力弹簧消除间隙的结构。它将一个大锥齿轮加工成 1 和 2 两部分，齿轮的外圈 1 上带有三个周向圆弧槽 8，齿轮的内圈 2 的端面带有三个凸爪 4，套装在圆弧槽内。弹簧 6 的两端分别顶在凸爪 4 和镶块 7 上，使内、外齿圈的锥齿错位，起到了消除间隙的作用。为了安装的方便，用螺钉 5 将内、外齿圈相对固定，安装完毕之后将螺钉卸去。

图 8-64 是用碟形弹簧消除斜齿轮齿侧间隙的结构。斜齿轮 1 和 2 同时与宽齿轮 6 啮合，螺母 5 通过垫圈 4 调节碟形弹簧 3，使它保持一定的压力。弹簧作用力的调整必须适当，压力过小，达不到消隙作用；压力过大，将会使齿轮磨损加快。为了使齿轮在轴上能左右移动，而又不允许产生偏斜，这就要求齿轮的内孔具有较长的导向长度，因而增大了轴向尺寸。

三、回转工作台

回转工作台是数控铣床、数控镗床、加工中心等数控机床不可缺少的重要附件（或部件）。它的作用是按照控制装置的信号或指令作回转分度或连续回转进给运动，以使数控机床能完成指定的加工工序。常用的回转工作台有分度工作台和数控回转工作台。

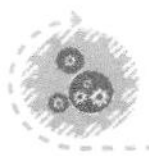

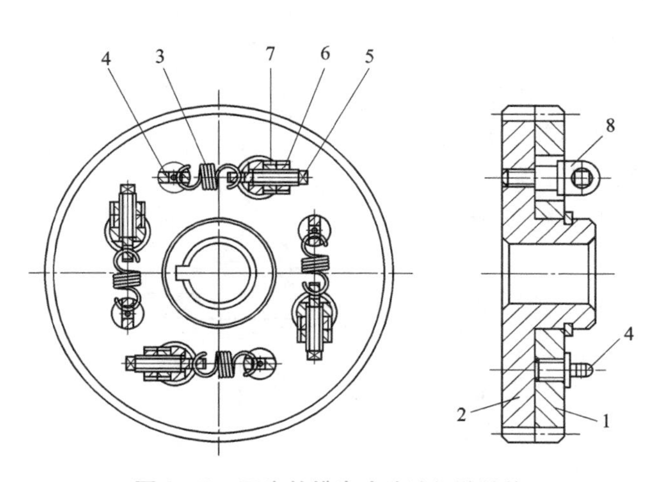

图 8-62　双齿轮错齿式消除间隙结构

1，2—薄齿轮；3—弹簧；4，8—凸耳；
5—调节螺钉；6，7—螺母

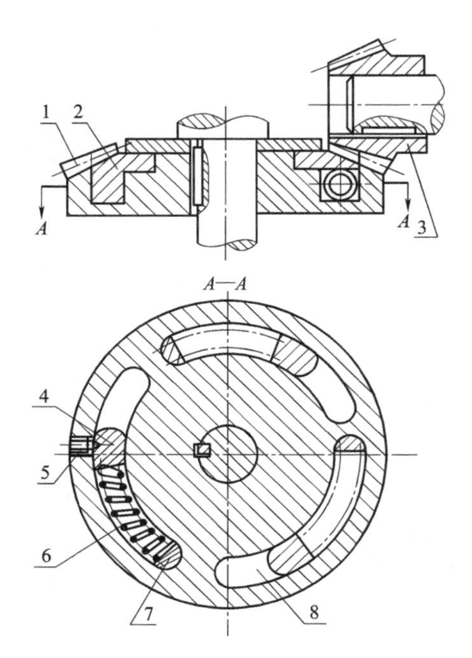

图 8-63　压力弹簧消除间隙结构

1—外圈；2—内圈；3—锥齿轮；
4—凸爪；5—螺钉；6—弹簧；
7—镶块；8—圆弧槽

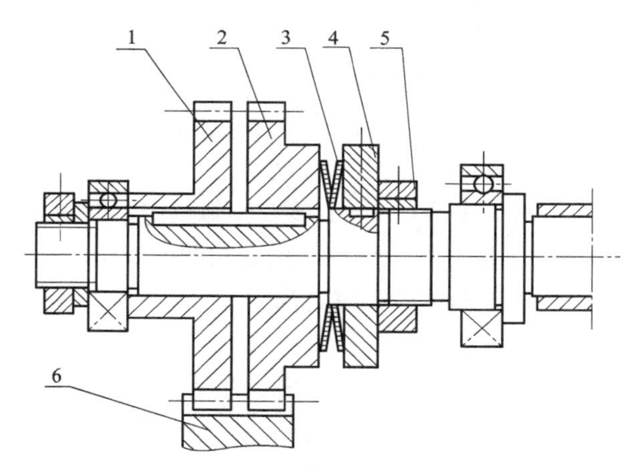

图 8-64　碟形弹簧消除间隙结构

1，2—斜齿轮；3—碟形弹簧；4—垫圈；5—螺母；6—宽齿轮

1. 分度工作台

分度工作台的功能是完成回转分度运动，即在需要分度时，将工作台及其工件回转一定角度。其作用是在加工中自动完成工件的转位换面，实现工件一次安装完成几个面的加工。由于结构上的原因，通常分度工作台的分度运动只限于某些规定的角度；不能实现 0°~360°范围内任意角度的分度。

为了保证加工精度，分度工作台的定位精度（定心和分度）要求很高。实现工作台转位的机构很难达到分度精度的要求，所以要有专门定位元件来保证。按照采用的定位元件不同，有定位销式分度工作台和鼠齿盘式分度工作台。

（1）定位销式分度工作台。定位销式分度工作台采用定位销和定位孔作为定位元件，定位精度取决于定位销和定位孔的精度（位置精度、配合间隙等），最高可达±5″。因此，定位销和定位孔衬套的制造和装配精度要求都很高，硬度的要求也很高，而且耐磨性要好。

图 8-65 是定位销式分度工作台。该分度工作台置于长方形工作台中间，在不单独使用分度工作台时，两者可以作为一个整体使用。

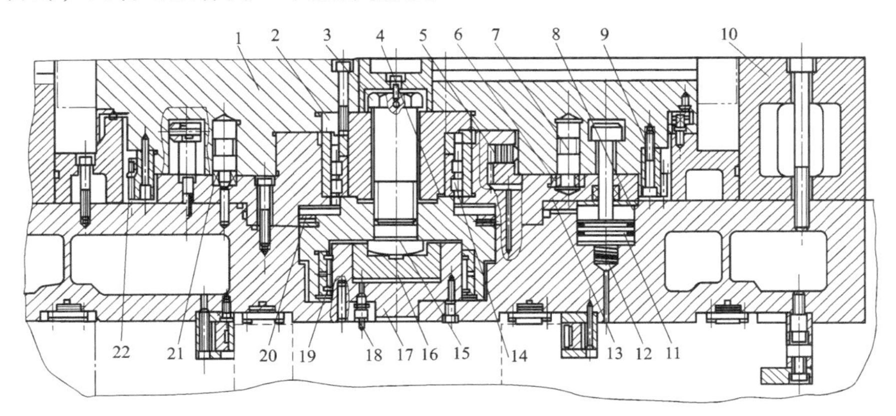

图 8-65　定位销式分度工作台结构

1—工作台；2—锥套；3—螺钉；4—支座；5—油缸；6—定位孔衬套；7—定位销；8—锁紧液压缸；9—大齿轮；10—矩形工作台；11—活塞；12—弹簧；13—油槽；14，19，20—轴承；15—螺栓；16—活塞；17—中央液压缸；18—油管；19—双列圆柱滚子轴承；20—推力轴承；21—上底座；22—挡块座

工作台 1 的底部均匀分布着八个削边圆柱定位销 7，在工作台下底座上有一个定位衬套 6 以及环形槽。定位时只有一个定位销插入定位衬套的孔中，其余七个则进入环形槽中，因为定位销之间的分布角度为 45°，只能实现 45°等分的分度运动。

定位销式分度工作台基本组成：

工作部分：分度工作台 1、矩形工作台 10、上底座 21。

定位部分：定位销 7、定位孔衬套 6、马蹄形环形槽等。

夹紧部分：锁紧液压缸 8、锁紧液压缸活塞 11。

顶起部分：中央液压缸 17。

传动及支承部分：双列圆柱滚子轴承 14、滚针轴承 19、推力圆柱滚子轴承 20、大齿轮 9 等。

定位销式分度工作台工作原理：

要求工作台转动到位后能被精确的定位，以确保一定的定位精度；同时当工作台需要回转时，首先是工作台被抬起，去掉定位部分，然后回转固定的角度，达到分度的要求；最后，分度工作台定位夹紧。

定位销式分度工作台作分度运动时，其工作过程分为三个步骤：

① 松开锁紧机构并拔出定位销。CNC 发出分度指令，锁紧液压缸 8 上腔回油，液压缸活塞 11 在弹簧的作用下复位，分度工作台 1 放松，中央液压缸 17 下腔进油，中央液压缸活

塞 16 上升，由螺栓 15 下端带动推力轴承 20 上升处于工作状态，由螺栓 15 上端带动分度工作台 1 上升，使得定位销 7 和定位孔衬套 6 分离。

② 工作台回转分度。CNC 再发指令，液压马达回转，大齿轮 9 回转，带动工作台回转分度，接近目标位置时，第一个行程开关动作，工作台减速，第二个行程开关动作，工作台准停，新的定位销正好对准定位套。

③ 工作台下降并锁紧。中央液压缸 17 上腔回油，分度工作台靠自重回位，锁紧液压缸 8 上腔进油将工作台夹紧。

推力轴承 20 只有在上升时才处于工作状态，使得工作台回转时处于滚动摩擦状态，同时承受工作台的轴向力。圆柱滚子轴承和滚针轴承主要用于承受径向力，它们的共同作用使得工作台处于一种平稳转动状态。

（2）鼠齿盘式分度工作台。鼠齿盘式分度工作台采用鼠齿盘作为定位元件，如图 8-66 所示。这种工作台有以下特点：

① 定位精度高，分度精度可达±2。

② 由于采用多齿重复定位，因而重复定位精度稳定。

③ 因为多齿啮合，一般齿面啮合长度不少于 60%，齿数啮合率不少于 90%，所以定位刚度好，能承受很大外载。

④ 最小分度为 360°/z（z 为鼠齿盘的齿数），因而分度数目多，适用于多工位分度。

⑤ 磨损小，且因为齿盘啮合、脱开相当于两齿盘对研过程，所以，随着使用时间的延续，其定位精度不断提高，使用寿命长。

⑥ 鼠齿盘的制造比较困难。

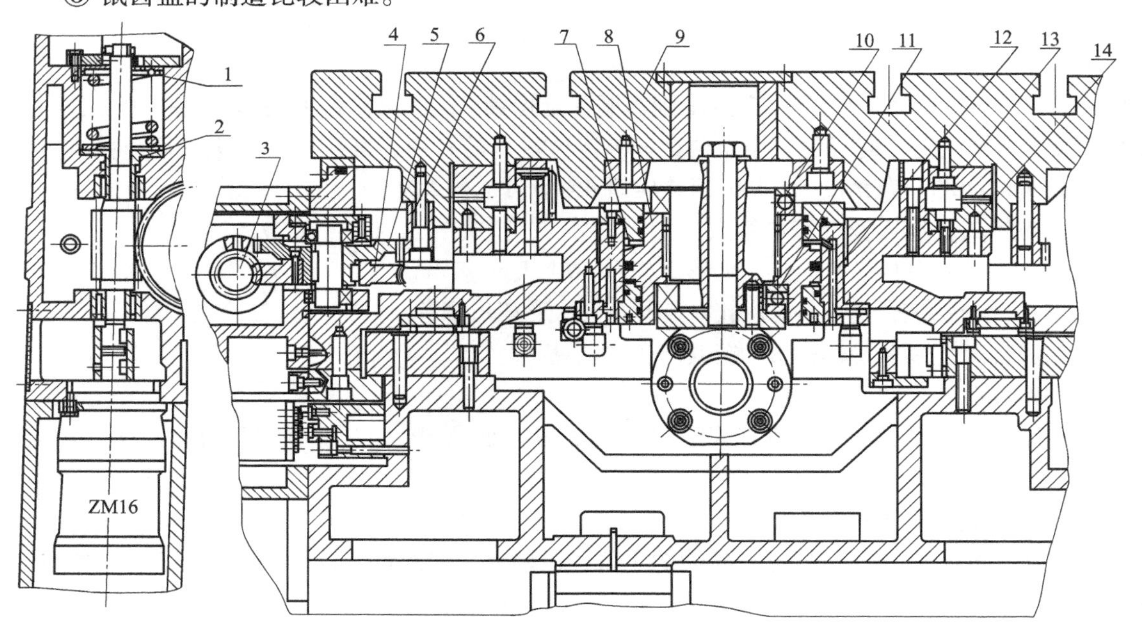

图 8-66　鼠齿盘式分度工作台的结构

1—弹簧；2—垫圈；3—蜗杆；4—蜗轮；5—齿轮；6—齿轮；7—油缸盖；8—活塞；
9—工作台；10，11—轴承；12—油缸；13—上齿盘；14—下齿盘；

鼠齿盘式分度工作台的结构主要由一对分度鼠齿盘 13、14，升夹油缸 12，活塞 8，液压马达，蜗杆蜗轮副 3、4，减速齿轮副 5、6 等组成，如图 8-66 所示。其工作过程如下：

① 工作台抬起，齿盘脱离啮合。当需要分度时，控制系统发出分度指令，压力油进入分度工作台 9 中央的升夹油缸 12 的下腔，活塞 8 向上移动，通过止推轴承 10 和 11 带动工作台 9 向上抬起，使上、下齿盘 13、14 脱离啮合，完成分度的准备工作。

② 回转分度。当工作台 9 抬起后，通过推动杆和微动开关发出信号，启动液压马达旋转，通过蜗轮 4 和齿轮副 5、6 带动工作台 9 进行分度回转运动。工作台分度回转角度由指令给出，共有八个等分，即为 45°的整倍数。当工作台的回转角度接近所要分度的角度时，减速挡块使微动开关动作，发出减速信号使液压马达低速回转，为齿盘准确定位创造条件；当达到要求的角度时，准停挡块压合微动开关发出信号，使液压马达停止转动，工作台便完成回转分度工作。

③ 工作台下降，完成定位夹紧。液压马达停止转动的同时，压力油进入升夹油缸 12 的上腔，推动活塞 8 带动工作台下降，数控机床的结构与传动种圆弧或与直线坐标轴联动加工曲面，又能作为分度头完成工件的转位换面。

（3）数控回转工作台。由于数控回转工作台的功能要求连续回转进给并与其他坐标轴联动，因此采用伺服驱动系统来实现回转、分度和定位，其定位精度由控制系统决定。根据控制方式，有开环数控回转工作台和闭环数控回转工作台。

① 开环数控回转工作台。开环数控回转工作台采用电液脉冲马达或功率步进电动机驱动，图 8-67 是开环数控回转工作台的结构。

工作台由功率步进电动机 3 驱动，经齿轮副 2、6，蜗杆蜗轮副 4、15，带动其作回转进给或分度运动。由于是按控制系统所指定的脉冲数来决定转位角度，因此，对开环数控回转工作台的传动精度要求高，传动间隙应尽量小。为此，在传动结构上采用了消除间隙的措施。步进电动机 3 由偏心环 1 与底座连接，通过调整偏心环消除齿轮 2 和齿轮 6 的啮合间隙。蜗杆 4 为双导程（变齿厚）蜗杆，可以用轴向移动蜗杆的方法来消除蜗杆 4 和蜗轮 15 的啮合间隙。调整时，只要将调整环 7 的厚度改变，便可使蜗杆 4 沿轴向移动。

为了消除累积误差，数控回转工作台设有零点。当它作返零控制时，先由挡块 11 压合微动开关 10，发出从快速回转变为慢速回转信号，工作台慢速回转，再由挡块 9 压合微动开关 8 进行第二次减速，然后由无触点行程开关发出从慢速回转变为点动步进信号，最后由步进电动机停在某一固定通电相位上，从而使工作台准确地停在零点位置上。

当数控回转工作台用于分度时，分度回转结束后，要把工作台夹紧。在蜗轮 15 下部的内、外两面装有夹紧瓦 18 和 19，底座 21 上固定的支座 24 内均布有 6 个油缸 14。油缸 14 上腔进压力油，柱塞 16 下移，并通过钢球 17 推动夹紧瓦 18 和 19，将蜗轮夹紧，从而将工作台夹紧。不需要夹紧时，控制系统发出指令，使油缸 14 上腔油液流回油箱，在弹簧 20 的作用下把钢球 17 抬起，于是夹紧瓦 18 和 19 松开蜗轮 15，这时启动步进电动机，驱动工作台回转进给或分度。

该数控回转工作台的圆形导轨采用大型滚珠轴承 13，使回转运动灵活，双列短圆柱滚子轴承 12 及圆锥滚子轴承 22 保证回转精度和定心精度。调整轴承 12 的预紧力，可以消除回转轴的径向间隙，调整轴承 22 的调整套 23 的厚度，可以使大型滚珠轴承有适当的预紧力，保证导轨有一定的接触刚度。

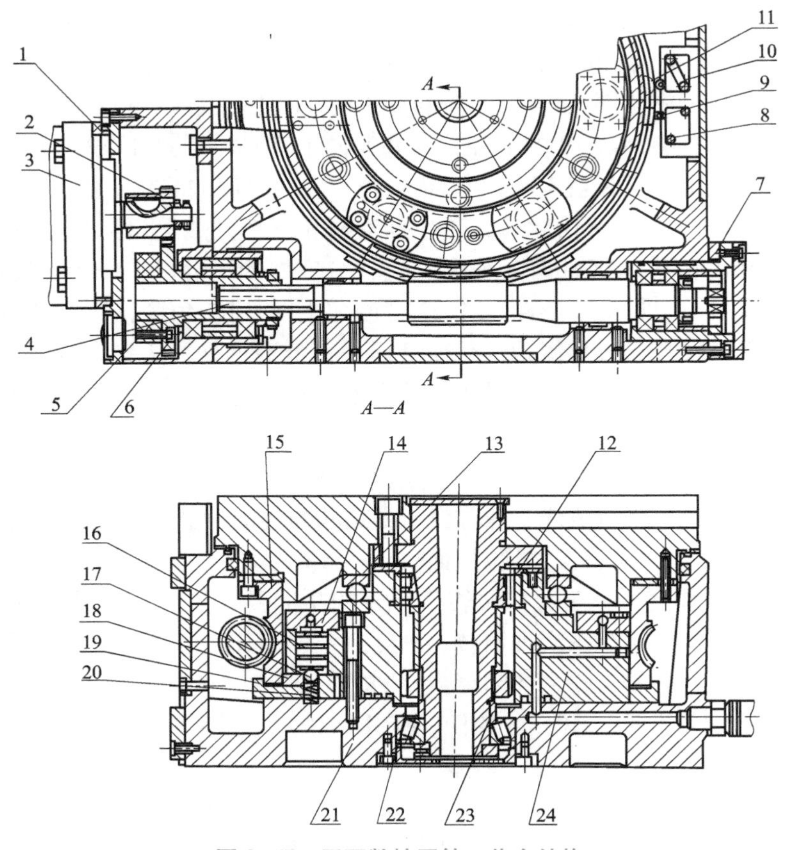

图 8-67 开环数控回转工作台结构

1—偏心环；2，6—齿轮；3—步进电动机；4—蜗杆；5—橡胶套；7—调整环；8，10—微动开头；9，11—挡块；12—双列短圆柱滚子轴承；13—滚珠轴承；14—油缸；15—蜗轮；16—柱塞；17—钢球；18，19—夹紧瓦；20—弹簧；21—底座；22—圆锥滚子轴承；23—调整套；24—支座

② 闭环数控回转工作台。闭环数控回转工作台的结构与开环数控回转工作台基本相同，区别在于闭环数控回转工作台采用直流或交流伺服电机驱动，有转动角度测量元件（圆光栅、圆感应同步器、脉冲编码器等）。测量的结果反馈与指令值进行比较，按闭环控制原理进行工作，使工作台定位精度更高。

闭环数控回转工作台有两种工作方式：分度（转位）运动、圆周进给运动。分度（转位）运动可以实现工件一次装夹后完成几个面的多工序加工。分度或转位的角度根据零件的结构需要而定。但零件一旦处于新的加工位置后，必须对回转工作台实行夹紧，避免加工时工件的位置发生移动，影响加工精度。因此，回转工作台设有定位夹紧机构。圆周进给运动可以执行连续的圆周进给运动，可以加工出曲线或曲面。因此，回转工作台设有圆周进给的驱动装置。图 8-68 为闭环数控回转工作台结构。

闭环数控回转工作台由四大部分构成，分别如下。

驱动部分：直流伺服电动机 15、一对直齿圆柱齿轮副 14，16、蜗杆蜗轮副 12，13、工作台 1。

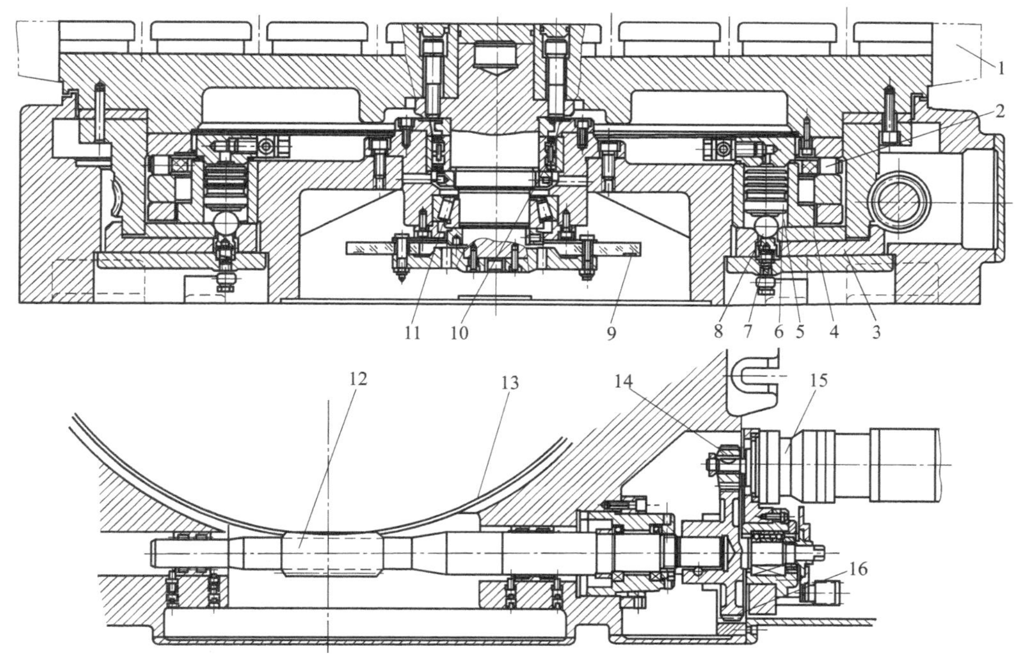

图 8-68　闭环数控回转工作台结构

1—工作台；2—滚子；3，4—夹紧瓦；5—液压缸；6—活塞；
7—弹簧；8—钢球；9—光栅；10、11—轴承；12—蜗杆；
13—蜗轮；14，16—齿轮；15—电动机

定位夹紧部分：液压缸 5、活塞 6、弹簧 7、钢球 8、内外夹紧瓦 3、4。

检测元件部分：光栅 9。

其他部分：如各种支承轴承、紧固件、定位元件等。

闭环数控回转工作台工作原理：

a. 圆周进给的驱动：数控系统发出转位或圆周进给指令，液压缸 5 上腔回油，弹簧 7 顶起钢球 8，内外夹紧瓦松开蜗轮 13，发信号给 CNC，启动直流伺服电动机 15，一对直齿圆柱齿轮副 14、16 回转带动蜗杆蜗轮副 12、13，带动工作台 1 回转。

b. 工作台转位后定位夹紧：数控系统发出夹紧指令，液压缸 5 上腔进压力油，活塞 6 下移，推动夹紧瓦 4 外移，将两夹紧瓦之间的蜗轮 13 夹紧。

光栅检测工作台角位移信号，并将该信号进反馈装置与数控系统发出的信号比较，将它们的差值经信号放大（开环放大系数 K），最后使工作台朝着误差减少的方向移动。

＊四、直线电机和力矩电机驱动的进给系统

数控机床的进给包括直线运动部件的进给和旋转运动部件的进给，不论是直线进给系统还是旋转进给系统，目前仍以“伺服电动机+机械传动链”为主导，但是这种传统的进给系统存在刚度低、传动误差大、传动链结构复杂、传动效率低等问题，已很难满足数控机床向高速加工方向发展的要求，因而近年来国内外在研究开发直接驱动运动部件直线运动的直线电机和直接驱动运动部件旋转运动的力矩电机，并已获得应用。如美国 Cincinnati Milacron

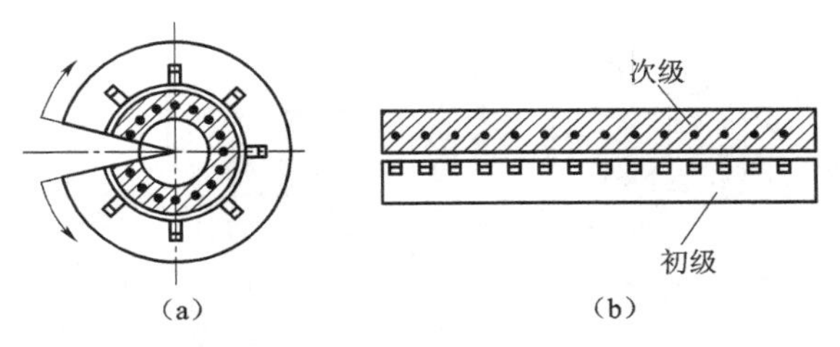

图 8-69　旋转电机展平为直线电机
(a) 旋转电机；(b) 直线电机

公司新近生产的一台 HyperMach 大型高速加工中心就采用了直线电机，工作台的进给速度可达 60 m/min。下面对采用直线电机和力矩电机的进给系统做简要介绍。

1. 直线电机的工作原理

直线电机的工作原理与旋转电机相比，并没有本质的区别，可将其看作为将旋转电机沿圆周方向拉开展平的产物。如图 8-69 所示，对应于旋转电机的定子部分，称为直线电机的初级，而对应于旋转电机的转子部分，称为直线电机的次级。当多相交变电流通入多相对称绕组时，会在直线电机初级和次级之间的气隙中产生一个行波磁场，从而使初级和次级之间产生相对移动。当然，在初级和次级之间还存在垂直力，它可以是吸引力，也可以是排斥力。

直线电机有直流直线电机、步进直线电机和交流直线电机三大类，在机床上主要使用交流直线电机。在励磁方式上，交流直线电机又可分为永磁（同步）式和感应（异步）式两种。由于感应式直线电机在不通电时没有磁性，有利于机床的安装、使用和维护，其性能也已接近永磁式直线电机的水平，因而其在机械行业的应用受到欢迎。

在结构上，直线电机有如图 8-70 所示的短次级和短初级两种形式。为减小发热量和降低成本，一般采用图 8-70（b）所示的短初级结构。

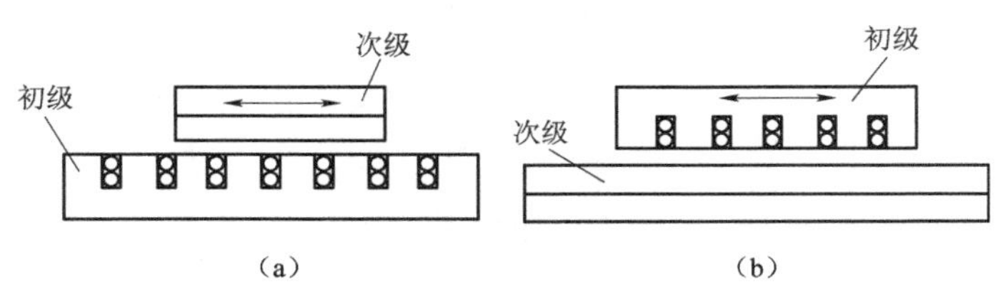

图 8-70　直线电机的形式
(a) 短次级；(b) 短初级

2. 直线电机驱动的进给系统特点

图 8-71 为感应式直线电机驱动的进给系统，它具有如下主要特点：

（1）速度高。由于工作台由电机直接驱动，没有中间的机械传动元件，因而可达到很高的进给速度，其值可达到 80～180 m/min；

（2）加速度大。由于直线电机结构简单、质量轻、响应速度快，因而可灵敏实现加速和减速，其加速度可达 2～10 g（g 为重力加速度）；

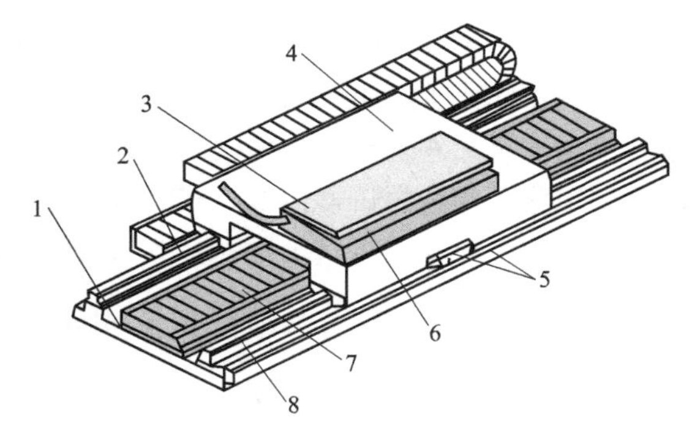

图 8-71　直线电机驱动的进给系统
1—次级冷却板；2—滚动导轨；3—初级冷却板；4—工作台；5—位置测量系统；6—初级；7—次级；8—床身

（3）定位精度高。由于直线电机进给系统一般采用光栅尺作为工作台的位置测量元件，且为闭环控制，因而定位精度高，可达 0.1~0.01 μm；

（4）行程不受限制。由于直线电机的次级是通过一段段连续拼接安装在机床床身上的，因而不论多长，初级（即工作台）都可到达，且对整个系统的刚度没有影响。

（5）动态刚度高。由于系统在动力传动中没有低效率的中间传动部件，因而可获得很好的动态刚度。

直线电机在机床上的应用也存在一些问题，比如：当负荷变化大时，需要重新整定系统；用于垂直进给轴时，由于没有机械连接或啮合，需外加平衡块或制动器；磁铁（或线圈）对电机部件的吸力很大，应注意选择导轨和设计滑架。

3. 直线电机的基本参数

直线电机的基本参数包括：电机的长度、宽度、高度、连续力和峰值力。

4. 力矩电机驱动的进给系统

（1）力矩电机的结构。力矩电机类似于直线电机，是一种基于同步驱动技术的直接驱动器。如图 8-72 所示，它由定子、转子、水冷却系统等组成。转子为一镶有永久磁铁的钢环，为了防止腐蚀，其上镀有镍合金。定子由铝合金制成，上面绕有密实的多极线圈。水冷却通道直接加工在定子体上，通过循环水带走电机运转产生的热量。

（2）力矩电机驱动的进给系统特点。图 8-73 为由力矩电机构成的回转工作台，这种回转进给系统具有如下特点：电机与回转工作台间不存在传动链，属“零传动”进给驱动，因而没有传动链误差，也无须机械维护，传动精度高，结构紧凑。

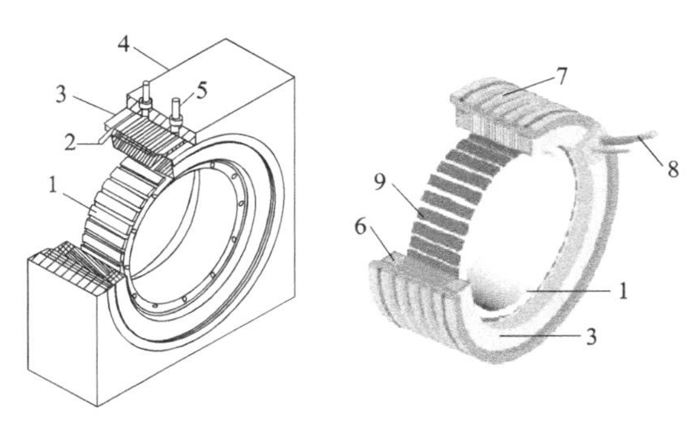

图 8-72　力矩电机结构示意图

1—转子；2—O 型密封圈；3—定子；4—壳体；5—冷却水出入口；6—定子线圈；7—冷却水沟槽；8—电源线；9—磁铁

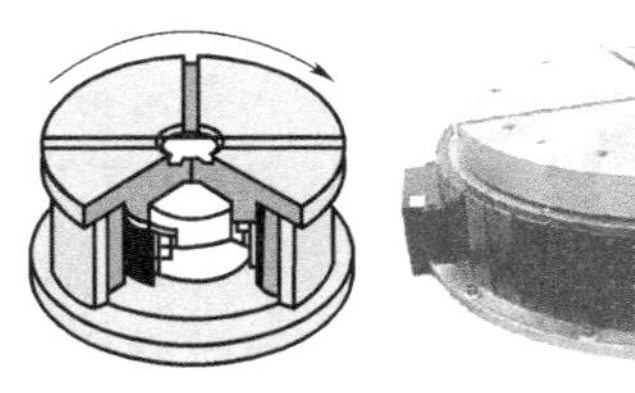

图 8-73　力矩电机构成的回转工作台

5. 力矩电机的基本参数

力矩电机的基本参数包括：电机的外径、内径、定子长度高度、连续力矩和峰值力矩。

＊五、数控机床的选用、安装调试、验收试验简介

1. 数控机床的选用

数控机床的类型、规格及精度应与产品相适应，选择数控机床首先要根据产品的零件类型、尺寸、批量、加工复杂程度等因素进行综合分析，确定与其相适应的数控机床类型、规格。在选择数控机床时一方面要考虑到数控机床的先进性和适应能力，使其在产品改进时仍能适应产品的要求。另一方面要尽量避免选择数控机床规格太高、精度太高的浪费显现。数控机床的规格偏大，则价格昂贵，用大机床加工小零件是不经济的，而且占地面积大，能耗高，辅助工作时间增加。选用时应分别从类型、规格、精度几方面进行分析比较。

（1）从类型方面考虑。选择何种类型的机床，要根据工件的结构而定。每类机床都有其适应的加工对象。数控立铣特别适应与加工板类零件以及其他厚度不大且外形复杂的零件如凸轮、模具、型腔、电梯齿条、样板等。立式铣床加工时便于观察和测量，加工小箱体与箱体盖类零件的轴承孔也很方便。卧铣和立铣相比，前者加工时出屑方便，切削热易于散发，因此易得到较理想的表面粗糙度，如对电视机机壳、洗衣机塑料胆模具等一类零件的加工，则选用数控卧铣较适宜。

（2）从规格方面考虑。数控机床价格较高，希望它能起到关键加工设备的作用。数控机床的规格主要指各数控坐标轴的行程范围和电动机功率。选择数控机床的规格时，要综合考虑加工件的尺寸大小，一般要比所选定的典型加工对象的规格大一些，因为加工件的轮廓尺寸应在机床的加工范围之内，并要考虑到安装夹具所需的空间。

（3）从精度方面考虑。选择加工设备，精度是一项指标。数控机床除属于机床本身的各项几何精度外，还有位置精度，其中主要的检验项目有：定位精度、重复定位精度和反向偏差。由于精度标准和评定方法不同，制造厂提供的精度数字可能有差别，选购时应注意了解制造厂所用的是何种精度标准和测量方法，以便确保满足必要的加工精度。一般来说，凡是采用直接位置测量（闭环系统）的数控机床比间接位置测量（半闭环）的精度高。此外，加工过程中机床精度的稳定性也是需要重视的，应选择那些在设计上对热变形采取了一定措施的机床，在实际加工时才可以确保获得较稳定的加工精度。

合理选定数控机床中的选择功能。数控机床的功能与价格有密切的联系，因此在实际选用时有一个功能与价格的权衡问题。数控功能主要包括坐标轴数和联动轴数、人机对话编程及图形显示功能、故障自诊断功能等。这些功能直接影响设备的加工控制性能、操作使用性能和故障维修性能。一般数控厂家都将数控功能分为基本功能和供用户选择的选择功能两类。基本功能是系统必须提供的功能；而选择功能只有当用户特定选择了之后，才能提供。这部分是为特殊的加工而设定的，功能越多，性能越好，但价格也就越贵。选择功能应从实际使用的要求来确定。例如立式车床上，一般不进行螺纹加工，因此购买立式数控车床可以不要求具备螺纹切削功能。如果不加分析的都要，许多功能用不上，而会大幅增加产品成本。因此选购时不能盲目追求先进，要统筹兼顾，考虑经济性和投资效益。

数控机床应配套，控制系统应统一。如果同时购置多台数控机床应注意数控机床类型和规格要配套。应根据产品的类型合理地选择数控机床的类型、规格，使之配套。例如某产品零件的加工是以车削加工为主，则可以考虑多购数控车床，适当地配置数控铣床等其他类型

数控机床。同时应尽量选购同一厂家的产品，至少应购同一厂家的控制系统，这样将给以后维修带来极大的便利。如果某些工厂订购机床，不仅要求控制系统采用同一厂家的产品，而且希望机床的其他配套件也采用同一厂家的产品。这对机床维修和配件供应都是很有利的。

配置必要的附件和刀具。为了充分发挥数控机床的作用，增加其加工能力，必须配备必要的附件和刀具，如刀具预调仪、纸带穿孔机、纸带阅读机、自动编程器、测量头、中心找正器和刀具系统等。这些附件和刀具一般在数控机床说明书中都有介绍，在选购时应该考虑本单位加工产品的特点，以满足加工要求。数控机床的附件较多，不同类型的数控机床，其附件各不相同。选择数控机床的附件要坚持高可靠性的原则，避免因某个附件缺少或出现问题而影响整机的运行。选择数控机床的刀具时要了解主轴系统的规格、机械手夹持部位尺寸以及刀柄尾部拉杆尺寸等情况。

优先选择国内生产的数控机床。购买国内生产的数控机床，一方面是对国内机床制造业的支持；另一方面在技术培训、售后服务、附件配套和备件补充等方面能方便一些，而且价格便宜。

2. 数控机床的安装与调试

数控机床的安装与调试是使机床恢复和达到出厂时的各项性能指标的重要环节。数控机床的安装与调试的优劣直接影响到机床的性能。

（1）数控机床的安装。数控机床的安装一般包括基础施工、机床拆箱、吊装就位、连接组装以及试车调试等工作。数控机床安装时应严格按产品说明书的要求进行。小型机床的安装可以整体进行，所以比较简单。大、中型机床由于运输时分解为几个部分，安装时需要重新组装和调整，因而工作复杂得多。现将机床的安装过程分别予以介绍。

① 基础施工及机床就位。机床安装之前就应先按机床厂提供的机床基础图打好机床地基。机床的位置和地基对于机床精度的保持和安全稳定地运行具有重要意义。机床的位置应远离振源，避免阳光照射，放置在干燥的地方。若机床附近有振源，在地基四周必须设置防振沟。安装地脚螺栓的位置做出预留孔。机床拆箱后先取出随机技术文件和装箱单，按装箱单清点各包装箱内的零部件、附件等资料是否齐全，然后仔细阅读机床说明书，并按说明书的要求进行安装，在地基上放多块用于调整机床水平的垫铁，再把机床的基础件（或小型整机）吊装就位在地基上。同时把地脚螺栓按要求安放在预留孔内。

② 机床连接组装。机床连接组装是指将各分散的机床部件重新组装成整机的过程。如主床身与加长床身的连接，立柱、数控柜和电气柜安装在床身上，刀库机械手安装在立柱上等等。机床连接组装前，先清除连接面和导轨运动面上的防锈涂料，清洗各部件的外表面，再把清洗后的部件连接组装成整机。部件连接定位要使用随机所带的定位销、定位块，使各部件恢复到拆卸前的位置状态，以利于进一步的精度调整。

③ 试车调整。机床试车调整包括机床通电试运转的粗调机床的主要几何精度。机床安装就位后可通电试车运转，目的是考核机床安装是否稳固，各传动、操纵、控制、润滑、液压、气动等系统是否正常灵敏可靠。

通电试车前，应按机床说明书要求给机床加注规定的润滑油液和油脂，清洗液压油箱和过滤器，加注规定标号的液压油，接通气动系统的输入气源。

通电试车通常是在各部件分别通电试验后再进行全面通电试验的。先应检查机床通电后有无报警故障，然后用手动方式陆续启动各部件。检查安全装置是否起作用，各部件能否正常工作，能否达到工作指标。例如，启动液压系统时要检查液压泵电动机转动方向是否正确，液压泵工作后管路中能否形成油压，各液压元件是否正常工作，有无异常噪声，有无油路渗漏以及液压系统冷却装置是否正常工作；数控系统通电后有无异常报警；系统急停、清除复位按钮能否起作用；检查机床各转动和移动是否正常等等。

机床经通电初步运转后，调整床身水平，粗调机床主要几何精度，调整一些重新组装的主要运动部件与主机之间的相对位置，如机械手刀库与主机换刀位置的校正，自动交换托盘与机床工作台交换位置的找正等。粗略调整完成后，即可用快干水泥灌注主机和附件的地脚螺栓，灌平预留孔。等水泥干固后，就可以进行下一步工作。

（2）数控机床的调试。

① 机床精度调整。机床精度调整主要包括精调机床床身的水平和机床几何精度。机床地基固化后，利用地脚螺栓和调整垫铁精调机床床身的水平，对普通机床，水平仪读数不超过 0.04 mm/1 000 mm，对于高精度机床，水平仪读数不超过 0.02 mm/1 000 mm。然后移动床身上各移动部件（如立柱、床鞍和工作台等），在各坐标全行程内观察记录机床水平的变化情况，并调整相应的机床几何精度，使之达到允差范围。小型机床床身为一体，刚性好，调整比较容易。大、中型机床床身大多是多点垫铁支承，为了不使床身产生额外的扭曲变形，要求在床身自由状态下调整水平，各支承垫铁全部起作用后，再压紧地脚螺栓。这样可保持床身精调后长期工作的稳定性，提高几何精度的保持性。一般机床出厂前都经过精度检验，只要质量稳定，用户按上述要求调整后，机床就能达到出厂前的精度。

② 机床功能调试。机床功能调试是指机床试车调整后，检查和调试机床各项功能的过程。调试前，首先应检查机床的数控系统及可编程控制器的设定参数是否与随机表中的数据一致。然后试验各主要操作功能、安全措施、运行行程及常用指令执行情况等，如手动操作方式、点动方式、编辑方式（EDIT）、数据输入方式（MDI）、自动运行方式（MEMOTY）、行程的极限保护（软件和硬件保护）以及主轴挂挡指令和各级转速指令等是否正确无误。最后检查机床辅助功能及附件的工作是否正常，如机床照明灯、冷却防护罩和各种护板是否齐全；切削液箱加满切削液后，试验喷管能否喷切削液，在使用冷却防护罩时是否外漏；排屑器能否正常工作；主轴箱恒温箱是否起作用及选择刀具管理功能和接触式测头能否正常工作等。对于带刀库的数控加工中心，还应调整机械手的位置。调整时，让机床自动运行到刀具交换位置，以手动操作方式调整装刀机械和卸刀机械手对主轴的相对位置，调整后紧固调整螺钉和刀库地脚螺钉，然后装上几把接近允许质量的刀柄，进行多次从刀库到主轴位置的自动交换，以动作正确、不撞击和不掉刀为合格。

③ 机床试运行。数控机床安装调试完毕后，要求整机在带一定负载条件下经过一段时间的自动运行，较全面地检查机床功能及工件可靠性。运行时间一般采用每天运行 8 h，连续运行 2~3 天，或者 24 h 连续运行 1~2 天。这个过程称为安装后的试运行。试运行中采用的程序叫考机程序，可以直接采用机床厂调试时用的考机程序，也可自编考机程序。考机程序中应包括：数控系统主要功能的使用（如各坐标方向的运动、直线插补和圆弧插补等），自动更换取用刀库中 2/3 的刀具，主轴的最高、最低及常用的转速，快速和常用的进给速度，工作台面的自动交换，主要 M 指令的使用及宏程序、测量程序等。试运行时，机床刀库上应插满刀柄，刀柄质量应接近规定质量；交换工作台面上应加上负载。在试运行中，除

操作失误引起的故障外，不允许机床有故障出现，否则表示机床的安装调试存在问题。

对于一些小型数控机床，如小型经济数控机床，直接整体安装，只要调试好床身水平，检查几何精度合格后，经通电试车后就可投入运行。

3. 数控机床的验收

（1）机床外观的检查。机床外观的检查一般可按通用机床的有关标准进行，但数控机床是高技术设备，其外观质量的要求更高。外观检查内容有：机床有无破损；外部部件是否坚固；机床各部分联结是否可靠；数控柜中的MDI/CRT（LED）单元、位置显示单元、各印制电路板及伺服系统各部件是否有破损，伺服电动机（尤其是带脉冲编码器的伺服电机）外壳有无磕碰痕迹。

（2）机床几何精度的检查。数控机床的几何精度综合反映机床的关键零部件组装后的几何形状误差。数控机床的几何精度检查和普通机床的几何精度检查基本类似，使用的检查工具和方法也很相似，只是检查要求更高。每项几何精度的具体检测办法和精度标准按有关检测条件和检测标准的规定进行。

同时要注意检测工具的精度等级必须比所测的几何精度要高一级。现以一台普通立式加工中心为例，列出其几何精度检测的内容：

① 工作台面的平面度。

② 各坐标方向移动的相互垂直度。

③ X 坐标方向移动时工作台面的平行度。

④ Y 坐标方向移动时工作服台面的平行度。

⑤ X 坐标方向移动时工作台 T 形槽侧面的平行度。

⑥ 主轴的轴向窜动。

⑦ 主轴孔的径向圆跳动。

⑧ 主轴沿 Z 坐标方向移动时主轴轴心线的平行度。

⑨ 主轴回转轴心线对工作台面的垂直度。

⑩ 主轴箱在 Z 坐标方向移动的直线度。

对于主轴相互联系的几何精度项目，必须综合调整，使之都符合允许的误差。如立式加工中心的轴和轴方向移动的垂直误差较大，则可以调整立柱底部床身的支承垫铁，使立柱适当前倾或后仰，以减少这项误差。但是这也会改变主轴回转轴心线对工作台面的垂直度误差，因此必须同时检测和调整，否则就会由于这一项几何精度的调整造成另一项几何精度不合格。

机床几何精度检测必须在地基及地脚螺栓的混凝土完全固化以后进行。考虑到地基的稳定时间过程，一般要求在机床使用数月到半年以后再精调一次水平。

检测机床几何精度常用的检测工具有：精密水平仪、90°角尺、精密方箱、平尺、平行光管、千分表或测微仪以及高精度主轴心棒等。各项几何精度的检测方法按各机床的检测条件规定。各种数控机床的检测项目也略有区别，如卧式机床比立式机床多几项与平面转台有关的几何精度。

在检测中要注意消除检测工具和检测方法的误差，同时应在通电后各移动坐标往复运动几次，主轴在中等转速回转几分钟后，机床稍有预热的状态下进行检测。

4. 机床性能及数控功能的试验

根据《金属切削机床试验规范总则》的规定，试验项目包括可靠性、静刚度、空运转振动、热变形、抗振性切削、噪声、激振、定位精度、主轴回转精度、直线运动不均匀性及加工精度等。在进行机床验收时，各验收内容需按照机床出厂标准进行。

（1）机床定位精度的检查。数控机床的定位精度是表明机床各运动部件在数控装置控制下所能达到的运动精度。因此，根据实测的定位精度数值，可以判断出该机床以后在自动加工中所能达到的最好的加工精度。

定位精度的主要检测内容如下：

① 直线运动定位精度。

② 直线运动重复定位精度。

③ 直线运动的原点返回精度。

④ 直线运动矢动量。

⑤ 回转轴运动的定位精度。

⑥ 回转轴运动重复定位精度。

⑦ 回转轴原点返回精度。

⑧ 回转轴运动矢动量。

（2）机床加工精度的检查。机床加工精度的检查是在切削加工条件下对机床几何精度和定位精度的综合考核。一般分为单项加工精度检查或加工一个综合性试件精度检查两种。加工中心的主要单项加工精度有：镗孔精度，端面铣刀切削平面的精度，镗孔的孔距精度和孔径分散度，直线铣削精度，斜线铣削精度以及圆弧铣削精度等。

镗孔精度主要反映机床主轴的运动精度及低速进给时的平稳性。端面铣刀铣削平面的精度主要反映 X 和 Y 轴运动的平面度及主轴中心线对 X-Y 运动平面的垂直度。孔距精度主要反映定位精度和矢动量的影响。直线铣削精度主要反映机床 X 向、Y 向导轨的运动几何精度。斜线铣削精度主要反映 X、Y 两轴的直线插补精度。

（3）其他性能的实验。数控机床性能实验除上述定位精度、加工精度外，一般还有十几项内容。现以一台立式加工中心为例说明一些主要项目。

① 主轴系统性能。用手动方式试验主轴动作的灵活性。用数据输入方式，使主轴从低速到高速旋转，实现各级转速。同时观察机床的振动和主轴的升温，试验主轴准停装置的可靠性。

② 安全装置。检查对操作者的安全性和机床保护功能的可靠性，如安全防护罩，机床各运动坐标行程极限保护自动停止功能，各种电流电压过载保护和主轴电动机过热、过负荷时的紧急停止功能等。

③ 机床噪声。机床运转时的总噪声不得超过标准规定（80 dB）。数控机床大量采用电气调速，主轴箱的齿轮往往不是噪声源，而主轴电动机的冷却风扇和液压系统液压泵的噪声等，可能成为噪声源。

④ 电气装置。在运转前后分别作一次绝缘检查，检查地线质量，确认绝缘的可靠性。

⑤ 润滑装置。检查定时定量润滑装置的可靠性，检查润滑油路有无渗漏以及各润滑点的油量分配功能的可靠性。

⑥ 气、液装置。检查压缩空气和液压油路的密封、调压功能，油箱正常工作的情况。

⑦ 附属装置。检查机床各附属的工作可靠性。

⑧ 连续无载荷运转。用事先编制的功能比较齐全的程序使机床连续运行 8~16 h，检查机床各项运动、动作的平稳性和可靠性，在运行中不允许出故障，对整个机床进行综合检查考核。达不到要求时，应重新开始运行考核，不允许累积运行时间。

习题与思考题

8-1　普通机床和数控机床，从控制零件尺寸的角度来分析，两者有何差异？

8-2　数控机床的结构要求可以归纳为几方面？

8-3　合理布置支承件的隔板和筋条，可以提高数控机床支承件的何种刚度？

8-4　主轴部件是机床的一个关键部件，在数控机床中应满足几方面的要求？

8-5　简述消除传动齿轮间隙的措施。

8-6　简述滚珠丝杠螺母副的工作原理与特点。

8-7　简述滚珠丝杠螺母副的循环方式。

8-8　简述导轨的功用。

8-9　在选择机床导轨时应考虑哪几方面的问题？

8-10　简述静压导轨的工作原理。

8-11　简述滚动导轨的特点。

8-12　数控机床中常用的回转工作台有分度工作台和数控回转工作台，它们的功用有什么不同？

教学单元 9

特种加工设备简介*

特种加工是指除常规切削加工以外的新的加工方法，这种加工方法利用电、磁、声、光、化学等能量或其各种组合作用在工件的被加工部位上，实现对材料的去除、变形、改变性能和镀覆，从而达到加工目的。

这些加工方法包括：化学加工（CHM）、电化学加工（ECM）、电化学机械加工（ECMM）、电火花加工（EDM）、电接触加工（RHM）、超声波加工（USM）、激光束加工（LBM）、离子束加工（IBM）、电子束加工（EBM）、等离子体加工（PAM）、电液加工（EHM）、磨料流加工（AFM）、磨料喷射加工（AJM）、液体喷射加工（HDM）及各类复合加工等。本单元介绍电火花加工机床、电解加工机床、激光加工机床、超声波加工机床。

9-1　电火花加工机床简介

一、电火花加工机床原理

电火花加工是利用工具电极和工件电极间瞬时火花放电所产生的高温熔蚀工件表面材料来实现加工的。电火花加工机床一般由脉冲电源、自动进给机构、机床本体及工作液循环过滤系统等部分组成。

如图 9-1 所示，工件固定在机床工作台上。脉冲电源提供加工所需的能量，其两极分别接在工具电极 1 与工件 3 上。当工具电极与工件在进给机构的驱动下在工作液 4 中相互靠近时，极间电压击穿间隙而产生火花放电，释放大量的热。工件表层吸收热量后达到很高的温度（10 000 ℃以上），其局部材料因熔化甚至气化而被蚀除下来，形成一个微小的凹坑。工作液循环过滤系统强迫清洁的工作液以一定的压力通过工具电极与工件之间的间隙，及时排除电蚀产物，并将电蚀产物从工作液中过滤出去。多次放电的结果，工件表面产生大量凹坑。工具电极在进给机构 6 的驱动下不断下降，其轮廓形状便被“复印”到工件上（工具电极材

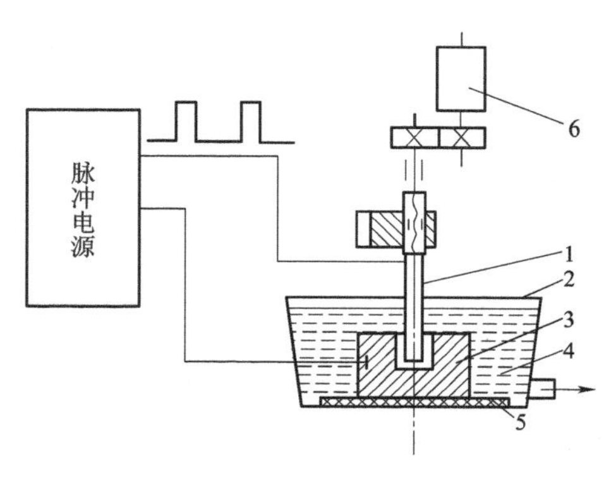

图 9-1　电火花加工原理图

1—工具电极；2—工作液箱；3—工件；4—工作液；5—绝缘层；6—进给机构

料尽管也会被蚀除，但其速度远小于工件材料）。

1. 电火花加工的特点

（1）可用硬度低的紫铜或石墨作为工具电极对任何硬、脆、高熔点的导电材料进行加工，具有以柔克刚的功能；

（2）可以加工特殊和形状复杂的表面，常用于注塑模、压铸模等型腔模的加工；

（3）无明显的机械切削力，适宜于加工薄壁、窄槽和细微精密零件；

（4）由于脉冲电源的输出脉冲参数可任意调节，因而能在同一台床子上连续进行粗加工、半精加工和精加工。

2. 电火花加工应用范围

（1）加工硬、脆、韧、软和高熔点的导电材料；

（2）加工半导体材料及非导电材料；

（3）加工各种型孔、曲线孔和微小孔；

（4）加工各种立体曲面型腔，如锻模、压铸模、塑料模的模膛；

（5）用来进行切断、切割以及进行表面强化、刻写、打印铭牌和标记等。

图 9-2 为电火花加工机床组成示意图。

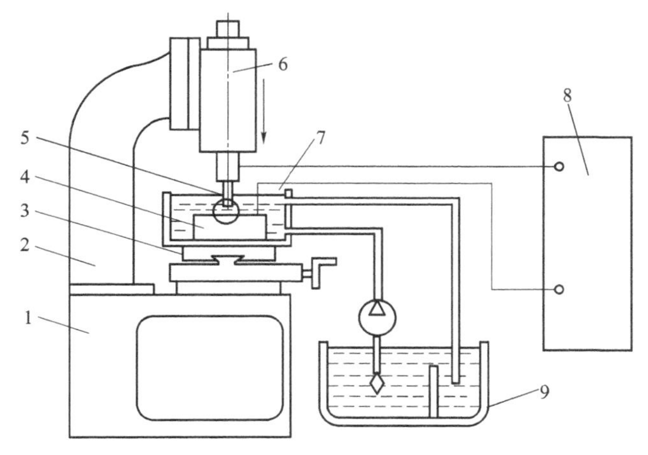

图 9-2　电火花加工机床组成示意图

1—床身；2—立柱；3—工作台；4—工件电极；5—工具电极；
6—进给机构；7—工作液；8—脉冲电源；9—循环过滤系统

二、电火花线切割机床

电火花线切割加工是在电火花加工基础上发展起来的一种加工工艺（简称 WEDM）。其工具电极为金属丝（钼丝或铜丝），在金属丝与工件间施加脉冲电压，利用脉冲放电对工件进行切割加工，因而也称线切割。图 9-3 为电火花线切割加工原理。

电火花线切割加工的特点和应用：

（1）可切割各种高硬度材料，用于加工淬火后的模具、硬质合金模具和强磁材料；

（2）由于采用数控技术，可编程切割形状复杂的型腔，易于实现 CAD/CAM；

（3）由于几乎无切削力，可切割极薄工件；

（4）由于金属丝直径小，因而加工时省料，适于切割贵重金属材料；

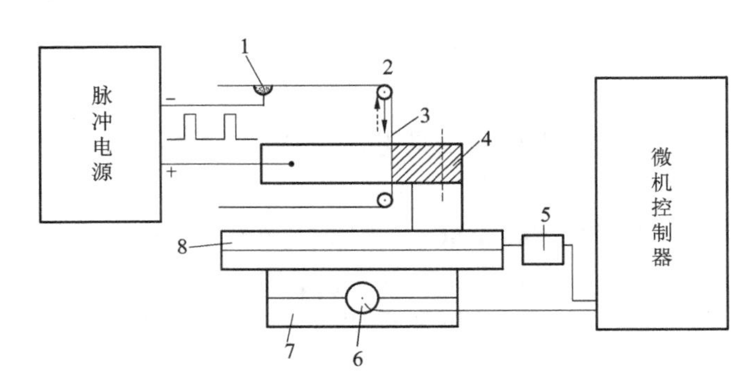

图 9-3　电火花线切割加工原理

1—供电部分；2—导轮；3—电极丝；4—工件；5，6—进给机构；7—床身；8—工作台

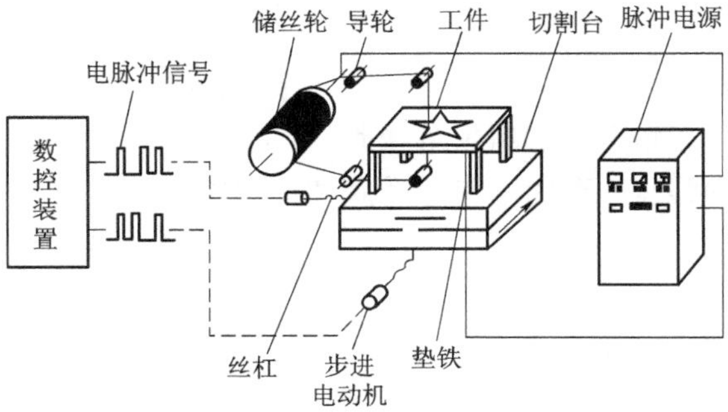

图 9-4　电火花线切割机床原理

（5）试制新产品时，可直接将某些板类工件切割出，使开发产品周期缩短。

线切割机床的结构大同小异，如图 9-4 大致可分为主机、脉冲电源和数控装置三大部分。

我国数控电火花线切割机床型号的编制是参考 GB/T 15375—1994《金属切削机床型号编制规则》规定进行的，机床型号由汉语拼音字母和阿拉伯数字组成，它表示该机床的类型、特性和基本参数。例如：DK7732 表示工作台横向行程 320 mm、快走丝数控电加工机床。

9-2　电解加工机床简介

一、电解加工原理

电解加工是利用金属在电解液中产生阳极溶解的电化学原理对工件进行成形加工的一种方法。工件接直流电源正极，工具接负极，两极之间保持狭小间隙（0.1～0.8 mm）。具有一定压力（0.5 MPa～2.5 MPa）的电解液从两极间的间隙中高速（15～60 m/s）流过。当工具阴极向工件不断进给时，在面对阴极的工件表面上，金属材料按阴极型面的形状不断溶解，电解产物被高速电解液带走，于是工具型面的形状就相应地“复印”在工件上。

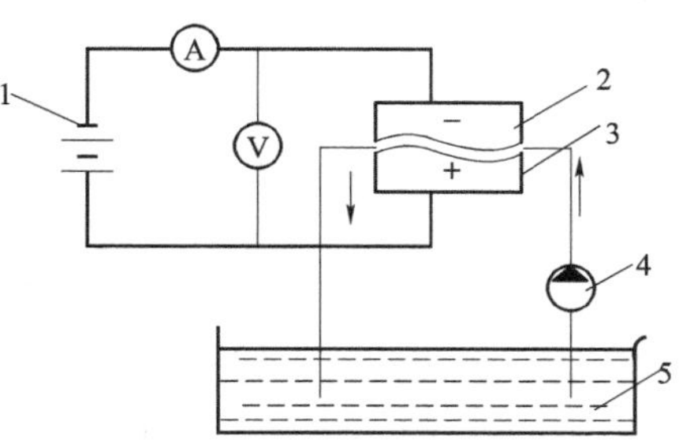

图 9-5　电解加工的成形原理图

1—电源；2—电极；3—工件；4—工作液泵；5—工作液

如图 9-5 所示为电解加工的成形原理图。

如图 9-6 所示电解加工机床加工示意图。

电解加工的基本设备包括直流设备、电解加工机床和电解液系统三个部分。

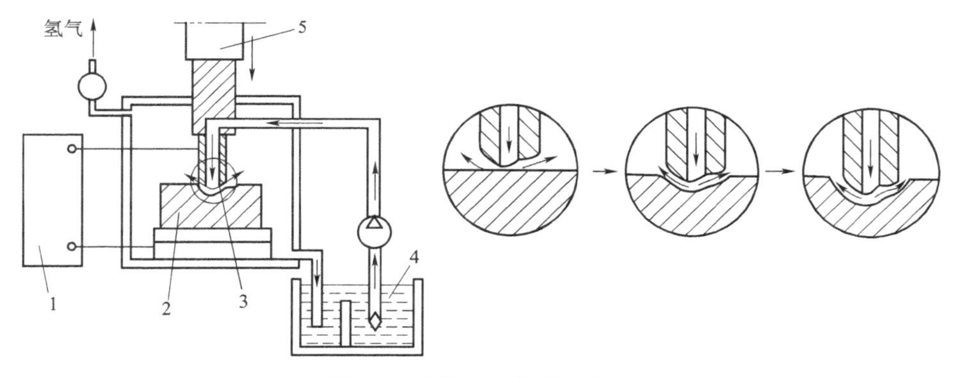

图 9-6　电解加工机床示意图

1—直流电源；2—工件；3—工具电极；4—电解液；5—进给机构

二、电解加工特点

（1）工作电压小，工作电流大；

（2）以简单的进给运动一次加工出形状复杂的型面或型腔；

（3）可加工难加工材料；

（4）生产率较高，约为电火花加工的 5~10 倍；

（5）加工中无机械切削力或切削热，适于易变形或薄壁零件的加工；

（6）平均加工公差可达±0.1 mm 左右；

（7）附属设备多，占地面积大，造价高；

（8）电解液既腐蚀机床，又容易污染环境。

三、电解加工机床应用范围

电解加工主要用于加工型孔、型腔、复杂型面、小直径深孔、膛线以及进行去毛刺、刻印等。

9-3　激光加工机床简介

激光加工是利用光能经透镜聚焦以极高的能量密度靠光热效应加工各种材料的一种新工艺（简称 LBM）。

一、激光加工的原理

激光是一束相同频率、相同方向和严格位相关系的高强度平行单色光。由于光束的发散角通常不超过 0.1°，因此在理论上可聚焦到直径为光波波长尺寸相近的焦点上，焦点处的能量密度可达 108~1 010 W/cm^2，温度可高达 1 万摄氏度，从而使任何材料均在瞬时（<10~3s）被急剧熔化乃至汽化，并产生强烈的冲击波被喷发出去，从而达到切除材料的目的。

常用的激光器按激活介质的种类可分为固体激光器和气体激光器。如图 9-7 为固体激光器结构示意图。

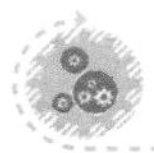

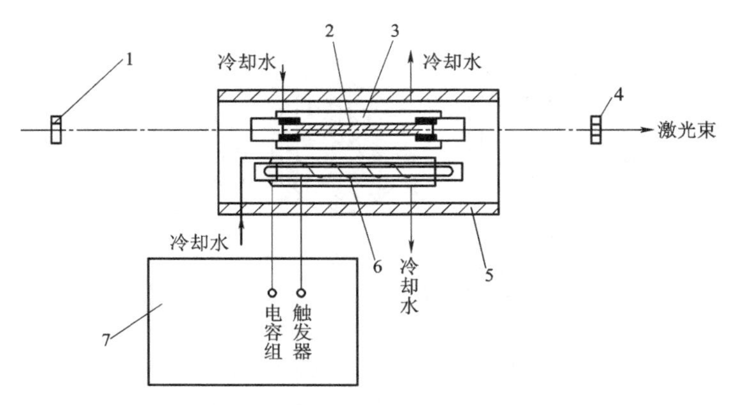

图 9-7　固体激光器结构示意图

1—全反射镜；2—工作物质；3—玻璃套管；4—部分反射镜；5—聚光镜；6—氙灯；7—电源

原理：对工件的激光加工由激光加工机完成。激光加工机通常由激光器、电源、光学系统和机械系统等组成。激光器（常用的有固体激光器和气体激光器）把电能转变为光能，产生所需的激光束，经光学系统聚焦后，照射在工件上进行加工。工件固定在三坐标精密工作台上，由数控系统控制和驱动，完成加工所需的进给运动。图 9-8 为激光加工机床示意图。

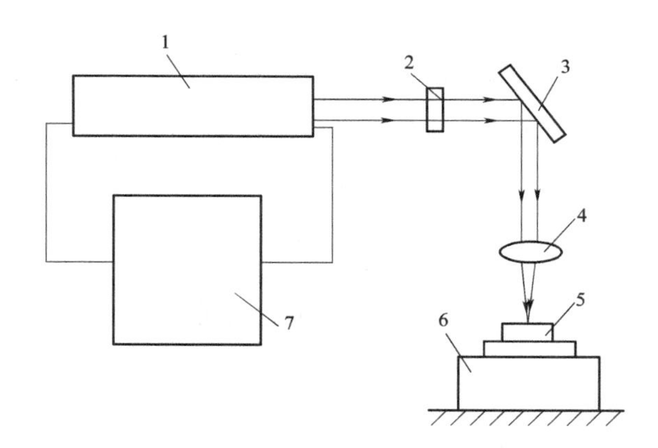

图 9-8　激光加工机床示意图

1—激光器；2—光阑；3—反射镜；4—聚焦镜；5—工件；6—工作台；7—电源

二、激光加工的特点

（1）由于激光加工的功率密度高，几乎可以加工任何材料；

（2）激光束可调焦到微米级，其输出功率可以调节，因此，激光可用于精细加工；

（3）激光属非接触式加工，无明显机械切削力，因而具有无工具损耗、加工速度快、热影响区小、热变形和加工变形小，易实现自动化等优点；

（4）能透过透视窗孔对隔离室或真空室内的零件进行加工。

（5）激光切割的切缝窄，切割边缘质量好。

三、激光加工机床的应用应用范围

激光加工已广泛用于金刚石拉丝模、钟表宝石轴承、发散式气冷冲片的多孔蒙皮、发动机喷油嘴、航空发动机叶片等的小孔加工以及多种金属材料和非金属材料的切割加工。

9-4　超声波加工机床简介

一、超声波加工原理

超声加工是利用超声振动的工具在有磨料的液体介质中或干磨料中，产生磨料的冲击，抛磨、液压冲击及由此产生的气蚀作用来去除材料，以及利用超声振动使工件相互结合的加工方法。

1. 超声加工的基本原理

超声加工是利用工具端面作超声频振动，通过磨料悬浮液加工脆硬材料的一种成形方法。加工原理如图 9-9 所示。加工时，在工具 6 和工件 7 之间加入液体（水或煤油等）和磨料混合的工作液 8，并使工具以很小的力 F 轻轻压在工件上。超声换能器 4 产生 16 000 Hz 以上的超声频纵向振动，并借助于变幅杆把振幅放大到 0.05～0.1 mm 左右，驱动工具端面作超声振动，迫使工作液中悬浮的磨粒以很大的速度和加速度不断地撞击、抛磨被加工表面，把被加工表面的材料粉碎成很细的微粒，从工件上被打击下来。虽然每次打击下来的材料很少，但由于每秒钟打击的次数多达 16 000 次以上，所以仍有一定的加工速度。与此同时，工作液受工具端面超声振动作用而产生的高频、交变的液压正负冲击波和“空化”作用，促使工作液钻入被加工材料的微裂缝处，加剧了机械破坏作用。所谓空化作用，是指当工具端面以很大的加速度离开工件表面时，加工间隙内形成负压和局部真空，在工作液体内形成很多微空腔，当工具端面以很大的加速度接近工件表面时，空泡闭合，引起极强的液压冲击波，可以强化加工过程。此外，正负交变的液压冲击也使悬浮工作液在加工间隙中强迫循环，使变钝了的磨粒及时得到更新。由此可见，超声加工是磨粒在超声振动作用下的机械撞击和抛磨作用以及超声空化作用的综合结果，其中磨粒的撞击作用是主要的。既然超声加工是基于局部撞击作用，因此就不难理解，越是脆硬的材料，受撞击作用遭受的破坏越大，

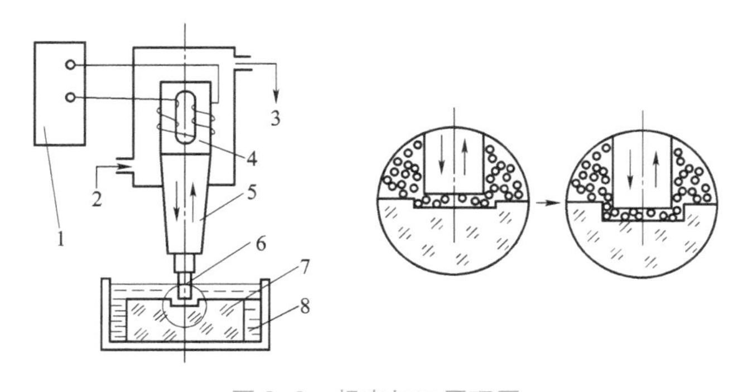

图 9-9　超声加工原理图

1—超声波发生器；2，3—冷却水；4—换能器；5—振幅扩大装置；6—工具；7—工件；8—工作液

越易超声加工。相反，脆性和硬度不大的韧性材料，由于它的缓冲作用而难以加工。根据这个道理，人们可以合理选择工具材料，使之既能撞击磨粒，又不致使自身受到很大破坏，例如用 45 钢作工具即可满足上述要求。

2. 超声加工的特点

（1）适合于加工各种硬脆材料，特别是不导电的非金属材料，例如玻璃、陶瓷（氧化铝、氮化硅等）、石英、锗、硅、玛瑙、宝石、金刚石等。对于导电的硬质金属材料如淬火钢、硬质合金等，也能进行加工、但加工生产率较低。

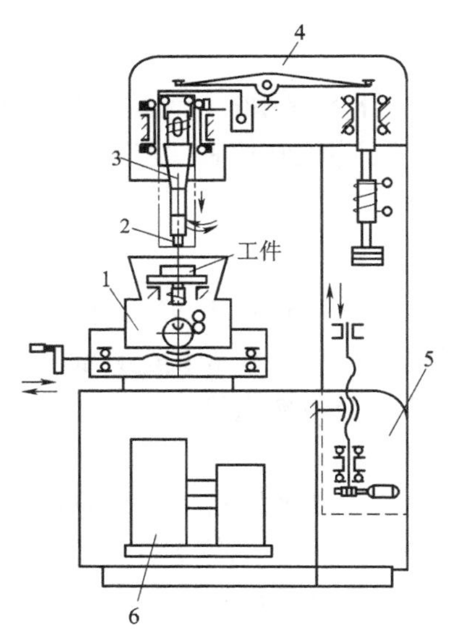

图 9-10　超声波加工机床

1—工作台；2—工具；3—工具振动系统；4—工作头；5—立柱；6—液体循环系统

（2）由于工具可用较软的材料、做成较复杂的形状，故不需要使工具和工件作比较复杂的相对运动，因此超声加工机床的结构比较简单，只需一个方向进给，操作和维修方便。

（3）由于去除加工材料是靠极小磨料瞬时局部的撞击作用，故工件表面的宏观切削力很小，切削应力、切削热很小，不会引起变形及烧伤，表面粗糙度也较好，可达 Ra 1~0. 1 μm，加工精度可达 0. 01~0. 02 mm，而且可以加工薄壁、窄缝、低刚度零件。

二、超声加工设备及其组成部分

超声加工设备又称超声加工装置，如图 9-10 所示。它们的功率大小和结构形状虽有所不同，但其组成部分基本相同，一般包括超声发生器、超声振动系统、机床本身和磨料工作液循环系统。其主要组成如下：

（1）超声发生器。超声发生器也称超声波或超声频发生器，其作用是将工频交流电转变为有一定功率频的超声频电振荡，以提供工具端面往复振动和去除被加工材料的能量。

（2）声学部件。声学部件的作用是把高频电能转变为机械能，使工具端面作高频率小振幅的振动以进行加工。

（3）机床。超声加工机床一般比较简单，包括支撑声学部件的机架及工作台，使工具以一定压力作用在工件上的进给机构，以及床体等部分。

（4）磨料工作液及其循环系统。简单的超声波加工装置，其磨料是靠人工输送和更换的，即在加工前将悬浮磨料的工作液浇注堆积在加工区，加工过程中定时抬起工具并补充磨料。效果较好而又最常用的工作液是水，为了提高表面质量，有时也用煤油或机油作工作液。磨粉常用碳化硼、碳化硅或氧化铝等。

在加工难切削材料时，常将超声振动与其他加工方法配合进行复合加工，如超声车削、超声磨削、超声电解加工、超声线切割等。这些复合加工方法把两种甚至多种加工方法结合在一起，能起到取长补短的作用，使加工效率、加工精度及工件的表面质量显著提高。

三、超声加工的应用

超声加工从 20 世纪 50 年代开始实用性研究以来，其应用日益广泛。随着科技和材料工业的发展，新技术、新材料将不断涌现，超声加工的应用也会进一步拓宽，发挥更大的作用。目前，生产上多用于以下几个方面：

（1）成形加工。超声加工适于加工各种硬脆材料的圆孔、型孔、型腔、沟槽、异形贯通孔、弯曲孔、微细孔、套料等。

（2）切割加工。超声精密切割半导体、铁氧体、石英、宝石、陶瓷、金刚石等硬脆材料，比用金刚石刀具切割具有切片薄、切口窄、精度高、生产率高、经济性好的优点。

（3）焊接加工。超声焊接是利用超声频振动作用，去除工件表面的氧化膜，使新的本体表面显露出来，并在两个被焊工件表面分子的高速振动撞击下，摩擦发热、亲和黏接在一起。不仅可以焊接尼龙、塑料及表面易生成氧化膜的铝制品等，还可以在陶瓷等非金属表面挂锡、挂银、涂覆熔化的金属薄层。

（4）超声清洗。超声清洗主要用于几何形状复杂、清洗质量要求高的中、小精密零件，特别是工件上的深小孔、微孔、弯孔、盲孔、沟槽、窄缝等部位的精清洗。

习题与思考题

9-1　什么叫特种加工？常用的特种加工方法有哪些？

9-2　电火花加工有何特点？适于加工哪些零件表面？

9-3　简述电火花加工原理。

9-4　简述电火花加工和线切割加工的异同。

9-5　简述电解加工的特点及其应用范围。

9-6　电解加工原理是什么？

9-7　简述激光加工原理及应用范围。

9-8　超声加工是如何进行的？

9-9　试述超声加工的特点及应用。

附录一 常用机床组、系代号及主参数

类	组	系	机 床 名 称	主参数的折算系数	主 参 数
车床	1	1	单轴纵切自动车床	1	最大棒料直径
	1	2	单轴横切自动车床	1	最大棒料直径
	1	3	单轴转塔自动车床	1	最大棒料直径
	2	1	多轴棒料自动车床	1	最大棒料直径
	2	2	多轴卡盘自动车床	1/10	卡盘直径
	2	6	立式多轴半自动车床	1/10	最大车削直径
	3	0	回轮车床	1	最大棒料直径
	3	1	滑鞍转塔车床	1/10	卡盘直径
	3	3	滑枕转塔车床	1/10	卡盘直径
	4	1	曲轴车床	1/10	最大工件回转直径
	4	6	凸轮轴车床	1/10	最大工件回转直径
	5	1	单柱立式车床	1/100	最大车削直径
	5	2	双柱立式车床	1/100	最大车削直径
	6	0	落地车床	1/100	最大工件回转直径
	6	1	卧式车床	1/10	床身上最大回转直径
	6	2	马鞍车床	1/10	床身上最大回转直径
	6	4	卡盘车床	1/10	床身上最大回转直径
	6	5	球面车床	1/10	刀架上最大回转直径
	7	1	仿形车床	1/10	刀架上最大车削直径
	7	5	多刀车床	1/10	刀架上最大车削直径
	7	6	卡盘多刀车床	1/10	刀架上最大车削直径
	8	4	轧辊车床	1/10	最大工件直径
	8	9	铲齿车床	1/10	最大工件直径
钻床	1	3	立式坐标镗钻床	1/10	工作台面宽度
	2	1	深孔钻床	1/10	最大钻孔直径
	3	0	摇臂车床	1	最大钻孔直径
	3	1	万向摇臂钻床	1	最大钻孔直径
	4	0	台式车床	1	最大钻孔直径

续表

类	组	系	机床名称	主参数的折算系数	主参数
钻床	5	0	圆柱立式钻床	1	最大钻孔直径
	5	1	方柱立式钻床	1	最大钻孔直径
	5	2	可调多轴立式钻床	1	最大钻孔直径
	8	1	中心孔钻床	1/10	最大工件直径
	8	2	平端面中心孔钻床	1/10	最大工件直径
镗床	4	1	立式单柱坐标镗床	1/10	工作台面宽度
	4	2	立式双柱坐标镗床	1/10	工作台面宽度
	4	6	卧式坐标镗床	1/10	工作台面宽度
	6	1	卧式镗床	1/10	镗轴直径
	6	2	落地镗床	1/10	镗轴直径
	6	9	落地铣镗床	1/10	镗轴直径
	7	0	单面卧式精镗床	1/10	工作台面宽度
	7	1	双面卧式精镗床	1/10	工作台面宽度
	7	2	立式精镗床	1/10	最大镗孔直径
磨床	0	4	抛光机		—
	0	6	刀具磨床		—
	1	0	无心外圆磨床	1	最大磨削直径
	1	3	外圆磨床	1/10	最大磨削直径
	1	4	万能外圆磨床	1/10	最大磨削直径
	1	5	宽砂轮外圆磨床	1/10	最大磨削直径
	1	6	端面外圆磨床	1/10	最大回转直径
	2	1	内圆磨床	1/10	最大磨削孔径
	2	5	立式行星内圆磨床	1/10	最大磨削孔径
	3	0	落地砂轮机	1/10	最大砂轮直径
	5	0	落地导轨磨床	1/100	最大磨削宽度
	5	2	龙门导轨磨床	1/100	最大磨削宽度
	6	0	万能工具磨床	1/10	最大回转直径
	6	3	钻头刃磨床	1	最大刃磨钻头直径
	7	1	卧轴矩台平面磨床	1/10	工作台面宽度
	7	3	卧轴圆台平面磨床	1/10	工作台面直径
	7	4	立轴圆台平面磨床	1/10	工作台面直径
	8	2	曲轴磨床	1/10	最大回转直径

续表

类	组	系	机床名称	主参数的折算系数	主参数
磨床	8	3	凸轮轴磨床	1/10	最大回转直径
	8	6	花键轴磨床	1/10	最大磨削直径
	9	0	曲线磨床	1/10	最大磨削长度
齿轮加工机床	2	0	弧齿锥齿轮磨齿轮	1/10	最大工件直径
	2	2	弧齿锥齿轮铣齿轮	1/10	最大工件直径
	2	3	直齿锥齿轮刨齿机	1/10	最大工件直径
	3	1	滚齿机	1/10	最大工件直径
	3	6	卧式滚齿机	1/10	最大工件直径
	4	2	剃齿机	1/10	最大工件直径
	4	6	珩齿机	1/10	最大工件直径
	5	1	插齿机	1/10	最大工件直径
	6	0	花键轴铣床	1/10	最大铣削直径
	7	0	碟形砂轮磨齿机	1/10	最大工件直径
	7	1	锥形砂轮磨齿机	1/10	最大工件直径
	7	2	蜗杆砂轮磨齿机	1/10	最大工件直径
	8	0	车齿机	1/10	最大工件直径
	9	3	齿轮倒角机	1/10	最大工件直径
	9	9	齿轮噪声检查机	1/10	最大工件直径
螺纹加工机床	3	0	套丝机	1	最大套丝直径
	4	8	卧式攻丝机	1/10	最大攻丝直径
	6	0	丝杠铣床	1/10	最大铣削直径
	6	2	短螺纹铣床	1/10	最大铣削直径
	7	4	丝杠磨床	1/10	最大工件直径
	7	5	万能螺纹磨床	1/10	最大工件直径
	8	6	丝杠车床	1/100	最大工件长度
	8	9	多头螺纹车床	1/10	最大车削直径
铣床	2	0	龙门铣床	1/100	工作台面宽度
	3	0	圆台铣床	1/100	工作台面直径
	4	3	平面仿形铣床	1/10	最大铣削宽度
	4	4	立体仿形铣床	1/10	最大铣削宽度
	5	0	立式升降台铣床	1/10	工作台面宽度
	6	0	卧式升降台铣床	1/10	工作台面宽度

续表

类	组	系	机床名称	主参数的折算系数	主参数
铣床	6	1	万能升降台铣床	1/10	工作台面宽度
	7	1	床身铣床	1/100	工作台面宽度
	8	1	万能工具铣床	1/10	工作台面宽度
	9	2	键槽铣床	1	最大键槽宽度
刨插床	1	0	悬臂刨床	1/100	最大刨削宽度
	2	0	龙门刨床	1/100	最大刨削宽度
	2	2	龙门铣磨刨床	1/100	最大刨削宽度
	5	0	插床	1/10	最大插削长度
	6	0	牛头刨床	1/10	最大刨削长度
	8	8	模具刨床	1/10	最大刨削长度
拉床	3	1	卧式外拉床	1/10	额定拉力
	4	3	连续拉床	1/10	额定压力
	5	1	立式内拉床	1/10	额定拉力
	6	1	卧式内拉床	1/10	额定拉力
	7	1	立式外拉床	1/10	额定拉力
	9	1	气缸体平面拉床	1/10	额定拉力
锯床	5	1	立式带锯床	1/10	最大锯削厚度
	6	0	卧式圆锯床	1/100	最大圆锯片直径
	7	1	平板卧式弓锯床	1/10	最大锯削直径
其他机床	1	6	管接头车丝机	1/10	最大加工直径
	2	1	木螺钉螺纹加工机	1	最大工件直径
	4	0	圆刻线机	1/100	最大加工长度
	4	1	长刻线机	1/100	最大加工长度

附录二　机构运动简图符号

名　　称	基本符号	可用符号	附　注
齿轮机构 齿轮（不指明齿线） a. 圆柱齿轮 b. 圆锥齿轮 c. 挠性齿轮	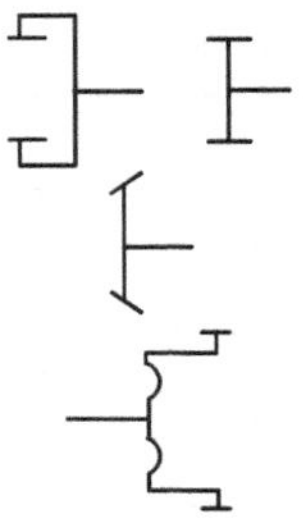	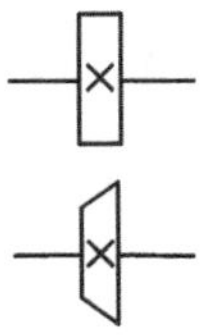	
齿线符号 a. 圆柱齿轮 （i）直齿 （ii）斜齿 （iii）人字齿 b. 圆锥齿轮 （i）直齿 （ii）斜齿 （iii）弧齿			
齿轮传动（不指明齿轮） a. 圆柱齿轮 b. 圆锥齿轮	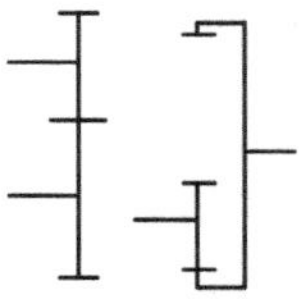	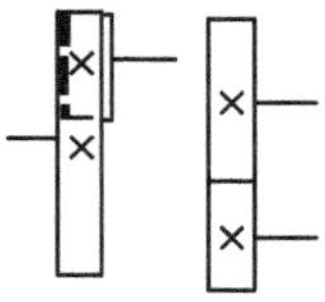	

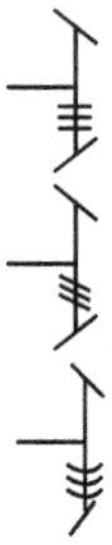

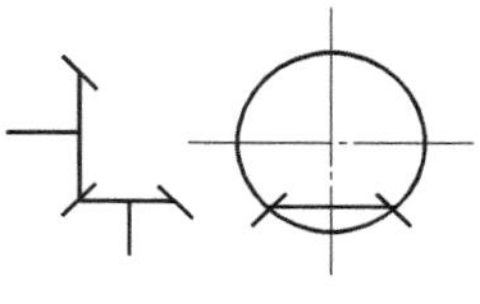

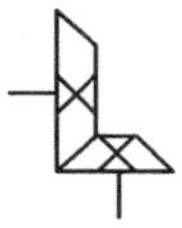

续表

名　称	基本符号	可用符号	附　注
c. 蜗轮与圆柱蜗杆 d. 螺旋齿轮			
齿条传动 a. 一般表示 b. 蜗线齿条与蜗杆 c. 齿条与蜗杆			
扇形齿轮传动			
圆柱凸轮			
外啮合槽轮机构			

续表

名　　称	基本符号	可用符号	附　注
联轴器 a. 一般符号（不指明类型） b. 固定联轴器 c. 弹性联轴器			
啮合式离合器 a. 单向式 b. 双向式	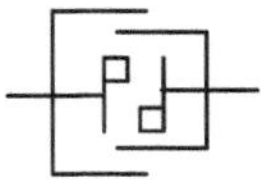	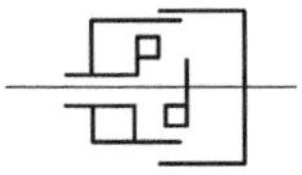	对于啮合式离合器、摩擦离合器、液压离合器、电磁离合器和制动器，当需要表明操纵方式时，可使用下列符号： M—机动的； H—液动的； P—气动的； E—电动的（如电磁）
摩擦离合器 a. 单向式 b. 双向式	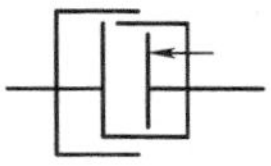	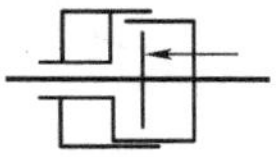	
液压离合器（一般符号）	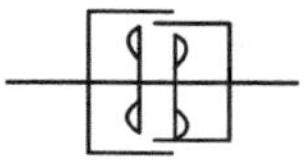		
电磁离合器	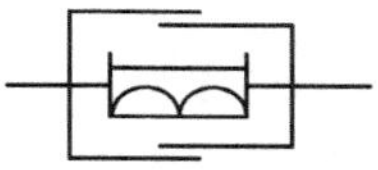		
离心摩擦离合器	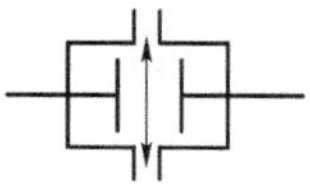		
超越离合器	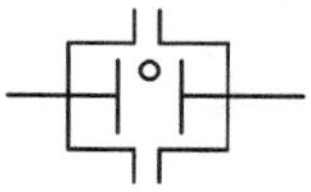		

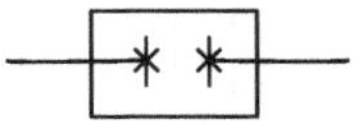

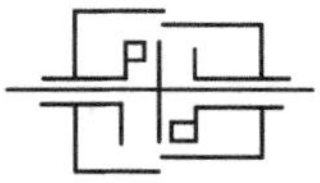

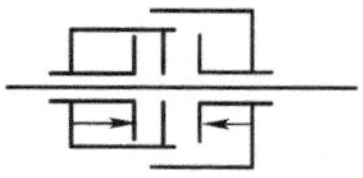

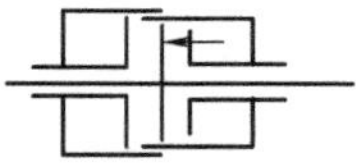

续表

名　　称	基本符号	可用符号	附　注
安合离合器 a. 带有易损元件 b. 无易损元件			
制动器（一般符号）			不规定制动器外观
螺杆传动 a. 整体螺母 b. 开合螺母 c. 滚珠螺母			
带传动——一般符号（不指明类型）			若需指明皮带类型，可采用下列符号： V带 圆皮带 同步齿形带 平带 例：V带传动
链传动——一般符号（不指明类型）			若需指明链条类型，可采用下列符号： 环形链 滚子链 无声链 例:无声链传动

续表

<table>
<tr><th>名　称</th><th>基本符号</th><th>可用符号</th><th>附　注</th></tr>
<tr><td rowspan="2">向心轴承
a. 普通轴承
b. 滚动轴承</td><td>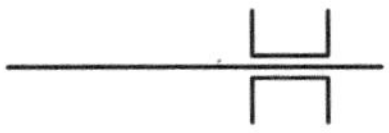</td><td></td><td rowspan="2"></td></tr>
<tr><td>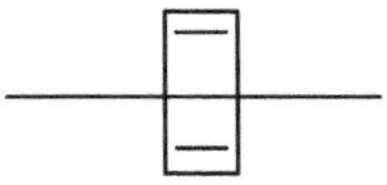</td><td>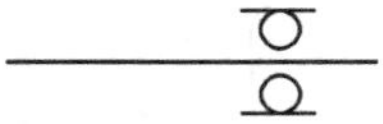</td></tr>
<tr><td rowspan="3">推力轴承
a. 单向推力普通轴承
b. 双向推力普通轴承
c. 推力滚动轴承</td><td>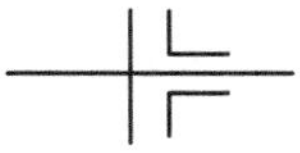</td><td></td><td rowspan="3"></td></tr>
<tr><td>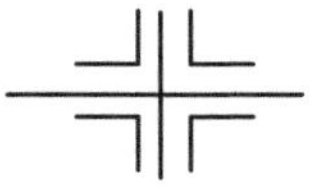</td><td></td></tr>
<tr><td>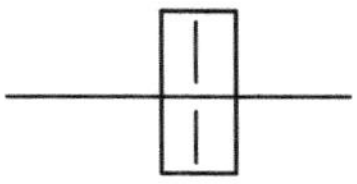</td><td>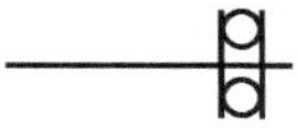</td></tr>
<tr><td rowspan="3">向心推力轴承
a. 单向向心推力普通轴承
b. 双向向心推力普通轴承
c. 向心推力滚动轴承</td><td>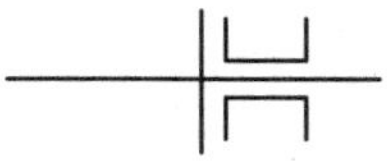</td><td></td><td rowspan="3"></td></tr>
<tr><td>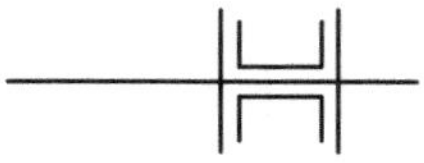</td><td></td></tr>
<tr><td>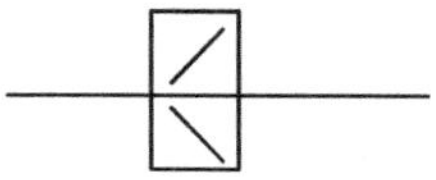</td><td></td></tr>
</table>

附录三　常用滚动轴承符号

轴承类型	图示符号	轴承类型	图示符号
深沟球轴承	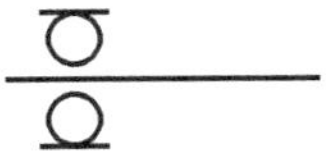	滚针轴承（内圈无挡边）	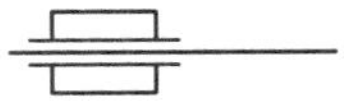
调心球轴承（双列）	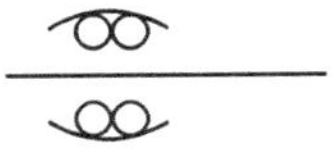	推力球轴承	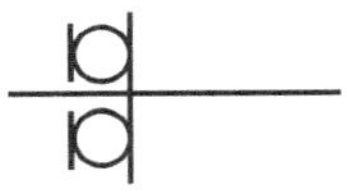
角接触球轴承	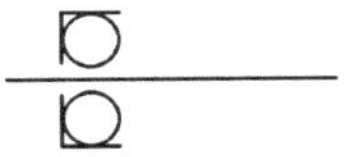	推力球轴承（双向）	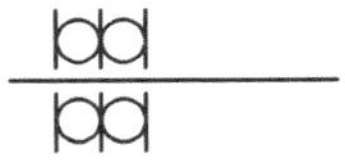
向心短圆柱滚子轴承（内圈无挡边）	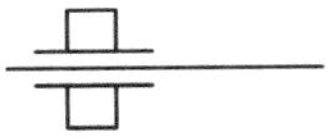	圆锥滚子轴承	
向心短圆柱滚子轴承（双列）	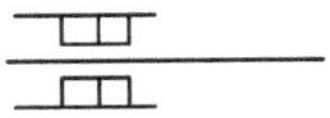	圆锥滚子轴承（双列）	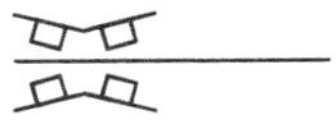

附录四　金属切削机床操作指示形象符号

序号	符　号	名称	说　明	序号	符　号	名称	说　明
1	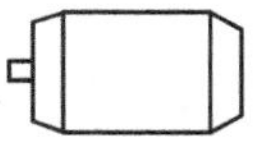	电动机	ISO 7000 0011	12	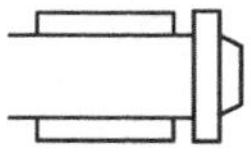	套筒	ISO 7000 0272
2	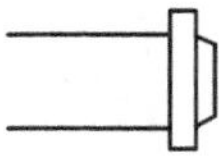	主轴	ISO 7000 0267	13	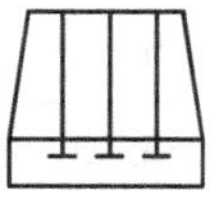	矩形工作台	ISO 7000 0282
3	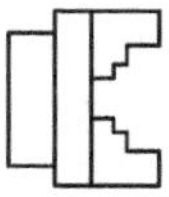	卡盘	ISO 7000 0274	14	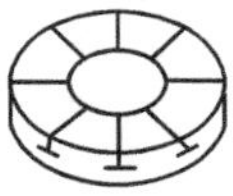	圆工作台	ISO 7000 0284
4	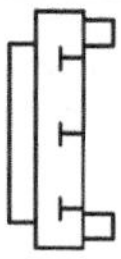	花盘	ISO 7000 0275	15		矩形电磁吸盘	ISO 7000 0283
5	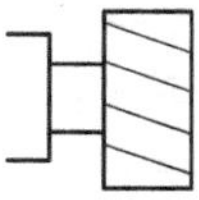	铣削主轴	ISO 7000 0269	16		圆电磁吸盘	ISO 7000 0285
6		钻削主轴	ISO 7000 0268	17	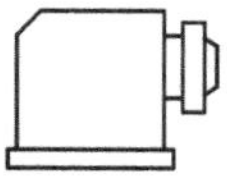	主轴箱	ISO 7000 0277
7	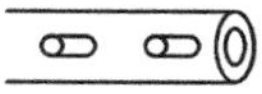	镗削主轴	—	18	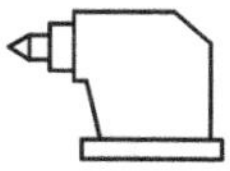	尾座	ISO 7000 0278
8	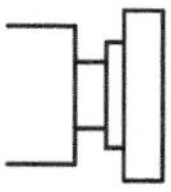	磨削主轴	ISO 7000 0270	19	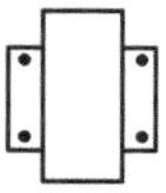	滑枕	ISO 7000 0280
9	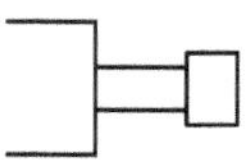	内磨主轴	—	20	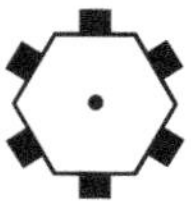	转塔刀架	ISO 7000 0279
10		滚刀主轴	—	21		丝杠	—
11	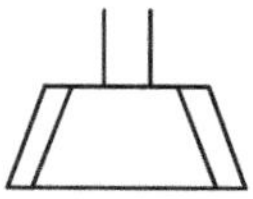	插齿刀主轴	—	22		滚珠丝杠	GB 4460 A4.3

续表

序号	符号	名称	说明	序号	符号	名称	说明
23		弹簧夹头	ISO 7000 0276	34		插齿刀	—
24		联轴器	ISO 7000 0015 表示两旋转轴之间的任何连接形式。例如联轴节、离合器	35		滚刀	—
25		齿轮传动	ISO 7000 0012	36		带刀片的组合铣刀	ISO 7000 0294
26		工件	ISO 7000 0315	37		整体单刃刀具	ISO 7000 0287
27		旋转工具	ISO 7000 0286	38		单刃砂轮修整器	ISO 7000 0300
28		砂轮	ISO 7000 0295	39		凸轮	ISO 7000 0016
29		圆锯	ISO 7000 0289	40		照明灯	ISO/R 369 102
30		锯条	ISO 7000 0303	41		冷却液	ISO/R 369 101
31		钻头	ISO 7000 0290	42		液动	—
32		铰刀	ISO 7000 0291	43		气动	—
33		丝锥	ISO 7000 0292	44		脚踏开关	GB 5465.2 1036

续表

序号	符　号	名称	说　明	序号	符　号	名称	说　明
45		电源开关	闪电标记为黑色	54		静压轴承	—
46		润滑油	ISO 7000 0391	55		带传动	ISO 7000 0013 代表各种带传动
47		润滑油脂	—	56		链传动	ISO 7000 0014 代表各种链传动
48		泵	—	57		吹出	—
49		冷却泵	—	58		吸入	—
50		润滑泵	—	59		滤油器	—
51		液压泵	—	60		细滤油器	—
52		液压马达	—	61		加热器	—
53		温度计：温度控制	—	62	××××	数字显示装置	×代表数字

续表

序号	符 号	名称	说 明	序号	符 号	名称	说 明
63		光学读数装置	—	72		双刃换刀机械手	ISO 7000 0425
64		仿形模板	ISO 7000 0310	73		单刃换刀机械手	SIO 7000 0429
65		指示仪表	—	74		手轮	ISO 7000 0326
66		计时器	—	75		手柄	ISO 7000 0327
67		外径测量	—	76		切屑收集	—
68		内径测量	—	77		切屑	ISO 7000 0313
69		磁铁		78		输送带	ISO 7000 0229
70		电磁铁	—	79		容器	ISO 7000 0359
71		防止过载的机械式安全装置	ISO 7000 0314	80		交换	ISO 7000 0273

附录五　金属切削机床运动符号

序号	符　号	名称	说　明	序号	符　号	名称	说　明
1		连续直线运动方向	—	14	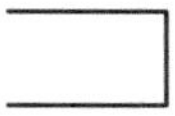	超前仿形运动	—
2		双向直线运动	—	15		连续转动方向	ISO 7000 0004 表示连续顺时针方向的旋转运动，对逆时针转动需将箭头反过来
3	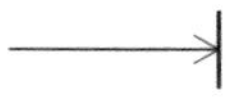	限位直线运动	ISO 7000 0001	16		双向转动	ISO 7000 0005 表示在两个方向的交替转动
4	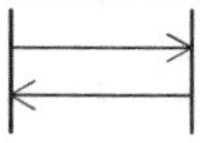	限位直线运动及返回	ISO 7000 0002	17		间歇转动	ISO 7000 0431
5	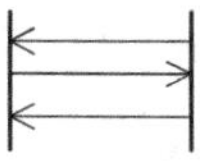	限位连续往复直线运动	ISO 7000 0003	18		旋转重复定位	ISO 7000 0436
6		间歇直线运动	ISO 7000 0252	19		限位转动	ISO 7000 0006 表示顺时针方向的限位转动，对逆时针转动需将箭头反过来
7	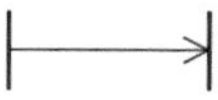	增量的直线运动	ISO 7000 0253	20	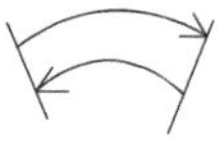	限位转动及返回	ISO 7000 0007
8		直线重复定位	ISO 7000 0254	21	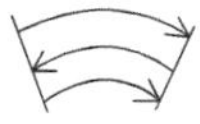	限位连续往复旋转运动	ISO 7000 0008
9	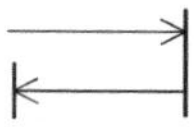	单程限位直线运动及返回	ISO 7000 0255	22		二维运动	—
10		直线运动超程	ISO 7000 0256	23	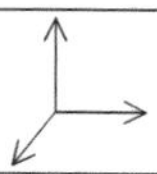	三维运动	—
11	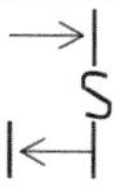	延时限位直线运动	ISO 7000 0257	24	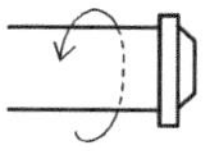	主轴旋转方向	ISO/R 369 13
12	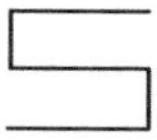	主体仿形分行运动	—	25		转	ISO 7000 0009
13	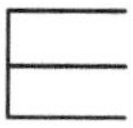	梳状仿形运动	—	26		转数	ISO 7000 0258

续表

序号	符　号	名称	说　明	序号	符　号	名称	说　明
27		增值	ISO/R 369 28 例如：速度	39		纵向车削	—
28		减值	ISO/R 369 29 例如：速度	40		锥度车削	—
29		快速移动	ISO 7000 0266	41		端面车削	—
30		进给	ISO 7000 0259	42		切槽：切断	—
31		每行程进给	ISO 7000 0264	43		剪断	ISO 7000 0387
32		纵向进给	ISO 7000 0260	44		螺纹加工	ISO 7000 0382
33		横向进给	ISO 7000 0261	45		左螺纹加工	—
34		垂向进给	ISO 7000 0262	46		铣削	ISO 7000 0371
35		圆周进给 切向进给	—	47		顺铣	ISO 7000 0373
36		径向进给	—	48		逆铣	ISO 7000 0372
37		车削	ISO 7000 0365	49		端铣	—
38		镗削	ISO 7000 0366	50		插削	ISO 7000 0369

续表

序号	符号	名称	说明	序号	符号	名称	说明
51		内拉削	ISO 7000 0386	65		无心磨导轮	ISO 7000 0297
52		外拉削	ISO 7000 0385	66	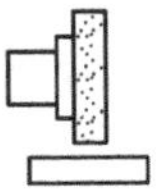	磨削	ISO 7000 0374
53	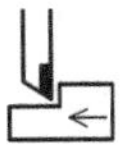	刨削	ISO 7000 0367	67	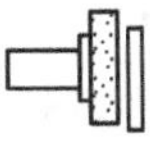	端面磨削	ISO 7000 0378
54	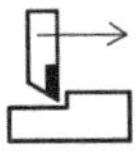	刨削	ISO 7000 0368 用于牛头刨床	68		无进给磨削	—
55		钻削	ISO 7000 0370	69	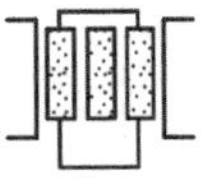	内珩磨	ISO 7000 0379
56	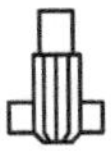	铰孔	ISO 7000 0383	70	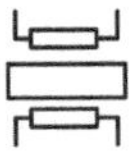	外珩磨	ISO 7000 0280
57		攻丝	ISO 7000 0384	71	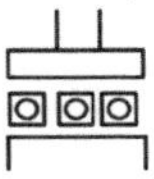	研磨	ISO 7000 0381
58		展成	—	72		砂带	ISO 7000 0299
59	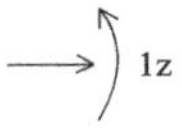 1z	分一齿： 分单齿	—	73	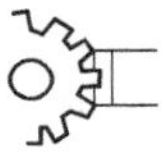	滚齿	—
60	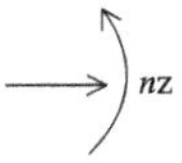 nz	分 n 齿	例：转续分齿	74	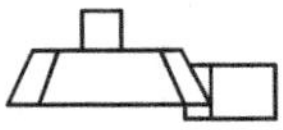	插齿	—
61	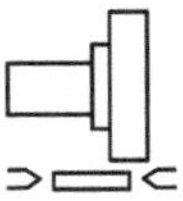	外圆磨削	ISO 7000 0375	75		剃齿	—
62	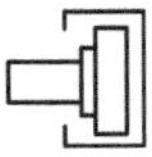	内圆磨削	ISO 7000 0376	76		磨削火花 调整	—
63	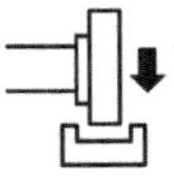	切入磨削	—	77	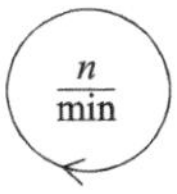 $\frac{n}{min}$	每分钟转数	ISO 7000 0010
64		无心磨 砂轮	ISO 7000 0296				

附录六　金属切削机床操作符号

序号	符　号	名称	说　明	序号	符　号	名称	说　明
1		无级变速	ISO/R 369 61	13	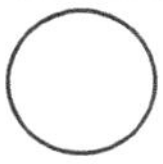	停止	ISO/R 369 70 红色
2	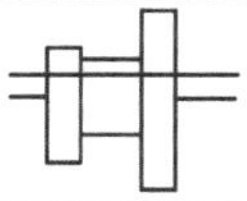	齿轮变速	—	14		启动与停止共用	ISO/R 369 71
3		可调：调整	JB 2739 3. 3. 1	15		点动仅在按下时动作	ISO/R 369 72
4		预选：预调	JB 2739 3. 3. 5	16		停留时间调整	—
5	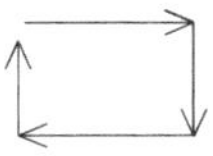	自动循环（或半自动循环）	ISO 7000 0026	17	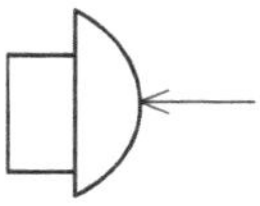	推	—
6	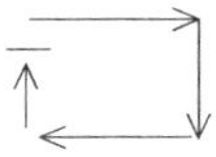	单循环	ISO 7000 0426	18	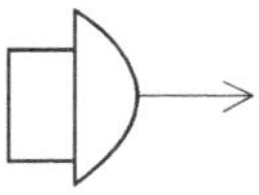	拉	—
7	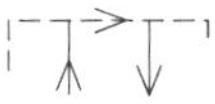	子循环	ISO 7000 0428	19		相对运动“出”	ISO 7000 0437
8	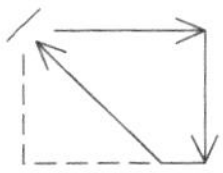	自动循环中断并回到开始位置	ISO 7000 0427	20		相对运动“进”	ISO 7000 0438
9	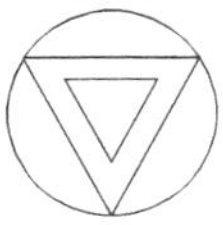	快速停止	GB 5465. 2 1039	21		向前（面向操作者）	GB 4205 表 1
10		手动	ISO/R 369 68	22		向后（背离操作者）	GB 4205 表 1
11	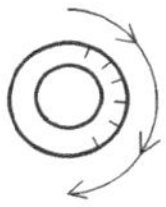	微动	—	23	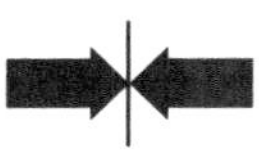	锁紧或固紧	—
12		启动	ISO/R 369 69 绿色	24	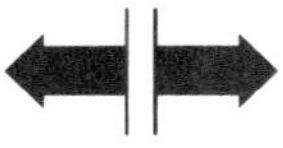	松开	—

续表

序号	符　号	名称	说　明	序号	符　号	名称	说　明
25	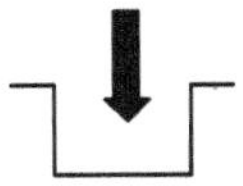	啮合	ISO/R 369 74	36		无磁	—
26		脱开	ISO/R 369 75	37	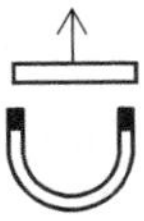	退磁	—
27	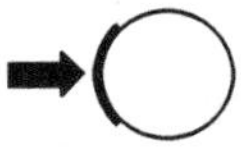	制动器夹紧	—	38	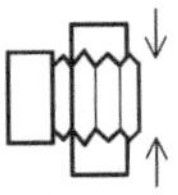	开合螺母闭合	ISO 7000 0403
28		制动器松开	—	39	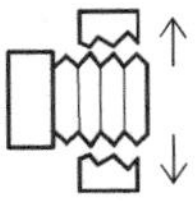	开合螺母脱开	ISO 7000 0404
29	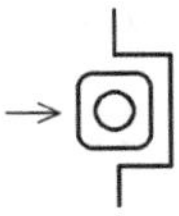	装工件	ISO 7000 0397	40	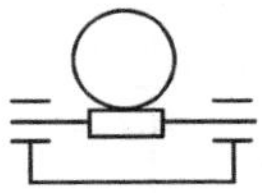	脱落蜗杆	—
30	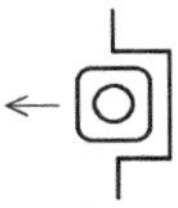	卸工件	ISO 7000 0398	41	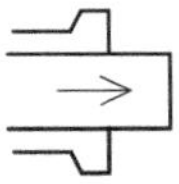	送料	—
31	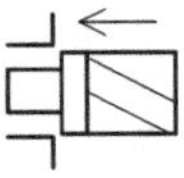	夹持旋转刀具	ISO 7000 0401	42	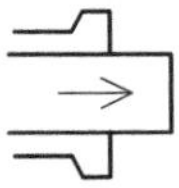	送料到挡块	ISO 7000 0413
32	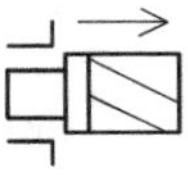	释放旋转刀具	ISO 7000 0402	43	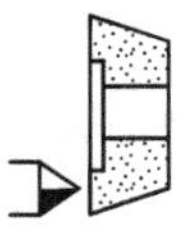	用单刃砂轮修整器进行端面修整	ISO 7000 0392
33	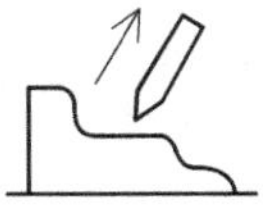	仿形装置脱开	ISO 7000 0400	44		用单刃砂轮修整器进行纵向修整	ISO 7000 0393
34	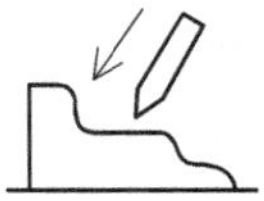	仿形装置啮合	ISO 7000 0399	45		滚轮修整	ISO 7000 0394
35	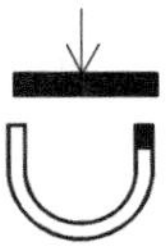	有磁	—	46		金刚石滚轮修整	ISO 7000 0395

续表

序号	符 号	名称	说 明	序号	符 号	名称	说 明
47		粗加工	—	51		反馈控制	ISO 7000 0095
48		半精加工	—	52		快速启动	GB 5465.2 1038
49		精加工	—	53	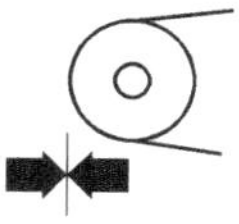	皮带或链的张紧	—
50	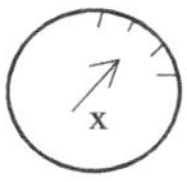	调节用表	X 为： A—电流； V—电压	54	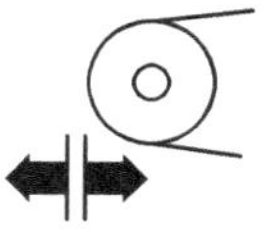	皮带或链的松开	—

附录七　卧式车床检验标准及检验方法

机床几何精度检验					
序号	检验项目	允差/mm	简　图	检验工具	检　验　方　法
G1	A—床身导轨调平 (a) 纵向：导轨在垂直平面内的直线性； (b) 横向：导轨应在同一平面内	(a) 0.02（只允许凸起）；任意 250 mm 长度上局部公差为 0.007 5； (b) 0.04/1 000	(a) (b)	(a) 精密水平仪或光学仪器； (b) 精密水平仪	(a) 在溜板上靠近前导轨处，纵向放置一水平仪。等距离（近似等于规定的局部误差的测量长度）移动溜板检验。将水平仪的读数依次排列，画出导轨误差曲线。曲线相对其两端点连线的最大坐标值就是导轨全长的直线度误差，曲线上任意局部测量长度的两端点相对曲线两端点连线的坐标差值就是导轨局部误差。 也可将水平仪直接放置在导轨上检验。 (b) 在溜板上横向放一水平仪。等距离移动溜板检验（移动距离同（a））。 水平仪在全部测量长度上读数的最大差值就是导轨的平行度误差。 也可将水平仪放在专用桥板上，在导轨上进行检验

续表

序号	检验项目	允差/mm	简　图	检验工具	检　验　方　法
G2	B—溜板 溜板移动在水平面内的直线度（尽可能在两顶尖间轴线和刀尖所确定的平面内检验）	0.02	(a) 钢丝 偏差 (b)	（a）指示器和检验棒或指示器和平尺（仅适用于 Dc 小于或等于 2 000 mm）； （b）钢丝和显微镜或光学仪器	（a）将指示器固定在溜板上，使其测头触及主轴和尾座的顶尖间的检验棒表面上，调整尾座，使指示器在检验棒两端的读数相等。移动溜板在全部行程上检验。指示器读数的最大代数差值就是直线度误差。 （b）用钢丝和显微镜检验。在机床中心高的位置上绷紧一根钢丝，显微镜固定在溜板上，调整钢丝，使显微镜在钢丝两端的读数相等。等距离（移动距离同 G1）移动溜板，在全部行程上检验。显微镜读数的最大代数差值就是直线度误差
G3	尾座移动对溜板移动平行度 （a）在垂直平面内； （b）在水平面内	（a）、（b）均为 0.03；任意 500 mm 长度上局部公差为 0.02	(a) (b) L=常数	指示器	将指示器固定在溜板上，使其测头触及近尾座体端面的顶尖套上，（a）在垂直平面内，（b）在水平平面内，并锁紧顶尖套。使尾座与溜板一起移动，在溜板全部行程上检验。（a）、（b）的误差分别计算，指示器在任意 500 mm 行程上和全部行程上读数的最大差值就是局部长度和全长上的平行度误差
G4	C—主轴 （a）主轴轴向窜动； （b）主轴轴肩支承面的端面圆跳动	（a）0.01； （b）0.04	(b) F (a)	指示器与专用检验工具	固定指示器使其测头垂直触及：（a）插入主轴锥孔的检验棒端部的钢球上；（b）主轴轴肩支承面上。沿主轴轴线加一力 F，旋转主轴检验。 （a）、（b）的误差分别计算。指示器读数的最大差值就是轴向窜动误差和轴肩支承面的跳动误差

续表

序号	检验项目	允差/mm	简　图	检验工具	检　验　方　法
G5	主轴定心轴颈的径向圆跳动	0.01	F	指示器	固定指示器使其测头垂直触及轴颈（包括圆锥轴颈）的表面。沿主轴轴线加一力 F，旋转主轴检验。指示器读数的最大差值就是径向跳动误差
G6	主轴轴线的径向圆跳动 （a）靠近主轴端面； （b）距主轴端面 $Da/2$ 或不超过 300 mm	（a）0.01； （b）在 300 mm 测量长度上为 0.02	(a) (b)	指示器和检验棒	将检验棒插入主轴锥孔内，固定指示器，使其测头触及检验棒的表面；（a）靠近主轴端面；（b）距主轴端面 $Da/2$ 处。旋转主轴检验。 拔出检验棒，相对主轴旋转 90°，重新插入主轴锥孔中依次重复检验三次。(a)、(b) 的误差分别计算，四次测量结果的平均值就是径向跳动误差
G7	主轴轴线对溜板移动的平行度 （a）在垂直平面内； （b）在水平面内	（a）0.02/300（只许向上偏）； （b）0.015/30（只许向前偏）	(a) (b)	指示器和检验棒	指示器固定在溜板上，使其测头触及检验棒的表面：（a）在垂直平面内；（b）在水平面内。移动溜板检验。将主轴旋转 180°，再同样检验一次。（a）、（b）的误差分别计算，两次测量结果代数和的 1/2 就是平行度误差

续表

序号	检验项目	允差/mm	简 图	检验工具	检 验 方 法
G8	顶尖的跳动	0.015	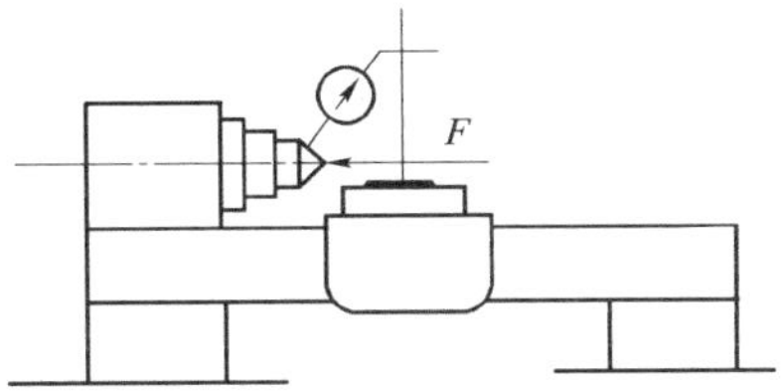	指示器和专用顶尖	顶尖插入主轴孔内，固定指示器，使其测头垂直触及顶尖锥面上。沿主轴轴线加一力 F，旋转主轴检验，指示器读数除以 $\cos\alpha$（α 为锥体半角）后，就是顶尖跳动误差
G9	D—尾座 尾座套筒轴线对溜板移动的平行度 （a）在垂直平面内； （b）在水平面内	（a）0.015/100（只许向上偏）； （b）0.01/100（只许向前偏）	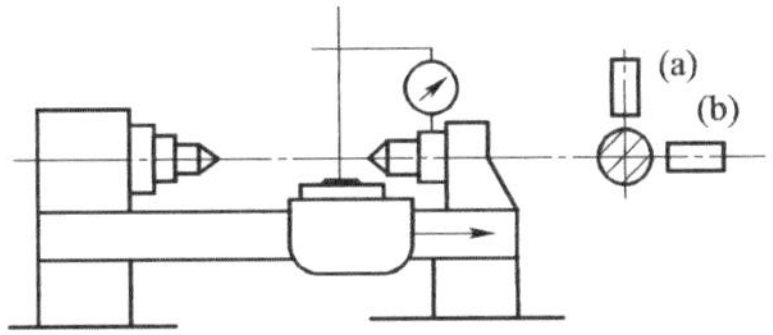	指示器	尾座的位置同 G11。尾座顶尖套伸出量约为最大伸出长度的一半，并锁紧。 将指示器固定在溜板上，使其测头触及尾座套筒的表面：（a）在垂直面内；（b）在水平面内。移动溜板检验。（a）、（b）的误差分别计算，指示器读数的最大差值就是平行度误差
G10	尾座套筒锥孔轴线对溜板移动的平行度 （a）在垂直平面内； （b）在水平面内	（a）0.03/300（只许向上偏）； （b）0.03/300（只许向前偏）	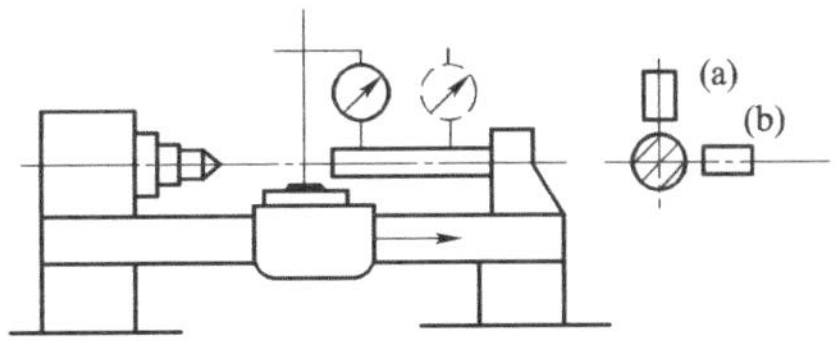	指示器和检验棒	尾座的位置同 G11，顶尖套筒退入尾座孔内，并锁紧。在尾座套筒锥孔中插入检验棒，将其测头触及检验棒表面：（a）在垂直平面内；（b）在水平平面内。移动溜板检验。拔出检验棒，旋转 180°，重新插入尾座顶尖套锥孔中，重复检验一次。（a）、（b）的误差分别计算，两次测量结果代数和的 1/2 就是平行度误差

续表

序号	检验项目	允差/mm	简图	检验工具	检验方法
G11	E—两顶尖 床头的尾座两顶尖的等高度	0.04（只许尾座高）		指示器和检验棒	在主轴与尾座顶尖间装入检验棒，将指示器固定在溜板上，使其测头在垂直平面内触及检验棒，移动溜板在检验棒的两极限位置上检验。指示器在检验棒两端读数的差值就是等高度误差。当 Dc 小于或等于 500 mm 时，尾座应紧固在 $Dc/2$ 处，但最大不大于2 000 mm。检验时，尾座顶尖套应退入尾座内孔，并锁紧
G12	F—小刀架 小刀架移动对主轴轴线的平行度	0.04/300		指示器和检验棒	将检验棒插入主轴锥孔内，指示器固定在溜板上，使其测头在水平面内触及检验棒。调整小刀架，使指示器在检验棒两端的读数相等。再将指示器测头在垂直平面内触及检验棒，移动小刀架检验。将主轴旋转 180°，再同样检验一次。两次测量结果代数和的 1/2 就是平行度误差
G13	G—横刀架 横刀架横向移动对主轴轴线的垂直度	0.02/300（偏差方向 α≥90°		指示器和平盘或平尺	将平盘固定在主轴上，指示器固定在横刀架上，使其测头触及平盘，移动横刀架进行检验。将主轴旋转 180°，再同样检验一次。两次测量结果代数和的 1/2 就是垂直度误差

续表

序号	检验项目	允差/mm	简图	检验工具	检验方法
G14	H—丝杠 丝杠的轴向窜动	0.015		指示器和钢球	固定指示器，使其测头触及丝杠顶尖孔内的钢球上。在丝杠的中段处闭合开合螺母，旋转丝杠检验。检验时，有托架的丝杠应在装有托架的状态下检验。指示器读数的最大差值就是丝杠轴向窜动误差
G15	从主轴到丝杠间传动链的精度	(a) 任意300 mm测量长度上为0.04； (b) 任意60 mm测量长度上为0.015		标准丝杠和电传感器长度规、指示器和专用检验工具	将不小于300 mm长度的标准丝杠装在主轴与尾座的两顶尖间。电传感器固定在刀架上，使其触头触及螺纹的侧面，移动溜板进行检验。 电传感器在任意300 mm和任意60 mm测量长度内读数的差值就是丝杠所产生的累积误差。 也可以用长度规检验 (本项与P3项可任意检验一项)
机床工作精度检验					
序号	检验项目	允差/mm	简图和试件尺寸	检验工具	备注
P1	精车外圆 (a) 圆度； (b) 圆柱度	在300 mm长度上为 (a) 0.01； (b) 0.03 (锥端只能大直径靠近机床头端)	$\frac{l_1}{2}$　$\frac{l_1}{2}$　D　l_2　l_2　l_2　l_1 $D \geqslant Da/8$　$l_1=Da/2$ $l_{1max}=500$ mm　$l_{2max}=20$ mm 试件材料为钢材	千分尺或精密检验工具	精车夹在卡盘中的圆柱试件(试件也可以插在主轴锥孔中)。 在圆柱面上车削三段直径。 精车后在三段直径上检验圆度和圆柱度： (a) 圆度误差以试件同一横剖面内的最大与最小直径之差计； (b) 圆柱度误差以试件任意轴向剖面内最大与最小直径之差计

续表

序号	检验项目	允差/mm	简图	检验工具	检验方法
P2	精车端面的平面度	在 300 mm 直径上为 0.02（只许凹）		平尺和块规或指示器	精车夹在卡盘中的盘形试件。 精车垂直于主轴的端面（可车两个或三个 20 mm 宽的平面，其中之一为中心平面）。 用平尺和块规检查。也可用指示器检验：指示器固定在横刀架上，使其测头触及端面的后部半径上，移动刀架检验。指示器读数的最大差值的 1/2 就是平面误差
P3	精车螺纹的螺纹误差	（a）在 300 mm 测量长度上为 0.04； （b）在任意 50 mm 测量长度上为 0.015		专用精密检验工具	精车两顶尖间圆柱试件的 60°普通螺纹。 试件螺距应与母丝杠螺距相同，直径应尽可能接近母丝杠的直径。 精车后在 300 mm 和任意 500 mm 长度内进行检验，螺纹表面应洁净、无洼陷与波纹 （本项与 G15 项可任意检验一项）

注：*Da* 为床身上最大回转直径；*Dc* 为最大工件长度。

附录八　卧式车床常见的机械故障和排除方法

序号	故障征兆	重要原因	排除方法
1	主轴箱温升高、运转中出现“闷车”	（1）主轴轴承间隙过小 （2）润滑不良 （3）轴承外圈转动 （4）摩擦片打滑	检查主轴温升，调整检查主轴轴承间隙 检查供油情况，使油路畅通 修理箱体轴承孔 调整摩擦片间隙
2	机床噪声大	（1）齿轮精度不良或磨损，点蚀严重 （2）轴承损坏 （3）传动轴弯曲或同轴度超差严重	更换齿轮 更换轴承 调整或更换
3	切削用量大时主轴转速明显下降	（1）V 带过松打滑 （2）摩擦离合器间隙过大 （3）滑套与元宝销磨损	张紧 V 带 调整摩擦离合器，摩擦片磨损严重时应更换 更换
4	停车时主轴停转过慢	（1）摩擦离合器调整过紧，停车时未完全脱开 （2）制动器调整过松	调整离合器 调制动器
5	操作手柄自动脱落	（1）离合器调整过紧使手柄打不到位 （2）手柄定位弹簧松	调整离合器 调整弹簧压力
6	横向进给刻度不准，重复定位精度低	（1）横向丝杠螺母磨损，间隙过大 （2）横向丝杠轴心窜动 （3）刻度盘内弹簧片无力 （4）横向丝杠螺母装配不良（同轴度低）	调整螺母中间楔铁 调整刻度盘前的圆螺母 更换弹簧片 修理、调整使螺母与丝杠的同轴度

续表

序号	故障征兆	重要原因	排除方法
7	大手轮操纵过重	（1）小齿轮与齿条啮合过紧 （2）前后压板过紧或锁紧块未完全松垮 （3）光杆、丝杠的三支承同轴度超差 （4）导轨拉伤	调整齿轮齿条啮合间隙 调整压板间隙，松开锁紧块 调整三支承同轴度 修刮导轨
8	精加工圆度超差出现椭圆或菱圆	（1）主轴轴承间隙过大 （2）主轴轴承精度低或磨损严重、点蚀 （3）主轴轴颈圆度超差 （4）主轴箱体轴承孔不圆或间隙过大 （5）卡盘与轴颈、轴肩配合不良	调整轴承间隙 更换轴承 修磨主轴轴颈 用镶套或刷镀修复主轴轴承孔 重新配制卡盘法兰
9	加工工件圆柱度超差 a. 产生锥度 b. 母线不直、中凸或中凹	（1）主轴中心线对床身导轨在水平面内不平行 （2）菱形导轨与平导轨不平行（扭曲） a. 地脚松动 b. 导轨磨损 （1）导轨在水平面内直线度超差 （2）菱形导轨与平导轨在垂直面内不平行 （3）主轴轴心线与导轨在垂直面内不平行 a. 导轨磨损 b. 主轴箱温升	调整床头箱使主轴中心线与导轨平行 重新调整安装水平 修刮导轨 修刮导轨 修刮导轨 修刮导轨 检查主轴温升，调整检查主轴轴承间隙
10	加工端面平面度超差	（1）中滑板镶条配合过松，横导轨间隙大 （2）中滑板导轨与主轴轴心线不垂直 （3）中滑板导轨不直 （4）主轴轴线窜动	调整镶条，燕尾导轨不平行，需修刮 修刮导轨 修刮导轨 调整止推轴承间隙或更换轴承
11	加工螺纹螺距不均匀、精度超差	（1）丝杠轴心窜动过大 （2）丝杠磨损精度下降或本身精度低 （3）丝杠弯曲过大 （4）开合螺母导轨间隙过大 （5）主轴轴心窜动大 （6）车螺纹传动链中某一环节有故障，如齿轮折断，挂轮啮合不良	调整进给箱丝杠连接轴承轴向间隙，及有关联轴节销钉间隙等车削修理丝杠或更换并重新配螺母较直丝杠 调整螺母、导轨镶条 调整主轴轴向间隙 查找故障环节并相应排除

续表

序号	故障征兆	重要原因	排除方法
12	用小刀架车锥体时母线不直	（1）小滑板镶条松 （2）小滑板燕尾导轨不直 （3）小滑板移动轨迹对主轴中心线不平行	调整镶条 修刮导轨 检查修刮转台面及小滑板燕尾导轨
13	精车外圆柱表面出现有规律条纹近似等距，手摸有不平感	（1）床身齿条与小齿轮啮合不良，齿条齿距不均匀 （2）光杆弯曲 （3）光杆的三支承不同轴 （4）床身导轨压板间隙过大	检查啮合的接触精度，修理齿条 校直光杆 调整进给箱和后支架位置，重绞定位销孔 调整压板间隙，必要时修刮导轨
14	精车外圆柱表面出现混乱波纹	（1）主轴轴向窜动大 （2）主轴轴承点蚀 （3）主轴箱、进给箱传动轴弯曲 （4）燕尾导轨间隙大 （5）燕尾导轨及转盘底面接触不良 （6）卡盘法兰与定心轴颈配合不良	调整主轴轴承间隙 更换轴承 调整、修理或更换有关传动件 调整镶条 修刮导轨及转台、转盘接触面 修配卡盘法兰
17	精车外圆柱面有振动，粗糙度增大	（1）电动机振动 a. 轴承损坏 b. 转子转动不平衡 （2）带轮振摆大 （3）主传动齿轮偏摆大 （4）刀架底面接触不良	更换轴承 作静、动平衡校验校正 车削修理 更换齿轮 修刮方刀架结合面和转台、转盘结合面
18	精车端面出现定距波纹	（1）横向丝杠弯曲 （2）横向丝杠和燕尾导轨不平行 （3）横向导轨磨损、走刀不稳定 （4）横向丝杠与螺母磨损，间隙大	校直丝杠 修刮导轨 修刮导轨 调整丝杠螺母间隙

参考文献

［1］曹桄，高学满．金属切削机床挂图［M］．上海：上海交通大学出版社，1972.
［2］冯永茂．金属切削机床与刀具［M］．北京：中国轻工业出版社，1994.
［3］罗中先，周利平，程应端．金属切削机床［M］．重庆：重庆大学出版社，1997.
［4］周均民．金属切削机床［M］．北京：中国铁道出版社，1999.
［5］戴曙．金属切削机床［M］．北京：机械工业出版社，2004.
［6］焦根昌．金属切削机床［M］．长沙：湖南科学技术出版社，2004.
［7］沈志雄．金属切削机床概论［M］．北京：机械工业出版社，2004.
［8］黄开榜．金属切削机床［M］．哈尔滨：哈尔滨工业大学出版社，2004.
［9］张俊生．金属切削机床与数控机床［M］．北京：机械工业出版社，2005.
［10］劳动与社会保障部编写组．金属切削机床［M］．北京：中国劳动社会保障出版社，2005.
［11］黄鹤汀．金属切削机床设计［M］．北京：机械工业出版社，2005.
［12］顾维邦．金属切削机床概论［M］．北京：机械工业出版社，2005.
［13］黄鹤汀．金属切削机床［M］．北京：机械工业出版社，2006.
［14］黄开榜，张庆春，那海涛．金属切削机床［M］．哈尔滨：哈尔滨工业大学出版社，2006.
［15］晏初宏．数控机床与机械结构［M］．北京：机械工业出版社，2006.
［16］娄锐．数控机床［M］．大连：大连理工大学出版社，2006.
［17］闫巧枝，李钦唐．金属切削机床与数控机床［M］．北京：北京理工大学出版社，2007.
［18］黄鹤汀．金属切削机床［M］．北京：机械工业出版社，2007.
［19］单姗姗．金属切削机床［M］．北京：机械工业出版社，2007.
［20］吴国华．金属切削机床［M］．北京：机械工业出版社，2007.
［21］贾亚洲．金属切削机床概论［M］．北京：机械工业出版社，2007.
［22］夏广岚，冯凭．金属切削机床教材［M］．南京：南京大学出版社，2008.
［23］恽达明．金属切削机床［M］．北京：机械工业出版社，2008.
［24］顾京．现代机床设备［M］．北京：化学工业出版社，2009.
［25］胡黄卿．金属切削原理与机床［M］．北京：化学工业出版社，2009.
［26］卧式车床精度检验［S］．GB/T 4020—1997.